建筑施工企业管理人员岗位资格培训教材

土建质量员岗位实务知识

建筑施工企业管理人员岗位资格培训教材编委会　组织编写

曹安民　阚冬梅　主编

中国建筑工业出版社

图书在版编目（CIP）数据

土建质量员岗位实务知识/建筑施工企业管理人员岗位资格培训教材编委会组织编写. —北京：中国建筑工业出版社，2007
建筑施工企业管理人员岗位资格培训教材
ISBN 978-7-112-08848-5

Ⅰ. 土… Ⅱ. 建… Ⅲ. 土木工程-工程施工-质量管理-技术培训-教材 Ⅳ. TU712

中国版本图书馆CIP数据核字（2006）第163926号

建筑施工企业管理人员岗位资格培训教材
土建质量员岗位实务知识
建筑施工企业管理人员岗位资格培训教材编委会 组织编写
曹安民 阚冬梅 主编

*

中国建筑工业出版社出版、发行（北京西郊百万庄）
各地新华书店、建筑书店经销
北京密云红光制版公司制版
北京建筑工业印刷厂印刷

*

开本：787×1092毫米 1/16 印张：21¼ 字数：516千字
2007年3月第一版 2012年3月第八次印刷
定价：45.00元
ISBN 978-7-112-08848-5
(21041)

版权所有 翻印必究
如有印装质量问题，可寄本社退换
（邮政编码 100037）

本社网址：http://www.cabp.com.cn
网上书店：http://www.china-building.com.cn

本书是建筑施工企业管理人员岗位资格培训教材之一，本书以最新颁布的法律法规和标准、规范为依据，主要介绍施工质量管理和分部分项工程施工要点和验收要求等土建质量员必备知识，内容包括建筑工程质量管理基础、建筑工程施工质量验收、地基与基础工程、砌体工程、混凝土结构工程、钢结构工程、屋面工程、地下防水工程、建筑地面工程、建筑装饰装修工程等方面的内容。本书体现了科学性、实用性、系统性和可操作性的特点，既注重了内容的全面性又重点突出，做到理论联系实际。

本书可作为建筑施工企业土建质量员岗位资格的培训教材，也可供建筑工程质量管理人员及相关专业技术人员参考使用。

* * *

责任编辑：刘　江　范业庶
责任设计：董建平
责任校对：兰曼利

《建筑施工企业管理人员岗位资格培训教材》

编写委员会

(以姓氏笔画排序)

艾伟杰	中国建筑一局（集团）有限公司
冯小川	北京城市建设学校
叶万和	北京市德恒律师事务所
李树栋	北京城建集团有限责任公司
宋林慧	北京城建集团有限责任公司
吴月华	中国建筑一局（集团）有限公司
张立新	北京住总集团有限责任公司
张囡囡	中国建筑一局（集团）有限公司
张俊生	中国建筑一局（集团）有限公司
张胜良	中国建筑一局（集团）有限公司
陈 光	中国建筑一局（集团）有限公司
陈 红	中国建筑一局（集团）有限公司
陈御平	北京建工集团有限责任公司
周 斌	北京住总集团有限责任公司
周显峰	北京市德恒律师事务所
孟昭荣	北京城建集团有限责任公司
贺小村	中国建筑一局（集团）有限公司

出 版 说 明

建筑施工企业管理人员（各专业施工员、质量员、造价员，以及材料员、测量员、试验员、资料员、安全员）是施工企业项目一线的技术管理骨干。他们的基础知识水平和业务能力的大小，直接影响到工程项目的施工质量和企业的经济效益；他们的工作质量的好坏，直接影响到建设项目的成败。随着建筑业企业管理的规范化，管理人员持证上岗已成为必然，其岗位培训工作也成为各施工企业十分关心和重视的工作之一。但管理人员活跃在施工现场，工作任务重，学习时间少，难以占用大量时间进行集中培训；而另一方面，目前已有的一些培训教材，不仅内容因多年没有修订而较为陈旧，而且科目较多，不利于短期培训。有鉴于此，我们通过了解近年来施工企业岗位培训工作的实际情况，结合目前管理人员素质状况和实际工作需要，以少而精的原则，组织出版了这套"建筑施工企业管理人员岗位资格培训教材"，本套丛书共分15册，分别为：

◆《建筑施工企业管理人员相关法规知识》
◆《土建专业岗位人员基础知识》
◆《材料员岗位实务知识》
◆《测量员岗位实务知识》
◆《试验员岗位实务知识》
◆《资料员岗位实务知识》
◆《安全员岗位实务知识》
◆《土建质量员岗位实务知识》
◆《土建施工员（工长）岗位实务知识》
◆《土建造价员岗位实务知识》
◆《电气质量员岗位实务知识》
◆《电气施工员（工长）岗位实务知识》
◆《安装造价员岗位实务知识》
◆《暖通施工员（工长）岗位实务知识》
◆《暖通质量员岗位实务知识》

其中，《建筑施工企业管理人员相关法规知识》为各岗位培训的综合科目，《土建专业岗位人员基础知识》为土建专业施工员、质量员、造价员培训的综合科目，其他13册则是根据13个岗位编写的。参加每个岗位的培训，只需使用2~3册教材即可（土建专业施工员、质量员、造价员岗位培训使用3册，其他岗位培训使用2册），各书均按照企业实际培训课时要求编写，极大地方便了培训教学与学习。

本套丛书以现行国家规范、标准为依据，内容强调实用性、科学性和先进性，可作为施工企业管理人员的岗位资格培训教材，也可作为其平时的学习参考用书。希望本套丛书能够帮助广大施工企业管理人员顺利完成岗位资格培训，提高岗位业务能力，从容应对各自岗位的管理工作。也真诚地希望各位读者对书中不足之处提出批评指正，以便我们进一步完善和改进。

中国建筑工业出版社

2006 年 12 月

前 言

随着建筑业的发展，对建筑施工企业岗位人员的要求越来越高，为了满足施工项目管理的需求，在广泛征求意见的基础上，以新颁发的法律法规和建筑行业新标准、新规范为依据，体现了科学性、实用性、系统性和可操作性的特点，既注重了内容的全面性又重点突出，做到理论联系实际。

全书共包括十章内容：建筑工程质量管理基础、建筑工程施工质量验收、地基与基础工程、砌体工程、混凝土工程、钢结构工程、屋面工程、地下防水工程、建筑地面工程、建筑装饰装修工程。主要介绍了施工质量管理的内容和建筑工程的分部分项工程施工的要点和验收的要求。

本书由曹安民、阚冬梅编写，由于作者学识有限，编写时间较紧，教材内容的选取以及文字的提炼推敲可能存在不足之处，敬请专家与同行指正，以期不断完善。

本书在编写过程中参阅并吸收了大量的文献，在此对他们的工作、贡献表示深深的谢意。

目 录

第一章 建筑工程质量管理基础 ……………………………………………… 1

第一节 质量的概念 ……………………………………………………… 1
一、质量的定义 …………………………………………………………… 1
二、建设工程质量 ………………………………………………………… 1
三、工程质量形成过程与影响因素分析 ………………………………… 2
四、工程质量的特点 ……………………………………………………… 4

第二节 质量管理的发展 ………………………………………………… 5
一、质量检验阶段（20世纪20～40年代） …………………………… 5
二、统计质量管理阶段（20世纪40～50年代） ……………………… 6
三、全面质量管理阶段（20世纪60年代以后） ……………………… 6
四、质量管理与质量管理标准的形成 …………………………………… 8

第三节 建筑工程质量管理体系 ………………………………………… 9
一、质量管理的八项原则 ………………………………………………… 9
二、质量管理体系文件的构成 …………………………………………… 10
三、质量管理体系的建立和运行 ………………………………………… 12
四、质量管理体系认证与监督 …………………………………………… 16

第四节 建筑工程质量控制 ……………………………………………… 17
一、质量控制 ……………………………………………………………… 17
二、建筑工程质量控制 …………………………………………………… 18
三、施工项目质量控制的对策 …………………………………………… 18
四、施工项目质量控制的过程 …………………………………………… 20
五、施工项目质量控制阶段 ……………………………………………… 20
六、施工项目质量控制的方法 …………………………………………… 21

第五节 建筑工程质量问题分析与处理 ………………………………… 23
一、工程质量问题分析处理程序 ………………………………………… 23
二、工程项目质量通病防治 ……………………………………………… 27
三、工程质量问题的处理 ………………………………………………… 27

第六节 建筑工程质量统计与分析 ……………………………………… 29
一、质量统计的指标内容及统计方法 …………………………………… 29
二、工程质量成本 ………………………………………………………… 41

第七节 建筑工程施工质检员的职责 …………………………………… 42
一、工程施工质量员的基本素质 ………………………………………… 42
二、工程施工质量员的基本工作与质量责任 …………………………… 43
三、工程施工质量员的职责 ……………………………………………… 43

第二章 建筑工程施工质量验收 …………………………………………… 47

第一节　建筑工程质量验收的基本规定 ……………………………………… 47
一、建筑工程施工质量管理 ……………………………………………………… 47
二、建筑工程施工质量控制的基本要求 ………………………………………… 47
三、建筑工程施工质量验收要求 ………………………………………………… 48
四、检验批的质量检验 …………………………………………………………… 48
五、检验批的抽样方案中有关规定 ……………………………………………… 48

第二节　建筑工程质量验收的划分 …………………………………………… 48
一、单位工程划分的确定原则 …………………………………………………… 48
二、分部工程划分的确定原则 …………………………………………………… 49
三、分项工程的划分 ……………………………………………………………… 49
四、室外工程的划分 ……………………………………………………………… 49

第三节　建筑工程质量验收 …………………………………………………… 50
一、检验批合格质量应符合的规定 ……………………………………………… 50
二、分项工程质量验收合格应符合的规定 ……………………………………… 50
三、分部（子分部）工程质量验收合格应符合的规定 ………………………… 50
四、单位（子单位）工程质量验收合格应符合的规定 ………………………… 51
五、建筑工程质量验收记录应符合的规定 ……………………………………… 51
六、当建筑工程质量不符合要求时，进行处理的规定 ………………………… 53
七、严禁验收的规定 ……………………………………………………………… 54

第四节　工程质量验收程序和组织 …………………………………………… 54
一、检验批及分项工程的验收 …………………………………………………… 54
二、分部工程的验收 ……………………………………………………………… 54
三、施工单位自检 ………………………………………………………………… 55
四、单位工程质量验收 …………………………………………………………… 55

第三章　地基与基础工程 ………………………………………………………… 56
第一节　地基处理 ……………………………………………………………… 56
一、换填垫层法 …………………………………………………………………… 56
二、预压法 ………………………………………………………………………… 57
三、振冲法 ………………………………………………………………………… 58
四、砂石桩法 ……………………………………………………………………… 59
五、深层搅拌法 …………………………………………………………………… 59
六、高压喷射注浆法 ……………………………………………………………… 60

第二节　桩基工程 ……………………………………………………………… 60
一、灌注桩施工 …………………………………………………………………… 60
二、混凝土预制桩施工 …………………………………………………………… 62
三、钢桩施工 ……………………………………………………………………… 63

第三节　基础工程 ……………………………………………………………… 64
一、刚性基础施工 ………………………………………………………………… 64
二、扩展基础施工 ………………………………………………………………… 66
三、杯形基础施工 ………………………………………………………………… 68
四、筏形基础施工 ………………………………………………………………… 69
五、箱形基础施工 ………………………………………………………………… 70

第四节 分部（子分部）工程质量验收	73
第四章 砌体工程	**74**
第一节 基本规定	74
第二节 砌筑砂浆	76
一、材料要求	76
二、砂浆要求	76
三、砂浆拌制	77
四、砖和砂浆的使用	77
五、砂浆强度等级	77
第三节 砖砌体工程	78
一、一般规定	78
二、施工质量控制	78
三、施工质量验收	80
第四节 混凝土小型空心砌块砌体工程	82
一、一般规定	82
二、施工质量控制	83
三、施工质量验收	84
第五节 配筋砌体工程	85
一、一般规定	85
二、施工质量控制	85
三、施工质量验收	86
第六节 填充墙砌体工程	88
一、一般规定	88
二、施工质量控制	88
三、施工质量验收	90
第七节 子分部工程验收	91
第五章 混凝土结构工程	**92**
第一节 模板分项工程	92
一、一般规定	92
二、施工质量控制	92
三、施工质量验收	94
第二节 钢筋分项工程	97
一、材料质量要求	97
二、施工质量控制	98
三、施工质量验收	99
第三节 预应力分项工程	103
一、材料质量要求	103
二、施工质量控制	106
三、施工质量验收	108
第四节 混凝土分项工程	113
一、材料质量要求	113

二、混凝土施工质量控制 ……………………………………… 115
三、施工质量验收 ……………………………………………… 118
第五节 现浇结构分项工程 ………………………………………… 121
一、一般规定 …………………………………………………… 121
二、施工质量验收 ……………………………………………… 122
第六节 装配式结构分项工程 ……………………………………… 124
一、材料（构件）质量要求 …………………………………… 124
二、施工质量控制 ……………………………………………… 124
三、施工质量验收 ……………………………………………… 125
第七节 混凝土结构子分部工程 …………………………………… 127
一、结构实体检验 ……………………………………………… 127
二、混凝土结构子分部工程验收 ……………………………… 128

第六章 钢结构 ……………………………………………………… 129
第一节 原材料、成品进场验收 ………………………………… 129
一、材料质量控制 ……………………………………………… 129
二、原材料管理 ………………………………………………… 129
三、施工质量验收 ……………………………………………… 130
第二节 钢结构焊接工程 ………………………………………… 134
一、材料质量要求 ……………………………………………… 134
二、施工质量控制 ……………………………………………… 135
三、施工质量验收 ……………………………………………… 137
第三节 紧固件连接工程 ………………………………………… 140
一、材料质量要求 ……………………………………………… 140
二、施工质量控制 ……………………………………………… 140
三、施工质量验收 ……………………………………………… 142
第四节 钢零件及钢部件加工工程 ……………………………… 144
一、材料质量要求 ……………………………………………… 144
二、施工质量控制 ……………………………………………… 144
三、施工质量验收 ……………………………………………… 148
第五节 钢构件组装工程 ………………………………………… 153
一、一般规定 …………………………………………………… 153
二、施工质量控制 ……………………………………………… 153
三、施工质量验收 ……………………………………………… 154
第六节 钢构件预拼装工程 ……………………………………… 156
一、施工质量控制 ……………………………………………… 156
二、施工质量验收 ……………………………………………… 156
第七节 钢结构安装工程 ………………………………………… 157
一、一般规定 …………………………………………………… 157
二、施工质量控制 ……………………………………………… 157
三、施工质量验收 ……………………………………………… 159
第八节 钢网架结构安装工程 …………………………………… 166
一、一般规定 …………………………………………………… 166

二、施工质量控制 ··· 167
　　三、施工质量验收 ··· 168
第九节　压型金属板工程 ··· 171
　　一、材料质量要求 ··· 171
　　二、施工质量控制 ··· 171
　　三、施工质量验收 ··· 172
第十节　钢结构涂装工程 ··· 174
　　一、一般规定 ·· 174
　　二、施工质量控制 ··· 175
　　三、施工质量验收 ··· 175
第十一节　分部工程竣工验收 ··· 177

第七章　屋面工程 ··· 179
第一节　卷材防水屋面 ·· 179
　　一、材料质量要求 ··· 179
　　二、施工质量控制 ··· 181
　　三、施工质量验收 ··· 185
第二节　涂膜防水屋面工程 ·· 190
　　一、材料质量要求 ··· 190
　　二、施工质量控制 ··· 192
　　三、施工质量验收 ··· 194
第三节　刚性防水屋面工程 ·· 195
　　一、材料质量要求 ··· 195
　　二、施工质量控制 ··· 196
　　三、施工质量验收 ··· 197
第四节　屋面接缝密封防水 ·· 198
　　一、材料质量要求 ··· 198
　　二、施工质量控制 ··· 200
　　三、施工质量验收 ··· 200
第五节　瓦屋面工程 ··· 201
　　一、平瓦屋面 ·· 201
　　二、油毡瓦屋面 ·· 202
　　三、金属板材屋面 ··· 204
第六节　隔热屋面工程 ·· 205
　　一、施工质量控制 ··· 205
　　二、施工质量验收 ··· 207
第七节　屋面细部构造防水 ·· 208
　　一、施工质量控制 ··· 208
　　二、施工质量验收 ··· 210
第八节　分部工程验收 ·· 211

第八章　地下防水工程 ·· 213
第一节　防水混凝土 ··· 213

一、材料要求 ··· 213
　　二、施工质量控制 ··· 213
　　三、施工质量验收 ··· 214
第二节　水泥砂浆防水层 ··· 216
　　一、技术要求 ··· 216
　　二、施工质量控制 ··· 217
　　三、施工质量验收 ··· 218
第三节　卷材防水层 ··· 219
　　一、材料质量要求 ··· 219
　　二、施工质量控制 ··· 220
　　三、施工质量验收 ··· 221
第四节　涂料防水层 ··· 223
　　一、材料要求 ··· 223
　　二、施工质量控制 ··· 224
　　三、施工质量验收 ··· 224
第五节　细部构造 ··· 226
　　一、材料要求 ··· 226
　　二、施工质量验收 ··· 226
第六节　特殊施工法防水工程 ····································· 228
　　一、锚喷支护 ··· 228
　　二、地下连续墙 ··· 229
　　三、复合式衬砌 ··· 230
第七节　排水工程 ··· 230
　　一、渗排水、盲沟排水 ··· 230
　　二、隧道、坑道排水 ··· 231
第八节　分部工程验收 ··· 232

第九章　建筑地面工程 ··· 235
第一节　基本规定 ··· 235
第二节　基层铺设 ··· 237
　　一、一般规定 ··· 237
　　二、基土 ··· 238
　　三、垫层 ··· 239
　　四、找平层 ··· 244
　　五、隔离层 ··· 246
　　六、填充层 ··· 248
第三节　整体面层铺设 ··· 249
　　一、基本规定 ··· 249
　　二、水泥混凝土面层 ··· 250
　　三、水泥砂浆面层 ··· 252
　　四、水磨石面层 ··· 253
　　五、水泥钢（铁）屑面层 ······································· 256
　　六、防油渗面层 ··· 257

  七、不发火（防爆的）面层 ………………………………………… 260
 第四节 板块面层铺设 …………………………………………………… 261
  一、一般规定 ……………………………………………………… 261
  二、砖面层 ………………………………………………………… 262
  三、大理石面层和花岗石面层 …………………………………… 264
  四、预制板块面层 ………………………………………………… 266
  五、料石面层 ……………………………………………………… 267
  六、塑料板面层 …………………………………………………… 269
  七、活动地板面层 ………………………………………………… 271
 第五节 木、竹面层铺设 ………………………………………………… 273
  一、一般规定 ……………………………………………………… 273
  二、实木地板面层 ………………………………………………… 274
  三、实木复合地板面层 …………………………………………… 276
  四、中密度（强化）复合地板面层 ……………………………… 277
  五、竹地板面层 …………………………………………………… 279
 第六节 分部（子分部）工程验收 ……………………………………… 280

第十章 建筑装饰装修工程 ………………………………………………… 282
 第一节 抹灰工程 ………………………………………………………… 282
  一、一般规定 ……………………………………………………… 282
  二、一般抹灰工程 ………………………………………………… 282
  三、装饰抹灰工程 ………………………………………………… 284
  四、清水砌体勾缝工程 …………………………………………… 285
 第二节 门窗工程 ………………………………………………………… 285
  一、一般规定 ……………………………………………………… 285
  二、木门窗制作与安装工程 ……………………………………… 286
  三、金属门窗安装工程 …………………………………………… 288
  四、塑料门窗安装工程 …………………………………………… 290
  五、特种门安装工程 ……………………………………………… 291
  六、门窗玻璃安装工程 …………………………………………… 293
 第三节 吊顶工程 ………………………………………………………… 294
  一、一般规定 ……………………………………………………… 294
  二、暗龙骨吊顶工程 ……………………………………………… 295
  三、明龙骨吊顶工程 ……………………………………………… 296
 第四节 轻质隔墙工程 …………………………………………………… 297
  一、一般规定 ……………………………………………………… 297
  二、板材隔墙工程 ………………………………………………… 297
  三、骨架隔墙工程 ………………………………………………… 298
  四、活动隔墙工程 ………………………………………………… 299
  五、玻璃隔墙工程 ………………………………………………… 300
 第五节 饰面板（砖）工程 ……………………………………………… 301
  一、一般规定 ……………………………………………………… 301
  二、饰面板安装工程 ……………………………………………… 302

三、饰面砖粘贴工程……………………………………………………303
　第六节　幕墙工程………………………………………………………304
　　一、一般规定……………………………………………………………304
　　二、玻璃幕墙工程………………………………………………………306
　　三、金属幕墙工程………………………………………………………309
　　四、石材幕墙工程………………………………………………………311
　第七节　涂饰工程………………………………………………………313
　　一、一般规定……………………………………………………………313
　　二、水性涂料涂饰工程…………………………………………………314
　　三、溶剂型涂料涂饰工程………………………………………………315
　　四、美术涂饰工程………………………………………………………316
　第八节　裱糊与软包工程………………………………………………316
　　一、一般规定……………………………………………………………316
　　二、裱糊工程……………………………………………………………317
　　三、软包工程……………………………………………………………317
　第九节　细部工程………………………………………………………318
　　一、一般规定……………………………………………………………318
　　二、橱柜制作与安装工程………………………………………………319
　　三、窗帘盒、窗台板和散热器罩制作与安装工程……………………320
　　四、门窗套制作与安装工程……………………………………………320
　　五、护栏和扶手制作与安装工程………………………………………321
　　六、花饰制作与安装工程………………………………………………322
　第十节　分部工程质量验收……………………………………………322
参考文献……………………………………………………………………324

第一章 建筑工程质量管理基础

第一节 质量的概念

一、质量的定义

2000版GB/T 19000—ISO 9000族标准中质量的定义是：一组固有特性满足要求的程度。

上述定义可以从以下几方面去理解：

1. 质量不仅是指产品质量，也可以是某项活动或过程的工作质量，还可以是质量管理体系运行的质量。质量是由一组固有特性组成的，这些固有特性是指满足顾客和其他相关方的要求的特性，并由其满足要求的程度加以表征。

2. 特性是指区分的特征。特性可以是固有的或赋予的，可以是定性的或定量的。特性有各种类型，如一般有：物质特性（如：机械的、电的、化学的或生物的特性）、官感特性（如：嗅觉、触觉、味觉、视觉及感觉控测的特性）、行为特性（如：礼貌、诚实、正直）、人体工效特性（如：语言或生理特性、人身安全特性）、功能特性（如：飞机的航程、速度）。质量特性是固有的特性，并通过产品、过程或体系设计和开发及其后之实现过程形成的属性。固有的意思是指在某事或某物中本来就有的，尤其是那种永久的特性。赋予的特性（如：某一产品的价格）并非是产品、过程或体系的固有特性，不是它们的质量特性。

3. 满足要求就是应满足明示的（如合同、规范、标准、技术、文件、图纸中明确规定的）、通常隐含的（如组织的惯例、一般习惯）或必须履行的（如法律、法规、行业规则）的需要和期望。与要求相比较，满足要求的程度才反映为质量的好坏。对质量的要求除考虑满足顾客的需要外，还应考虑其他相关方即组织自身利益、提供原材料相零部件等的供方的利益和社会的利益等多种需求。例如需考虑安全性、环境保护、节约能源等外部的强制要求。只有全面满足这些要求，才能评定为好的质量或优秀的质量。

4. 顾客和其他相关方对产品、过程或体系的质量要求是动态的、发展的和相对的。质量要求随着时间、地点、环境的变化而变化。如随着技术的发展、生活水平的提高，人们对产品、过程或体系会提出新的质量要求。因此应定期评定质量要求、修订规范标准，不断开发新产品、改进老产品，以满足已变化的质量要求。另外，不同国家不同地区因自然环境条件不同，技术发达程度不同、消费水平不同和民俗习惯等的不同会对产品提出不同的要求，产品应具有这种环境的适应性，对不同地区应提供不同性能的产品，以满足该地区用户的明示或隐含的要求。

二、建设工程质量

建设工程质量简称工程质量。工程质量是指工程满足业主需要的，符合国家法律、法规、技术规范标准、设计文件及合同规定的特性综合。

建设工程作为一种特殊的产品，除具有一般产品共有的质量特性，如性能、寿命、可靠性、安全性、经济性等满足社会需要的使用价值及其属性外，还具有特定的内涵。

建设工程质量的特性主要表现在以下六个方面：

1. 适用性。即功能，是指工程满足使用目的的各种性能。包括：理化性能，如：尺寸、规格、保温、隔热、隔声等物理性能，耐酸、耐碱、耐腐蚀、防火、防风化、防尘等化学性能；结构性能，指地基基础牢固程度，结构的足够强度、刚度和稳定性；使用性能，如民用住宅工程要能使居住者安居，工业厂房要能满足生产活动需要，道路、桥梁、铁路、航道要能通达便捷等。建设工程的组成部件、配件、水、暖、电、卫器具、设备也要能满足其使用功能；外观性能，指建筑物的造型、布置、室内装饰效果、色彩等美观大方、协调等。

2. 耐久性。即寿命，是指工程在规定的条件下，满足规定功能要求使用的年限，也就是工程竣工后的合理使用寿命周期。由于建筑物本身结构类型不同、质量要求不同、施工方法不同、使用性能不同的个性特点，目前国家对建设工程的合理使用寿命周期还缺乏统一的规定，仅在少数技术标准中，提出了明确要求。

3. 安全性。是指工程建成后在使用过程中保证结构安全、保证人身和环境免受危害的程度。建设工程产品的结构安全度、抗震、耐火及防火能力，人民防空的抗辐射、抗核污染、抗爆炸波等能力，是否能达到特定的要求，都是安全性的重要标志。工程交付使用之后，必须保证人身财产、工程整体都有能免遭工程结构破坏及外来危害的伤害。工程组成部件，如阳台栏杆、楼梯扶手、电器产品漏电保护、电梯及各类设备等，也要保证使用者的安全。

4. 可靠性。是指工程在规定的时间和规定的条件下完成规定功能的能力。工程不仅要求在交工验收时要达到规定的指标，而且在一定的使用时期内要保持应有的正常功能。如工程上的防洪与抗震能力、防水隔热、恒温恒湿措施、工业生产用的管道防"跑、冒、滴、漏"等，都属可靠性的质量范畴。

5. 经济性。是指工程从规划、勘察、设计、施工到整个产品使用寿命周期内的成本和消耗的费用。工程经济性具体表现为设计成本、施工成本、使用成本三者之和。包括从征地、拆迁、勘察、设计、采购（材料、设备）、施工、配套设施等建设全过程的总投资和工程使用阶段的能耗、水耗、维护、保养乃至改建更新的使用维修费用。通过分析比较，判断工程是否符合经济性要求。

6. 与环境的协调性。是指工程与其周围生态环境协调，与所在地区经济环境协调以及与周围已建工程相协调，以适应可持续发展的要求。

上述六个方面的质量特性彼此之间是相互依存的，总体而言，适用、耐久、安全、可靠、经济、与环境适应性，都是必须达到的基本要求，缺一不可。但是对于不同门类不同专业的工程，如工业建筑、民用建筑、公共建筑、住宅建筑、道路建筑，可根据其所在的特定地域环境条件、技术经济条件的差异，有不同的侧重面。

三、工程质量形成过程与影响因素分析

1. 工程建设各阶段对质量形成的作用与影响

工程建设的不同阶段，对工程项目质量的形成起着不同的作用和影响。

(1) 项目可行性研究

项目可行性研究是在项目建议书和项目策划的基础上，运用经济学原理对投资项目的有关技术、经济、社会、环境及所有方面进行调查研究，对各种可能的拟建方案和建成投产后的经济效益、社会效益和环境效益等进行技术经济分析、预测和论证，确定项目建设的可行性，并在可行的情况下，通过多方案比较从中选择出最佳建设方案，作为项目决策和设计的依据。在此过程中，需要确定工程项目的质量要求，并与投资目标相协调。因此，项目的可行性研究直接影响项目的决策质量和设计质量。

(2) 项目决策

项目决策阶段是通过项目可行性研究和项目评估，对项目的建设方案做出决策，使项目的建设充分反映业主的意愿，并与地区环境相适应，做到投资、质量、进度三者协调统一。所以，项目决策阶段对工程质量的影响主要是确定工程项目应达到的质量目标和水平。

(3) 工程勘察、设计

工程的地质勘察是为建设场地的选择和工程的设计与施工提供地质资料依据。而工程设计是根据建设项目总体需求（包括已确定的质量目标和水平）和地质勘察报告，对工程的外形和内在的实体进行筹划、研究、构思、设计和描绘，形成设计说明书和图纸等相关文件，使得质量目标和水平具体化，为施工提供直接依据。

工程设计质量是决定工程质量的关键环节，工程采用什么样的平面布置和空间形式、选用什么样的结构类型、使用什么样的材料、构配件及设备等等，都直接关系到工程主体结构的安全可靠，关系到建设投资的综合功能是否充分体现规划意图。在一定程度上，设计的完美性也反映了一个国家的科技水平和文化水平。设计的严密性、合理性，也决定了工程建设的成败，是建设工程的安全、适用、经济与环境保护等措施得以实现的保证。

(4) 工程施工

工程施工是指按照设计图纸及相关文件的要求，在建设场地上将设计意图付诸实现的测量、作业、检验，形成工程实体建成最终产品的活动。任何优秀的勘察设计成果，只有通过施工才能变为现实。因此工程施工活动决定了设计意图能否体现，它直接关系到工程的安全可靠、使用功能的保证，以及外表观感能否体现建筑设计的艺术水平。在一定程度上，工程施工是形成实体质量的决定性环节。

(5) 工程竣工验收

工程竣工验收就是对项目施工阶段的质量通过检查评定、试车运转，考核项目质量是否达到设计要求；是否符合决策阶段确定的质量目标和水平，并通过验收确保工程项目的质量。所以工程竣工验收对质量的影响是保证最终产品的质量。

2. 影响工程质量的因素

影响工程的因素很多，但归纳起来主要有五个方面，即人、材料、机械、方法和环境。

(1) 人员素质

人是生产经营活动的主体，也是工程项目建设的决策者、管理者、操作者，工程建设的全过程，如项目的规划、决策、勘察、设计和施工，都是通过人来完成的。人员的素质，即人的文化水平、技术水平、决策能力、管理能力、组织能力、作业能力、控制能力、身体素质及职业道德等，都将直接和间接地对规划、决策、勘察、设计和施工的质量产生影响，而规划是否合理、决策是否正确、设计是否符合所需要的质量功能、施工能否满足合同、规范、技术标准的需要等，都将对工程质量产生不同程度的影响，所以人员素质是影响工程质量的一个重要因素。因此，建筑行业实行经营资质管理和各类专业从业人员持证上岗制度是保证人员素质的重要管理措施。

(2) 工程材料

工程材料泛指构成工程实体的各类建筑材料、构配件、半成品等，它是工程建设的物质条件，是工程质量的基础。工程材料选用是否合理、产品是否合格、材质是否经过检验、保管使用是否得当等等，都将直接影响建设工程的结构刚度和强度，影响工程外表及观感，影响工程的使用功能，影响工程的使用安全。

(3) 机械设备

机械设备可分为两类：一是指组成工程实体及配套的工艺设备和各类机具，如电梯、泵机、通风设备等，它们构成了建筑设备安装工程或工业设备安装工程，形成完整的使用功能。二是指施工过程中使用的各类机具设备，包括大型垂直与横向运输设备、各类操作工具、各种施工安全设施、各类测量仪器和计量器具等，简称施工机具设备，它们是施工生产的手段。机具设备对工程质量也有重要的影响。工程用机具设备其产品质量优劣，直接影响工程使用功能质量。施工机具设备的类型是否符合工程施工特点，性能是否先进稳定，操作是否方便安全等，都将会影响工程项目的质量。

(4) 方法

方法是指工艺方法、操作方法和施工方案。在工程施工中，施工方案是否合理，施工工艺是否先进，施工操作是否正确，都将对工程质量产生重大的影响。大力推进采用新技术、新工艺、新方法，不断提高工艺技术水平，是保证工程质量稳定提高的重要因素。

(5) 环境条件

环境条件是指对工程质量特性起重要作用的环境因素，包括：工程技术环境，如工程地质、水文、气象等；工程作业环境，如施工环境作业面大小、防护设施、通风照明和通讯条件等；工程管理环境，主要指工程实施的合同结构与管理关系的确定，组织体制及管理制度等；周边环境，如工程邻近的地下管线、建（构）筑物等。环境条件往往对工程质量产生特定的影响。加强环境管理，改进作业条件，把握好技术环境，辅以必要的措施，是控制环境对质量影响的重要保证。

四、工程质量的特点

建设工程质量的特点是由建设工程本身和建设生产的特点决定的。建设工程（产品）及其生产的特点：一是产品的固定性，生产的流动性；二是产品多样性，生产的单件性；三是产品形体庞大、高投入、生产周期长、具有风险性；四是产品的社会性，生产的外部约束性。正是由于上述建设工程的特点而形成了工程质量本身有以下特点。

1. 影响因素多

建设工程质量受到多种因素的影响，如决策、设计、材料、机具设备、施工方法、施工工艺、技术措施、人员素质、工期、工程造价等，这些因素直接或间接地影响工程项目质量。

2. 质量波动大

由于建筑生产的单件性、流动性，不像一般工业产品的生产那样，有固定的生产流水线、有规范化的生产工艺和完善的检测技术、有成套的生产设备和稳定的生产环境，所以工程质量容易产生波动且波动大。同时由于影响工程质量的偶然性因素和系统性因素比较多，其中任一因素发生变动，都会使工程质量产生波动。如材料规格品种使用错误、施工方法不当、操作未按规程进行、机械设备过度磨损或出现故障、设计计算失误等等，都会发生质量波动，产生系统因素的质量变异，造成工程质量事故。为此，要严防出现系统性因素的质量变异，要把质量波动控制在偶然性因素范围内。

3. 质量隐蔽性

建设工程在施工过程中，分项工程交接多、中间产品多、隐蔽工程多，因此质量存在隐蔽性。若在施工中不及时进行质量检查，事后只能从表面上检查，就很难发现内在的质量问题，这样就容易产生判断错误，即第二类判断错误（将不合格品误认为合格品）。

4. 终检的局限性

工程项目建成后不可能像一般工业产品那样依靠终检来判断产品质量，或将产品拆卸、解体来检查其内在的质量，或对不合格零部件可以更换。而工程项目的终检（竣工验收）无法进行工程内在质量的检验，发现隐蔽的质量缺陷。因此，工程项目的终检存在一定的局限性。这就要求工程质量控制应以预防为主，防患于未然。

5. 评价方法的特殊性

工程质量的检查评定及验收是按检验批、分项工程、分部工程、单位工程进行的。检验批的质量是分项工程乃至整个工程质量检验的基础，检验批合格质量主要取决于主控项目和一般项目经抽样检验的结果。隐蔽工程在隐蔽前要检查合格后验收，涉及结构安全的试块、试件以及有关材料，应按规定进行见证取样检测，涉及结构安全和使用功能的重要分部工程要进行抽样检测。工程质量是在施工单位按合格质量标准自行检查评定的基础上，由监理工程师（或建设单位项目负责人）组织有关单位、人员进行检验确认验收。这种评价方法体现了"验评分离、强化验收、完善手段、过程控制"的指导思想。

第二节 质量管理的发展

最早提出质量管理的国家是美国。日本在第二次世界大战后引进美国的整套质量管理技术和方法，结合本国实际，又将其向前推进，使质量管理走上了科学的道路。取得了世界瞩目的成绩。质量管理作为企业管理的有机组成部分，它的发展也是随着企业管理的发展而发展的，其产生、形成、发展和日益完善的过程大体经历了以下几个阶段。

一、质量检验阶段（20世纪20~40年代）

20世纪前，主要是手工作业和个体生产方式，依靠生产操作者自身的手艺和经验来保证质量，只能称为"操作者质量管理"时期。进入20世纪，由于资本主义生产力的发展，机器化大生产方式与手工作业的管理制度的矛盾，阻碍了生产力的发展，于是出现了管理革命。美国的泰勒研究了从工业革命以来的大工业生产的管理实践，创立了"科学管理"的新理论。他提出了计划与执行、检验与生产的职能需要分开的主张，即企业中设置专职的质量检验部门和人员，从事质量检验。这使产品质量有了基本保证，对提高产品质量、防止不合格产品出厂或流入下一道工序有积极的意义。这种制度把过去的"操作者质量管理"变成了"检验员的质量管理"，标志着进入了质量检验阶段。由于这个阶段的特点是质量管理单纯依靠事后检查、剔除废品。因此，它的管理效能有限。按现在的观点来看，它只是质量管理中的一个必不可少的环节。

1924年，美国统计学家休哈特提出了"预防缺陷"的概念。他认为，质量管理除了事后检查以外，还应做到事先预防，在有不合格产品出现的苗头时，就应发现并及时采取措施予以制止。他创造了统计质量控制图等一套预防质量事故的理论。与此同时，还有一些统计学家提出了抽样检验的办法，把统计方法引入了质量管理领域使得检验成本得到降低，但由于当时不为人们充分认识和理解，故未得到真正执行。

二、统计质量管理阶段（20世纪40～50年代）

第二次世界大战初期，由于战争的需要，美国许多民用生产企业转为军用品生产。由于事先无法控制产品质量，造成废品量很大，耽误了交货期，甚至因军火质量差而发生事故，同时，军需品的质量检验大多属于破坏性检验，不可能进行事后检验。于是人们采用休哈特的"预防缺陷"的理论。美国国防部请休哈特等研究制定了一套美国战时质量管理，强制生产企业执行。这套方法主要是采用统计质量控制图。了解质量变动的先兆，进行预防，使不合格产品率大为下降，对保证产品质量收到了较好的效果。这种用数理统计方法来控制生产过程影响质量的因素，把单纯的质量检验变成了过程管理。使质量管理从"事后"转到了"事中"，较单纯的质量检验进了一大步。战后，许多工业发达国家生产企业也纷纷采用和仿效这种质量工作模式。但因为对数理统计知识的掌握有一定的要求，在过分强调的情况下，给人们以统计质量管理是少数数理统计人员责任的错觉，而忽略了广大生产与管理人员的作用，结果是既没有充分发挥数理统计方法的作用，又影响了管理功能的发展，把数理统计在质量管理中的应用推向了极端。到了50年代人们认识到统计质量管理方法并不能全面保证产品质量，进而导致了"全面质量管理"新阶段的出现。

三、全面质量管理阶段（20世纪60年代以后）

20世纪60年代以后，随着社会生产力的发展和科学技术的进步，经济上的竞争也日趋激烈。特别是一大批高安全性、高可靠性、高科技和高价值的技术密集型产品和大型复杂产品的质量在很大程度上依靠对各种影响质量的因素加以控制，才能达到设计标准和使用要求。人们对控制质量的认识有了深化，意识到单纯靠统计检验手段已不能满足要求了，大规模的工业化生产，质量保证除与设备、工艺、材料、环境等因素有关外，与职工的思想意识、技术素质，企业的生产技术管理等息息相关。同时检验质量的标准与用户中所需求的功能标准之间也存在时差。必须及时地收集反馈信息，修改制定满足用户需要的质量标准，使产品具有竞争性。20世纪60年代，美国的菲根堡姆首先提出了较系统的"全面质量管理"概念。其中心意思是，数理统计方法是重要的，但不能单纯依靠它。只有将它和企业管理结合起来，才能保证产品质量。这一理论很快应用于不同行业生产企业（包括服务行业和其他行业）的质量工作，此后，这一概念通过不断完善，便形成了今天的"全面质量管理"。

全面质量管理阶段的特点是针对不同企业的生产条件、工作环境及工作状态等多方面因素的变化,把组织管理、数理统计方法以及现代科学技术、社会心理学、行为科学等综合运用于质量管理,建立适用和完善的质量工作体系,对每一个生产环节加以管理,做到全面运行和控制。通过改善和提高工作质量来保证产品质量;通过对产品的形成和使用全过程管理,全面保证产品质量;通过形成生产(服务)企业全员、全企业、全过程的质量工作系统。建立质量体系以保证产品质量始终满足用户需要,使企业用最少的投入获取最佳的效益。

全面质量管理的核心是"三全"管理;全面质量管理的基本观点是全面质量的观点、为用户服务的观点、预防为主的观点、用数据说话的观点;全面质量管理的基本工作方法是 PDCA 循环法。现就其主要内容简述于下:

1. "三全"管理

所谓"三全"管理,主要是指全过程、全员、全企业的质量管理。

(1) 全过程的质量管理

这是指一个工程项目从立项、设计、施工到竣工验收的全过程,或指工程项目施工的全过程,即从施工准备、施工实施、竣工验收直到回访保修的全过程。全过程管理就是对每一道工序都要有质量标准,严把质量关,防止不合格产品流入下一道工序。

(2) 全员的质量管理

要使每一道工序质量都符合质量标准,必然涉及每一位职工是否具有强烈的质量意识和优秀的工作质量。因此,全员质量管理要强调企业的全体员工用自己的工作质量来保证每一道工序质量。

(3) 全企业的质量管理

所谓"全企业"主要是从组织管理来理解。在企业管理中,每一个管理层次都有相应的质量管理活动,不同层次的质量管理活动的重点不同。上层侧重于决策与协调;下层侧重于执行其质量职能;基层(施工班组)侧重于严格按技术标准和操作规程进行施工。

2. 全面质量管理的基本观点

(1) 全面质量的观点

全面质量的观点是指除了要重视产品本身的质量特性外,还要特别重视数量(工程量)、交货期(工期)、成本(造价)和服务(回访保修)的质量以及各部门各环节的工作质量。把产品质量建立在企业各个环节的工作质量的基础上,用科学技术和高效的工作质量来保证产品质量。因此,全面质量管理要有全面质量的观点,才能在企业中建立一个比较完整的质量保证体系。

(2) 为用户服务的观点

为用户服务就是要满足用户的期望,让用户得到满意的产品和服务,把用户的需要放在第一位,不仅要使产品质量达到用户要求,而且要价廉物美,供货及时,服务周到;要根据用户的需要,不断地提高产品的技术性能和质量标准。

为用户服务还应贯穿于整个施工过程中,明确提出"下道工序就是用户"的口号,使每一道工序都为下一道工序着想,精心地提高本工序的工作质量,保证不为下道工序留下质量隐患。

(3) 预防为主的观点

工程质量是在施工过程中形成的，而不是检查出来的。为此，全面质量管理中的全过程质量管理就是强调各道工序、各个环节都要采取预防性控制，重点控制影响质量的因素，把各种可能产生质量隐患的苗头消灭在萌芽之中。

(4) 用数据说话的观点

数据是质量管理的基础，是科学管理的依据。一切用数据说话，就是用数据来判别质量标准；用数据来寻找质量波动的原因，揭示质量波动的规律；用数据来反映客观事实，分析质量问题，把管理工作定量化，以便于及时采取对策、措施，对质量进行动态控制。这是科学管理的重要标志。

3. 全面质量管理的基本工作方法

全面质量管理的基本工作方法为 PDCA 循环法。美国质量管理专家戴明博士把全面质量管理活动的全过程划分为计划（Plan）、实施（Do）、检查（Check）、处理（Action）四个阶段。即按计划→实施→检查→处理四个阶段周而复始地进行质量管理，这四个阶段不断循环下去，故称 PDCA 循环。它是提高产品质量的一种科学管理工作方法，在日本称为"戴明环"。PDCA 循环，事实上就是认识→实践→再认识→再实践的过程。做任何工作总有一个设想、计划或初步打算；然后根据计划去实施；在实施过程中或进行到某一阶段，要把实施结果与原来的设想、计划进行对比，检查计划执行的情况，最后根据检查的结果来改进工作，总结经验教训，或者修改原来的设想、制订新的工作计划。这样，通过一次次的循环，便能把质量管理活动推向一个新的高度，使产品的质量不断地得到改进和提高。

四、质量管理与质量管理标准的形成

质量检验、统计质量管理和全面质量管理三个阶段的质量管理理论和实践的发展。促使世界各发达国家和企业纷纷制定出新的国家标准和企业标准，以适应全面质量管理的需要。这样的作法虽然促进了质量管理水平的提高，却也出现了各种各样的不同标准。各国在质量管理术语概念、质量保证要求、管理方式等方面都存在很大差异，这种状况显然不利于国际经济交往与合作的进一步发展。

近 30 年来国际化的市场经济迅速发展，国际间商品和资本的流动空间增长，国际间的经济合作、依赖和竞争日增强，有些产品已超越国界形成国际范围的社会化大生产。特别是不少国家把提高进口商品质量作为限入出的保护手段，利用商品的非价格因素竞争设置关贸壁垒。为了解决国际间质量争端，消除和减少技术壁垒，有效地开展国际贸易，加强国际间技术合作，统一国际质量工作语言，制订共同遵守的国际规范，各国政府、企业和消费者都需要一套通用的、具有灵活性的国际质量保证模式。在总结发达国家质量工作经验基础上，20 世纪 70 年代末，国际标准化组织着手制订国际通用的质量管理和质量保证标准。1980 年 5 月国际标准化组织的质量保证技术委员会在加拿大应运而生。它通过总结各国质量管理经验，于 1987 年 3 月制订和颁布了 ISO 9000 系列质量管理及质量保证标准。此后又不断对它进行补充、完善。标准一经发布，相当多的国家和地区表示欢迎，等同或等效采用该标准，指导企业开展质量工作。

质量管理和质量保证的概念和理论是在质量管理发展的三个阶段的基础上，逐步形成的，是市场经济和社会化大生产发展的产物，是与现代生产规模、条件相适应的质量管理工作模式。因此，ISO 9000 系列标准的诞生，顺应了消费者的要求；为生产方提供了当代企业寻求发展的途径；有利于一个国家对企业的规范化管理，更有利于国际间贸易和生产合作。它的诞生顺应了国际经济发展的形势，适应了企业和顾客及其他受益者的需要。因而它的诞生具有必然性。

第三节 建筑工程质量管理体系

一、质量管理的八项原则

在 ISO 9000—2000 标准中增加了八项质量管理原则，这是在近年来质量管理理论和实践的基础上提出来的，是组织领导做好质量管理工作必须遵循的准则。八项质量管理原则已成为改进组织业绩的框架，可帮助组织达到持续成功。

1. 以顾客为关注焦点

组织依存于其顾客。因此，组织应理解顾客当前和未来的需求，满足顾客的要求并争取超越顾客的期望。

组织贯彻实施以顾客为关注焦点的质量管理原则，有助于掌握市场动向，提高市场占有率，提高企业经营效益。以顾客为中心不仅可以稳定老顾客、吸引新顾客，而且可以招来回头客。

2. 领导作用

强调领导作用的原则，是因为质量管理体系是最高管理者推动的，质量方针和目标是领导组织策划的，组织机构和职能分配是领导确定的，资源配置和管理是领导决定安排的，顾客和相关方要求是领导确认的，企业环境和技术进步、质量管理体系改进和提高是领导决策的。所以，领导者应将本组织的宗旨、方向和内部环境统一起来，并创造使员工能够充分参与实现组织目标的环境。

3. 全员参与

各级人员是组织之本。只有他们的充分参与，才能使他们的才干为组织带来收益。

质量管理是一个系统工程，关系到过程中的每一个岗位和每一个人。实施全员参与这一质量管理原则，将会调动全体员工的积极性和创造性，努力工作、勇于负责、持续改进、做出贡献，这对提高质量管理体系的有效性和效率，具有极其重要作用。

4. 过程方法

过程方法是将活动和相关的资源作为过程进行管理，可以更高效地得到期望的结果。因为过程概念反映了从输入到输出具有完整的质量概念，过程管理强调活动与资源结合，具有投入产出的概念。过程概念体现了用 PDCA 循环改进质量活动的思想。过程管理有利于适时进行测量保证上下工序的质量。通过过程管理可以降低成本、缩短周期，从而可更高效的获得预期效果。

5. 管理的系统方法

管理的系统方法是将相互关联的过程作为系统加以识别、理解和管理，有助于组织提高实现目标的有效性和效率。

系统方法包括系统分析、系统工程和系统管理三大环节。系统分析是运用数据、资料或客观事实，确定要达到的优化目标；然后通过系统工程，设计或策划为达到目标而采取的措施和步骤，以及进行资源配置；最后在实施中通过系统管理而取得高有效性和高效率。

在质量管理中采用系统方法，就是要把质量管理体系作为一个大系统，对组成质量管理体系的各个过程加以识别、理解和管理，以实现质量方针和质量目标。

6. 持续改进

持续改进是组织永恒的追求、永恒的目标、永恒的活动。为了满足顾客和其他相关方对质量更高期望的要求，为了赢得竞争的优势，必须不断地改进和提高产品及服务的质量。

7. 基于事实的决策方法

有效决策建立在数据和信息分析的基础上。基于事实的决策方法，首先应明确规定收集信息的种类、渠道和职责，保证资料能够为使用者得到。通过对得到的资料和信息分析，保证其准确、可靠。通过对事实分析、判断，结合过去的经验做出决策并采取行动。

8. 与供方互利的关系

供方是产品和服务供应链上的第一环节，供方的过程是质量形成过程的组成部分。供方的质量影响产品和服务的质量，在组织的质量效益中包含有供方的贡献。供方应按组织的要求也建立质量管理体系。通过互利关系，可以增强组织及供方创造价值的能力，也有利于降低成本和优化资源配置，并增强对付风险的能力。

上述八项质量管理原则之间是相互联系和相互影响的。其中，以顾客为关注焦点是主要的，是满足顾客要求的核心。为了以顾客为关注焦点，必须持续改进，才能不断地满足顾客不断提高的要求。而持续改进又是依靠领导作用、全员参与和互利的供方关系来完成的。所采用的方法是过程方法（控制论）、管理的系统方法（系统论）和基于事实的决策方法（信息论）。可见，这八项质量管理原则，体现了现代管理理论和实践发展的成果，并被人们普遍接受。

二、质量管理体系文件的构成

1. 企业是需要建立形成文件的质量管理体系，而不是只建立质量管理体系的文件。建立质量管理体系文件的价值是便于沟通意图、统一行动，有利于质量管理体系的实施、保持和改进。所以，编制质量管理体系文件不是目的，而是手段，是质量管理体系的一种资源。

编制和使用质量管理体系文件是一项具有动态管理要求的活动。因为质量管理体系的建立、健全要从编制完善的体系文件开始，质量管理体系的运行、审核与改进都是依据文件的规定进行，质量管理实施的结果也要形成文件，作为证实产品质量符合规定要求及质量管理体系有效的证据。

2. 在 GB/T 19000 中规定，质量管理体系应包括：

(1) 形成文件的质量方针和质量目标；

(2) 质量手册；

(3) 质量管理标准所要求的各种生产、工作和管理的程序性文件；

（4）为确保其过程的有效策划、运行和控制所需的文件；

（5）质量管理标准所要求的质量记录。

不同组织的质量管理体系文件的多少与详略程度取决于：组织的规模和活动的类型；过程及其相互作用的复杂程度；人员的能力。

3．质量方针和质量目标

质量方针是组织的质量宗旨和质量方向，是实施和改进组织质量管理体系的推动力。质量方针提供了质量目标制定和评审的框架，是评价质量管理体系有效性的基础。质量方针一般均以简洁的文字来表述，应反映用户及社会对工程质量的要求及企业对质量水平和服务的承诺。

质量目标是指在质量方面所追求的目的。质量目标在质量方针给定的框架内制定并展开，也是组织各职能和层次上所追求并加以实现的主要工作任务。

4．质量手册

（1）质量手册定义

质量手册是质量体系建立和实施中所用主要文件的典型形式。

质量手册是阐明企业的质量政策、质量管理体系和质量实践的文件，它对质量体系作概括的表达，是质量体系文件中的主要文件。它是确定和达到工程产品质量要求所必须的全部职能和活动的管理文件，是企业的质量法规，也是实施和保持质量管理体系过程中应长期遵循的纲领性文件。

（2）质量手册的性质

企业的质量手册应具备以下6个性质：

1）指令性

质量手册所列文件是经企业领导批准的规章，具有指令性，是企业质量工作必须遵循的准则。

2）系统性

包括工程产品质量形成全过程应控制的所有质量职能活动的内容。同时将应控制内容，展开落实到与工程产品形成直接有关的职能部门和部门人员的质量责任制，构成完整的质量管理体系。

3）协调性

质量手册中各种文件之间应协调一致。

4）先进性

采用国内外先进标准和科学的控制方法，体现以预防为主的原则。

5）可操作性

质量手册的条款不是原则性的理论，应当是条文明确、规定具体、切实可以贯彻执行的。

6）可检查性

质量手册中的文件规定，要有定性、定量要求，便于检查和监督。

（3）质量手册的作用

1）质量手册是企业质量工作的指南，使企业的质量工作有明确的方向。

2）质量手册是企业的质量法规，使企业的质量工作能从"人治"走向"法治"。

3）有了质量手册，企业质量体系审核和评价就有了依据。

4）有了质量手册，使投资者（需方）在招标和选择施工单位时，对施工企业的质量保证能力、质量控制水平有充分的了解，并提供了见证。

5. 程序文件

质量管理体系程序文件是质量手册的支持性文件，是企业各职能部门为落实质量手册要求而规定的细则。

GB/T 19000 标准规定文件控制、记录控制、不合格品控制、内审、纠正措施和预防措施六项要求必须形成程序文件，但不是必须要 6 个，如果将文件和记录控制合为一个，将纠正和预防措施合为一个，虽然只有四个文件，但覆盖了标准的要求，也是可以的。

为确保过程的有效运行和控制，在程序文件的指导下，尚可按管理需要编制相关文件，如作业指导书、具体工程的质量计划等。

6. 质量记录

质量记录可提供产品、过程和体系符合要求及体系有效运行的证据。组织应制定形成文件的程序，以控制对质量记录的标识（可用颜色、编号等方式）、贮存（如环境要适宜）、保护（包括保管的要求）、检索（包括对编目、归档和查阅的规定）、保存期限（应根据工程特点、法规要求及合同要求等决定保存期）和处置（包括最终如何销毁）。

质量记录应清晰、完整地反映质量活动实施、验证和评审的情况，并记载关键活动的过程参数，具有可追溯性的特点。

三、质量管理体系的建立和运行

1. 建立质量管理体系的基本工作

建立质量管理体系的基本工作主要有：确定质量管理体系过程，明确和完善体系结构，质量管理体系要文件化，要定期进行质量管理体系审核与质量管理体系复审。

（1）确定质量管理体系过程

施工企业的产品是工程项目，无论其工程复杂程度，结构形式怎样变化，无论是高楼大厦还是一般建筑物，其建造和使用的过程、环节和程序基本是一致的。施工项目质量管理体系过程，一般可分为以下 8 个阶段。

1）工程调研和任务承接；

2）施工准备；

3）材料采购；

4）施工生产；

5）试验与检验；

6）建筑物功能试验；

7）交工验收；

8）回访与维修。

（2）完善质量管理体系结构，并使之有效运行

企业决策层领导及有关管理人员要负责质量管理体系的建立、完善、实施和保持各项工作的开展，使企业质量管理体系达到预期目标。

质量管理体系的有效运行要依靠相应的组织机构网络。这个机构要严密完整，充分体

现各项质量职能的有效控制。对建筑业企业来讲，一般有集团（总公司）、公司、分公司、工程项目经理部等各级管理组织，但由于其管理职责不同所建质量管理体系的侧重点可能有所不同，但其组织机构应上下贯通，形成一体。特别是直接承担生产与经营任务的实体公司的质量管理体系更要形成覆盖全公司的组织网络，该网络系统要形成一个纵向统一指挥。分级管理，横向分工合作、协调一致、职责分明的统一整体。一般讲，一个企业只有一个质量管理体系，其下属基层单位的质量管理和质量保证活动以及质量机构和质量职能只是企业质量管理体系的组成部分，是企业质量管理体系在该特定范围的体现。对不同产品对象的基层单位，如混凝土构件厂、试验室、搅拌站……则应根据其生产对象和生产环境特点补充或调整体系要素，使其在该范围更适合产品质量保证的最佳效果。

(3) 质量管理体系要文件化

文件是质量管理体系中必需的要素。质量管理文件能够起到沟通意图和统一行动的作用。

文件化的质量管理体系包括建立和实施两个方面，建立文件化的质量管理体系只是开始，只有通过实施文件化质量管理体系才能变成增值活动。

质量管理体系的文件共有 4 种：

1) 质量手册：规定组织质量管理体系的文件，也是向组织内部和外部提供关于质量管理体系的信息文件；

2) 质量计划：规定用于某一具体情况的质量管理体系要素和资源的文件，也是表述质量管理体系用于特定产品、项目或合同的文件；

3) 程序文件：提供如何完成活动的信息文件；

4) 质量记录：对完成的活动或达到的结果提供客观证据的文件。

根据各组织的类型、规模、产品、过程、顾客、法律和法规以及人员素质的不同，质量管理体系文件的数量、详尽程度和媒体种类也会有所不同。

(4) 定期质量审核

质量管理体系能够发挥作用，并不断改进提高工作质量，主要是在建立体系后坚持质量管理体系审核和评审活动。

为了查明质量管理体系的实施效果是否达到了规定的目标要求。企业管理者应制订内部审核计划，定期进行质量管理体系审核。

质量管理体系审核由企业胜任的管理人员对体系各项活动进行客观评价，这些人员独立于被审核的部门和活动范围。质量管理体系审核范围如下：①组织机构；②管理与工作程序；③人员、装备和器材；④工作区域、作业和过程；⑤在制品（确定其符合规范和标准的程度）；⑥文件、报告和记录。

质量管理体系审核一般以质量管理体系运行中各项工作文件的实施程度及产品质量水平为主要工作对象，一般为符合性评价。

(5) 质量管理体系评审和评价

质量管理体系的评审和评价，一般称为管理者评审，它是由上层领导亲自组织的，对质量管理体系、质量方针、质量目标等项工作所开展的适合性评价。就是说，质量管理体系审核时主要精力放在是否将计划工作落实，效果如何；而质量管理体系评审和评价重点为该体系的计划、结构是否合理有效，尤其是结合市场及社会环境，企业情况进行全面的分析与评价，一旦发现这些方面的不足，就应对其体系结构、质量目标、质量政策提出改进意见，以便企业管理者采取必要的措施。

质量管理体系的评审和评价也包括各项质量管理体系审核范围的工作。

与质量管理体系审核不同的是，质量管理体系评审更侧重于质量管理体系的适合性（质量管理体系审核侧重符合性），而且，一般评审与评价活动要由企业领导直接组织。

2. 质量管理体系的建立和运行

(1) 建立和完善质量管理体系的程序

按照国家标准 GB/T 19000 建立一个新的质量管理体系或更新、完善现行的质量管理体系，一般有以下步骤：

1) 企业领导决策

企业主要领导要下决心走质量效益型的发展道路，有建立质量管理体系的迫切需要。建立质量管理体系涉及企业内部很多部门参加的一项全面性的工作，如果没有企业主要领导亲自领导、亲自实践和统筹安排，是很难搞好这项工作的。因此。领导真心实意地要求建立质量管理体系，是建立、健全质量管理体系的首要条件。

2) 编制工作计划

工作计划包括培训教育、体系分析、职能分配、文件编制、配备仪器仪表设备等内容。

3) 分层次教育培训

组织学习 GB/T 19000 系列标准，结合本企业的特点，了解建立质量管理体系的目的和作用，详细研究与本职工作有直接联系的要素，提出控制要素的办法。

4) 分析企业特点

结合建筑施工企业的特点和具体情况，确定采用哪些要素和采用程度。

要素要对控制工程实体质量起主要作用，能保证工程的适用性、符合性。

5) 落实各项要素

企业在选好合适的质量管理体系要素后，要进行二级要素展开。制订实施二级要素所必需的质量活动计划，并把各项质量活动落实到具体部门或个人。

一般，企业在领导的亲自主持下，合理地分配各级要素与活动，使企业各职能部门都明确各自在质量管理体系中应担负的责任、应开展的活动和各项活动的衔接办法。分配各级要素与活动的一个重要原则就是责任部门只能是一个，但允许有若干个配合部门。

在各级要素和活动分配落实后，为了便于实施、检查和考核，还要把工作程序文件化，即把企业的各项管理标准、工作标准、质量责任制、岗位责任制形成与各级要素和活动相对应的有效运行的文件。

6) 编制质量管理体系文件

质量管理体系文件按其作用可分为法规性文件和见证性文件两类。质量管理体系法规性文件是用以规定质量管理工作的原则，阐述质量管理体系的构成，明确有关部门和人员的质量职能，规定各项活动的目的要求、内容和程序的文件。在合同环境下这些文件是供方向需方证实质量管理体系适用性的证据。质量管理体系的见证性文件是用以表明质量管理体系的运行情况和证实其有效性的文件（如质量记录、报告等）。这些文件记载了各质量管理体系要素的实施情况和工程实体质量的状态，是质量管理体系运行的见证。

(2) 质量管理体系的运行

保持质量管理体系的正常运行和持续实用有效，是企业质量管理的一项重要任务，是质量管理体系发挥实际效能、实现质量目标的主要阶段。

质量管理体系运行是执行质量体系文件、实现质量目标、保持质量管理体系持续有效和不断优化的过程。

质量管理体系的有效运行是依靠体系的组织机构进行组织协调、实施质量监督、开展信息反馈、进行质量管理体系审核和复审实现的。

1）组织协调

质量管理体系的运行是借助于质量管理体系组织结构的组织和协调来进行的。组织和协调工作是维护质量管理体系运行的动力。质量管理体系的运行涉及企业众多部门的活动。就建筑业企业而言，计划部门、施工部门、技术部门、试验部门、测量部门、检查部门等都必须在目标、分工、时间和联系方面协调一致，责任范围不能出现空档，保持体系的有序性。这些都需要通过组织和协调工作来实现。实现这种协调工作的人，应是企业的主要领导，只有主要领导主持，质量管理部门负责，通过组织协调才能保持体系的正常运行。

2）质量监督

质量管理体系在运行过程中，各项活动及其结果不可避免地会有发生偏离标准的可能。为此，必须实施质量监督。

质量监督有企业内部监督和外部监督两种，需方或第三方对企业进行的监督是外部质量监督。需方的监督权是在合同环境下进行的，就建筑业企业来说，叫做甲方的质量监督，按合同规定，从地基验槽开始，甲方对隐蔽工程进行检查签证。第三方的监督，对单位工程和重要分部工程进行质量等级核定，并在工程开工前检查企业的质量管理体系。施工过程中，监督企业质量管理体系的运行是否正常。

质量监督是符合性监督。质量监督的任务是对工程实体进行连续性的监视和验证。发现偏离管理标准和技术标准的情况时及时反馈，要求企业采取纠正措施，严重者责令停工整顿。从而促使企业的质量活动和工程实体质量均符合标准所规定的要求。

实施质量监督是保证质量管理体系正常运行的手段。外部质量监督应与企业本身的质量监督考核工作相结合，杜绝重大质量事故的发生，促进企业各部门认真贯彻各项规定。

3）质量信息管理

企业的组织机构是企业质量管理体系的骨架，而企业的质量信息系统则是质量管理体系的神经系统，是保证质量管理体系正常运行的重要系统。在质量管理体系的运行中，通过质量信息反馈系统对异常信息的反馈和处理，进行动态控制，从而使各项质量活动和工程实体质量保持受控状态。

质量信息管理和质量监督、组织协调工作是密切联系在一起的。异常信息一般来自质量监督，异常信息的处理要依靠组织协调工作，三者的有机结合，是使质量管理体系有效运行的保证。

4）质量管理体系审核与评审

企业进行定期的质量管理体系审核与评审，一是对体系要素进行审核、评价，确定其有效性；二是对运行中出现的问题采取纠正措施，对体系的运行进行管理，保持体系的有效性；三是评价质量管理体系对环境的适应性，对体系结构中不适用的采取改进措施。开展质量管理体系审核与评审是保持质量管理体系持续有效运行的主要手段。

四、质量管理体系认证与监督

由于工程行业产品具有单项性，不能以某个项目作为质量认证的依据。因此，只能对企业的质量管理体系进行认证。

质量管理体系认证是指根据有关的质量保证模式标准，由第三方机构对供方（承包方）的质量管理体系进行评定和注册的活动。这里的第三方机构指的是经国家质量监督检验检疫总局质量管理体系认可委员会认可的质量管理体系认证机构。质量管理体系认证机构是个专职机构，各认证机构具有自己的认证章程、程序、注册证书和认证合格标志。国家质量监督检验检疫总局对质量认证工作实行统一管理。

1. 质量管理体系认证的特征

(1) 认证的对象是质量管理体系而不是工程实体；

(2) 认证的依据是质量保证模式标准，而不是工程的质量标准；

(3) 认证的结论不是证明工程实体是否符合有关的技术标准，而是质量管理体系是否符合标准，是否具有按规范要求，保证工程质量的能力；

(4) 认证合格标志只能用于宣传，不得用于工程实体；

(5) 认证由第三方进行，与第一方（供方或承包单位）和第二方（需方或业主）既无行政隶属关系，也无经济上的利益关系，以确保认证工作的公正性。

2. 企业质量管理体系认证的意义

1992年我国按国际准则正式组建了第一个具有法人地位的第三方质量管理体系认证机构，开始了我国质量管理体系的认证工作。我国质量管理体系认证工作起步虽晚，但发展迅速，为了使质量管理尽快与国际接轨，各类企业纷纷"宣贯"标准，争相通过认证。

(1) 促使企业认真按 GB/T 19000 族标准去建立、健全质量管理体系，提高企业的质量管理水平，保证施工项目质量。由于认证是第三方的权威性的公正机构对质量管理体系的评审，企业达不到认证的基本条件不可能通过认证，这就可以避免形式主义地去"贯标"，或用其他不正当手段获取认证的可能性。

(2) 提高企业的信誉和竞争能力。企业通过了质量管理体系认证机构的认证，就获得了权威性机构的认可，证明其具有保证工程实体的能力。因此，获得认证的企业信誉提高，大大增强了市场竞争能力。

(3) 加快双方的经济技术合作。在工程的招投标中，不同业主对同一个承包单位的质量管理体系的评审中，80%以上的评审内容和质量管理体系要素是重复的。若投标单位的质量管理体系通过了认证，对其评定的工作量大大减小，省时、省钱，避免了不同业主对同一承包单位进行的重复评定，加快了合作的进展，有利于选择合格的承包方。

(4) 有利于保护业主和承包单位双方的利益。企业通过认证，证明了它具有保证工程实体的能力，保护了业主的利益。同时，一旦发生了质量争议，也是承包单位自我保护的措施。

(5) 有利于国际交往。在国际工程的招投标工作中，要求经过 GB/T 19000 标准认证已是惯用的作法，由此可见，只有取得质量管理体系的认证才能打入国际市场。

3. 质量管理体系的申报及批准程序

(1) 提出申请

申请认证者按照规定的内容和格式向体系认证机构提出书面申请，并提交质量手册和其他必要的资料。认证机构由申请认证者自己选择。

认证机构在收到认证申请之日起 60d 内作出是否受理申请的决定，并书面通知申请者；如果不受理申请应说明理由。

(2) 体系审核

由体系认证机构指派审核组对申请的质量管理体系进行文件审查和现场审核。文件审查的目的主要是审查申请者提交的质量手册的规定是否满足所申请的质量保证标准的要求；如果不能满足，应进行补充或修改。只有当文件审查通过后方可进行现场审核，现场审核的主要目的是通过收集客观证据检查评定质量管理体系的运行与质量手册的规定是否一致，证实其符合质量保证标准要求的程度，作出审核结论，向体系认证机构提交审核报告。

(3) 审批发证

体系认证机构审查审核组提交的审核报告，对符合规定要求的批准认证，向申请者颁发体系认证证书，证书有效期三年；对不符合规定要求的亦应书面通知申请者。体系认证机构应公布证书持有者的注册名录。

(4) 监督管理

对获准认证后的监督管理有以下几项规定：

1) 标志的使用。体系认证证书的持有者应按体系认证机构的规定使用其专用的标志，不得将标志使用在产品上。

2) 通报。证书持有者改变其认证审核时的质量管理体系，应及时将更改情况报体系认证机构。体系认证机构根据具体情况决定是否需要重新评定。

3) 监督审核。体系认证机构对证书持有者的质量管理体系每年至少进行一次监督审核，以使其质量管理体系继续保持。

4) 监督后的处置。通过对证书持有者的质量管理体系的监督审查，如果符合规定要求时，则保持其认证资格；如果不符合要求时，则视其不符合的严重程度，由体系认证机构决定暂停使用认证证书和标志或撤销认证资格，收回其体系认证证书。

5) 换发证书。在证书有效期内，如果遇到质量管理体系标准变更，或者体系认证的范围变更，或者证书的持有者变更时，证书持有者可申请换发证书，认证机构决定作必要的补充审核。

6) 注销证书。在证书有效期内，由于体系认证规则或体系标准变更或其他原因，证书的持有者不愿保持其认证资格的，体系认证机构应收回认证证书，并注销认证资格。

第四节 建筑工程质量控制

一、质量控制

2000 版 GB/T 19000—ISO 9000 族标准中，质量控制的定义是：质量管理的一部分，致力于满足质量要求。

上述定义可以从以下几方面去理解：

1. 质量控制是质量管理的重要组成部分，其目的是为了使产品、体系或过程的固有特性达到规定的要求，即满足顾客、法律、法规等方面所提出的质量要求（如适用性、安全性等）。所以，质量控制是通过采取一系列的作业技术和活动对各个过程实施控制的。

2. 质量控制的工作内容包括了作业技术和活动，也就是包括专业技术和管理技术两个方面。围绕产品形成全过程每一阶段的工作如何能保证做好，应对影响其质量的人、机、料、法、环（4M1E）因素进行控制，并对质量活动的成果进行分阶段验证，以便及时发现问题，查明原因，采取相应纠正措施，防止不合格的发生。因此，质量控制应贯彻预防为主与检验把关相结合的原则。

3. 质量控制应贯穿在产品形成和体系运行的全过程。每一过程都有输入、转换和输出等三个环节，通过对每一个过程三个环节实施有效控制，对产品质量有影响的各个过程处于受控状态，持续提供符合规定要求的产品才能得到保障。

二、建筑工程质量控制

建筑工程质量控制是指致力于满足工程质量要求，也就是为了保证工程质量满足工程合同、规范标准所采取的一系列措施、方法和手段。工程质量要求主要表现为工程合同、设计文件、技术规范标准规定的质量标准。

工程质量控制按其实施主体不同，分为自控主体和监控主体。前者是指直接从事质量职能的活动者，后者是指对他人质量能力和效果的监控者，主要包括以下四个方面：

1. 政府的工程质量控制。政府属于监控主体，它主要是以法律法规为依据，通过抓工程报建、施工图设计文件审查、施工许可、材料和设备准用、工程质量监督、重大工程竣工验收备案等主要环节进行的。

2. 工程监理单位的质量控制。工程监理单位属于监控主体，它主要是受建设单位的委托，代表建设单位对工程实施全过程进行的质量监督和控制，包括勘察设计阶段质量控制、施工阶段质量控制，以满足建设单位对工程质量的要求。

3. 勘察设计单位的质量控制。勘察设计单位属于自控主体，它是以法律、法规及合同为依据，对勘察设计的整个过程进行控制，包括工作程序、工作进度、费用及成果文件所包含的功能相使用价值，以满足建设单位对勘察设计质量的要求。

4. 施工单位的质量控制。施工单位属于自控主体，它是以工程合同、设计图纸和技术规范为依据，对施工准备阶段、施工阶段、竣工验收交付阶段等施工全过程的工作质量和工程质量进行的控制，以达到合同文件规定的质量要求。

三、施工项目质量控制的对策

对施工项目而言，质量控制，就是为了确保合同、规范所规定的质量标准，所采取的一系列检测、监控措施、手段和方法。在进行施工项目质量控制过程中，为确保工程质量，其主要对策如下：

1. 以人的工作质量确保工程质量

工程质量是人（包括参与工程建设的组织者，指挥者和操作者）所创造的。人的政治思想素质、责任感、事业心、质量观、业务能力、技术水平等均直接影响工程质量。据统计资料证明，88%的质量安全事故都是人的失误所造成。为此，我们对工程质量的控制始终应"以人为本"，狠抓人的工作质量，避免人的失误；充分调动人的积极性，发挥人的主导作用，增强人的质量观和责任感，使每个人牢牢树立"百年大计，质量第一"的思想，认真负责地搞好本职工作，以优秀的工作质量来创造优质的工程质量。

2. 严格控制投入品的质量

任何一项工程施工，均需投入大量的各种原材料、成品、半成品、构配件和机械设备，要采用不同的施工工艺和施工方法，这是构成工程质量的基础。投入品质量不符合要求，工程质量也就不可能符合标准，所以，严格控制投入品的质量，是确保工程质量的前提。为此，对投入品的订货、采购、检查、验收、取样、试验均应进行全面控制，从组织货源，优选供货厂家，直到使用认证，做到层层把关；对施工过程中所采用的施工方案要进行充分论证，要做到工艺先进、技术合理、环境协调，这样才有利于安全文明施工，有利于提高工程质量。

3. 全面控制施工过程，重点控制工序质量

任何一个工程项目都是由若干分项、分部工程所组成，要确保整个工程项目的质量，达到整体优化的目的，就必须全面控制施工过程，使每一个分项、分部工程都符合质量标准。而每一个分项、分部工程，又是通过一道道工序来完成，由此可见，工程质量是在工序中所创造的，为此，要确保工程质量就必须重点控制工序质量。对每一道工序质量部必须进行严格检查，当上一道工序质量不符合要求时，决不允许进入下一道工序施工。这样，只要每一道工序质量部符合要求，整个工程项目的质量就能得到保证。

4. 严把分项工程质量检验评定关

分项工程质量等级是分部工程、单位工程质量等级评定的基础；分项工程质量等级不符合标准，分部工程、单位工程的质量也不可能评为合格；而分项工程质量等级评定正确与否，又直接影响分部工程和单位工程质量等级评定的真实性和可靠性。为此，在进行分项工程质量检验评定时，一定要坚持质量标准，严格检查，一切用数据说话，避免出现第一、第二判断错误。

5. 贯彻"以预防为主"的方针

"以预防为主"，防患于未然，把质量问题消灭于萌芽之中，这是现代化管理的观念。预防为主就是要加强对影响质量因素的控制，对投入品质量的控制；就是要从对质量的事后检查把关，转向对质量的事前控制、事中控制；从对产品质量的检查，转向对工作质量的检查、对工序质量的检查、对中间产品的质量检查。这些是确保施工项目质量的有效措施。

6. 严防系统性因素的质量变异

系统性因素，如使用不合格的材料、违反操作规程、混凝土达不到设计强度等级、机械设备发生故障等，均必然会造成不合格产品或工程质量事故。系统性因素的特点是易于识别、易于消除，是可以避免的；只要我们增强质量观念，提高工作质量，精心施工，完全可以预防系统性因素引起的质量变异。为此，工程质量的控制，就是要把质量变异控制在偶然性因素引起的范围内。要严防或杜绝由系统性因素引起的质量变异，以免造成工程质量事故。

四、施工项目质量控制的过程

任何工程都是由分项工程、分部工程和单位工程所组成了施工项目是通过一道道工序来完成。所以，施工项目的质量控制是从工序质量到分项工程质量、分部工程质量、单位工程质量的系统控制过程；也是一个由对投入原材料的质量控制开始，直到完成工程质量检验为止的全过程的系统过程。

五、施工项目质量控制阶段

为了加强对施工项目的质量控制，明确各施工阶段质量控制的重点，可把施工项目质量分为事前控制、事中控制和事后控制三个阶段。

1. 事前质量控制

指在正式施工前进行的质量控制，其控制重点是做好施工准备工作，且施工准备工作要贯穿于施工全过程中。

(1) 施工准备的范围

1) 全场性施工准备，是以整个项目施工现场为对象而进行的各项施工准备。

2) 单位工程施工准备，是以一个建筑物或构筑物为对象而进行的施工准备。

3) 分项（部）工程施工准备，是以单位工程中的一个分项（部）工程或冬、雨期施工为对象而进行的施工准备。

4) 项目开工前的施工准备，是在拟建项目正式开工前所进行的一切施工准备。

5) 项目开工后的施工准备，是在拟建项目开工后，每个施工阶段正式开工前所进行的施工准备，如混合结构住宅施工，通常分为基础工程、主体工程和装饰工程等施工阶段，每个阶段的施工内容不同，其所需的物质技术条件、组织要求和现场布置也不同，因此，必须做好相应的施工准备。

(2) 施工准备的内容

1) 技术准备，包括：项目扩大初步设计方案的审查；熟悉和审查项目的施工图纸；项目建设地点的自然条件、技术经济条件调查分析；编制项目施工图预算和施工预算；编制项目施工组织设计等。

2) 物质准备，包括：建筑材料准备、构配件和制品加工准备、施工机具准备、生产工艺设备的准备等。

3) 组织准备，包括：建立项目组织机构；集结施工队伍；对施工队伍进行入场教育等。

4) 施工现场准备，包括：控制网、水准点、标桩的测量；"五通一平"；生产、生活临时设施等的准备；组织机具、材料进场；拟定有关试验、试制和技术进步项目计划；编制季节性施工措施；制定施工现场管理制度等。

2. 事中质量控制

指在施工过程中进行的质量控制。事中质量控制的策略是：全面控制施工过程，重点控制工序质量。其具体措施是：工序交接有检查；质量预控有对策；施工项目有方案；技术措施有交底，图纸会审有记录；配制材料有试验；隐蔽工程有验收；计量器具校正有复核；设计变更有手续；钢筋代换有制度；质量处理有复查；成品保护有措施；行使质控有否决（如发现质量异常、隐蔽未经验收、质量问题未处理、擅自变更设计图纸、擅自代换或使用不合格材料、无证上岗未经资质审查的操作人员等，均应对质量予以否决）；质量文件有档案（凡是与质量有关的技术文件，如水准、坐标位置、测量、放线记录，沉降、变形观测记录，图纸会审记录，材料合格证明、试验报告，施工记录，隐蔽工程记录，设计变更记录，调试、试压运行记录，试车运转记录，竣工图等都要编目建档）。

3．事后质量控制

指在完成施工过程形成产品的质量控制，其具体工作内容有：

（1）组织联动试车；

（2）准备竣工验收资料，组织自检和初步验收；

（3）按规定的质量评定标准和办法，对完成的分项、分部工程，单位工程进行质量评定；

（4）组织竣工验收；

（5）质量文件编目建档；

（6）办理工程交接手续。

六、施工项目质量控制的方法

施工项目质量控制的方法，主要是审核有关技术文件、报告和直接进行现场质量检验或必要的试验等。

1．审核有关技术文件、报告或报表

对技术文件、报告、报表的审核，是项目经理对工程质量进行全面控制的重要手段，其具体内容有：

（1）审核有关技术资质证明文件；

（2）审核开工报告，并经现场核实；

（3）审核施工方案、施工组织设计和技术措施；

（4）审核有关材料、半成品的质量检验报告；

（5）审核反映工序质量动态的统计资料或控制图表；

（6）审核设计变更、修改图纸和技术核定书；

（7）审核有关质量问题的处理报告；

（8）审核有关应用新工艺、新材料、新技术、新结构的技术鉴定书；

（9）审核有关工序交接检查，分项、分部工程质量检查报告；

（10）审核并签署现场有关技术签证、文件等。

2．现场质量检验

（1）现场质量检验的内容

1）开工前检查。目的是检查是否具备开工条件，开工后能否连续正常施工，能否保证工程质量。

2）工序交接检查。对于重要的工序或对工程质量有重大影响的工序，在自检、互检的基础上，还要组织专职人员进行工序交接检查。

3）隐蔽工程检查。凡是隐蔽工程均应检查认证后方能掩盖。

4）停工后复工前的检查。因处理质量问题或某种原因停工后需复工时，亦应经检查认可后方能复工。

5）分项、分部工程完工后，应经检查认可，签署验收记录后，才许进行下一工程项目施工。

6）成品保护检查。检查成品有无保护措施，或保护措施是否可靠。

此外，还应经常深入现场，对施工操作质量进行巡视检查；必要时还应进行跟班或追踪检查。

(2) 现场质量检验工作的作用

1）质量检验工作。质量检验就是根据一定的质量标准，借助一定的检测手段来估价工程产品、材料或设备等的性能特征或质量状况的工作。

质量检验工作在检验每种质量特征时，一般包括以下工作：

①明确某种质量特性的标准；

②量度工程产品或材料的质量特征数值或状况；

③记录与整理有关的检验数据；

④将量度的结果与标准进行比较；

⑤对质量进行判断与估价；

⑥对符合质量要求的做出安排；

⑦对不符合质量要求的进行处理。

2）质量检验的作用。要保证和提高施工质量，质量检验是必不可少的手段。概括起来，质量检验的主要作用如下。

①它是质量保证与质量控制的重要手段。为了保证工程质量，在质量控制中，需要将工程产品或材料、半成品等的实际质量状况（质量特性等）与规定的某一标准进行比较，以便判断其质量状况是否符合要求的标准，这就需要通过质量检验手段来检测实际情况。

②质量检验为质量分析与质量控制提供了所需依据的有关技术数据和信息，所以它是质量分析、质量控制与质量保证的基础。

③通过对进场和使用的材料、半成品、构配件及其他器材、物资进行全面的质量检验工作，可以避免因材料、物资的质量问题而导致工程质量事故的发生。

④在施工过程中，通过对施工工序的检验取得数据，可以及时判断质量，采取措施，防止质量问题的延续与积累。

(3) 现场质量检查的方法

现场进行质量检查的方法有目测法、实测法和试验法三种。

1）目测法。其手段可归纳为看、摸、敲、照四个字。

看，就是根据质量标准进行外观目测。

摸，就是手感检查，主要用于装饰工程的某些检查项目。

敲，是运用工具进行声感检查。

照，对于难以看到或光线较暗的部位，则可采用镜子反射或灯光照射的方法进行检查。

2）实测法。就是通过实测数据与施工规范及质量标准所规定的允许偏差对照，来判别质量是否合格。实测检查法的手段，也可归纳为靠、吊、量、套四个字。

靠，是用直尺、塞尺检查墙面、地面、屋面的平整度。

吊，是用托线板以线坠吊线检查垂直度。

量，是用测量工具和计量仪表等检查断面尺寸、轴线、标高、湿度、温度等的偏差。套，是以方尺套方，辅以塞尺检查。

3）试验检查。指必须通过试验手段，才能对质量进行判断的检查方法。

第五节 建筑工程质量问题分析与处理

一、工程质量问题分析处理程序

1. 工程质量问题的特点

工程质量问题具有复杂性、严重性、可变性和多发性的特点。

(1) 复杂性

工程质量问题的复杂性，主要表现在引发质量问题的因素复杂，从而增加了对质量问题的性质、危害的分析、判断和处理的复杂性。

(2) 严重性

工程质量问题，轻者影响施工顺利进行，拖延工期，增加工程费用；重者，给工程留下隐患，成为危房，影响安全使用或不能使用；更严重的是引起建筑物倒塌，造成人民生命财产的巨大损失。

(3) 可变性

许多工程质量问题还将随着时间不断发展变化，所以，在分析、处理工程质量问题时，一定要特别重视质量事故的可变性，应及时采取可靠的措施，以免事故进一步恶化。

(4) 多发性

工程中有些质量问题，就像"常见病"、"多发病"一样经常发生，而成为质量通病。另有一些同类型的质量问题，往往一再重复发生。因此，吸取多发性事故的教训，认真总结经验，是避免事故重演的有效措施。

2. 工程质量事故的分类

建筑工程的质量事故一般可按下述不同的方法分类：

(1) 按事故的性质及严重程度划分

1）一般事故：通常是指经济损失在5000元~10万元额度内的质量事故。

2）重大事故：凡是有下列情况之一者，可列为重大事故。

①建筑物、构筑物或其他主要结构倒塌者为重大事故。

②超过规范规定或设计要求的基础严重不均匀沉降、建筑物倾斜、结构开裂或主体结构强度严重不足，影响结构物的寿命，造成不可补救的永久性质量缺陷或事故。

③影响建筑设备及其相应系统的使用功能，造成永久性质量缺陷者。

④经济损失在10万元以上者。

(2) 按事故造成的后果区分

1）未遂事故：发现了质量问题，经及时采取措施，未造成经济损失、延误工期或其他不良后果者，均属未遂事故。

2）已遂事故：凡出现不符合质量标准或设计要求，造成经济损失、工期延误或其他不良后果者，均构成已遂事故。

(3) 按事故责任区分

1) 指导责任事故：指由于在工程实施指导或领导失误而造成的质量事故。

2) 操作责任事故：指在施工过程中，由于实施操作者不按规程或标准实施操作，而造成的质量事故。

(4) 按质量事故产生的原因区分

1) 技术原因引发的质量事故：是指在工程项目实施中由于设计、施工在技术上的失误而造成的质量事故。

2) 管理原因引发的质量事故：主要是指由于管理上的不完善或失误而引发的质量事故。

3) 社会、经济原因引发的质量事故：主要是指由于社会、经济因素及社会上存在的弊端和不正之风引起建设中的错误行为，而导致出现质量事故。

因此，进行质量控制，不但要在技术方面、管理方面入手严格把住质量关，而且还要从思想作风方面入手严格把住质量关，这是更为艰巨的任务。

3．工程质量问题原因

(1) 违背建设程序

如不经可行性论证，不作调查分析就拍板定案；没有搞清工程地质、水文地质就仓促开工；无证设计，无图施工；任意修改设计，不按图纸施工；工程竣工不进行试车运转、不经验收就交付使用等蛮干现象，致使不少工程项目留有严重隐患，房屋倒塌事故也常有发生。

(2) 工程地质勘察原因

未认真进行地质勘察，提供地质资料、数据有误；地质勘察时，钻孔间距太大，不能全面反映地基的实际情况；地质勘察钻孔深度不够，没有查清地下软土层、滑坡、墓穴、孔洞等地层构造；地质勘察报告不详细、不准确等，均会导致采用错误的基础方案，造成地基不均匀沉降、失稳，使上部结构及墙体开裂、破坏、倒塌。

(3) 未加固处理好地基

对软弱土、冲填土、杂填土、湿陷性黄土、膨胀土、岩层出露、溶岩、土洞等不均匀地基未进行加固处理或处理不当，均是导致重大质量问题的原因。必须根据不同地基的工程特性，按照地基处理应与上部结构相结合，使其共同工作的原则，从地基处理、设计措施、结构措施、防水措施、施工措施等方面综合考虑治理。

(4) 设计计算问题

设计考虑不周，结构构造不合理，计算简图不正确，计算荷载取值过小，内力分析有误，沉降缝及伸缩缝设置不当，悬挑结构未进行抗倾覆验算等，都是诱发质量问题的隐患。

(5) 建筑材料及制品不合格

诸如：钢筋物理力学性能不符合标准，水泥受潮、过期、结块、安定性不良，砂石级配不合理、有害物含量过多，混凝土配合比不准，外加剂性能、掺量不符合要求时，均会影响混凝土强度、和易性、密实性、抗渗性，导致混凝土结构强度不足、裂缝、渗漏、蜂窝、露筋等质量问题。

(6) 施工和管理问题

许多工程质量问题，往往是由施工和管理所造成。例如：

1）不熟悉图纸，盲目施工，图纸未经会审，仓促施工；未经监理、设计部门同意，擅自修改设计。

2）不按图施工。

3）不按有关施工验收规范施工。

4）不按有关操作规程施工。

5）缺乏基本结构知识，施工蛮干。

6）施工管理紊乱，施工方案考虑不周，施工顺序错误；技术组织措施不当，技术交底不清，违章作业；不重视质量检查和验收工作等等，都是导致质量问题的祸根。

(7) 自然条件影响

施工项目周期长、露天作业多、受自然条件影响大，温度、湿度、日照、雷电、供水、大风、暴雨等都能造成重大的质量事故，施工中应特别重视，采取有效措施予以预防。

(8) 建筑结构使用问题

建筑物使用不当，亦易造成质量问题。如不经校核、验算，就在原有建筑物上任意加层；使用荷载超过原设计的容许荷载；任意开槽、打洞、削弱承重结构的截面等。

4. 工程质量问题分析处理的目的及程序

(1) 工程质量问题分析、处理的目的

1）正确分析和妥善处理所发生的质量问题，以创造正常的施工条件；

2）保证建筑物、构筑物的安全使用，减少事故的损失；

3）总结经验教训，预防事故重复发生；

4）了解结构实际工作状态，为正确选择结构计算简图、构造设计，修订规范、规程和有关技术措施提供依据。

(2) 工程质量问题分析处理的程序

工程质量问题分析、处理的程序，一般可按图1-1所示进行。

事故发生后，应及时组织调查处理。调查的主要目的，是要确定事故的范围、性质、影响和原因等，通过调查为事故的分析与处理提供依据，一定要力求全面、准确、客观。调查结果，要整理撰写成事故调查报告，其内容包括：1）工程概况，重点介绍事故有关部分的工程情况；2）事故情况，事故发生时间、性质、现状及发展变化的情况；3）是否需要采取临时应急防护措施；4）事故调查中的数据、资料；5）事故原因的初步判断；6）事故涉及人员与主要责任者的情况等。

事故的原因分析，要建立在事故情况调查的基础上，避免情况不明就主观分析推断事故的原因。尤其是有些事故，其原因错综复杂，往往涉及勘察、设计、施工、材质、使用管理等几方面，只有对调查提供的数据、资料进行详细分析后，才能去伪存真，找到造成事故的主要原因。

事故的处理要建立在原因分析的基础上，对有些事故一时认识不清时，只要事故不致产生严重的恶化，可以继续观察一段时间，做进一步调查分析，不要急于求成，以免造成同一事故多次处理的不良后果。事故处理的基本要求是：安全可靠，不留隐患，满足建筑功能和使用要求，技术可行，经济合理，施工方便。在事故处理中，还必须加强质量检查

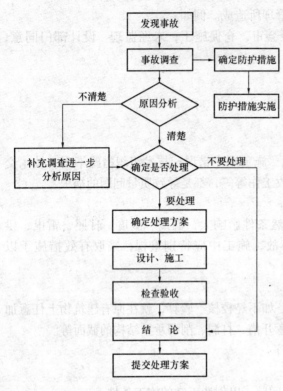

图 1-1 质量问题分析、处理程序框图

和验收。对每一个质量事故，无论是否需要处理都要经过分析，做出明确的结论。

(3) 质量问题不作处理的论证

工程的质量问题，并非都要处理，即使有些质量缺陷，虽已超出了国家标准及规范要求，但也可以针对工程的具体情况，经过分析、论证，做出勿需处理的结论，总之，对质量问题的处理，也要实事求是，既不能掩饰，也不能扩大，以免造成不必要的经济损失和延误工期。

勿需做处理的质量问题常有以下几种情况：

1) 不影响结构安全，生产工艺和使用要求。

2) 检验中的质量问题，经论证后可不作处理。

3) 某些轻微的质量缺陷，通过后续工序可以弥补的，可不处理。

4) 对出现的质量问题，经复核验算，仍能满足设计要求者，可不作处理。

(4) 质量问题处理的鉴定

质量问题处理是否达到预期的目的，是否留有隐患，需要通过检查验收来作出结论。事故处理质量检查验收，必需严格按施工验收规范中有关规定进行；必要时，还要通过实测、实量，荷载试验，取样试压，仪表检测等方法来获取可靠的数据。这样，才可能对事故作出明确的处理结论。

事故处理结论的内容有以下几种：

1) 事故已排除，可以继续施工；

2) 隐患已经消除，结构安全可靠；

3) 经修补处理后，完全满足使用要求；

4) 基本满足使用要求，但附有限制条件，如限制使用荷载，限制使用条件等；

5) 对耐久性影响的结论；

6) 对建筑外观影响的结论；

7) 对事故责任的结论等。

此外，对一时难以做出结论的事故，还应进一步提出观测检查的要求。

事故处理后，还必须提交完整的事故处理报告，其内容包括：事故调查的原始资料、测试数据；事故的原因分析、论证；事故处理的依据；事故处理方案、方法及技术措施；检查验收记录；事故勿需处理的论证；以及事故处理结论等。

二、工程项目质量通病防治

施工项目中有些质量问题，如"渗、漏、泛、堵、壳、裂、砂、锈"等，由于经常发生，犹如"多发病"、"常见病"一样，而成为质量通病。

最常见的质量通病
1) 基础不均匀下沉，墙身开裂；
2) 现浇钢筋混凝土工程出现蜂窝、麻面、露筋；
3) 现浇钢筋混凝土阳台、雨篷根部开裂或倾覆、坍塌；
4) 砂浆、混凝土配合比控制不严，任意加水，强度得不到保证；
5) 屋面、厨房渗水、漏水；
6) 墙面抹灰起壳、裂缝、起麻点、不平整；
7) 地面及楼面起砂、起壳、开裂；
8) 门窗变形，缝隙过大，密封不严；
9) 水暖电卫安装粗糙，不符合使用要求；
10) 结构吊装就位偏差过大；
11) 预制构件裂缝，预埋件移位，预应力张拉不足；
12) 砖墙接磋或预留脚手眼不符合规范要求；
13) 金属栏杆、管道、配件锈蚀；
14) 墙纸粘贴不牢、空鼓、折皱、压平起光；
15) 饰面板、饰面砖拼缝不平、不直，空鼓，脱落；
16) 喷浆不均匀，脱色、掉粉等。

质量通病，面大量广，危害极大；消除质量通病，是提高施工项目质量的关键环节。产生质量通病的原因虽多，涉及面亦广，但究其主要原因，是参与项目施工的组织者、指挥者和操作者缺乏质量意识，不讲"认真"二字，其实，消除质量通病，并不是什么高不可攀的要求，办不到的事。只要真正在思想上重视质量，牢固树立"质量第一"的观念，认真遵守施工程序和操作规程；认真贯彻执行技术责任制；认真坚持质量标准、严格检查，实行层层把关；认真总结产生质量通病的经验教训，采取有效的预防措施；要消除质量通病，是完全可以办到的。

三、工程质量问题的处理

1. 质量问题处理的应急措施

工程中的质量问题具有可变性，往往随时间、环境、施工情况等而发展变化，为此，在处理质量问题前，应及时对问题的性质进行分析，作出判断，对那些随着时间、温度、湿度、荷载条件变化的变形、裂缝要认真观测记录，寻找变化规律及可能产生的恶果；对另外一些表面的质量问题，要进一步查明问题的性质是否会转化；对那些可能发展成为构件断裂、房屋倒塌的恶性事故，更要及时采取应急补救措施。

在拟定应急措施时，一般应注意以下事项：

（1）对危险性较大的质量事故，首先应予以封闭或设立警戒区，只有在确认不可能倒塌或进行可靠支护后，方准许进入现场处理，以免人员的伤亡。

(2) 对需要进行部分拆除的事故，应充分考虑事故对相邻区域结构的影响，以免事故进一步扩大，且应制定可靠的安全措施和拆除方案，要严防对原有事故的处理引发新的事故。

(3) 凡涉及结构安全的，都应对处理阶段的结构强度、刚度和稳定性进行验算，提出可靠的防护措施，并在处理中严密监视结构的稳定性。

(4) 在不卸荷条件下进行结构加固时，要注意加固方法和施工荷载对结构承载力的影响。

(5) 要充分考虑对事故处理中所产生的附加内力对结构的作用，以及由此引起的不安全因素。

2. 质量问题处理的基本要求

(1) 处理应达到安全可靠，不留隐患，满足生产、使用要求，施工方便，经济合理的目的。

(2) 重视消除事故的原因。这不仅是一种处理方向，也是防止事故重演的重要措施。

(3) 注意综合治理。既要防止原有事故的处理引发新的事故，又要注意处理方法的综合应用。

(4) 正确确定处理范围。除了直接处理事故发生的部位外，还应检查事故对相邻区域及整个结构的影响，以正确确定处理范围。

(5) 正确选择处理时间和方法。发现质量问题后，一般均应及时分析处理；但并非所有质量问题的处理都是越早越好，如裂缝、沉降、变形尚未稳定就匆忙处理，往往不能达到预期的效果，而常会进行重复处理。处理方法的选择，应根据质量问题的特点，综合考虑安全可靠、技术可行、经济合理、施工方便等因素，经分析比较，择优选定。

(6) 加强事故处理的检查验收工作。从施工准备到竣工，均应根据有关规范的规定和设计要求的质量标准进行检查验收。

(7) 认真复查事故的实际情况。在事故处理中若发现事故情况与调查报告中所述的内容差异较大时，应停止施工，待查清问题的实质，采取相应的措施后再继续施工。

(8) 确保事故处理期的安全。事故现场中不安全因素较多，应事先采取可靠的安全技术措施和防护措施，并严格检查、执行。

3. 质量问题处理的资料

(1) 与事故有关的施工图；

(2) 与施工有关的资料，如建筑材料试验报告、施工记录、试块强度试验报告等；

(3) 事故调查分析报告，包括：

1) 事故情况：出现事故时间、地点；事故的描述；事故观测记录；事故发展变化规律；事故是否已经稳定等。

2) 事故性质：应区分属于结构性问题还是一般性缺陷；是表面性的还是实质性的；是否需要及时处理；是否需要采取防护性措施。

3) 事故原因：应阐明所造成事故的重要原因，如结构裂缝，是因地基不均匀沉降，还是温度变形；是因施工振动，还是由于结构本身承载能力不足所造成。

4) 事故评估：阐明事故对建筑功能、使用要求、结构受力性能及施工安全有何影响，并应附有实测、验算数据和试验资料。

5)事故涉及人员及主要责任者的情况。

(4)设计、施工、使用单位对事故的意见和要求等。

4. 质量问题处理决策的辅助方法

在对于某些复杂的质量问题做出处理决定前,可采取以下方法做进一步论证。

(1)实验验证

即对某些有严重质量缺陷的项目,可采取合同规定的常规试验以外的试验方法进一步进行验证,以便确定缺陷的严重程度。根据对试验验证检查的分析、论证、再研究处理决策。

(2)定期观测

有些工程,在发现其质量缺陷对其状态可能尚未达到稳定仍会继续发展,在这种情况下一般不宜过早做出决定,可以对其进行一段时间的观测,然后再根据情况做出决定。

(3)专家论证

对于某些工程缺陷,可能涉及的技术领域比较广泛,则可采取专家论证。采用这种办法时,应事先做好充分准备,尽早为专家提供尽可能详尽的情况和资料,以便使专家能够进行较充分的、全面和细致的分析、研究,提出切实的意见与建议。实践证明,采取这种方法,对重大的质量问题做出恰当处理的决定十分有益。

5. 质量问题的处理方案

根据质量问题的性质,常见的处理方案有:封闭保护、防渗堵漏、复位纠偏、结构卸荷、加固补强、限制使用、拆除重建等。例如,结构裂缝,根据其所在部位和受力情况,有的只需要表面保护,有的需要同时作内部灌浆稠表面封闭,有的则需要进行结构补强等。

在确定处理方案时,必须掌握事故的情况和变化规律。同时,处理方案还应征得有关单位对事故调查和分析的一致意见,避免事故处理后,无法做出一致的结论。

处理方案确定后,还要对方案进行设计,提出施工要求,以便付诸实施。

第六节 建筑工程质量统计与分析

一、质量统计的指标内容及统计方法

1. 质量统计的指标内容

为了反映工程质量状况,国家规定考核工程质量的统计指标为验收合格率。

单位工程一次验收合格率是考核施工企业对工程质量保证程度的指标。单位工程竣工后,在工程项目经理和企业领导组织自检的基础上,由建设单位负责人组织施工、设计、监理等单位负责人在质量监督机构的监督下进行单位工程竣工验收。各方共同确认该工程质量达到合格时,即为单位工程验收合格,报建设行政管理部门备案。如一次验收未通过,将整改后组织第二次验收。

单位工程一次验收合格率,按月、季、年进行统计,其计算公式如下:

$$单位工程一次验收合格率 = \frac{报告期内一次验收合格的单位工程建筑面积}{报告期内全部竣工单位工程的建筑面积} \times 100\%$$

(1-1)

如此,如发生工程质量事故,应按月、季、年统计上报质量事故次数、质量事故原因分析、损失金额等。其中重大质量事故应及时专题上报。

2. 数理统计方法的应用原理

数据是进行质量管理的基础,"一切用数据说话",才能做出科学的判断。用数理统计方法,通过收集、整理质量数据,可以帮助我们分析、发现质量问题,以便及时采取对策措施,纠正和预防质量事故。

利用数理统计方法控制质量的步骤是:收集质量数据→数据整理→进行统计分析,找出质量波动的规律→判断质量状况,找出质量问题→分析影响质量的原因→拟定改进质量的对策、措施。

(1) 数理统计的几个概念

1) 母体

母体又称总体、检查批或批,指研究对象全体元素的集合。母体分为有限母体和无限母体两种。有限母体为有一定数量表现,如一批同牌号、同规格的钢材或水泥等;无限母体则没有一定数量表现,如一道工序,它源源不断地生产出某一产品,本身是无限的。

2) 子样

系从母体中取出来的部分个体,也叫试样或样本。子样分随机取样和系统抽样,前者多用于产品验收,即母体内各个体均有相同的机会或有可能性被抽取;后者多用于工序的控制,即每经一定的时间间隔,每次连续抽取若干产品作为子样,以代表当时的生产情况。

3) 母体与子样、数据的关系

子样的各种属性都是母体特性的反映。在产品生产过程中,子样所属的一批产品(有限母体)或工序(无限母体)的质量状态和特性值,可从子样取得的数据来推测、判断。

母体与子样数据的关系如图 1-2 所示。

图 1-2 母体与子样关系图

4) 随机现象

在质量检验中,某一产品的检验结果可能优良、合格、不合格,这种事先不能确定结果的现象称为随机现象(或偶然现象)。随机现象并不是不可认识的,人们通过大量重复的试验,可以认识它的规律性。

5) 随机事件

随机事件(或偶然事件)系每一种随机现象的表现或结果,如某产品检验为"合格",某产品检验为"不合格"。

6) 随机事件的频率

频率是衡量随机事件发生可能性大小的一种数量标志。在试验数据中,偶然事件发生的次数叫"频数",它与数据总数的比值叫"频率"。

7) 随机事件的概率

频率的稳定值叫"概率"。如掷硬币试验中正面向上的事件设为 A,当掷币次数较少时,事件 A 的频率是不稳定的;但随着掷币次数的增多,事件 A 的频率越来越呈现出稳定性。当掷币次数充分多时,事件 A 的频率大致在 0.5 这个数附近摆动,所以,事件 A 的概率为 0.5。

(2) 数据的收集方法

在质量检验中,除少数的项目需进行全数检查外,大多数是按随机取样的方法收集数据。其抽样的方法较多,仅就其中的几种方法简介于下:

1) 单纯随机抽样法

这种方法适用于对母体缺乏基本了解的情况下,按随机的原则直接从母体 N 个单位中抽取 n 个单位作为样本。样本的获取方式常用的有两种:一是利用随机数表和一个六面体骰子作为随机抽样的工具,通过掷骰子所得的数字,相应地查对随机数表上的数值,然后确定抽取试样编号;二是利用随机数骰子,一般为正六面体,六个面分别标 1~6 的数字。在随机抽样时,可将产品分成若干组,每组不超过 6 个,并按顺序先排列好,标上编号,然后掷骰子,骰子正面表现的数,即为抽取的试样编号。

2) 系统抽样法

系采用间隔一定时间或空间进行抽取试样的方法。例如要从 300 个产品中取 10 个试样,可先将产品标上编号,然后每隔 30 个取 1 个,即用骰子先取 1 个 6 以内的数,若为 5,便可将编号 5,35,65,95……取做子样。

系统抽样法很适合流水线上取样。但这种方法当产品特性有周期性变化时,容易产生偏差。

3) 分层抽样法

它是将批分成若干层次,然后从这些层中随机采集样本的方法。

4) 二次抽样法

它是从组成母体的若干分批中,抽取一定数量的分批,然后再从每一个分批中随机抽取一定数量的样本。

(3) 样本数据的特征

1) 子样平均值

子样平均值系表示数据集中的位置,也叫子样的算术平均值,即

$$\overline{X} = \frac{1}{n}(X_1 + X_2 + \cdots\cdots + X_n) = \frac{1}{n}\sum_{i=1}^{n} X_i \tag{1-2}$$

式中 $\overline{X}$——子样的算术平均值;

n——子样的数量。

2) 中位数

指将收集到的质量数据按大小顺序排列后,处在中间位置的数值,故又叫中值（μ）,它也是表示数据的集中位置。当子样数 n 为奇数时,取中间一个数为中位数为偶数,则取中间 2 个数的平均值作为中位数。

3）极值

一组数按大小顺序排列后，处于首位和末位的最大和最小两个数值称极值，常用 L 表示。

4）极差

一组数中最大值与最小值之差，常用 R 表示。它表示数据分散的程度。

5）子样标准偏差

反映数据分散的程度，常用 S 表示，即：

$$S = \sqrt{\frac{1}{n-1}\sum_{i=1}^{n}(X_i - \overline{X})^2} \qquad (1-3)$$

式中　　S——子样标准偏差；

$(X_i - \overline{X})$——第 i 个数据与子样平均值 $\overline{X}$ 之间的离差；

　　　　n——子样的数量。

在正常情况下，子样实测数据与子样平均值之间的离差总是有正有负，在 0 的左右摆动，如果观察次数多了，则离差的代数和将接近于 0，就无法用来分析离散的程度。因此把离差平方以后再求出子样的偏差（即子样标准差），用以反映数据的偏离程度。

当子样较大（如 $n \geqslant 30$）时，可以采用公式 (1-4)，即：

$$S = \sqrt{\frac{1}{n}\sum_{i=1}^{n}(X_i - \overline{X})^2} \qquad (1-4)$$

6）变异系数

是用平均数的百分率表示标准偏差的一个系数，用以表示相对波动的大小，即：

$$C_V = \frac{S}{\overline{X}} \times 100\% \left(\text{或} \frac{\sigma}{\mu} \times 100\%\right) \qquad (1-5)$$

式中　　C_V——变异系数；

　　　　S——子样标准偏差；

　　　　σ——母体标准差；

　　　　$\overline{X}$——子样的平均值；

　　　　$\overline{\mu}$——母体的平均值。

3. 质量变异分析

(1) 质量变异的原因

同一批量产品，即使所采用的原材料、生产工艺和操作方法均相同，但其中每个产品的质量也不可能丝毫不差，它们之间或多或少总有些差别。产品质量间的这种差别称为变异。影响质量变异的因素较多，归纳起来可分为两类：

1）偶然性因素

偶然性因素的种类繁多，也是对产品质量经常起作用的因素，但它们对产品质量的影响并不大，不会因此而造成废品。偶然性因素所引起的质量差异的特点是数据和符号都不一定，是随机的。所以，偶然性因素引起的差异又称随机误差。这类因素既不易识别，也难以消除，或在经济上不值得消除。我们说产品质量不可能丝毫不差，就是因为有偶然因素的存在。

2）系统性因素

又称非偶然性因素。这类因素对质量差异的影响较大，可以造成废品或次品；而这类因素所引起的质量差异其数据和符号均可测出，容易识别，应该加以避免。所以系统性因素引起的差异又称为条件误差，其误差的数据和符号都是一定的，或做周期性变化。

把产品的质量差异分为系统性差异和偶然性差异是相对的，随着科学技术的发展，有可能将某些偶然性差异转化为系统性差异加以消除，但决不能消灭所有的偶然性因素。由于偶然性因素对产品质量变异影响很小，一般视为正常变异；而对于系统性因素造成的质量变异，则应采取相应措施，严加控制。

(2) 质量变异的分布规律

对于单个产品，偶然因素引起的质量变异是随机的；但对同一批量的产品来说却有一定的规律性。数理统计证明，在正常的情况下，产品质量特性的分布，一般符合正态分布规律。如图 1-3 所示。

1）分布曲线对称于 $x = \mu$

2）当 $x = \mu$ 时，曲线处于最高点；当 x 向左右远离时，曲线不断地降低，整个曲线是中间高，两边低的形状；

3）若曲线与横坐标轴所组成的面积等于1，则曲线与 $x = \mu \pm \sigma$ 所围成的面积为 0.6827；与 $x = \mu \pm 2\sigma$ 所围成的面积为 0.9545；与 $x = \mu \pm 3\sigma$ 所围成的面积为 0.9973。

也就是说，在正常生产的情况下，质量特性在区间 $(\mu - \sigma) \sim (\mu + \sigma)$ 的产品有 68.27%；在区间的产品 $(\mu - 2\sigma) \sim (\mu + 2\sigma)$ 的产品有 95.45%；在区间 $(\mu - 3\sigma) \sim (\mu + 3\sigma)$ 的产品有 99.73%。质量特性在 $\mu \pm 3\sigma$ 范围以外的产品非常少，不到 3‰。

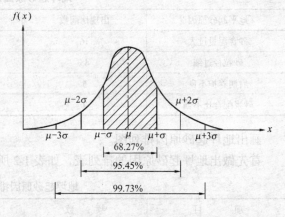

图 1-3　正态分布曲线

根据正态分布曲线的性质，可以认为，凡是在 $\mu \pm 3\sigma$ 范围内的质量差异都是正常的，不可避免的，是偶然性因素作用的结果。如果质量差异超过了这个界限，则是系统性因素造成的，说明生产过程中发生了异常现象，需要立即查明原因予以改进。实践证明，以 $\mu \pm 3\sigma$ 作为控制界限，既保证产品的质量，又合乎经济原则。在某种条件下亦可采用 $\mu \pm 3.5\sigma, \mu \pm 2.5\sigma$ 或 $\mu \pm 2\sigma$ 作为控制界限，主要应根据对产品质量要求的精确度而定。在生产过程中，就是根据正态分布曲线的理论来控制产品质量，但在利用正态分布曲线时，必须符合以下条件：

1）只有在大批量生产的条件下，产品质量分布才符合正态分布曲线；对于单件、小批量生产的产品，则不一定符合正态分布。

2）必须具备相对稳定的生产过程，如果生产不稳定，产品数量时多、时少，变化无常，则不能形成分布规律，也就无法控制生产过程。

3）$\mu \pm 3\sigma$ 的控制界限必须小于公差范围，否则，生产过程的控制也就失去意义。

4）要求检查仪器配套、精确，否则，得不到准确数据，也同样达不到控制与分析产品质量的目的。

4. 排列图法和因果分析图法

（1）排列图法

排列图法又叫巴氏图法或巴雷特图法，也叫主次因素分析图法，是分析影响质量主要问题的方法。

排列图由两个纵坐标、一个横坐标、几个长方形和一条曲线组成。左侧的纵坐标是频数或件数，右侧的纵坐标是累计频率，横轴则是项目（或因素），按项目频数大小顺序在横轴上自左而右画长方形，其高度为频数，并根据右侧纵坐标，画出累计频率曲线，又称巴雷特曲线，常用的排列图作法有以下两种，现以地坪起砂原因排列图为例说明。

【例】 某建筑工程对房间地坪质量不合格问题进行了调查，发现有80间房间起砂，调查结果统计如表1-1。

地坪起砂原因调查　　　　　　　　　　　　　　　　表1-1

地平起砂原因	出现房间数	地平起砂原因	出现房间数
砂含泥量过大	16	水泥强度等级太低	2
砂粒径过细	45	砂浆终凝前压光不足	2
后期养护不良	5	其他	3
砂浆配合比不当	7		

画出地坪起砂原因排列图。

首先做出地坪起砂原因的排列表，如表1-2所示。

地坪起砂原因排列表　　　　　　　　　　　　　　　　表1-2

项　目	频　数	累计频数	累计频率
砂粒径过细	45	45	56.2%
砂含泥量过大	16	61	76.2%
砂浆配合比不当	7	68	85%
后期养护不良	5	73	91.3%
水泥强度等级太低	2	75	93.8%
砂浆终凝前压光不足	2	77	96.2%
其他	3	80	100%

根据表1-2中的频数和累计频率的数据画出"地坪起砂原因排列图"，如图1-4所示。其左侧的纵坐标高度为累计频数 $N=80$，从80处作一条平行线交右侧纵坐标处即为累计频率的100%，然后再将右侧纵坐标等分为10份。

排列图的观察与分析，通常把累计百分数分为三类：0~80%为 A 类，A 类因素是影响产品质量的主要因素；80%~90%为 B 类，B 类因素为次要因素；90%~100%为 C 类，C 类因素为一般因素。

画排列图时应注意的几个问题：

1) 左侧的纵坐标可以是件数、频数，也可以是金额，也就是说，可以从不同的角度去分析问题；

2) 要注意分层，主要因素不应超过 3 个，否则没有抓住主要矛盾；

3) 频数很少的项目归入"其他项"，以免横轴过长，"其他项"一定放在最后；

4) 效果检验，重画排列图。针对 A 类因素采取措施后，为检查其效果，经过一段时间，需收集数据重画排列图，若新画的排列图与原排列图主次换位，总的废品率（或损失）下降，说明措施得当，否则，说明措施不力，未取得预期的效果。

排列图广泛应用于生产的第一线，如车间、班组或工地，项目的内容、数据、绘图时间和绘图人等资料都应在图上写清楚，使人一目了然。

(2) 因果分析图法

因果分析图又叫特性要因图、鱼刺图、树枝图。这是一种逐步深入研究和讨论质量问题的图示方法。在工程实践中，任何一种质量问题的产生，往往是多种原因造成的。这些原因有大有小，把这些原因依照大小顺序分别用主干、大枝、中枝和小枝图形

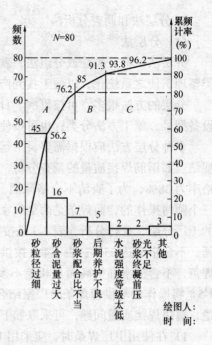

图 1-4 地坪起砂原因排列图

表示出来，便可一目了然地系统观察出产生质量问题的原因。运用因果分析图可以帮助我们制定对策，解决工程质量上存在的问题，从而达到控制质量的目的。

现以混凝土强度不足的质量问题为例来阐明因果分析图的画法，如图 1-5 所示。

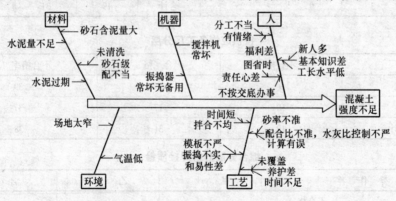

图 1-5 混凝土强度不足因果分析图

1) 决定特性。特性就是需要解决的质量问题，放在主干箭头的前面。

2) 确定影响质量特性的大枝。影响工程质量的因素主要是人、材料、工艺、设备和环境等五方面。

3) 进一步画出中、小细枝，即找出中、小原因。

4) 发扬技术民主，反复讨论，补充遗漏的因素。

5) 针对影响质量的因素，有的放矢地制定对策，并落实到解决问题的人和时间，通过对策计划表的形式列出，限期改正。

5. 分层法和调查分析法

(1) 分层法

分层法又称分类法或分组法,就是将收集到的质量数据,按统计分析的需要,进行分类整理,使之系统化,以便于找到产生质量问题的原因,及时采取措施加以预防。

分层的方法很多,可按班次、日期分类;按操作者、操作方法、检测方法分类;可按设备型号、施工方法分类;也可按使用的材料规格、型号、供料单位分类等。

多种分层方法应根据需要灵活运用,有时用几种方法组合进行分层,以便找出问题的症结。如钢筋焊接质量的调查分析,调查了钢筋焊接点 50 个,其中不合格的 19 个,不合格率为 38%,为了查清不合格原因,将收集的数据分层分析。现已查明,这批钢筋是由三个师傅操作的,而焊条是两个厂家提供的产品,因此,分别按操作者分层和按供应焊条的工厂分层,进行分析,表 1-3 是按操作者分层,分析结果可看出,焊接质量最好的 B 师傅,不合格率达 25%;表 1-4 是按供应焊条的厂家分层,发现不论是采用甲厂还是乙厂的焊条,不合格率都很高而且相差不多。为了找出问题之所在,又进行了更细的分层,表 1-5 是将操作者与供应焊条的厂家结合起来分层,根据综合分层数据的分析,问题即可清楚,解决焊接质量问题,可采取如下措施:

1) 在使用甲厂焊条时,应采用 B 师傅的操作方法;
2) 在使用乙厂焊条时,应采用 A 师傅的操作方法。

按 操 作 者 分 层　　　　　　　　　　　　　　　　表 1-3

操作者	不合格	合 格	不合格率(%)	操作者	不合格	合 格	不合格率(%)
A	6	13	32	C	10	9	53
B	3	9	25	合计	19	31	38

按供应焊条工厂分层　　　　　　　　　　　　　　　　表 1-4

工 厂	不合格	合 格	不合格率(%)
甲	9	14	39
乙	10	17	37
合 计	19	31	38

综合分层分析焊接质量　　　　　　　　　　　　　　　　表 1-5

操 作 者		甲 厂	乙 厂	合 计
A	不合格	6	0	6
	合 格	2	11	13
B	不合格	0	3	3
	合 格	5	4	9
C	不合格	3	7	10
	合 格	7	2	9
合 计	不合格	9	10	19
	合 格	14	17	31

（2）调查分析法

调查分析法又称调查表法，是利用表格进行数据收集和统计的一种方法。表格形式根据需要自行设计，应便于统计、分析。

如图1-6所示为工序质量特性分布统计分析图。该图是为掌握某工序产品质量分布情况而使用的，可以直接把测出的每个质量特性值填在预先制好的频数分布空白格上，每测出一个数据就在相应值栏内划一记号组成"正"字，记测完毕，频率分布也就统计出来了。此法较简单，但填写统计分析图时若出现差错，事后无法发现，为此，一般都先记录数据，然后再用直方图法进行统计分析。

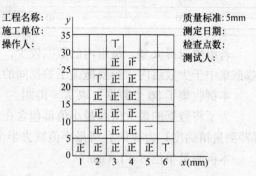

图1-6 某墙体工程平整度统计分析

6. 直方图法

直方图又称质量分布图、矩形图、频数分布直方图。它是将产品质量频数的分布状态用直方形来表示，根据直方的分布形状和与公差界限的距离来观察、探索质量分布规律，分析、判断整个生产过程是否正常。

利用直方图，可以制定质量标准，确定公差范围，可以判明质量分布情况，是否符合标准的要求。但其缺点是不能反映动态变化，而且要求收集的数据较多（50~100个以上），否则难以体现其规律。

（1）直方图的作法

直方图由一个纵坐标、一个横坐标和若干个长方形组成。横坐标为质量特性，纵坐标是频数时，直方图为频数直方图；纵坐标是频率时，直方图为频率直方图。

现以大模板边长尺寸误差的测量为例，说明直方图的作法。表1-6为模板边长尺寸误差数据表。

模板边长尺寸误差表　　　　　　　　　表1-6

-2	-3	-3	-4	-3	0	-1	-2
-2	-2	-3	-1	+1	-2	-2	-1
-2	-1	0	-1	-2	-3	-1	+2
0	-5	-1	-3	0	+2	0	-2
-1	+3	-1	0	-3	-2	-5	+1
0	-2	-4	-3	-4	-1	+1	+1
-2	-4	-6	-1	-2	+3	-1	-2
-3	-1	-4	-1	-3	-1	+2	0
-5	-1	0	-2	-1	-3	-3	-1
-2	0	-3	-4	-2	+1	-1	+1

1）确定组数、组距和组界

一批数据究竟分多少组，通常根据数据的多少而定，可参考表1-7。

组 数　　　　　　　　　　　　　　　　表 1-7

数据数目 n	组数 K	数据数目 n	组数 K
<50	5~7	100~250	7~12
50~100	6~10	>250	10~20

若组数取得太多，每组内的数据较少，作出的直方图过于分散；若组数取得太少，则数据集中于少数组内，容易掩盖了数据间的差异，所以，分组数目太多或太少都不好。

本例收集了 80 个数据，取 $K=10$ 组。

为了将数据的最大值和最小值都包含在直方图内，并防止数据落在组界上，测量单位（即测量精确度）为 δ 时，将最小值减去半个测量单位，最大值加上半个测量单位。

本例测量单位 $\delta=1$ (mm)

$$x'_{min} = x_{min} - \frac{\delta}{2} = -6 - \frac{1}{2} = -6.5(\text{mm})$$

$$x'_{max} = x_{max} + \frac{\delta}{2} = 3 + \frac{1}{2} = 3.5(\text{mm})$$

计算极差为：

$$R' = x'_{max} - x'_{min} = 3.5 - (-6.5) = 10(\text{mm})$$

分组的范围 R' 确定后，就可确定其组距 h。

$$h = \frac{R'}{K}$$

所求得的 h 值应为测量单位的整倍数，若不是测量单位的整倍数时可调整其分组数。其目的是为了使组界值的尾数为测量单位的一半，避免数据落在组界上。

$$h = \frac{R'}{K} = \frac{10}{10} = 1(\text{mm})$$

本例：

组界的确定应由第一组起。

本例各组界限值计算结果见表 1-8。

2）编制频数分布表

按上述分组范围，统计数据落入各组的频数，填入表内，计算各组的频率并填入表内，如表 1-8 所示。

频 数 分 布 表　　　　　　　　　　　　　表 1-8

组号	分组区间	频数	频率	组号	分组区间	频数	频率
1	-6.5~-5.5	1	0.0125	6	-1.5~-0.5	17	0.2125
2	-5.5~-4.5	3	0.0375	7	-0.5~0.5	12	0.15
3	-4.5~-3.5	7	0.0875	8	0.5~1.5	6	0.075
4	-3.5~-2.5	13	0.1625	9	1.5~2.5	3	0.0375
5	-2.5~-1.5	17	0.2125	10	2.5~3.5	1	0.0125

据频数分布表中的统计数据可做出直方图，本例的频数直方图如图 1-7 所示。

（2）直方图的观察分析

1)直方图图形分析

直方图形象直观地反映了数据分布情况,通过对直方图的观察和分析可以看出生产是否稳定,及其质量的情况:常见的直方图典型形状有以下几种,如图1-8所示:

①正常形——又称为"对称形"。它的特点是中间高、两边低,并呈左右基本对称,说明相应工序处于稳定状态,如图1-8(a)所示。

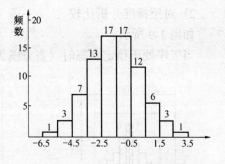

图1-7 频数直方图

②孤岛形——在远离主分布中心的地方出现小的直方,形如孤岛,如图1-8(b)所示。孤岛的存在表明生产过程中出现了异常因素。

③双峰形——直方图出现两个中心,形成双峰状。这往往是由于把来自两个总体的数据混在一起作图所造成的。如图1-8(c)所示。

④偏向形——直方图的顶峰偏向一侧,故又称偏坡型,它往往是因计数值或计量值只控制一侧界限或剔除了不合格数据造成,如图1-8(d)所示。

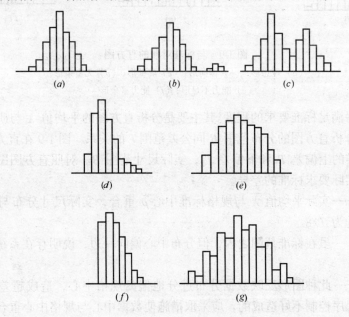

图1-8 常见直方图形
(a)正常形;(b)孤岛形;(c)双峰形;(d)偏向形;
(e)平顶形;(f)陡壁形;(g)锯齿形

⑤平顶形——在直方图顶部呈平顶状态。一般是由多个母体数据混在一起造成的,或者在生产过程中有缓慢变化的因素在起作用所造成。如图1-8(e)所示。

⑥陡壁形——直方图的一侧出现陡峭绝壁状态。这是由于人为地剔除一些数据,进行不真实的统计造成的,如图1-8(f)所示。

⑦锯齿形——直方图出现参差不齐的形状,即频数不是在相邻区间减少,而是隔区间减少,形成了锯齿状。造成这种现象的原因不是生产上的问题,而主要是绘制直方图时分组过多或测量仪器精度不够而造成的,如图1-8(g)所示。

2）对照标准分析比较

如图 1-9 所示。

当工序处于稳定状态时（直方图为正常形），还需进一步将直方图与规格标准进行比

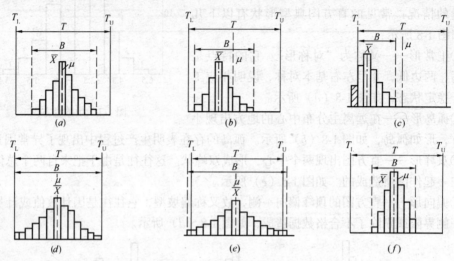

图 1-9　与标准对照的直方图
(a) 理想形；(b) 偏向形；(c) 陡壁形；(d) 无富余形；
(e) 能力不足形；(f) 能力富余形

较，以判定工序满足标准要求的程度。其主要是分析直方图的平均值 $\overline{X}$ 与质量标准中心重合程度，比较分析直方图的分布范围 B 同公差范围 T 的关系。图 1-9 在直方图中标出了标准范围 T，标准的上偏差 T_U 和下偏差 T_L，实际尺寸范围 B。对照直方图图形可以看出实际产品分布与实际要求标准的差异。

①理想形——实际平均值 $\overline{X}$ 与规格标准中心 μ 重合，实际尺寸分布与标准范围两边有一定余量，约为 $T/8$。

②偏向形——虽在标准范围之内，但分布中心偏向一边，说明存在系统偏差，必须采取措施。

③陡壁形——此种图形反映数据分布过分地偏离规格中心，造成超差，出现不合格品。这是由于工序控制不好造成的，应采取措施使数据中心与规格中心重合。

④双侧压线形——又称无富余形。分布虽然落在规格范围之内，但两侧均无余地，稍有波动就会出现超差、出现废品。

⑤能力不足形——又称双侧超越线形。此种图形实际尺寸超出标准线，已产生不合格品。

⑥能力富余形——又称过于集中形。实际尺寸分布与标准范围两边余量过大，属控制过严，质量有富余，不经济。

以上产生质量散布的实际范围与标准范围比较，表明了工序能力满足标准公差范围的程度，也就是施工工序能稳定地生产出合格产品的工序能力。

二、工程质量成本

（1）项目施工质量成本概念

在项目施工质量控制中，为了保证和提高项目质量所支付的一切费用，以及未达到项目质量标准而产生的一切损失费用之和，就构成了项目施工质量成本。

（2）项目施工质量成本构成

项目施工质量成本包括：内部故障质量成本、外部故障质量成本、工程鉴别成本和工程预防成本四项。

1）内部故障质量成本

内部故障质量成本是指在施工项目竣工前，由于项目自身缺陷而造成的损失，以及为处理缺陷所发生的费用之和。如：废品损失费、返工损失费、停工损失费和事故分析处理费等项。

2）外部故障质量成本

外部故障质量成本是指工程交工后，因项目质量缺陷而发生的一切费用。如：申诉受理费、回访保修费和施工索赔费等项。

3）工程鉴别成本

工程鉴别成本是指为了确保施工项目质量达到项目质量标准要求，对工程项目本身以及材料、构件和设备进行质量鉴定所需要的一切费用。如：材料检验费、工序检验费、竣工检查费、机械设备试验和维修费等项。

4）工程预防成本

工程预防成本是指为了确保施工项目质量而采取预防措施所耗用的费用，即为使故障质量成本和鉴别成本减到最低限度所需要的一切费用。如：项目质量规划费、新材料或新工艺评审费和工序能力控制费，以及研究费用、质量情报费用和质量教育培训费等项。

（3）项目施工质量成本分析

1）施工质量成本构成项目之间关系

各个施工质量成本项目之间存在着相互联系、相互制约关系。在施工质量成本中，如果某一组成本项目发生变化，都将引起其他组成本项目的变化，甚至引起项目质量总成本的变化。通常预防成本和鉴别成本都有利于提高项目质量和经济效益；它们是能够获得直接补偿和间接补偿的成本。内部故障质量成本和外部故障质量成本对提高项目质量并不起作用，并对降低项目质量成本起负作用；它们是得不到任何补偿的纯损失费用。

2）施工质量成本分析

在一般情况下，如果增加预防成本，就可以提高项目质量和降低不合格品率，并减小内部故障损失和外部故障损失；反之，若减小预防成本，将使项目质量下降和不合格品率上升；这样势必增加鉴别成本、内部故障质量成本和外部故障质量成本，并使项目质量总成本急剧增加。但是，预防成本并不是越高越好，当项目质量已达到一定标准量，若再进一步提高其质量，承建单位将会付出高昂代价。也就是项目质量提高引起内部和外部故障质量成本的减小弥补不了所增加的预防成本，项目质量总成本反而增加；这时增加的预防成本已属得不偿失。

由此可知，项目施工质量成本分析，就是对其组成项目在质量成本中应占比例进行分析,并寻求一个最佳比例构成;也就是当内部故障质量成本、外部故障质量成本、工程鉴别成本和预防成本之和最低时所构成的施工质量成本。通过施工质量成本分析,也可以找出影响项目成本的关键因素,从而提出改进项目质量和降低项目成本的途径。施工质量成本与质量关系曲线,如图1-10所示。各项质量成本项目在其总成本中应占比例范围,如表1-9所示。

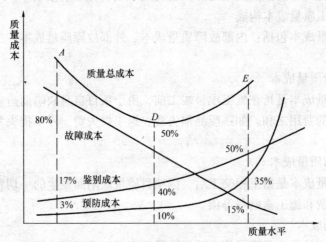

图1-10 施工质量成本与质量关系图

质量成本比例表   表1-9

质量成本项目	占质量总成本（%）	质量成本项目	占质量总成本（%）	质量成本项目	占质量总成本（%）	质量成本项目	占质量总成本（%）
工程预防成本	0.5~10	工程鉴别成本	10~50	内部故障成本	25~40	外部故障成本	25~40

第七节 建筑工程施工质检员的职责

按照全面质量管理的观点,企业要保证工程质量,必须实行全企业、全员、全过程的质量管理。工程质量是施工单位各部门、各环节、各项工作质量的综合反映,质量保证工作的中心是认真履行各自的质量职能,所以,建立各部门、各级人员的质量责任制是十分必要的。质量责任制要目标明确,职责分明,权责一致,避免互不负责、互相推诿,贻误或影响质量保证工作。

一、工程施工质量员的基本素质

对于一个建设工程来说,项目质量员应对现场质量管理的实施全面负责,因此,质量员的人选很重要。其必须具备如下素质:

（1）足够的专业知识。质量员的工作具有很强的专业性和技术性,必须由专业技术人员来承担,一般要求应连续从事本专业工作三年以上。此外,对于设计、施工、材料、测量、计量、检验、评定等各方面专业知识都应了解精通。

（2）较强的管理能力和一定的管理经验。质量员是现场质量监控体系的组织者和负责人，具有一定的组织协调能力也是非常必要的，一般有两年以上的管理经验，才能胜任质量员的工作。

（3）很强的工作责任心。质量员除派专人负责外，还可以由技术员、项目经理助理、内业技术员等其他工程技术人员担任。

二、工程施工质量员的基本工作与质量责任

质量员负责工程的全部质量控制工作，明确质量控制系统中每一人员的称谓，并规定相应的职责和责任。负责现场各组织部门的各类专项质量控制工作的执行。质量员负责向工程项目班子所有人员介绍该工程项目的质量控制制度，负责指导和保证此项制度的实施，通过质量控制来保证工程建设满足技术规范和合同规定的质量要求。具体有：

（1）负责适用标准的识别和解释。

（2）负责质量控制手段的介绍，指导质量保证活动。如负责对钢结构以及混凝土工程的施工质量进行检查、监督；对到达现场的设备、材料和半成品进行质量检查；对焊接、铆接、螺栓、设备定位以及技术要求严格的工序进行检查；检查和验收隐蔽工程并做好记录等。

（3）组织现场试验室和质监部门实施质量控制。

（4）建立文件和报告制度，包括建立一套日常报表体系。报表汇录和反映以下信息：将要开始的工作；各负责人员的监督活动；业主提出的检查工作的要求；在施工中的检验或现场试验；其他质量工作内容。此外，现场试验简报是极为重要的记录，每月底须以表格或图表形式送达项目经理及业主，每季度或每半年也要进行同样汇报，报告每项工作的结果。

（5）组织工程质量检查，主持质量分析会，严格执行质量奖罚制度。

（6）接受工程建设各方关于质量控制的申请和要求，包括向各有关部门传达必要的质量措施。如质量员有权停止分包商不符合验收标准的工作，有权决定需要进行实验室分析的项目并亲自准备样品、监督实验工作等。

（7）指导现场质量监督员的质量监督工作。

质监员的主要职责有：

1）巡查工程，发现并纠正错误操作；

2）记录有关工程质量的详细情况，随时向质量员报告质量信息并执行有关任务；

3）协助工长搞好工程质量自检、互检和交接检，随时掌握各分项工程的质量情况；

4）整理分项、分部和单位工程检查评定的原始记录，及时填报各种质量报表，建立质量档案。

三、工程施工质量员的职责

1. 施工准备阶段职责

事前控制对保证工程质量具有很重要的意义。质量员在本阶段的主要职责有以下三方面：

（1）建立质量控制系统：建立质量控制系统，制订本项目的现场质量管理制度，包括

现场会议制度、现场质量检验制度、质量统计报表制度、质量事故报告处理制度，完善计量及质量检测技术和手段。协助分包单位完善其现场质量管理制度，并组织整个工程项目的质量保证活动。建章立制是保证工程质量的前提，也是质量员的首要任务。

（2）进行质量检查与控制：对工程项目施工所需的原材料、半成品、构配件进行质量检查与控制。重要的预订货应先提交样品、经质量员检查认可后方进行采购。凡进场的原材料均应有产品合格证或技术说明书。通过一系列检验手段，将所取得的数据与厂商所提供的技术证明文件相对照，及时发现材料（半成品、构配件）质量是否满足工程项目的质量要求。一旦发现不能满足工程质量的要求，立即重新购买、更换，以保证所采用的材料（半成品、构配件）的质量可靠性。同时，质量员将检验结果反馈厂商，使之掌握有关的质量情况。

此外，根据工程材料（半成品、构配件）的用途、来源及质量保证资料的具体情况，质量员可决定质量检验工作的深度，通常可按下列情况掌握：

1）免检：对于已有足够的质量保证资料的一般材料；或实践证明质量长期稳定，且质量保证资料齐全的材料。一般建筑企业很少对材料和半成品免检。

2）抽检：对资料有怀疑或与合同规定不符的一般材料；材料标记不清或怀疑材料质量有问题；由工程材料重要程度决定应进行一定比例的实验，或需要进行追踪检验以控制其质量保证的可靠性。

3）全部检查：对于重要工程或虽非重要工程，但属关键性施工部位所用的材料，为了确保工程适用性和安全可靠性要求而对材料质量有严格要求时。

（3）组织或参与组织图纸会审

图纸审查包括学习、初审、会审、综合会审四个阶段。

图纸会审重点：图纸会审应以保证建筑物的质量为出发点，对图纸中有关影响建筑物性能、寿命、安全、可靠、经济等问题提出修改意见。会审重点如下：

1）设计单位技术等级证书及营业执照；

2）对照图纸目录，清点新绘图纸的张数及利用标准图的册数；

3）建筑场地工程地质勘察资料是否齐全；

4）设计假定条件和采用的处理方法是否符合实际情况，施工时有无足够的稳定性，对完成施工有无影响；

5）地基处理和基础设计有无问题；

6）建筑、结构、设备安装之间有无矛盾；

7）专业图之间、专业图内各图之间、图与统计表之间的规格、强度等级、材质、数量、坐标、标高等重要数据是否一致；

8）实现新技术项目、特殊工程、复杂设备的技术可能性和必要性，是否有保证工程质量的技术措施。

图纸会审后，应由组织会审的单位，将会审中提出的问题以及解决办法详细记录，写成正式文件，列入工程档案。

2. 施工过程中的职责

施工过程中进行质量控制称为事中控制。事中控制是施工单位控制工程质量的重点，而且施工过程的质量控制任务是很繁重的。质量员在本阶段的职责是：按照施工阶段质量控制的基本原理，切实依靠自己的质量控制系统，根据工程项目质量目标要求，加强对施工现场及施工工艺的监督管理，加强工序质量控制，督促施工人员严格按图纸、工艺、标准和操作规程，实行检查认证制度。在关键部位，项目经理及质量员必须亲自监督，实行中间检查和技术复核，对每个分部分项工程均进行检测验收并签证认可，防止质量隐患发生。质量员还必须做好施工过程记录，认真分析质量统计数字，对工程的质量水平及合格率、优良品率的变化趋势作出预测供项目经理决策。对不符合质量要求的施工操作应及时纠编，加以处理，并提出相应的报告。本阶段的工作重点是：

(1) 完善工序质量控制，建立质量控制点，把影响工序质量的因素都纳入管理范围。

1) 工序质量控制

①工序质量的概念：工序是生产的具体阶段，也是构成生产制造过程的基本单元。从质量管理角度来看，工序是人、机械、材料、工艺、环境五大因素对产品质量发挥综合作用的过程。工序质量是施工过程质量控制的最小单位，是施工质量控制的基础。

在建筑施工企业，工序质量是指工序满足工程施工要求的程度。而满足程度的高低（工序质量水平的高低），取决于4M1E五大因素在施工过程中的综合效果。

②工序质量监控的内容：施工过程质量控制就是要以科学方法来提高人的工作质量，以保证工序质量，并通过工序质量来保证工程项目实体的质量。工序质量控制的主要内容如图1-11所示。

③工序质量控制的实施要则：工序质量控制的实施是件很繁杂的事，关键应抓住主要矛盾和技术关键，要依靠组织制度及职责划分，来完成工序活动的质量控制。一般来说，要掌握如下的实施要则：确定工序质量控制计划；对工序活动实行动态跟踪控制；加强对工序活动条件的主动控制。

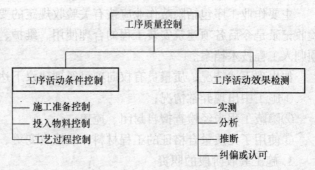

图1-11 工序质量控制的内容

2) 质量控制点：在施工生产现场中，对需要重点控制的质量特性、工程关键部位或质量薄弱环节，在一定的时期内，一定条件下强化管理，使工序处于良好的控制状态。这称为"质量控制点"。

建立质量控制点的作用，在于强化工序质量管理控制、防止和减少质量问题的发生。

(2) 组织参与技术交底和技术复核

技术交底与复核制度是施工阶段技术管理制度的一部分，也是工程质量控制的经常性任务。

1) 技术交底的内容

技术交底是参与施工的人员在施工前了解设计与施工的技术要求，以便科学地组织施工，按合理的工序、工艺进行作业的重要制度。在单位工程、分部工程、分项工程正式施工前都必须认真做好技术交底工作。

技术交底的内容根据不同层次有所不同，主要包括施工图纸、施工组织设计、施工工艺、技术安全措施、规范要求、操作规程、质量标准要求等。对于重点工程、特殊工程，采用新结构、新工艺、新材料、新技术的特殊要求,更需详细地交待清楚。分项工程技术交底后,一般应填写施工技术交底记录。

施工现场技术交底的重要内容有以下几点:

①提出图纸上必须注意的尺寸,如轴线、标高、预留孔洞、预埋件、镶入构件的位置、规格、大小、数量等;

②所用各种材料的品种、规格、等级及质量要求;

③混凝土、砂浆、防水、保温、耐火、耐酸和防腐蚀材料等的配合比和技术要求;

④有关工程的详细施工方法、程序、工种之间、土建与各专业单位之间的交叉配合部位、工序搭接及安全操作要求;

⑤设计修改、变更的具体内容或应注意的关键部位;

⑥结构吊装机械及设备的性能、构件重量、吊点位置、索具规格尺寸、吊装顺序、节点焊接及支撑系统等。

2) 技术复核内容

技术复核一方面是在分项工程施工前指导、帮助施工人员正确掌握技术要求;另一方面是在施工过程中再次督促检查施工人员是否已按施工图纸、技术交底及技术操作规程施工,避免发生重大差错。技术复核应作为书面凭证归档。

3) 严格工序间交换检查

主要作业工序包括隐蔽作业应按有关验收规定的要求由质量员检查,签字验收。隐蔽验收记录是今后各项建筑安装工程的合理使用、维护、改造扩建的一项重要技术资料,必须归入工程技术档案。

如出现下述情况,质量员有权向项目经理建议下达停工令。

①施工中出现异常情况;

②隐蔽工程未经检查擅自封闭、掩盖;

③使用了无质量合格证的工程材料,或擅自变更、替换工程材料等。

3. 施工验收阶段的职责

对施工过的产品进行质量控制称为事后控制。事后控制的目的是对工程产品进行验收把关,以避免不合格产品投入使用。具体内容为:按照建筑工程质量验收规范对检验批、分项工程、分部工程、单位工程进行验收,办理验收手续,填写验收记录,整理有关的工程项目质量的技术文件,并编目建档。本阶段质量员的主要职责是组织进行分项工程和分部工程的质量检查评定。

第二章 建筑工程施工质量验收

第一节 建筑工程质量验收的基本规定

建筑工程的质量验收按照"验评分离、强化验收、完善手段、过程控制"的指导原则。

一、建筑工程施工质量管理

施工现场质量管理应有相应的施工技术标准、健全的质量管理体系、施工质量检验制度和综合施工质量水平评定考核制度。

1. 有标准

施工现场必须具备相应的施工技术标准。这是抓好工程质量的最基本要求。

2. 有体系

要求每一个施工现场,都要树立靠体系管理质量的观念,并从组织上加以落实。施工单位应推行生产控制和合格控制的全过程质量控制,应有健全的生产控制和合格控制的质量管理体系。注意这条要求的内涵是不仅要有体系,这个体系还要有效运行,即应该发挥作用。施工单位必须建立起内部自我完善机制,只有这样,施工单位的管理水平才能不断提高。这种自我完善机制主要是:施工单位通过内部的审核与管理者评审,找出质量管理体系中存在的问题和薄弱环节,并制订改进的措施和跟踪检查落实,使单位和项目的质量管理体系不断健全和完善。这项机制,是一个施工单位不断提高工程施工质量的基本保证,因此,无论是否贯标认证,都要树立靠体系管质量的观念。

3. 有制度

建筑工程施工中必须制度健全。这种制度应该是一种"责任制度"。只有建立起必要的质量责任制度,才能对建筑工程施工的全过程进行有效的控制。

这里所说的制度,应包括原材料控制、工艺流程控制、施工操作控制、每道工序质量检查、各道相关工序间的交接检验以及专业工种之间等中间交接环节的质量管理和控制要求等制度,此外还应包括满足施工图设计和功能要求的抽样检验制度等。施工单位从施工技术、管理制度、工程质量控制和工程实际质量等方面制定企业综合质量控制的指标,并形成制度,以达到提高整体素质和经济效益的目的。

二、建筑工程施工质量控制的基本要求

1. 建筑工程采用的主要材料、半成品、成品、建筑构配件、器具和设备应进行现场验收。凡涉及安全、功能的有关产品,应按各专业工程质量验收规范规定进行复验,并应经监理工程师(建设单位技术负责人)检查认可。

2. 各工序应按施工技术标准进行质量控制,每道工序完成后,应进行检查。

3. 相关各专业工种之间，应进行交接检验，并形成记录。未经监理工程师（建设单位技术负责人）检查认可，不得进行下道工序施工。

施工单位每道工序完成后除了自检、专职质量检查员检查外，还强调了工序交接检查，上道工序还应满足下道工序的施工条件和要求；同样，相关专业工序之间也应进行中间交接检验，使各工序间和各相关专业工程之间形成一个有机的整体。这种工序的检验实质上是质量的合格控制。

三、建筑工程施工质量验收要求

1. 建筑工程施工质量应符合《建筑工程施工质量验收统一标准》（GB 50300—2001）和相关专业验收规范的规定。
2. 建筑工程施工应符合工程勘察、设计文件的要求。
3. 参加工程施工质量验收的各方人员应具备规定的资格。
4. 工程质量的验收均应在施工单位自行检查评定的基础上进行。
5. 隐蔽工程在隐蔽前应由施工单位通知有关单位进行验收，并应形成验收文件。
6. 涉及结构安全的试块、试件以及有关材料，应按规定进行见证取样检测。
7. 检验批的质量应按主控项目和一般项目验收。
8. 对涉及结构安全和使用功能的重要分部工程应进行抽样检测。
9. 承担见证取样检测及有关结构安全检测的单位应具有相应资质。
10. 工程的观感质量应由验收人员通过现场检查，并应共同确认。

四、检验批的质量检验

1. 计量、计数或计量——计数等抽样方案。
2. 一次、二次或多次抽样方案。
3. 根据生产连续性和生产控制稳定性情况，尚可采用调整型抽样方案。
4. 对重要的检验项目，当可采用简易快速的检验方法时，可选用全数检验方案。
5. 经实践检验有效的抽样方案。

五、检验批的抽样方案中有关规定

生产方风险（或错判概率 α）和使用方风险（或漏判概率 β）按下列要求采取：
1. 主控项目：对应于合格质量水平的 α 和 β 均不宜超过 5%。
2. 一般项目：对应于合格质量水平的 α 不宜超过 5%，β 不宜超过 10%。

第二节 建筑工程质量验收的划分

建筑工程质量验收应划分为单位（子单位）工程、分部（子分部）工程、分项工程和检验批。

一、单位工程划分的确定原则

1. 具备独立施工条件并能形成独立使用功能的建筑物及构筑物为一个单位工程。

2. 建筑规模较大的单位工程，可将其能形成独立使用功能的部分为一个子单位工程。

由于建筑规模较大的单体工程和具有综合使用功能的综合性建筑物日益增多，其中具备使用功能的某一部分有可能需要提前投入使用，以发挥投资效益。或某些规模特别大的工程，采用一次性验收整体交付使用可能会带来不便，因此，可将此类工程划分为若干个具备独立使用功能的子单位工程进行验收。

具有独立施工条件和能形成独立使用功能是单位（子单位）工程划分的两个基本要求。单位（子单位）工程划分通常应在施工前确定，并应由建设、监理、施工单位共同协商确定。这样不仅利于操作，而且可以方便施工中据此收集整理施工技术资料和进行验收。

二、分部工程划分的确定原则

1. 分部工程的划分应按专业性质、建筑部位确定。
2. 当分部工程较大或较复杂时，可按材料种类、施工特点、施工程序、专业系统及类别等划分为若干子分部工程。

三、分项工程的划分

分项工程应按主要工种、材料、施工工艺、设备类别等进行划分。

分项工程可由一个或若干检验批组成，检验批可根据施工及质量控制和专业验收需要按楼层、施工段、变形缝等进行划分。

检验批可以看作是工程质量正常验收过程中的最基本单元。分项工程划分成检验批进行验收，既有助于及时纠正施工中出现的质量问题，确保工程质量，也符合施工中的实际需要，便于具体操作。通常多层及高层建筑工程中主体分部的分项工程可按楼层或施工段来划分检验批，单层建筑工程中的分项工程可按变形缝等划分检验批；地基基础分部工程中的分项工程一般划分为一个检验批，有地下层的基础工程可按不同地下层划分检验批；屋面分部工程中的分项工程不同楼层屋面可划分为不同的检验批；其他分部工程中的分项工程，一般按楼层划分检验批；对于工程量较少的分项工程，可统一划为一个检验批。安装工程一般按一个设计系统或设备组别划分为一个检验批。室外工程统一划分为一个检验批。散水、台阶、明沟等通常含在地面检验批中。

地基基础中的土石方、基坑支护子分部工程及混凝土工程中的模板工程，虽不构成建筑工程实体，但它是建筑工程施工不可缺少的重要环节和必要条件，其施工质量如何，不仅关系到能否施工和施工安全，也关系到建筑工程的质量，因此将其也列入施工验收的内容。显然，对这些内容的验收，更多的是过程验收。

建筑工程的分部（子分部）、分项工程的具体划分见《建筑工程施工质量验收统一标准》（GB 50300—2001）。

四、室外工程的划分

可根据专业类别和工程规模划分单位（子单位）工程。
室外单位（子单位）工程、分部工程可按表2-1采用。

室外工程划分　　　　　　　表 2-1

单位工程	子单位工程	分部（子分部）工程
室外建筑环境	附属建筑	车棚围墙、大门、挡土墙、垃圾收集站
	室外环境	建筑小品、道路、亭台、连廊、花坛、场坪绿化
室外安装	给排水与采暖	室外给水系统、室外排水系统、室外供热系统
	电气	室外供电系统、室外照明系统

第三节　建筑工程质量验收

一、检验批合格质量应符合的规定

1. 主控项目和一般项目的质量，经抽样检验合格。
2. 具有完整的施工操作依据、质量检查记录。

检验批虽然是工程验收的最小单元，但它是分项工程乃至整个建筑工程质量验收的基础。检验批是施工过程中条件相同并具有一定数量的材料、构配件或施工安装项目的总称，由于其质量基本均匀一致，因此可以作为检验的基础单位组合在一起，按批验收。

检验批验收时应进行资料检查和实物检验。

资料检查主要是检查从原材料进场到检验批验收的各施工工序的操作依据、质量检查情况以及控制质量的各项管理制度等。由于资料是工程质量的记录，所以对资料完整性的检查，实际是对过程控制的检查确认，是检验批合格的前提。

实物检验，应检验主控项目和一般项目。其合格指标在各专业质量验收规范中给出。对具体的检验批来说，应按照各专业质量验收规范对各检验批主控项目、一般项目规定的指标逐项检查验收。

检验批的合格质量主要取决于对主控项目和一般项目的检验结果。主控项目是对检验批的质量起决定性影响的检验项目，因此必须全部符合有关专业工程验收规范的规定。这意味着主控项目不允许有不符合要求的检验结果，即主控项目的检查结论具有否决权。如果发现主控项目有不合格的点、处、构件，必须修补、返工或更换，最终使其达到合格。

二、分项工程质量验收合格应符合的规定

1. 分项工程所含的检验批均应符合合格质量的规定。
2. 分项工程所含的检验批的质量验收记录应完整。

三、分部（子分部）工程质量验收合格应符合的规定

1. 分部（子分部）工程所含分项工程的质量均应验收合格。
2. 质量控制资料应完整。
3. 地基与基础、主体结构和设备安装等分部工程有关安全及功能的检验和抽样检测结果应符合有关规定。
4. 观感质量验收应符合要求。

四、单位（子单位）工程质量验收合格应符合的规定

1. 单位（子单位）工程所含分部（子分部）工程的质量均应验收合格。
2. 质量控制资料应完整。
3. 单位（子单位）工程所含分部工程有关安全和功能的检测资料应完整。

对涉及安全和使用功能的分部工程，应对检测资料进行复查。不仅要全面检查其完整性（不得有漏检和缺项）而且对分部工程验收时补充进行的见证抽样检验报告也要复核。这是16字方针中的"强化验收"的具体体现。这种强化验收的手段体现了对安全和主要使用功能的重视。

4. 主要功能项目的抽查结果应符合相关专业质量验收规范的规定。

使用功能的抽查是对建筑工程和设备安装工程最终质量的综合检验，也是用户最为关心的内容。因此，在分项、分部工程验收合格的基础上，竣工验收时应再做一定数量的抽样检查。抽查项目在基础资料文件的基础上由参加验收的各方人员商定，并用计量、计数等抽样方法确定检查部位。竣工验收检查，应按照有关专业工程施工质量验收标准的要求进行。

5. 观感质量验收应符合的要求。

竣工验收时，须由参加验收的各方人员共同进行观感质量检查。检查的方法、内容、结论等已在分部工程的相应部分中阐述，最后共同确定是否通过验收。

五、建筑工程质量验收记录应符合的规定

1. 检验批质量验收记录可按表2-2进行。

检验批质量验收记录　　　　　　　表2-2

工程名称		分项工程名称		验收部位	
施工单位		专业工长		项目经理	
施工执行标准名称及编号					
分包单位		分包项目经理		施工班组长	
	质量验收规范的规定	施工单位检查评定记录		监理（建设）单位验收记录	
主控项目	1				
	2				
	3				
	4				
	5				
	6				
	7				
	8				
	9				
一般项目	1				
	2				
	3				
	4				
施工单位检查结果评定	项目专业质量检查员： 　　　　　　　　　　　　　　　年　　月　　日				
监理（建设）单位验收结论	监理工程师 （建设单位项目专业技术负责人） 　　　　　　　　　　　　　　　年　　月　　日				

2. 分项工程质量验收记录可按表2-3进行。

分项工程质量验收记录　　　　　　　　　表 2-3

工程名称		结构类型		检验批数	
施工单位		项目经理		项目技术负责人	
分包单位		分包单位负责人		分包项目经理	

序号	检验批部位、区段	施工单位检查评定结果	监理（建设）单位验收结论
1			
2			
3			
4			
5			
6			
7			
8			
9			
10			
检查结论	项目专业技术负责人： 　　　　年　月　日	验收结论	监理工程师 （建设单位项目专业技术负责人） 　　　　年　月　日

3. 分部（子分部）工程质量验收记录应按表2-4进行。

分部（子分部）工程验收记录　　　　　　　表2-4

工程名称		结构类型		层数	
施工单位		技术部门负责人		质量部门负责人	
分包单位		分包单位负责人		分包技术负责人	
序号	分项工程名称	检验批数	施工单位检查评定	验收意见	
	1				
	2				
	3				
	4				
	5				
	6				
质量控制资料					
安全和功能检验（检测）报告					
观感质量验收					
验收单位	分包单位		项目经理	年　月　日	
	施工单位		项目经理	年　月　日	
	勘察单位		项目负责人	年　月　日	
	设计单位		项目负责人	年　月　日	
	监理（建设）单位	总监理工程师（建设单位项目）		年　月　日	

4. 单位（子单位）工程质量验收，质量控制资料核查，安全和功能检验资料核查及主要功能抽查记录，观感质量检查应按《建筑工程施工质量验收统一标准》（GB 50300—2001）的相关要求填写单位（子单位）工程质量竣工验收记录。

六、当建筑工程质量不符合要求时，进行处理的规定

1. 经返工重做或更换器具、设备的检验批，应重新进行验收。

在检验批验收时，其主控项目不能满足验收规范规定或一般项目超过偏差限值，或检验批中的某个子项不符合检验规定的要求时，应及时进行处理。其中，严重缺陷如无法修复时，应推倒重来；一般的缺陷可通过返修或更换器具、设备予以解决。应允许施工单位在采取相应的措施后重新验收。如能够符合相应的专业工程质量验收规范，则应认为该检验批合格。

2. 经有资质的检测单位检测鉴定能够达到设计要求的检验批，应予以验收。

个别检验批发生问题，例如混凝土试块强度不满足要求，难以确定是否应该验收时，应委托具有资质的法定检测单位检测。当鉴定结果能够达到设计要求时，该检验批仍应认为通过验收。

3.经有资质的检测单位检测鉴定达不到设计要求、但经原设计单位核算认可能够满足结构安全和使用功能的检验批,可予以验收。

一般情况下,规范标准给出了满足安全和功能的最低限度要求,而设计往往在此基础上留有一些余量,两者的界限并不一定完全相等。不满足设计要求和符合相应规范标准的要求,两者并不矛盾。

4.经返修或加固处理的分项、分部工程,虽然改变外形尺寸但仍能满足安全使用要求,可按技术处理方案和协商文件进行验收。

更为严重的缺陷或者超过检验批的更大范围内的缺陷,可能影响结构的安全性和使用功能。若经法定检测单位检测鉴定,确认达不到规范标准的相应要求,即不能满足最低限度的安全储备和使用功能要求,则必须按一定的技术方案进行加固处理,使之达到能满足安全使用的基本要求。这样有可能会造成一些永久性的缺陷,如改变结构外形尺寸,影响一些次要用功能等。为了避免社会财富更大的损失,在不影响安全和使用功能条件下,可以按处理技术方案和协商文件进行验收,但责任方应承担经济责任。这一规定,给问题比较严重但是可以采取技术措施修复的情况一条出路,但应注意不能作为轻视质量回避责任的理由。这种做法符合国际上"让步接受"的惯例。

七、严禁验收的规定

通过返修或加固处理仍不能满足安全使用要求的分部工程、单位(子单位)工程,严禁验收。

第四节 工程质量验收程序和组织

一、检验批及分项工程的验收

检验批及分项工程应由监理工程师(建设单位项目技术负责人)组织施工单位项目专业质量(技术)负责人等进行验收。

检验批和分项工程是建筑工程质量基础,因此,所有检验批和分项工程均应由监理工程师或建设单位项目技术负责人组织验收。验收前,施工单位先填好"检验批和分项工程的质量验收记录"(有关监理记录和结论不填),并由项目专业质量检验员和项目专业技术负责人分别在检验批和分项工程质量检验记录中相关栏目签字,然后由监理工程师组织,严格按规定程序进行验收。

二、分部工程的验收

分部工程应由总监理工程师(建设单位项目负责人)组织施工单位项目负责人和技术、质量负责人等进行验收;地基与基础、主体结构分部工程的勘察、设计单位工程项目负责人和施工单位技术、质量部门负责人也应参加相关分部工程验收。

工程监理实行总监理工程师负责制,因此分部工程应由总监理工程师(建设单位项目负责人)组织施工单位的项目负责人和项目技术、质量负责人及有关人员进行验收。因为地基基础、主体结构的主要技术资料和质量问题是归技术部门和质量部门掌握,所以规定施工单位的技术、质量部门负责人参加验收。

由于地基基础、主体结构技术性能要求严格，技术性强，关系到整个工程的安全，因此规定这些分部工程的勘察、设计单位工程项目负责人也应参加相关分部的工程质量验收。

三、施工单位自检

单位工程完工后，施工单位首先要依据质量标准、设计图纸等组织有关人员进行自检，并对检查结果进行评定，符合要求后向建设单位提交工程验收报告和完整的质量资料，请建设单位组织验收。

四、单位工程质量验收

建设单位收到工程验收报告后，应由建设单位（项目）负责人组织施工（含分包单位）、设计、监理等单位（项目）负责人进行单位（子单位）工程验收。由于设计、施工、监理单位都是责任主体，因此设计、施工单位负责人或项目负责人及施工单位的技术、质量负责人和监理单位的总监理工程师均应参加验收（勘察单位虽然亦是责任主体，但已经参加了地基验收，故单位工程验收时，可以不参加）。

在一个单位工程中，对满足生产要求或具备使用条件，施工单位已预验，监理工程师已初验通过的子单位工程，建设单位可组织进行验收。由几个施工单位负责施工的单位工程，当其中的施工单位所负责的子单位工程已按设计完成，并经自行检验，也可组织正式验收，办理交工手续。在整个单位工程进行全部验收时，已验收的子单位工程验收资料应作为单位工程验收的附件。

单位工程有分包单位施工时，分包单位对所承包的工程项目规定的程序检查评定，总包单位应派人参加。分包工程完成后，应将工程有关资料交总包单位。由于《建设工程承包合同》的双方主体是建设单位和总承包单位，总承包单位应按照承包合同的权利义务对建设单位负责。分包单位对总承包单位负责，亦应对建设单位负责。因此，分包单位对承建的项目进行检验时，总包单位应参加，检验合格后，分包单位应将工程的有关资料移交总包单位，待建设单位组织单位工程质量验收时，分包单位负责人应参加验收。

当参加验收各方对工程质量验收意见不一致时，可请当地建设行政主管部门或工程质量监督机构协调处理。

单位工程质量验收合格后，建设单位应在规定时间内将工程竣工验收报告和有关文件，报建设行政管理部门备案。建设工程竣工验收备案制度是加强政府监督管理，防止不合格工程流向社会的一个重要手段。建设单位应依据《建设工程质量管理条例》和建设部有关规定，到县级以上人民政府建设行政主管部门或其他有关部门备案，否则，不允许投入使用。

第三章 地基与基础工程

地基与基础工程是建筑工程中重要的分部工程，任何一个建筑物或构筑物都是由上部结构、基础和地基三个部分组成。基础担负着承受建筑物的全部荷载并将其传递给地基的任务。

第一节 地 基 处 理

一、换填垫层法

1. 换填法施工材料要求

(1) 素土

一般用黏土或粉质黏土，土料中有机物含量不得超过5%，土料中不得含有冻土或膨胀土，土料中含有碎石时，其粒径不宜大于50mm。

(2) 灰土

土料宜用黏性土及塑性指数大于4的粉土，不得含有松软杂质，土料应过筛，颗粒不得大于15mm，石灰应用Ⅲ级以上新鲜块灰，含氧化钙、氧化镁越高越好，石灰消解后使用，颗粒不得大于5mm，消石灰中不得夹有未熟化的生石灰块粒及其他杂质，也不得含有过多的水分。灰土采用体积配合比，一般宜为2:8或3:7。

(3) 砂

宜用颗粒级配良好，质地坚硬的中砂或粗砂；当用细砂、粉砂应掺加粒径25%~30%的卵石（或碎石），最大粒径不大于5mm，但要分布均匀。砂中不得含有杂草、树根等有机物，含泥量应小于5%。

(4) 砂石

采用自然级配的砂砾石（或卵石、碎石）混合物，最大粒径不大于50mm，不得含有植物残体，有机物垃圾等杂物。

(5) 粉煤灰垫层

粉煤灰是电厂的工业废料，选用的粉煤灰含SiO_2、Al_2O_3、Fe_2O_3，总量越高越好，颗粒宜粗，烧失量宜低，含SiO_2宜小于0.4%，以免对地下金属管道等具有腐蚀性。粉煤灰中严禁混入植物、生活垃圾及其他有机杂质。

(6) 工业废渣俗称干渣

可选用分级干渣、混合干渣或原状干渣。小面积垫层用8~40mm与40~60mm的分级干渣或0~60mm的混合干渣；大面积铺填时，用混合或原状干渣，混合干渣最大粒径不大于200mm或不大于碾压分层需铺厚度的2/3。干渣必须具备质地坚硬、性能稳定、松散重度（kN/m^3）不小于11，泥土与有机杂质含量不大于5%的条件。

2. 换填法施工质量控制

(1) 施工质量控制要点

1) 当对湿陷性黄土地基进行换填加固时,不得选用砂石。土料中不得夹有砖、瓦和石块等可导致渗水的材料。

2) 当用灰土作换填垫层加固材料时,应加强对活性氧化钙含量的控制。

3) 当换垫层底部存在古井、石墓、洞穴、旧基础、暗塘等软硬不均的部位时,应根据《建筑地基处理技术规范》(JGJ 79—2002)第4.3.4条予以处理。

4) 垫层施工的最优含水量,垫层材料的含水量,在当地无可靠经验值取用时,应通过击实试验来确定最优含水量。分层铺垫厚度,每层压实遍数和机械碾压速度应根据选用不同材料及使用的施工机械通过压实试验确定。

5) 垫层分段施工或垫层在不同标高层上施工时应遵守《建筑地基处理技术规范》(JGJ 79—2002)第4.3.7条规定。

(2) 施工质量检验要求

1) 对素土、灰土、砂垫层用贯入仪检验垫层质量;对砂垫层也可用钢筋贯入度检验。

2) 检验的数量分层检验的深度按《建筑地基处理技术规范》(JGJ 79—2002)第4.4.3条规定执行。

3) 当用贯入仪和钢筋检验垫层质量时,均应通过现场控制压实系数所对应的贯入度为合格标准。压实系数检验可用环刀法或其他方法。

4) 粉煤灰垫层的压实系数≥0.9施工试验确定的压实系数为合格。

5) 干渣垫层表面应达到坚实、平整、无明显软陷,每层压陷差<2mm为合格。

(3) 质量保证资料检查要求

1) 检查地质资料与验槽是否吻合,当不吻合时,对进一步搞清地质情况的记录和设计采取进一步加固的图纸和说明。

2) 确定施工四大参数的试验报告和记录:

①最优含水量的试验报告。

②分层虚铺厚度,每层压实遍数,机械碾压运行速度的记录。

③每层垫层施工时的检验记录和检验点的图示。

二、预压法

预压法分为加载预压法和真空预压法两种,适用于处理淤泥质土、淤泥和冲填土等饱和黏性土地基。

1. 加载预压法

(1) 加载预压法施工技术要求

1) 用以灌入砂井的砂应用干砂。

2) 用以造孔成井的钢管内径应比砂井需要的直径略大,以减少施工过程中对地基土的扰动。

3) 用以排水固结用的塑料排水板,应有良好的透水性、足够的湿润抗拉强度和抗弯曲能力。

(2) 加载预压法施工质量控制

1）检查砂袋放入孔内高出孔口的高度不宜小于200mm，以利排水砂井和砂垫层形成垂直水平排水通道。

2）检查砂井的实际灌砂量应不小于砂井计算灌砂量的95%，砂井计算灌砂的原则是按井孔的体积和砂在中密时的干密度计算。

3）袋装砂井或塑料排水带施工时，平面井距偏差应不大于井径，垂直度偏差小于1.5%，拔管时被管子带上砂袋或塑料排水板的长度不宜超过500mm。塑料排水带需要接长时，应采用滤膜内芯板平搭接的连接方式，搭接长度宜大于200mm。

4）严格控制加载速率，竖向变形每天不应超过10mm，边桩水平位移每天不应超过4mm。

2．真空预压法

（1）真空预压法施工技术要求

1）抽真空用密封膜应为抗老化性能好、韧性好、抗穿刺能力强的不透气材料。

2）真空预压用的抽气设备宜采用射流真空泵，空抽时必须达到95kPa以上的真空吸力。

3）滤水管的材料应用塑料管和钢管，管的连接采用柔性接头，以适应预压过程地基的变形。

（2）真空预压法施工质量控制

1）垂直排水系统要求同预压法。

2）水平向排水的滤水管布置应形成回路，并把滤水管设在排水砂垫层中，其上覆盖100~200mm厚砂。

3）滤水管外宜围绕钢丝或尼龙纱或土工织物等滤水材料，保证滤水能力。

4）密封膜热合粘接时用两条膜的热合粘接缝平搭接，搭接宽度大于15mm。

5）密封膜宜铺三层，覆盖膜周边要严密封堵，封堵的方法参见《建筑地基处理技术规范》（JGJ 79—2002）第5.3.8条。

6）为避免密封膜内的真空度在停泵后很快降低，在真空管路中设置止回阀和闸阀。

7）为防止密封膜被锐物刺破，在铺密封膜前，要认真清理平整砂垫层，拣除贝壳和带尖角石子，填平打没袋装砂井或塑料排水板留下的空洞。

8）真空度可一次抽气至最大，当连接五天实测沉降速率≤2mm/d时，可停止抽气。

三、振冲法

振冲法分为振冲置换法和振冲密实法两类。

1．振冲置换法

（1）振冲置换法施工技术要求

1）材料要求：置换桩体材料可选用含泥量不大于5%的碎石、卵石、角砾、圆砾等硬质材料，粒径为20~50mm，最大粒径不宜超过80mm。

2）施工设备要求：振冲器的功率为30kW，用55~75kW更好。

（2）振冲置换法施工质量控制

1）振冲置换施工质量三参数：密实电流、填料量、留振时间应通过现场成桩试验确定。施工过程中要严格按施工三参数执行，并做好详细记录。

2）施工质量监督要严格检查每米填料的数量，达到密实电流值，振冲达到密实电流时，要保证留振数10s后，才能提升振冲器继续施工上段桩体，留振是防止达到瞬间密实电流时桩体尚不密实假象的措施。

3）开挖施工时，应将桩顶的松散桩体挖除，或用碾压等方法使桩顶松散填料密实，防止因桩顶松散而发生附加沉降。

2. 振冲密实法

振冲密实法的材料和设备要求同振冲置换法，振冲密实法又分填料和不填料两种。

振冲密实法施工质量控制

1）填料法是把填料放在孔口，振冲点上要放钢护筒护好孔口，振冲器对准护筒中心，使桩中心不偏斜。

2）振冲器下沉速率控制在1~2mm/min范围内。

3）每段填料密实后，振冲器向上提0.3~0.5m，不要多提，以免造成多提高度内达不到密实效果。

4）不加填料的振冲密实法用于砂层中，每次上提振冲器高度不能大于0.3~0.5m。

5）详细记录各深度的最终电流值、填料量；不加填料的记录各深度留振时间和稳定密实电流值。

6）加料或不加料振冲密实加固均应通过现场成桩试验确定施工参数。

四、砂石桩法

1. 砂石桩法施工技术要求

（1）砂石桩孔内的填料宜用砾砂、粗砂、中砂、圆砾、角砾、卵石、碎石等含泥量不大于5%，粒径不大于50mm。

（2）振冲器施工时，采用功率30kW振冲器。沉管法施工时设计成桩直径与套管直径之比不宜大于1.5，一般采用300~700mm。

2. 砂石桩法施工质量控制

（1）砂、石桩孔内填料量可按砂石桩理论计算桩孔体积乘以充盈系数来确定，设计桩的间距在施工前进行成桩挤密试验，试验桩数宜选7~9根，试桩后检验加固效果符合设计要求为合格，如达不到设计要求时，应调整桩的间距改变设计重做试验，直到符合设计要求，记录填石量等施工参数作为施工过程控制桩身质量的依据。

（2）桩孔内实际填砂石量（不包括水重），不应少于设计值（通过挤密试验确认的填石量）的95%。

（3）施工结束后，将基础底标高以下的桩间松土夯压密实。

五、深层搅拌法

有湿法和干法二种施工方法。

1. 深层搅拌法施工技术要求

（1）软土的固化剂：一般选用32.5级普通硅酸盐水泥，水泥的掺入量一般为被加固湿土重的10%~15%。

（2）外掺剂：湿法施工用早强剂：可选用三乙醇胺、氯化钙、碳酸钠或水玻璃等，掺入量宜分别取水泥重量的 0.05%、2%、0.5%、2%。

减水剂：选用木质素磺酸钙，其掺入量宜取水泥重量的 0.2%。

缓凝早强剂：石膏兼有缓凝和早强作用，其掺入量宜取水泥重量的 2%。

(3) 施工设备要求：为使搅入土中水泥浆和喷入土中水泥粉体计量准确，湿法施工的深层搅拌机必须安装输入浆液计量装置；干法施工的粉喷桩机必须安装粉体喷出流量计，无计量装置的机械不能投入施工生产用。

2．深层搅拌法施工质量控制

(1) 湿、干法施工都必需做工艺试桩，把灰浆泵（喷粉泵）的输浆（粉）量和搅拌机提升速度等施工参数通过成桩试验使之符合设计要求，以确定搅拌桩的水泥浆配合比，每分钟输浆（粉）量，每分钟搅拌头提升速度等施工参数。以决定选用一喷二搅或二喷三搅施工工艺。

(2) 为了保证桩端的质量，当水泥浆液或粉体到达桩端设计标高后，搅拌头停止提升，喷浆或喷粉 30s，使浆液或粉体与已搅拌的松土充分搅拌固结。

(3) 水泥土搅拌桩作为工程桩使用时，施工时设计停灰面一般应高出基础底面标高 300~500mm（基础埋深大用 300mm，基础埋深小用 500mm），在基础开挖时把它挖除。

(4) 为了保证桩顶质量，当喷浆（粉）口到达桩顶标高时，搅拌头停止提升，搅拌数秒，保证柱头均匀密实。当选用干法施工且地下水位标高在桩顶以下时，粉喷制桩结束后应在地面浇水，使水泥干粉与土搅拌后水解水化反应充分。

六、高压喷射注浆法

1．高压喷射注浆法施工技术要求

旋喷使用的水泥应采用新鲜无结块 32.5 级普通水泥，一般浆液水灰比为 1~1.5，稠度过大，流动缓慢，喷嘴常要堵塞，稠度过小，对强度有影响。为防止浆液沉淀和离析，一般可加入水泥用量 3% 的陶土、0.9‰ 的碱。浆液应在旋喷前 1h 以内配制，使用时滤去硬块、砂石等，以免堵塞管路和喷嘴。

2．高压喷射注浆法施工质量控制

(1) 为防止浆液凝固收缩影响桩顶高程，应在原孔位采用冒浆回灌或二次注浆。

(2) 注浆管分段提升搭接长度不得小于 100mm。

(3) 当处理和加固既有建筑物时，要加强对原有建筑物的沉降观测；高压旋喷注浆过程中要大间距隔孔旋喷和及时用冒浆回灌，防止地基扫基础之间有脱空现象而产生附加沉降。

第二节 桩 基 工 程

一、灌注桩施工

1．灌注桩施工材料要求

(1) 粗骨料：选用卵石或碎石，含泥量控制按设计混凝土强度等级从《普通混凝土用碎石或卵石质量标准及检验方法》（JGJ 53—92）中选取。粗骨料粒径用沉管成孔时不宜大于 50mm；用泥浆护壁成孔时粗骨料粒径不宜大于 40mm；并不得大于钢筋最小净距的 1/3；

对于素混凝土灌注桩，不得大于桩径的1/4，并不宜大于70mm。

（2）细骨料：选用中、粗砂，含泥量控制按设计混凝土强度等级从《普通混凝土用砂质量标准及检验方法》（JGJ 52—92）中选取。

（3）水泥：宜选用普通硅酸盐水泥、矿渣硅酸盐水泥、粉煤灰硅酸盐水泥，当灌注桩浇注方式为水下混凝土时，严禁选用快硬水泥作胶凝材料。

（4）钢筋：钢筋的质量应符合国家标准《钢筋混凝土用热轧带肋钢筋》（GB 1499—98）的有关规定。进口热轧变形钢筋应符合《进口热轧变形钢筋应用若干规定》（80）建发施字82号的有关规定。

以上四种材料进场时均应有出厂质量证明书，材料到达施工现场后，取样复试合格后才能用于工程。对于钢筋进场时应保护标牌不缺损，按标牌批号进行外观检验，外观检验合格后再取样复试，复试报告上应填明批号标识，施工现场核对批号标识进行加工。

2．灌注桩施工质量控制

（1）灌注桩钢筋笼制作质量控制

1）钢筋笼制作允许偏差按《建筑桩基技术规范》（JGJ 94—94）执行。

2）主筋净距必需大于混凝土粗骨料粒径3倍以上，当因设计含钢量大而不能满足时，应通过设计调整钢筋直径加大主筋之间净距，以确保混凝土灌注时达到密实的要求。

3）加劲箍宜设在主筋外侧，主筋不设弯钩，必需设弯钩时，弯钩不得向内圆伸露，以免钩住灌注导管，妨碍导管正常工作。

4）钢筋笼的内径应比导管接头处的外径大100mm以上。

5）分节制作的钢筋笼，主筋接头宜用焊接，由于在灌注桩孔口进行焊接只能做单面焊，搭接长度按10d留足。

6）沉放钢筋笼前，在预制笼上套上或焊上主筋保护层垫块或耳环，使主筋保护层偏差符合以下规定。

水下灌注混凝土桩：±20mm；非水下灌注混凝土桩：±10mm。

（2）泥浆护壁成孔灌注桩施工质量控制

1）泥浆制备和处理的施工质量控制

①制备泥浆的性能指标按《建筑桩基技术规范》（JGJ 94—94）执行。

②一般地区施工期间护筒内的泥浆面应高出地下水位1.0m以上。在受潮水涨落影响地区施工时，泥浆面应高出最高水位1.5m以上。以上数据应记入开孔通知单或钻进班报表中。

③在清孔过程中，要不断置换泥浆，直至灌注水下混凝土时才能停止置换，以保证已清好符合沉渣厚度要求的孔底沉渣不应由于泥浆静止渣土下沉而导致孔底实际沉渣厚度超差的弊病。

④灌注混凝土前，孔底500mm以内的泥浆相对密度应小于1.25；含砂率≤8%；黏度≤28s。

2）正反循环钻孔灌注桩施工质量控制

①孔深大于30mm的端承型桩，钻孔机具工艺选择时宜用反循环工艺成孔或清孔。

②为了保证钻孔的垂直度，钻机应设置导向装置。

潜水钻的钻头上应有不小于3倍钻头直径长度的导向装置；利用钻杆加压的正循环回

转钻机,在钻具中应加设扶正器。

③钻孔达到设计深度后,清孔后孔底沉渣厚度应符合下列规定:

端承桩≤50mm;摩擦端承、端承摩擦桩≤100mm;摩擦桩≤300mm。

④正反循环钻孔灌注桩成孔施工的允许偏差应满足《建筑桩基技术规范》(JGJ 94—94)表6.2.5序号1的规定要求。

3) 冲击成孔灌注桩施工质量控制

①冲孔桩孔口护筒的内径应大于钻头直径200mm,护筒设置要求按《建筑桩基技术规范》(JGJ 94—94)第6.3.5条规定执行。

②泥浆护壁要求见《建筑桩基技术规范》(JGJ 94—94)第6.3.2条执行。

4) 水下混凝土灌注施工质量控制

①水下混凝土配制的强度等级应有一定的余量,能保证水下灌注混凝土强度等级符合设计强度的要求(并非在标准条件下养护的试块达到设计强度等级即判定符合设计要求)。

②水下混凝土必须具备良好的和易性,坍落度宜为180~220mm,水泥用量不得少于360kg/m^3。

③水下混凝土的含砂率宜控制在40%~45%,粗骨料粒径应<40mm。

④导管使用前应试拼装、试压,试水压力取0.6~1.0MPa,防止导管渗漏发生堵管现象。

⑤隔水栓应有良好的隔水性能,并能使隔水栓顺利从导管中排出,保证水下混凝土灌注成功。

⑥用以储存混凝土的初灌斗的容量,必需满足第一斗混凝土灌下后能使导管一次埋入混凝土面以下0.8m以上。

⑦灌注水下混凝土时应有专人测量导管内外混凝土面标高,保证混凝土在埋管2~6m深时,才允许提升导管。当选用吊车提拔导管时,必须严格控制导管提拔时导管离开混凝土面的可能,从而发生断桩事故。

⑧严格控制浮桩标高,凿除泛浆高度后必须保证暴露的桩顶混凝土达到设计强度值。

⑨详细填写水下混凝土灌注记录。

二、混凝土预制桩施工

1. 预制桩钢筋骨架质量控制

(1) 预制桩在锤击时,桩主筋可采用对焊或电弧焊,在对焊和电弧焊时同一截面的主筋接头不得超过50%,相邻主筋接头截面的距离应大于35d且不小于500mm。

(2) 为了防止桩顶击碎,桩顶钢筋网片位置要严格控制按图施工,并采取措施使网片位置固定正确、牢固。保证混凝土浇捣时不移位;浇筑预制桩的混凝土时,从桩顶开始浇筑,要保证桩顶和桩尖不积聚过多的砂浆。

(3) 为防止锤击时桩身出现纵向裂缝,导致桩身击碎,被迫停锤,预制桩钢筋骨架中,主筋距桩顶的距离必需严格控制,绝不允许出现主筋距桩顶面过近甚至触及桩顶的质量问题。

(4) 预制桩分节长度的确定,应在掌握地层土质的情况下,决定分节桩长度时要避开桩尖接近硬持力层或桩尖处于硬持力层中接桩,防止桩尖停在硬层内接桩,电焊接桩耗时长,桩周摩阻得到恢复,便继续沉桩发生困难。

(5) 根据许多工程的实践经验；凡龄期和强度都达到要求的预制桩，大都能顺利打入土中，很少打裂。沉桩应做到强度和龄期双控制。

2. 混凝土预制桩的起吊、运输和堆存质量控制

(1) 预制桩达到设计强度70%方可起吊，达到100%才能运输。

(2) 桩水平运输，应用运输车辆，严禁在场地上直接拖拉桩身。

(3) 垫木和吊点应保持在同一横断面上，且各层垫木上下对齐，防止垫木参差，桩被剪切断裂。

3. 混凝土预制桩接桩施工质量控制

(1) 硫磺胶泥锚接法仅适用于软土层，管理和操作要求较严；一级建筑桩基或承受拔力的桩应慎用。

(2) 焊接接桩材料：钢板宜用低碳钢，焊条宜用E43；焊条使用前必须经过烘焙，降低烧焊时含氢量，防止焊缝产生气孔而降低其强度和韧性；焊条烘焙应有记录。

(3) 焊接接桩时，应先将四角点焊固定，焊接必需对称进行以保证设计尺寸正确，使上下节桩对中好。

4. 混凝土预制桩沉桩质量控制

(1) 沉桩顺序是打桩施工方案的一项十分重要内容，必须督促施工企业认真对待，预防桩位偏移、上拔、地面隆起过多，邻近建筑物破坏等事故发生。

(2)《建筑桩基技术规范》(JGJ 94—94) 第7.4.5条停止锤击的控制原则适用于一般情况。如软土中的密集桩群，按设计标高控制，但由于大量桩沉入土中产生挤土效应，后续沉桩发生困难，如坚持按设计标高控制很难实现。按贯入度控制的桩，有时也会产生贯入度过大而满足不了设计要求的情况。又有些重要建筑，设计要求标高和贯入度实行双控，而发生贯入度已达到，桩身不等长度的旨在地面而采取大量截桩的现象，因此确定停锤标准是较复杂的，发生不能按《建筑桩基技术规范》(JGJ 94—94) 第7.4.5条停锤控制沉桩时，应由建设单位邀请设计单位、施工单位在借鉴当地沉桩经验与通过静（动）载试验综合研究来确定停锤标准，作为沉桩检验的依据。

(3) 为避免或减少沉桩挤土效应和对邻近建筑物、地下管线的影响，在施打大面积密集桩群时，有采取预钻孔，设置袋装砂井或塑料排水板，消除部分超孔隙水压力以减少挤土现象，设置隔离板桩或地下连续墙、开挖地面防振沟以消除部分地面振动，限制打桩速率等等辅助措施。不论采取一种或多种措施，在沉桩前应对周围建筑、管线进行原始状态观测数据记录，在沉桩过程应加强观测和监护，每天在监测数据的指导下进行沉桩做到有备无患。

(4) 锤击法沉桩和静压法沉桩同样有挤土效应，导致孔隙水压力增加，而发生土体隆起，相邻建筑物破坏等，为此在选用静压法沉桩时仍然应采用辅助措施消除超孔隙水压力和挤土等破坏现象，并加强监测采取预防。

(5) 插桩是保证桩位正确和桩身垂直度的重要开端，插桩应用三台经纬仪两个方向来控制插桩的垂直度，并应逐桩记录，以备核对查验。

三、钢桩施工

1. 钢桩（钢管桩、H型钢桩及其他异型钢桩）制作施工质量控制

(1) 材料要求

1) 国产低碳钢加工前必须具备钢材合格证和试验报告。

2) 进口钢管：在钢桩到港后，由商检局作抽样检验，检查钢材化学成分和机械性能是否满足合同文本要求，加工制作单位在收到商检报告后才能加工。

(2) 加工要求

1) 钢桩制作偏差应满足《建筑桩基技术规范》(JGJ 94—94) 表 7.5.3 的规定。

2) 钢桩制作分两部分完成

①加工厂制作均为定尺钢桩，定尺钢桩进场后应逐根检查在运输和堆放过程中桩身有无局部变形，变形的应予纠正或割除，检查应留下记录。

②现场整根桩的焊接组合，设计桩的尺寸不一定是定尺桩的组合，多数情况下，最后一节是非定尺桩，这就要进行切割，要对切割后的节段和拼装后的桩进行外形尺寸检验合格后才能沉桩。检验应留有记录。

(3) 防腐要求

地下水有侵蚀性的地区或腐蚀性土层中用的钢桩，沉桩前必须按设计要求作好防腐处理。

2. 钢桩焊接施工质量控制

(1) 焊丝或焊条应有出厂合格证，焊接前必须在 200~300℃温度下烘干 2h，避免焊丝不烘干，引起烧焊时含氢量高，使焊缝容易产生气孔而降低强度和韧性，烘干应留有记录。

(2) 焊接质量受气候影响很大，雨云天气，在烧焊时，由于水分蒸发，会有大量氢气混入焊缝内形成气孔。大于 10m/s 的风速会使保护气体和电弧火焰不稳定。无防风避雨措施，在雨云或刮风天气不能施工。

(3) 焊接质量检验：

1) 按《建筑桩基技术规范》(JGJ 94—94) 第 7.6.1 表的规定进行接桩焊缝外观允许偏差检查。

2) 按《建筑桩基技术规范》(JGJ 94—94) 第 7.6.1.8 进行超声或拍片检查。

(4) 异型钢桩连接加强处理

H 型钢桩或其他异型薄壁钢桩，应按设计要求在接共处加连接板，如设计无规定形式，可按等强度设置，防止沉桩时在刚度小的一侧失稳。

3. 钢桩沉桩施工质量控制

(1) 混凝土预制桩沉桩质量控制要点均适用于钢桩施工。

(2) H 型钢桩沉桩时为防止横向失稳，锤重不宜大于 4.5t 级（柴油锤），且在锤击过程中桩架前应有横向约束装置。

第三节 基础工程

一、刚性基础施工

刚性基础是指用砖、石、混凝土、灰土、三合土等材料建造的基础，这种基础的特点是抗压性能好，而整体性、抗拉、抗弯、抗剪性能差。它适用于地基坚实、均匀、上部荷载较小，六层和六层以下（三合土基础不宜超过四层）的一般民用建筑和墙承重的轻型厂房。

1. 混凝土基础施工质量控制

（1）施工质量控制要点

1）基槽（坑）应进行验槽，局部软弱土层应挖去，用灰土或砂砾石分层回填夯实至基底相平。如有地下水或地面滞水，应挖沟排除；对粉土或细砂地基，应用轻型井点方法降低地下水位至基坑（槽）底以下50mm处；基槽（坑）内浮土、积水、淤泥、垃圾、杂物应清除干净。

2）如地基土质良好，且无地下水，基槽（坑）第一阶可利用原槽（坑）浇筑，但应保证尺寸正确，砂浆不流失。上部台阶应支模浇筑，模板要支撑牢固，缝隙孔洞应堵严，木模应浇水湿润。

3）基础混凝土浇筑高度在2m以内，混凝土可直接卸入基槽（坑）内，应注意使混凝土能充满边角；浇筑高度在2m以上时，应通过漏斗、串筒或溜槽下料。

4）浇筑台阶式基础应按台阶分层一次浇筑完成，每层先浇边角，后浇中间，施工时应注意防止上下台阶交接处混凝土出现蜂窝和脱空（即吊脚、烂脖子）现象，措施是待第一台阶捣实后，继续浇筑第二台阶前，先沿第二台阶模板底圈做成内外坡度，待第二台阶混凝土浇筑完成后，再将第一台阶混凝土铲平、拍实、拍平；或第一台阶混凝土浇完成后稍停0.5~1h，待下部沉实，再浇上一台阶。

5）锥形基础如斜坡较陡，斜面部分应支模浇筑，或随浇随安装模板，应注意防止模板上浮。斜坡较平时，可不支模，但应注意斜坡部位及边角部位混凝土的捣固密实，振捣完后，再用人工将斜坡表面修正、拍平、拍实。

6）当基槽（坑）因土质不一挖成阶梯形式时，应先从最低处开始浇筑，按每阶高度，其各边搭接长度应不小于500mm。

7）混凝土浇筑完后，外露部分应适当覆盖，洒水养护；拆模后及时分层回填土方并夯实。

（2）质量控制资料检查要求

1）混凝土配合比。

2）掺合料、外加剂的合格证明书、复试报告。

3）试块强度报告。

4）施工日记。

5）混凝土质量自检记录。

6）隐蔽工程验收记录。

7）混凝土分项工程质量验收记录表。

2. 砖基础施工质量控制

（1）施工质量控制要点

1）砖基础应用强度等级不低于MU7.5、无裂缝的砖和不低于M10的砂浆砌筑。在严寒地区，应采用高强度等级的砖和水泥砂浆砌筑。

2）砖基础一般做成阶梯形，俗称大放脚。大放脚做法有等高式（两皮一收）和间隔式（两皮一收和一皮一收相间）两种，每一种收退台宽度均为1/4砖，后者节省材料，采用较多。

3）砌基础施工前应清理基槽（坑）底，除去松散软弱土层，用灰土填补夯实，并铺设垫层；按基础大样图，吊线分中，弹出中心线和大放脚边线；检查垫层标高、轴线尺寸，并清理好垫层；先用干砖试摆，以确定排砖方法和错缝位置，使砌体平面尺寸符合要求；砖应浇水湿透，垫层适量洒水湿润。

4）砌筑时，应先铺底灰，再分皮挂线砌筑；铺砖按"一丁一顺"砌法，做到里外咬槎上下层错缝。竖缝至少错开1/4砖长；转角处要放七分头砖，并在山墙和槽墙两处分层交替设置，不能同缝，基础最下与最上一皮砖宜采用丁砌法。先在转角处及交接处砌几皮砖，然后拉通线砌筑。

5）内外墙基础应同时砌筑或做成踏步式。如基础深浅不一时，应从低处砌起，接槎高度不宜超过1m，高低相接处要砌成阶梯，台阶长度应不小于1m，其高度不大于0.5m砌到上面后再和上面的砖一起退台。

6）如砖基础下半部为灰土时，则灰土部分不做台阶，其宽高比应按要求控制，同时应核算灰土顶面的压应力，以不超过250~300kPa为宜。

7）砌筑时，灰缝砂浆要饱满。严禁用冲浆法灌缝。

8）基础中预留洞口及预埋管道，其位置、标高应准确，管道上部应预留沉降空隙。基础上铺放地沟盖板的出槽砖，应同时砌筑。

9）基础砌至防潮层时，须用水平仪找平，并按规定铺设20mm厚、1:2.5~3.0防水水泥砂浆（掺加水泥重量3%的防水剂）防潮层，要求压实抹平。用一油一毡防潮层，待找平层干硬后，刷冷底子油一道，浇沥青玛碲脂，摊铺卷材并压紧，卷材搭接宽度不少于100mm，如无卷材，亦可用塑料薄膜代替。

10）砌完基础应及时清理基槽（坑）内杂物和积水，在两侧同时回填土，并分层夯实。

(2) 质量控制资料检查要求

1）材料合格证及试验报告，水泥复试报告。
2）砂浆试块强度报告。
3）砂浆配合比。
4）施工日记。
5）自检记录。
6）砌筑分项工程质量验收记录表。

二、扩展基础施工

扩展基础是指柱下钢筋混凝土独立基础和墙下混凝土条形基础，它由于钢筋混凝土的抗弯性能好，可充分放大基础底面尺寸，达到减小地基应力的效果，同时可有效的减小埋深，节省材料和土方开挖量，加快工程进度。适用于六层和六层以下一般民用建筑和整体式结构厂房承重的柱基和墙基。柱下独立基础，当柱荷载的偏心距不大时，常用方形，偏心距大时，则用矩形。

1. 扩展基础施工技术要求

(1) 锥形基础（条形基础）边缘高度 h 一般不小于 200mm；阶梯形基础的每阶高度 h_1，一般为 300~500mm。基础高度 $h \leqslant 350$mm，用一阶；350mm $< h \leqslant 900$mm，用二阶；$h > 900$mm，用三阶。为使扩展基础有一定刚度，要求基础台阶的宽高比不大于 2.5。

(2) 垫层厚度一般为 100mm，混凝土强度等级为 C10，基础混凝土强度等级不宜低于 C15。

(3) 底部受力钢筋的最小直径不宜小于 8mm，当有垫层时，钢筋保护层的厚度不宜小于 35mm；无垫层时，不宜小于 70mm。插筋的数目和直径应与柱内纵向受力钢筋相同。

(4) 钢筋混凝土条形基础，在 T 字形与十字形交接处的钢筋沿一个主要受力方向通长放置。

(5) 柱基础纵向钢筋除应满足冲切要求外，尚应满足锚固长度的要求，当基础高度在 900mm 以内时，插筋应伸至基础底部的钢筋网，并在端部做成直弯钩；当基础高度较大时，位于柱子四角的插筋应伸到基础底部，其余的钢筋只需伸至锚固长度即可。插筋伸出基础部分长度应按柱的受力情况及钢筋规格确定。

2. 扩展基础施工质量控制

(1) 施工质量控制要点

1) 基坑验槽清理同刚性基础。垫层混凝土在基坑验槽后应立即浇筑，以免地基土被扰动。

2) 垫层达到一定强度后，在其上划线、支模、铺放钢筋网片。上下部垂直钢筋应绑扎牢，并注意将钢筋弯钩朝上，连接柱的插筋，下端要用 90°弯钩与基础钢筋绑扎牢固，按轴线位置校核后用方木架成井字形，将插筋固定在基础外模板上；底部钢筋网片应用混凝土保护层同厚度的水泥砂浆垫塞，以保证位置正确。

3) 在浇筑混凝土前，模板和钢筋上的垃圾、泥土和钢筋上的油污杂物，应清除干净。模板应浇水加以润湿。

4) 浇筑现浇柱下基础时，应特别注意柱子插筋位置的正确，防止造成位移和倾斜，在浇筑开始时，先满铺一层 5~10cm 厚的混凝土，并捣实使柱子插筋下段和钢筋网片的位置基本固定，然后再对称浇筑。

5) 基础混凝土宜分层连续浇筑完成，对于阶梯形基础，每一台阶高度内应整分浇捣层，每浇筑完一台阶应稍停 0.5~1h，待其初步获得沉实后，再浇筑上层，以防止下台阶混凝土溢出，在上台阶根部出现烂脖子。每一台阶浇完，表面应随即原浆抹平。

6) 对于锥形基础，应注意保持锥体斜面坡度的正确，斜面部分的模板应随混凝土浇捣分段支设，以防模板上浮变形，边角处的混凝土必须注意捣实。严禁斜面部分不支模，用铁锹拍实。基础上部柱子后施工时，可在上部水平面留设施工缝。施工缝的处理应按有关规定执行。

7) 条形基础应根据高度分段分层连续浇筑，一般不留施工缝，各段各层间应相互衔接，每段长 2~3m 左右，做到逐段逐层呈阶梯形推进。浇筑时应先使混凝土充满模板内边角，然后浇筑中间部分，以保证混凝土密实。

8) 基础上插筋时，要加以固定保证插筋位置的正确，防止浇捣混凝土时发生移位。

9) 混凝土浇筑完毕，外露表面应覆盖浇水养护。

(2) 质量控制资料检查要求

1) 混凝土配合比。
2) 掺合料、外加剂的合格证明书、复试报告。
3) 试块强度报告。
4) 施工日记。
5) 混凝土质量自检记录。
6) 隐蔽工程验收记录。
7) 混凝土分项工程质量验收记录表。

三、杯形基础施工

杯形基础形式有杯口、双杯口、高杯口钢筋混凝土基础等，接头采用细石混凝土灌浆。杯形基础主要用作工业厂房装配式钢筋混凝土柱的高度不大于5m的一般工业厂房柱基础。

1．杯形基础施工技术要求

（1）柱的插入深度 h_1 可按表3-1选用，此外，h_1 应满足锚固长度的要求（一般为20倍纵向受力钢筋直径）和吊装时柱的稳定性（不小于吊装时柱长的0.05倍）。

柱的插入深度 h_1（mm）　　　　　　　　　　　　　　　表3-1

矩形或工字型柱				单肢管柱	双肢柱
$h < 500$	$500 \leq h < 800$	$800 \leq h < 1000$	$h > 1000$		
$(1 \sim 1.2)h$	h	$0.9h$，且≥ 800	$0.8h$，且≥ 1000	$1.5d$，且≥ 500	$(1/3 \sim 2/3) h_a$或$(1.5 \sim 1.8) h_b$

注：1. h 为柱截面长边尺寸；d 为管柱的外直径；h_a 为双肢柱整个截面长边尺寸；h_b 为双肢柱整个截面短边尺寸；
  2. 柱轴心受压或小偏心受压时，h_1 可以适当减小，偏心距 $e_0 > 2h$（或 $e_0 > 2d$）时，h_1 适当加大。

（2）基础的杯底厚度和杯壁厚度，可按表3-2采用。

基础的杯底厚度和杯壁厚度（mm）　　　　　　　　　　　　　表3-2

柱截面长边尺寸	杯 底 厚 度	杯 壁 厚 度
$h < 500$	≥ 150	$150 \sim 200$
$500 \leq h < 800$	≥ 200	≥ 200
$800 \leq h < 1000$	≥ 200	≥ 300
$1000 \leq h < 1500$	≥ 250	≥ 350
$1500 \leq h < 2000$	≥ 300	≥ 400

注：1. 双肢柱的 a_1 值可适当加大；
  2. 当有基础梁时，基础梁下的杯壁厚度应满足其支撑宽度的要求；
  3. 柱子插入杯口部分的表面，应尽量凿毛，柱子与杯口之间的空隙，应用细石混凝土（比基础混凝土强度等级高一级）密实充填，其强度达到基础设计强度等级的70%以上（或采取其他相应措施）时，方能进行上部吊装。

（3）大型工业厂房柱双杯口和高杯口基础与一般杯口基础构造要求基本相同。

2．杯形基础施工质量控制

（1）施工质量控制要点

1）杯口模板可用木或钢定型模板，可做成整体，也可做成两半形式，中间各加楔形板一块，拆模时，先取出楔形板然后分别将两半杯口模取出。为便于周转宜做成工具式，支模时杯口模板要固定牢固。

2) 混凝土应按台阶分层浇筑。对杯口基础的高台阶部分按整体分层浇筑，不留施工缝。

3) 浇捣杯口混凝土时，应注意杯口的位置，由于模板仅上端固定，浇捣混凝土时，四侧应对称均匀下灰，避免将杯口模板挤向一侧。

4) 杯形基础一般在杯底均留有50cm厚的细石混凝土找平层，在浇筑基础混凝土时，要仔细控制标高，如用无底式杯口模板施工，应先将杯底混凝土振实，然后浇筑杯口四周的混凝土，此时宜采用低流动性混凝土；或杯底混凝土浇完后停0.5~1h，待混凝土沉实，再浇杯口四周混凝土等办法，避免混凝土从杯底挤出，造成蜂窝麻面。基础浇筑完毕后，将杯口底冒出的少量混凝土掏出，使其与杯口模下口齐平，如用封底式杯口模板施工，应注意将杯口模板压紧，杯底混凝土振捣密实，并加强检查，以防止杯口模板上浮。基础浇捣完毕，混凝土终凝后用倒链将杯口模板取出，并将杯口内侧表面混凝土划（凿）毛。

5) 施工高杯口基础时，由于最上一台阶较高，可采用后安装杯口模板的方法施工，即当混凝土浇捣接近杯口底时，再安装固定杯口模板，继续浇筑杯口四侧混凝土，但应注意位置标高正确。

6) 其他施工监督要点同扩展基础。

(2) 质量控制资料检查要求

1) 混凝土配合比。
2) 掺合料、外加剂的合格证明书、复试报告。
3) 试块强度报告。
4) 施工日记。
5) 混凝土质量自检记录。
6) 隐蔽工程验收记录。
7) 混凝土分项工程质量验收记录表。

四、筏形基础施工

筏形基础由整块式钢筋混凝土平板或板与梁等组成，它在外形和构造上像倒置的钢筋混凝土平面无梁楼盖或肋形楼盖，分为平板式和梁板式两类，前者一般在荷载不很大，柱网较均匀，且间距较小的情况下采用；后者用于荷载较大的情况。由于筏形基础扩大了基底面积，增强了基础的整体性，抗弯刚度大，可调整建筑物局部发生显著的不均匀沉降。适用于地基土质软弱又不均匀（或筑有人工垫层的软弱地基）、有地下水或当柱子或承重墙传来的荷载很大的情况，或建造六层或六层以下横墙较密的民用建筑。

1. 筏形基础施工技术要求

(1) 垫层厚度宜为100mm，混凝土强度等级采用C10。每边伸出基础底板不小于100mm；筏形基础混凝土强度等级不宜低于C15；当有防水要求时，混凝土强度等级不宜低于C20，抗渗等级不宜低于P6。

(2) 筏板厚度应根据抗冲切、抗剪切要求确定，但不得小于200mm；梁截面按计算确定，高出底板的顶面，一般不小于300mm，梁宽不小于250mm。筏板悬挑墙外的长度，从轴线起算，横向不宜大于1500mm，纵向不宜大于1000mm，边端厚度不小于200mm。

（3）当采用墙下不埋式筏板，四周必须设置向下边梁，其埋入室外地面下不得小于500mm，梁宽不宜小于200mm，上下钢筋可取最小配筋率，并不少于2ϕ10mm，箍筋及腰筋一般采用ϕ8@150~250mm，与边梁连接的筏板上部要配置受力钢筋，底板四角应布置放射状附加钢筋。

2．筏形基础施工质量控制

（1）施工质量监督要点

1）地基开挖，如有地下水，应采用人工降低地下水位至基坑底50cm以下部位，保持在无水的情况下进行土方开挖和基础结构施工。

2）基坑土方开挖应注意保持基坑底土的原状结构，如采用机械开挖时，基坑底面以上20~30cm厚的土层，应采用人工清除，避免超挖或破坏基土。如局部有软弱土层或超挖，应进行换填，采用与地基土压缩性相近的材料进行分层回填，并夯实。基坑开挖应连续进行，如基坑挖好后不能立即进行下一道工序，应在基底以上留置150~200mm厚土层不挖，待下道工序施工时再挖至设计基坑底标高，以免基土被扰动。

3）筏形基础施工，可根据结构情况和施工具体条件及要求采用以下两种方法之一：

①先在垫层上绑扎底板梁的钢筋和上部柱插筋，先浇筑底板混凝土，待达到25%以上强度后，再在底板上支梁侧模板，浇筑完梁部分混凝土。

②采取底板和梁钢筋、模板一次同时支好，梁侧模板用混凝土支墩或钢支脚支承，并固定牢固，混凝土一次连续浇筑完成。

4）当筏形基础长度很长（40m以上）时，应考虑在中部适当部位留设贯通后浇带，以避免出现温度收缩裂缝和便于进行施工分段流水作业；对超厚的筏形基础应考虑采取降低水泥水化热和浇筑入模温度措施，以避免出现大温度收缩应力，导致基础底板裂缝，做法参见箱形基础施工相关部分。

5）基础浇筑完毕。表面应覆盖和洒水养护，并不少于7d，必要时应采取保温养护措施，并防止浸泡地基。

6）在基础底板上埋设好沉降观测点，定期进行观测、分析、作好记录。

（2）质量控制资料检查要求

1）混凝土配合比。

2）掺合料、外加剂的合格证明书、复试报告。

3）试块强度报告。

4）施工日记。

5）混凝土质量自检记录。

6）隐蔽工程验收记录。

7）混凝土分项工程质量验收记录表。

五、箱形基础施工

箱形基础是由钢筋混凝土底板、顶板、外墙和一定数量的内隔墙构成一封闭空间的整体箱体，基础中空部分可在内隔墙开门洞作地下室。它具有整体性好、刚度大、抗不均匀沉降能力及抗震能力强，可消除因地基变形使建筑物开裂的可能性、减少基底处原有地基自重应力，降低总沉降量等特点。适于作软弱地基上的面积较大、平面形状简单、荷载较大或上部结构分布不均的高层建筑物的基础及对建筑物沉降有严格要求的设备基础或特种构筑物基础，特别在城市高层建筑物基础中得到较广泛的采用。

1. 箱形基础施工技术要求

（1）箱形基础的埋置深度除满足一般基础埋置深度有关规定外，还应满足抗倾覆和抗滑稳定性要求，同时考虑使用功能要求，一般最小埋置深度在3.0~5.0m。在地震区，埋深不宜小于建筑物总高度的1/10。

（2）箱形基础高度应满足结构刚度和使用要求，一般可取建筑物高度的1/8~1/12，且不宜小于箱形基础长度的1/16~1/18，且不小于3m。

（3）基础混凝土强度等级不应低于C20，如采用密实混凝土防水时，宜采用C30，其外围结构的混凝土抗渗等级不宜低于P6。

2. 箱形基础施工质量控制

（1）施工质量监督要点

1）施工前应查明建筑物荷载影响范围内地基土组成、分布、均匀性及性质和水文情况，判明深基坑的稳定性及对相邻建筑物的影响；编制施工组织设计，包括土方开挖、地基处理、深基坑降水和支护以及对邻近建筑物的保护等方面的具体施工方案。

2）基坑开挖，如地下水位较高，应采取措施降低地下水位至基坑底以下50cm处，当地下水位较高，土质为粉土、粉砂或细砂时，不得采用明沟排水，宜采用轻型井点或深井井点方法降水措施，并应设置水位降低观测孔，井点设置应有专门设计。

3）基础开挖应验算边坡稳定性，当地基为软弱土或基坑邻近有建（构）筑物时，应有临时支护措施，如设钢筋混凝土钻孔灌注桩，桩顶浇混凝土连续梁连成整体，支护离箱形基础应不小于1.2m，上部应避免堆载、卸土。

4）开挖基坑应注意保持基坑底土的原状结构，当采用机械开挖基坑时，在基抗底面设计标高以上20~30cm厚的土层，应用人工挖除并清理，如不能立即进行下一道工序施工，应留置15~20cm厚土层，待下道工序施工前挖除，以防止地基土被扰动。

5）箱形基础开挖深度大，挖土卸载后，土中压力减小，土的弹性效应有时会使基坑坑面土体回弹变形，基坑开挖到设计基底标高经验收后，应随即浇筑垫层和箱形基础底板，防止地基土被破坏，冬期施工时，应采取有效措施，防止基坑底土的冻胀。

6）箱形基础底板、内外墙和顶板的支模、钢筋绑扎和混凝土浇筑，可采取分块进行，其施工缝的留设，外墙水平施工缝应在底板面上部300~500mm范围内和无梁顶板下部20~30cm处，并应做成企口形式，有严格防水要求时，应在企口中部设镀锌钢板（或塑料）止水带，外墙的垂直施工缝宜用凹缝，内墙的水平和垂直施工缝多采用平缝，内墙与外墙之间可留垂直缝，在继续浇混凝土前必须清除杂物，将表面冲洗洁净，注意接缝质量，然后浇筑混凝土。

7）当箱形基础长度超过40m时，为避免表面出现温度收缩裂缝或减轻浇筑强度，宜在中部设置贯通后浇带，后浇带宽度不宜小于800mm，并从两侧混凝土内伸出贯通主筋，主筋按原设计连续安装而不切断，经2~4周，后浇带用高一级强度等级的半干硬性混凝土或微膨胀混凝土灌筑密实，使连成整体并加强养护，但后浇带必须是在底板，墙壁和顶板的同一位置上部留设，使形成环形，以利释放早、中期温度应力。若只在底板和墙壁上留后浇带，而在顶板上不留设，将会在顶板上产生应力集中，出现裂缝，且会传递到墙壁后浇带，也会引起裂缝。底板后浇带处的垫层应加厚，局部加厚范围可采用 800mm + C（C——钢筋最小锚固长度），垫层顶面设防水层，外墙外侧在上述范围也应设防水层，并用强度等级为 M5 的砂浆砌半砖墙保护；后浇带适用于变形稳定较快，沉降量较小的地基，对变形量大，变形延续时间长的地基不宜采用。当有管道穿过箱形基础外墙时，应加焊止水片防漏。

8) 钢筋绑扎应注意形状和位置准确，接头部位采用闪光接触对焊和套管压接，严格控制接头位置及数量，混凝土浇筑前须经验收。外部模板宜采用大块模板组装，内壁用定型模板；墙间距采用直径 12mm 穿墙对接螺栓控制墙体截面尺寸，埋设件位置应准确固定。箱顶板应适当预留施工洞口，以便内墙模板拆除后取出。

9) 混凝土浇筑要合理选择浇筑方案，根据每次浇筑量，确定搅拌、运输、振捣能力、配备机械人员，确保混凝土浇筑均匀、连续，避免出现过多施工缝和薄弱层面。底板混凝土浇筑，一般应在底板钢筋和墙壁钢筋全部绑扎完毕，柱子插筋就位后进行，可沿长方向分 2～3 个区，由一端向另一端分层推进，分层均匀下料。当底面积大或底板呈正方形，宜分段分组浇筑，当底板厚度小于 50cm，可不分层，采用斜面赶浆法浇筑，表面及时平整；当底板厚度大于或等于 50cm，宜水平分层或斜面分层浇筑，每层厚 25～30cm，分层用插入式或平板式振动器捣固密实，同时应注意各区、组搭接处的振捣，防止漏振，每层应在水泥初凝时间内浇筑完成，以保证混凝土的整体性和强度，提高抗裂性。

10) 墙体浇筑应在墙全部钢筋绑扎完，包括顶板插筋、预埋件、各种穿墙管道敷设完毕、模板尺寸正确、支撑牢固安全、经检查无误后进行。一般先浇外墙，后浇内墙，或内外墙同时浇筑，分支流向轴线前进，各组兼顾横墙左右宽度各半范围。外墙浇筑可采取分层分段循环浇筑法，即将外墙沿周边分成若干段，分段的长度应由混凝土的搅拌运输能力、浇筑强度、分层厚度和水泥初凝时间而定。本法能减少混凝土浇筑时产生的对模板的侧压力，各小组循环递进，以利于提高工效，但要求混凝土输送和浇筑过程均匀连续，劳动组织严密。当周边较长，工程量较大，亦可采取分层分段一次浇筑法，本法每组有固定的施工段，以利于提高质量，对水泥初凝时间控制没有什么要求，但混凝土一次浇至墙体全高，模板侧压力大，要求模板牢固。箱形基础顶板（带梁）混凝土浇筑方法与基础底板浇筑基本相同。

11) 箱形基础混凝土浇筑完后，要加强覆盖，并浇水养护；冬期要保温，防止温差过大出现裂缝，以保证结构使用和防水性能。

12) 箱形基础施工完毕后，应防止长期暴露，要抓紧基坑回填土。回填时要在相对的两侧或四周同时均匀进行，分层夯实；停止降水时，应验算箱形基础的抗浮稳定性；地下水基础的浮力，一般不考虑折减，抗浮稳定系数宜小于 1.20，如不能满足时，必须采取有效措施，防止基础上浮或倾斜，地下室施工完成后，方可停止降水。

(2) 质保质量控制资料检查要求

1) 混凝土配合比。

2) 掺合料、外加剂的合格证明书、复试报告。

3) 试块强度报告。

4）施工日记。
5）温控记录。
6）混凝土质量自检记录。
7）隐蔽工程验收记录。
8）混凝土分项工程质量验收记录表。

第四节 分部（子分部）工程质量验收

1. 分项工程、分部（子分部）工程质量的验收，均应在施工单位自检合格的基础上进行。施工单位确认自检合格后提出工程验收申请，工程验收时应提供下列技术文件和记录：

（1）原材料的质量合格证和质量鉴定文件；
（2）半成品如预制桩、钢桩、钢筋笼等产品合格证书；
（3）施工记录及隐蔽工程验收文件；
（4）检测试验及见证取样文件；
（5）其他必须提供的文件或记录。

2. 对隐蔽工程应进行中间验收。

3. 分部（子分部）工程验收应由总监理工程师或建设单位项目负责人组织勘察、设计单位及施工单位的项目负责人、技术质量负责人，共同按设计要求和本规范及其他有关规定进行。

4. 验收工作应按下列规定进行：

（1）分项工程的质量验收应分别按主控项目和一般项目验收；
（2）隐蔽工程应在施工单位自检合格后，于隐蔽前通知有关人员检查验收，并形成中间验收文件；
（3）分部（子分部）工程的验收，应在分项工程通过验收的基础上，对必要的部位进行见证检验。

5. 主控项目必须符合验收标准规定，发现问题应立即处理直至符合要求，一般项目应有80%合格。混凝土试件强度评定不合格或对试件的代表性有怀疑时，应采用钻芯取样，检测结果符合设计要求可按合格验收。

第四章 砌 体 工 程

第一节 基 本 规 定

砌体工程所用的材料应有产品的合格证书、产品性能检测报告。块材、水泥、钢筋、外加剂等尚应有材料主要性能的进场复验报告。严禁使用国家明令淘汰的材料。

1. 砌筑基础前，应校核放线尺寸，允许偏差应符合表4-1的规定。

放线尺寸的允许偏差　　　　　表4-1

长度L、宽度B（m）	允许偏差（mm）	长度L、宽度B（m）	允许偏差（mm）
L（或B）≤30	±5	60＜L（或B）≤90	±15
30＜L（或B）≤60	±10	L（或B）＞90	±20

2. 砌筑顺序应符合下列规定：

（1）基底标高不同时，应从低处砌起，并应由高处向低处搭砌。当设计无要求时，搭接长度不应小于基础扩大部分的高度。

（2）砌体的转角处和交接处应同时砌筑。当不能同时砌筑时，应按规定留槎、接槎。

3. 在墙上留置临时施工洞口，其侧边离交接处墙面不应小于500mm，洞口净宽度不应超过1m。

抗震设防烈度为9度的地区建筑物的临时施工洞口位置，应会同设计单位确定。

临时施工洞口应做好补砌。

4. 不得在下列墙体或部位设置脚手眼：

（1）120mm厚墙、料石清水墙和独立柱。

（2）过梁上与过梁成60°角的三角形范围及过梁净跨度1/2的高度范围内。

（3）宽度小于1m的窗间墙。

（4）砌体门窗洞口两侧200mm，（石砌体为300mm）和转角处450mm（石砌体为600mm）范围内。

（5）梁或梁垫下及其左右500mm范围内。

（6）设计不允许设置脚手眼的部位。

5. 施工脚手眼补砌时，灰缝应填满砂浆，不得用干砖填塞。

6. 设计要求的洞口、管道、沟槽应于砌筑时正确留出或预埋，未经设计同意，不得打凿墙体和在墙体上开凿水平沟槽。宽度超过300mm的洞口上部，应设置过梁。

7. 尚未施工楼板或屋面的墙或柱，当可能遇到大风时，其允许自由高度不得超过表4-2的规定。如超过表中限值时，必须采用临时支撑等有效措施。

8. 搁置预制梁、板的砌体顶面应找平，安装时应座浆。当设计无具体要求时，应采用1:2.5的水泥砂浆。

墙和柱的允许自由高度　　　　　　　　　　　　　　　　表4-2

墙（柱）厚 (mm)	砌体密度 > 1600（kg/m³）			砌体密度 1300~1600（kg/m³）		
	风载（kN/m²）			风载（kN/m²）		
	0.3 (约7级风)	0.4 (约8级风)	0.5 (约9级风)	0.3 (约7级风)	0.4 (约8级风)	0.5 (约9级风)
190	—	—	—	1.4	1.1	0.7
240	2.8	2.1	1.4	2.2	1.7	1.1
370	5.2	3.9	2.6	4.2	3.2	2.1
490	8.6	6.5	4.3	7.0	5.2	3.5
620	14.0	10.5	7.0	11.4	8.6	5.7

注：1. 本表适用于施工处相对标高（H）在10m范围内的情况，如 10m < H ≤ 15m，15m < H ≤ 20m时，表中的允许自由高度应分别乘以0.9、0.8的系数；如 H > 20m时，应通过抗倾覆验算确定其允许自由高度；

2. 当所砌筑的墙有横墙或其他结构与其连接，而且间距小于表列限值的2倍时，砌筑高度可不受本表的限制。

9. 砌体施工质量控制等级应分为三级，并应符合表4-3的规定。

砌体施工质量控制等级　　　　　　　　　　　　　　　　表4-3

项 目	施 工 质 量 控 制 等 级		
	A	B	C
现场质量管理	制度健全，并严格执行；非施工方质量监督人员经常到现场，或现场设有常驻代表；施工方有在岗专业技术管理人员，人员齐全，并持证上岗	制度基本健全，并能执行，非施工方质量监督人员间断地到现场进行质量控制，施工方有在岗专业技术管理人员，并持证上岗	有制度；非施工方质量监督人员很少作现场质量控制；施工方有在岗专业技术管理人员
砂浆、混凝土强度	试块按规定制作，强度满足验收规定，离散性小	试块按规定制作，强度满足验收规定，离散性较小	试块强度满足验收规定，离散性大
砂浆拌合方式	机械拌合，配合比计量控制严格	机械拌合，配合比计量控制一般	机械或人工拌合；配合比计量控制较差
砌筑工人	中级工以上，其中高级工不少于20%	高、中级工不少于70%	初级工以上

10. 设置在潮湿环境或有化学侵蚀性介质的环境中的砌体灰缝内的钢筋应采取防腐措施。

11. 砌体施工时，楼面和屋面堆载不得超过楼板的允许荷载值。施工层进料口楼板下，宜采取临时加撑措施。

12. 分项工程的验收应在检验批验收合格的基础上进行。检验批的确定可根据施工段划分。

13. 砌体工程检验批验收时，其主控项目应全部符合本规范的规定；一般项目应有80%及以上的抽检处符合本规范的规定，或偏差值在允许偏差范围以内。

第二节 砌 筑 砂 浆

一、材料要求

1. 水泥进场使用前，应分批对其强度、安定性进行复验。检验批应以同一生产厂家、同一编号为一批。

当在使用中对水泥质量有怀疑或水泥出厂超过三个月（快硬硅酸盐水泥超过一个月）时，应复查试验，并按其结果使用。

不同品种的水泥，不得混合使用。

2. 砂浆用砂不得含有有害杂物。砂浆用砂的含泥量应满足下列要求：

（1）对水泥砂浆和强度等级不小于 M5 的水泥混合砂浆，不应超过 5%。

（2）对强度等级小于 M5 的水泥混合砂浆，不应超过 10%。

（3）人工砂、山砂及特细砂，应经试配能满足砌筑砂浆技术条件要求。

3. 配制水泥石灰砂浆时，不得采用脱水硬化的石灰膏。

4. 消石灰粉不得直接使用于砌筑砂浆中。

5. 拌制砂浆用水，水质应符合国家现行标准《混凝土用水标准》（JGJ 63—2006）的规定。

6. 砌筑砂浆应通过试配确定配合比。当砌筑砂浆的组成材料有变更时，其配合比应重新确定。

7. 施工中当采用水泥砂浆代替水泥混合砂浆时，应重新确定砂浆强度等级。

8. 凡在砂浆中掺入有机塑化剂、早强剂、缓凝剂、防冻剂等，应经检验和试配符合要求后，方可使用。有机塑化剂应有砌体强度的型式检验报告。

二、砂浆要求

1. 砂浆的品种、强度等级必须符合设计要求。砌筑砂浆的强度等级宜采用 M15、M10、M7.5、M5、M2.5。水泥砂浆的密度不宜小于 $1900kg/m^3$；水泥混合砂浆的密度不宜小于 $1800kg/m^3$。

2. 砂浆的稠度应符合表 4-4 规定。

砌 筑 砂 浆 稠 度   表 4-4

砌 体 种 类	砂浆稠度（mm）	砌 体 种 类	砂浆稠度（mm）
烧结普通砖砌体	70～90	烧结普通砖平拱式过梁空斗墙，筒拱普通混凝土小型空心砌块砌体加气混凝土砌块砌体	50～70
轻骨料混凝土小型空心砌块砌体	60～90		
烧结多孔砖，空心砖砌体	60～80	石砌体	30～50

3. 砂浆的分层度不得大于 30mm。

4. 水泥砂浆中水泥用量不应小于 $200kg/m^3$；水泥混合砂浆中水泥和掺加料总量宜为

300~350kg/m³。

5. 具有冻融循环次数要求的砌筑砂浆，经冻融试验后，重量损失率不得大于5%，抗压强度损失率不得大于25%。

6. 水泥混合砂浆不得用于基础等地下潮湿环境中的砌体工程。

三、砂浆拌制

砌筑砂浆现场拌制时，各组分材料应采用重量计量。

砌筑砂浆应采用机械搅拌，自投料完毕算起，搅拌时间应符合下列规定：

1. 水泥砂浆和水泥混合砂浆不得少于2min。
2. 水泥粉煤灰砂浆和掺用外加剂的砂浆不得少于3min。
3. 掺用有机塑化剂的砂浆，应为3~5min。

四、砖和砂浆的使用

1. 砌筑砖砌体时，砖应提前1~2d浇水湿润。普通砖、多孔砖的含水率宜为10%~15%；灰砂砖、粉煤灰砖含水率宜为8%~12%（含水率以水重占干砖重量的百分数计）。施工现场抽查砖的含水率的简化方法可采用现场断砖，砖截面四周洇水深度为15~20mm视为符合要求。

2. 砂浆应随拌随用。水泥砂浆和水泥混合砂浆应分别在3h和4h内使用完毕；当施工期间最高气温超过30℃时，应分别在拌成后2h和3h内使用完毕。对掺用缓凝剂的砂浆，其使用时间可根据具体情况延长。

五、砂浆强度等级

1. 砂浆试块应在砂浆拌合后随机抽取制作，同盘砂浆只应制作一组试块。每一检验批且不超过250m³砌体的各种类型及强度等级的砌筑砂浆，每台搅拌机应至少制作一组试块（每组6块）即抽验一次。

2. 砂浆强度应以标准养护、龄期为28d的试块抗压试验结果为准。

3. 砌筑砂浆试块强度验收时其强度合格标准必须符合以下规定：

同一验收批砂浆试块抗压强度平均值必须大于或等于设计强度等级所对应的立方体抗压强度；同一验收批砂浆试块抗压强度的最小一组平均值必须大于或等于设计强度等级所对应的立方体抗压强度的0.75倍。

抽检数量：每一检验批且不超过250m³砌体的各种类型及强度等级的砌筑砂浆，每台搅拌机应至少抽检一次。

检验方法：在砂浆搅拌机出料口随机取样制作砂浆试块（同盘砂浆只应制作一组试块），最后检查试块强度试验报告单。

4. 当施工中或验收时出现下列情况，可采用现场检验方法对砂浆和砌体强度进行原位检测或取样检测，并判定其强度：

（1）砂浆试块缺乏代表性或试块数量不足。
（2）对砂浆试块的试验结果有怀疑或有争议。
（3）砂浆试块的试验结果，不能满足设计要求。

第三节 砖砌体工程

本节适用于烧结普通砖、烧结多孔砖、蒸压灰砂砖、粉煤灰砖等砌体工程。

一、一般规定

1. 用于清水墙、柱表面的砖，应边角整齐，色泽均匀。
2. 有冻胀环境和条件的地区，地面以下或防潮层以下的砌体，不宜采用多孔砖。
3. 砌筑砖砌体时，砖应提前 1~2d 浇水湿润。
4. 砌砖工程当采用铺浆法砌筑时，铺浆长度不得超过 750mm；施工期间气温超过 30℃时，铺浆长度不得超过 500mm。
5. 240mm 厚承重墙的每层墙的最上一皮砖，砖砌体的阶台水平面上及挑出层，应整砖丁砌。
6. 砖砌平拱过梁的灰缝应砌成楔形缝。灰缝的宽度，在过梁的底面不应小于 5mm；在过梁的顶面不应大于 15mm。

拱脚下面应伸入墙内不小于 20mm，拱底应有 1% 的起拱。

7. 砖过梁底部的模板，应在灰缝砂浆强度不低于设计强度的 50% 时，方可拆除。
8. 多孔砖的孔洞应垂直于受压面砌筑。
9. 施工时施砌的蒸压（养）砖的产品龄期不应小于 28d。
10. 竖向灰缝不得出现透明缝、瞎缝和假缝。
11. 砖砌体施工临时间断处补砌时。必须将接槎处表面清理干净，浇水湿润，并填实砂浆，保持灰缝平直。

二、施工质量控制

1. 标志板、皮数杆

建筑物的标高，应引自标准水准点或设计指定的水准点。基础施工前，应在建筑物的主要轴线部位设置标志板。标志板上应标明基础、墙身和轴线的位置及标高。外形或构造简单的建筑物，可用控制轴线的引桩代替标志板。

（1）砌筑前，弹好墙基大放脚外边沿线、墙身线、轴线、门窗洞口位置线，并必须用钢尺校核放线尺寸。

（2）按设计要求，在基础及墙身的转角及某些交接处立好皮数杆，其间距每隔 10~15m 立一根，皮数杆上划有每皮砖和灰缝厚度及门窗洞口、过梁、楼板等竖向构造的变化位置，控制楼层及各部位构件的标高。砌筑完每一楼层（或基础）后，应校正砌体的轴和标高。

2. 砌体工作段划分

（1）相邻工作段的分段位置，宜设在伸缩缝、沉降缝、防震缝、构造柱或门窗洞口处。

（2）相邻工作段的高度差，不得超过一个楼层的高度，且不得大于 4m。

（3）砌体临时间断处的高度差，不得超过一步脚手架的高度。

(4) 砌体施工时，楼面堆载不得超过楼板允许荷载值。

(5) 雨天施工，每日砌筑高度不宜超过1.4m，收工时应遮盖砌体表面。

(6) 设有钢筋混凝土抗风柱的房屋，应在柱顶与屋架以及屋架间的支撑均已连接固定后，方可砌筑山墙。

3．砌筑时砖的含水率

砌筑砖砌体时，砖应提前1～2d浇水湿润。普通砖、多孔砖的含水率宜为10%～15%；灰砂砖、粉煤灰砖含水率宜为8%～12%（含水率以水重占干砖重量的百分数计），施工现场抽查砖的含水率的简化方法可采用现场断砖，砖截面四周融水深度为15～20mm视为符合要求。

4．组砌方法

(1) 砖柱不得采用先砌四周后填心的包心砌法。柱面上下皮的竖缝应相互错开1/2砖长或1/4砖长，使柱心无通天缝。

(2) 砖砌体应上下错缝，内外搭砌，实心砖砌体宜采用一顺一丁、梅花丁或三顺一丁的砌筑形式；多孔砖砌体宜采用一顺一丁、梅花丁的砌筑形式。

(3) 基底标高不同时应从低处砌起，并由高处向低处搭接。当设计无要求时，搭接长度不应小于基础扩大部分的高度。

(4) 每层承重墙（240mm厚）的最上一皮砖、砖砌体的阶台水平面上以及挑出层（挑槽、腰线等）应用整砖丁砌。

(5) 砖柱和宽度小于1m的墙体，宜选用整砖砌筑。

(6) 半砖和断砖应分散使用在受力较小的部位。

(7) 搁置预制梁、板的砌体顶面应找平，安装时并应坐浆。当设计无具体要求时，应采用1:2.5的水泥砂浆。

(8) 厕浴间和有防水要求的楼面，墙底部应浇筑高度不小于120mm的混凝土坎。

5．留槎、拉结筋

(1) 砖砌体的转角处和交接处应同时砌筑，严禁无可靠措施的内外墙分砌施工。对不能同时砌筑而又必须留置的临时间断处应砌成斜槎，斜槎水平投影长度不应小于高度的2/3。

接槎时必须将接槎处的表面清理干净，浇水湿润，填实砂浆并保持灰缝平直。

(2) 非抗震设防及抗震设防烈度为6度、7度地区的临时间断处，当不能留斜槎时，除转角处外，可留直槎，但直槎必须做成凸槎。留直槎处应加设拉结钢筋，拉结钢筋的数量为每120mm墙厚放置1ϕ6拉结钢筋（120mm厚墙放置2ϕ6），间距沿墙高不应超过500mm；埋入长度从留槎处算起每边均不应小于500mm，对抗震设防烈度6度、7度的地区，不应小于1000mm；末端应有90°弯钩。

(3) 多层砌体结构中，后砌的非承重砌体隔墙，应沿墙高每隔500mm配置2ϕ6的钢筋与承重墙或柱拉结，每边伸入墙内不应小于500mm。抗震设防烈度为8度和9度区，长度大于5m的后砌隔墙的墙弧尚应与楼板或梁拉结。隔墙砌至梁板底时，应留有一定空隙，间隔一周后再补砌挤紧。

6．灰缝

(1) 砖砌体的灰缝应横平竖直，厚薄均匀。水平灰缝厚度和竖向灰缝宽度宜为10mm，但不应小于8mm，也不应大于12mm。竖向灰缝宜采用挤浆法或加浆法，使其砂浆饱满，严禁用水冲浆灌缝。如采用铺浆法砌筑，铺浆长度不得超过750mm。施工期间气温超过30℃时，铺浆长度不得超过500mm。

水平灰缝的砂浆饱满度不得低于80%；竖向灰缝不得出现透明缝、瞎缝和假缝。

(2) 清水墙面不应有上下二皮砖搭接长度小于25mm的通缝，不得有三分头砖，不得在上部随意变活乱缝。

(3) 空斗墙的水平灰缝厚度和竖向灰缝宽度一般为10mm，但不应小于7mm，也不应大于13mm。

(4) 筒拱拱体灰缝应全部用砂浆填满，拱底灰缝宽度宜为5~8mm，筒拱的纵向缝应与拱的横断面垂直。筒拱的纵向两端，不宜砌入墙内。

(5) 为保持清水墙面立缝垂直一致，当砌至一步架子高时，水平间距每隔2m，在丁砖竖缝位置弹两道垂直立线，控制游丁走缝。

(6) 清水墙勾缝应采用加浆勾缝，勾缝砂浆宜采用细砂拌制的1:1.5水泥砂浆。勾凹缝时深度为4~5mm，多雨地区或多孔砖可采用稍浅的凹缝或平缝。

(7) 砖砌平拱过梁的灰缝应砌成楔形缝。灰缝宽度，在过梁底面不应小于5mm；在过梁的顶面不应大于15mm。

拱脚下面应伸入墙内不小于20mm，拱底应有1%起拱。

(8) 砌体的伸缩缝、沉降缝、防震缝中，不得夹有砂浆、碎砖和杂物等。

7. 预留孔洞、预埋件

(1) 设计要求的洞口、管道、沟槽，应在砌筑时按要求预留或预埋未经设计同意，不得打凿墙体和在墙体上开凿水平沟槽。超过300mm的洞口上部应设过梁。

(2) 砌体中的预埋件应作防腐处理，预埋木砖的木纹应与钉子垂直。

(3) 在墙上留置临时施工洞口，其侧边离高楼处墙面不应小于500mm，洞口净宽度不应超过1m，洞顶部应设置过梁。

抗震设防烈度为9度的地区建筑物的临时施工洞口位置，应会同设计单位确定。

临时施工洞口应做好补砌。

三、施工质量验收

1. 主控项目

(1) 砖和砂浆的强度等级必须符合设计要求。

抽检数量：每一生产厂家的砖到现场后，按烧结砖15万块、多孔砖5万块、灰砂砖及粉煤灰砖10万块各为一验收批，抽检数量为1组。砂浆试块的抽检数量应符合本章第一节的有关规定。

检验方法：检查砖和砂浆试块试验报告。

(2) 砌体水平灰缝的砂浆饱满度不得小于80%。

抽检数量：每检验批抽查不应少于5处。

检验方法：用百格网检查砖底面与砂浆的粘结痕迹面积。每处检测3块砖，取其平均值。

(3) 砖砌体的转角处和交接处应同时砌筑，严禁无可靠措施的内外墙分砌施工。对不能同时砌筑而又必须留置的临时间断处应砌成斜槎，斜槎水平投影长度不应小于高度的2/3。

抽检数量：每检验批抽20%接槎，且不应少于5处。

检验方法：观察检查。

(4) 非抗震设防及抗震设防烈度为6度、7度地区的临时间断处，当不能留斜槎时，除转角处外，可留直槎，但直槎必须做成凸槎。留直槎处应加设拉结钢筋，拉结钢筋的数量为每120mm墙厚放置1ϕ6拉结钢筋（120mm厚墙放置2ϕ6拉结钢筋），间距沿墙高不应超过500mm；埋入长度从留槎处算起每边均不应小于500mm，对抗震设防强度6度、7度的地区，不应小于1000mm；末端应有90°弯钩，如图4-1所示。

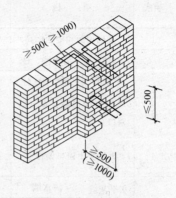

图4-1 拉接钢筋设置

抽检数量：每检验批抽20%接槎，且不应少于5处。

检验方法：观察和尺量检查。

合格标准：留槎正确，拉结钢筋设置数量、直径正确，竖向间距偏差不超过100mm，留置长度基本符合规定。

(5) 砖砌体的位置及垂直度允许偏差应符合表4-5的规定。

砖砌体的位置及垂直度允许偏差（mm）　　　　　表4-5

项次	项目		允许偏差	检验方法
1	轴线位置偏移		10	用经纬仪和尺检查或用其他测量仪器检查
2	垂直度	每层	5	用2m托线板检查
		全高 ≤10m	10	用经纬仪、吊线和尺检查，或用其他测量仪器检查
		全高 >10m	20	

抽检数量：轴线查全部承重墙柱；外墙垂直度全高查阳角，不应少于4处，每层每20m查一处；内墙按有代表性的自然间抽10%，但不应少于3间，每间不应少于2处，柱不少于5根。

2. 一般项目

(1) 砖砌体组砌方法应正确，上、下错位，内外搭砌、砖柱不得采用包心砌法。

抽检数量：外墙每20m抽查一处，每处3~5m，且不应少于3处；内墙按有代表性的自然间抽10%，且不应少于3间。

检验方法：观察检查。

合格标准：除符合本条要求外，清水墙、窗间墙无通缝；混水墙中长度大于或等于300mm的通缝每间不超过3处，且不得位于同一面墙体上。

(2) 砖砌体的灰缝应横平竖直，厚薄均匀。水平灰缝厚度宜为10mm，但不应小于8mm，也不应大于12mm。

抽检数量：每步脚手架施工的砌体。每20m抽查1处。

检验方法：用尺量10皮砖砌体高度折算。

(3) 砖砌体的一般尺寸允许偏差应符合表4-6的规定。

砖砌体一般尺寸允许偏差　　　　表 4-6

项次	项目		允许偏差（mm）	检验方法	抽检数量
1	基础顶面和楼面标高		±15	用水准仪和尺检查	不应少于5处
2	表面平整度	清水墙、柱	5	用2m靠尺和楔形塞尺检查	有代表性自然间10%，但不应少于3间，每间不应少于2处
		混水墙、柱	8		
3	门窗洞口高、宽（后塞口）		±5	用尺检查	检验批洞口的10%，且不应少于5处
4	外墙上下窗口偏移		20	以底层窗口为准，用经纬仪或吊线检查	检验批的10%，且不应少于5处
5	水平灰缝平直度	清水墙	7	拉10m线和尺检查	有代表性自然间10%，但不应少于3间，每间不应少于2处
		混水墙	10		
6	清水墙游丁走缝		20	吊线和尺检查，以每层第一皮砖为准	有代表性自然间10%，但不应少于3间，每间不应少于2处

第四节　混凝土小型空心砌块砌体工程

本节适用于普通混凝土小型空心砌块和轻集料混凝土小型空心砌块（以下简称小砌块）工程的施工质量验收。

一、一般规定

1. 施工时所用的小砌块的产品龄期不应小于28d。

2. 砌筑小砌块时，应清除表面污物和芯柱用小砌块孔洞底部的毛边，剔除外观质量不合格的小砌块。

3. 施工时所用的砂浆，宜选用专用的小砌块砌筑砂浆。

4. 底层室内地面以下或防潮层以下的砌体，应采用强度等级不低于C20的混凝土灌实小砌块的孔洞。

5. 小砌块砌筑时，在天气干燥炎热的情况下，可提前洒水湿润小砌块；对轻骨料混凝土小砌块，可提前浇水湿润。小砌块表面有浮水时，不得施工。

6. 承重墙体严禁使用断裂小砌块。

7. 小砌块墙体应对孔错缝搭砌，搭接长度不应小于90mm。墙体的个别部位不能满足上述要求时，应在灰缝中设置拉结钢筋或钢筋网片，但竖向通缝仍不得超过两皮小砌块。

8. 小砌块应底面朝上反砌于墙上。

9. 浇灌芯柱的混凝土，宜选用专用的小砌块灌孔混凝土，当采用普通混凝土时，其坍落度不应小于90mm。

10. 浇灌芯柱混凝土，应遵守下列规定：

（1）清除孔洞内的砂浆等杂物，并用水冲洗；

（2）砌筑砂浆强度大于1MPa时，方可浇灌芯柱混凝土；

(3）在浇灌芯柱混凝土前应先注入适量与芯柱混凝土相同的去石水泥砂浆，再浇灌混凝土。

11．需要移动砌体中的小砌块或小砌块被撞动时，应重新铺砌。

二、施工质量控制

1．设计模数的校核

小砌块砌体房屋在施工前应加强对施工图纸的会审，尤其对房屋的细部尺寸和标高，是否适合主规格小砌块的模数应进行校核。发现不合适的细部尺寸和标高应及时与设计单位沟通，必要时进行调整。这一点对于单排孔小砌块显得尤为重要。当尺寸调整后仍不符合主规格块体的模数时，应使其符合辅助规格块材的模数。否则会影响砌筑的速度与质量。这是由于小砌块块材不可切割的特性所决定的，应引起高度的重视。

2．小砌块排列图

砌体工程施工前，应根据会审后的设计图纸绘制小砌块砌体的施工排列图。排列图应包括平面与立面两面三个方面。它不仅对估算主规格及辅助规格块材的用量是不可缺少的，对正确设定皮数杆及指导砌体操作工人进行合理摆转，准确留置预留洞口、构造柱、梁位置等，确保砌筑质量也是十分重要的。对采用混凝土芯柱的部位，既要保证上下畅通不梗阻，又要避免由于组砌不当造成混凝土灌注时横向流窜，芯柱呈正三角形状（或宝塔状）。不仅浪费材料，而且增加了房屋的永久荷载。

3．砌筑时小砌块的含水率

普通小砌块砌筑时，一般可不浇水。天气干燥炎热时，可提前洒水湿润；轻骨料小砌块，宜提前一天浇水湿润。小砌块表面有浮水时，为避免游砖不得砌筑。

4．组砌与灰缝

（1）单排孔小砌块砌筑时应对孔错缝搭砌；当不能对孔砌筑，搭接长度不得小于90mm（含其他小砌块）；当不能满足时，在水平灰缝中设置拉结钢筋网，网位两端距竖缝宽度不宜小于300mm。

（2）小砌块砌筑应将底面（壁、肋稍厚一面）朝上反砌于墙上。

（3）小砌块砌体的水平灰缝应平直，按净面积计算水平灰缝砂浆饱满度不得小于90%。

（4）小砌块砌体的水平灰缝厚度和竖向灰缝宽度宜为10mm，但不应小于8mm，也不应大于12mm。铺灰长度不宜超过两块主规格块体的长度。

（5）需要移动砌体中的小砌块或砌体被撞动后，应重新铺砌。

（6）厕浴间和有防水要求的楼面，墙底部应浇筑高度不小于120mm的混凝土坎；轻骨料小砌块墙底部混凝土高度不宜小于200mm。

（7）小砌块清水墙的勾缝应采用加浆勾缝，当设计无具体要求时宜采用平缝形式。

（8）为保证砌筑质量，日砌高度为1.4m，或不得超过一步脚手架高度内。

（9）雨天砌筑应有防雨措施，砌筑完毕应对砌体进行遮盖。

5．留槎、拉结筋

（1）墙体转角处和纵横墙交接处应同时砌筑。临时间断处应砌成斜槎，斜槎水平投影长度不应小于高度的2/3。

（2）砌块墙与后砌隔墙交接处，应沿墙高每400mm在水平灰缝内设置不少于2φ4、横筋间距不大于200mm的焊接钢筋网片，如图4-2所示。

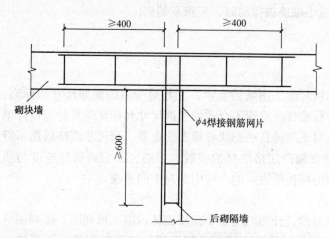

图4-2　砌块墙与后砌隔墙交接处钢筋网片

6．预留洞、预埋件

（1）除按砖砌体工程控制外，当墙上设置脚手眼时，可用辅助规格砌块侧砌，利用其孔洞作脚手眼（注意脚手眼下部砌块的承载能力）；补眼时可用不低于小砌块强度的混凝土填实。

（2）门窗固定处的砌筑，可镶砌混凝土预制块（其内可放木砖），也可在门窗两侧小砌块孔内灌筑混凝土。

7．混凝土芯柱

（1）砌筑芯柱（构造柱）部位的墙体，应采用不封底的通孔小砌块，砌筑时要保证上下孔通畅且不错孔，确保混凝土浇筑时不侧向流窜。

（2）在芯柱部位，每层楼的第一皮块体，应采用开口小砌块或U形小砌块砌出操作孔，操作孔侧面宜预留连通孔；砌筑开口小砌块或U形小砌块时，应随时刮去灰缝内凸出的砂浆，直至一个楼层高度。

（3）浇灌芯柱的混凝土，宜选用专用的混凝土小型空心砌块灌孔混凝土；当采用普通混凝土时，其坍落度不应小于90mm。

（4）浇灌芯柱混凝土，应符合规定。

8．小砌块墙中设置构造柱时，与构造柱相邻的砌块孔洞，当设计无具体要求时，6度（抗震设防烈度）时宜灌实，7度时应灌实，8度时应灌实并插筋。其他可参照砖砌体工程。

三、施工质量验收

1．主控项目

（1）小砌块：砂浆和混凝土的强度等级必须符合设计要求。

抽检数量：每一生产厂家，每1万块小砌块至少应抽检一组。用于多层以上建筑基础和底层的小砌块抽检数量不应少于2组。砂浆试块的抽检数量：每一检验批且不超过250m³砌体的各种类型及强度等级的建筑砂浆，每台搅拌机应至少抽检一次。芯柱混凝土每一检验批至少做一组试块。

检验方法：查小砌块、砂浆混凝土试块试验报告。

（2）砌体水平灰缝的砂浆饱满度，应按净面积计算不得低于90%；竖向灰缝饱满度不得小于80%，竖缝凹槽部位应用砌筑砂浆填实；不得出现瞎缝、透明缝。

抽检数量：每检验批不应少于3处。

检验方法：用专用百格网检测小砌块与砂浆粘结痕迹，每处检测3块小砌块，取其平均值。

(3) 墙体转角处和纵横墙交接处应同时砌筑。临时间断处应砌成斜槎，斜槎水平投影长度不应小于高度的 2/3。

抽检数量：每检验批抽 20% 接槎，且不应少于 5 处。

检验方法：观察检查。

(4) 砌体的轴线位置偏移和垂直度偏差应符合表 4-5 的规定。

2．一般项目

(1) 墙体的水平灰缝厚度和竖向灰缝宽度宜为 10mm，但不应大于 12mm，也不应小于 1mm。

抽检数量：每层楼的检测点不应少于 3 处。

抽检方法：用尺量 5 皮小砌块的高度和 2m 砌体长度折算。

(2) 小砌块墙体的一般尺寸允许偏差应按表 4-6 中 1~5 项的规定执行。

第五节 配筋砌体工程

配筋砌体工程除应满足本节要求外，尚应符合本章第二、三节的有关规定。

一、一般规定

1．用于砌体工程的钢筋品种、强度等级必须符合设计要求。并应有产品合格证书和性能检测报告，进场后应进行复验。

2．设置在潮湿或有化学侵蚀性介质环境中的砌体灰缝内的钢筋，应采用镀锌钢材、不锈钢或有色金属材料，或对钢筋表面涂刷防腐涂料或防锈剂。

(1) 砖砌体的砌筑砂浆强度等级不应低于 M5。

(2) 构造柱的混凝土强度等级不宜低于 C20。

(3) 构造柱的截面尺寸不宜小于 240mm×240mm，其厚度不应小于墙厚，边柱、角柱的截面宽度适当加大。柱内竖向受力钢筋，对于中柱，不宜少于 $4\phi12$；对于边柱、角柱，不宜少于 $4\phi14$。

3．构造柱的竖向受力钢筋直径不宜大于 16mm，其箍筋，一般部位宜采用 $\phi6$，间距 200mm，楼层上下 500mm 范围内宜采用 $\phi6$，间距 100mm。

二、施工质量控制

1．配筋

(1) 设置在砌体水平灰缝内的钢筋，应居中置于灰缝中，灰缝厚度应比钢筋的直径大 4mm 以上。砌体灰缝内钢筋与砌体外露面距离不应小于 15mm。

(2) 砌体水平灰缝中钢筋的锚固长度不宜小于 $50d$，且其水平或垂直弯折段长度不宜小于 $20d$ 和 150mm；钢筋的搭接长度不应小于 $55d$。

(3) 配筋砌块砌体剪力墙的灌孔混凝土中竖向受拉钢筋，钢筋搭接长度不应小于 $35d$ 且不小于 300mm。

(4) 砌体与构造柱、芯柱的连接处应设 $2\phi6$ 拉结筋或 $\phi4$ 钢筋网片，间距沿墙高不应超过500mm（小砌块为600mm）；埋入墙内长度每边不宜小于600mm；对抗震设防地区不宜小于1m；钢筋末端应有90°弯钩。

（5）钢筋网可采用连弯网或方格网。钢筋直径宜采用3~4mm；当采用连弯网时，钢筋的直径不应大于8mm。

（6）钢筋网中钢筋的间距不应大于120mm，并不应小于30mm。

2．构造柱、芯柱

（1）构造柱浇灌混凝土前，必须将砌体留槎部位和模板浇水湿润，将模板内的落地灰、砖渣和其他杂物清理干净，并在结合面处注入适量与构造柱混凝土相同的去石水泥砂浆。振捣时，应避免触碰墙体，严禁通过墙体传震。

（2）配筋砌块芯柱在楼盖处贯通，并不得削弱芯柱截面尺寸。

（3）构造柱纵筋应穿过圈梁，保证纵筋上下贯通；构造柱箍筋在楼层上下各500mm范围内应进行加密，间距宜为100mm。

（4）墙体与构造柱连接处应砌成马牙槎，从每层柱脚起，先退后进，马牙槎的高度不应大于300；并应先砌墙后浇混凝土构造柱。

（5）小砌块墙中设置构造柱时，与构造柱相邻的砌块孔洞，当设计无具体要求时，6度（抗震设防烈度）时宜灌实，7度时应灌实，8度时应灌实并插筋。

3．箍筋设置

（1）当纵向钢筋的配筋率大于0.25%，且柱承受的轴向力大于受压承载力设计值的25%时，柱应设箍筋；当配筋率等于或小于0.25%时，或柱承受的轴向力小于受压承载力设计值的25%时，柱中可不设置箍筋。

（2）箍筋直径不宜小于6mm。

（3）箍筋的间距不应大于16倍的纵向钢筋直径、48倍箍筋直径及柱截面短边尺寸中较小者。

（4）箍筋应做成封闭式，端部应弯钩。

（5）箍筋应设置在灰缝或灌孔混凝土中。

三、施工质量验收

1．主控项目

（1）钢筋的品种、规格和数量应符合设计要求。

检验方法：检查钢筋的合格证书、钢筋性能试验报告、隐蔽工程记录。

（2）构造柱、芯柱、组合砌体构件、配筋砌体剪力墙构件的混凝土或砂浆的强度等级应符台设计要求。

抽检数量：各类构件每一检验批砌体至少应做一组试块。

检验方法：检查混凝土或砂浆试块试验报告。

（3）构造柱与墙体的连接处应砌成马牙槎，马牙槎应先退后进，预留的拉结钢筋应位置正确，施工中不得任意弯折。

抽检数量：每检验批抽20%构造柱，且不少于3处。

检验方法：观察检查。

合格标准：钢筋竖向移位不应超过100mm，每一马牙槎沿高度方向尺寸不应超过

300mm。钢筋竖向位移和马牙槎尺寸偏差每一构造柱不应超过2处。

（4）构造柱位置及垂直度的允许偏差应符合表4-7的规定

构造柱尺寸允许偏差　　　　　表4-7

项次	项目			允许偏差（mm）	检验方法
1	柱中心线位置			10	用经纬仪和尺检查或用其他测量仪器检查
2	柱层间错层			8	用经纬仪和尺检查或用其他测量仪器检查
3	柱垂直度	每层		10	用2m托线板检查
		全高	≤10m	15	用经纬仪、吊线和尺检查，或用其他测量仪器检查
			>10m	20	

抽检数量：每检验批抽10%，且不应少于5处。

（5）对配筋混凝土小型空心砌块砌体，芯柱混凝土应在装配式楼盖处贯通，不得削弱芯柱截面尺寸。

抽检数量：每检验批抽10%，且不应少于5处。

检验方法：观察检查。

2．一般项目

（1）设置在砌体水平灰缝内的钢筋，应居中置于灰缝中。水平灰缝厚度应大于钢筋直径4mm以上。砌体外露面砂浆保护层的厚度不应小于15mm。

抽检数量：每检验批抽检3个构件，每个构件检查3处。

检验方法：观察检查，辅以钢尺检测。

（2）设置在砌体灰缝内的钢筋的应采取防腐措施。

抽检数量：每检验批抽检10%的钢筋。

检验方法：观察检查。

合格标准：防腐涂料无漏刷（喷浸），无起皮脱落现象。

（3）网状配筋砌体中，钢筋网及放置间距应符合设计规定。

抽检数量：每检验批抽10%，且不应少于5处。

检验方法：钢筋规格检查钢筋网成品，钢筋网放置间距局部剔缝观察，或用探针刺入灰缝内检查，或用钢筋位置测定仪测定。

合格标准：钢筋网沿砌体高度位置超过设计规定一皮砖厚不得多于1处。

（4）组合砖砌体构件，竖向受力钢筋保护层应符合设计要求，距砖砌体表面距离不应小于5mm，拉结筋两端应设弯钩，拉结筋及箍筋的位置应正确。

抽检数量：每检验批抽检10%，且不应少于5处。

检验方法：支模前观察与尺量检查。

合格标准：钢筋保护层符合设计要求；拉结筋位置及弯钩设置80%及以上符合要求，箍筋间距超过规定者，每件不得多于2处，且每处不得超过一皮砖。

（5）配筋砌块砌体剪力墙中，采用搭接接头的受力钢筋搭接长度不应小于$35d$，且不应少于300mm。

抽检数量：每检验批每类构件抽20%（墙、柱、连梁），且不应少于3件。

检验方法：尺量检查。

第六节　填充墙砌体工程

本节适用于房屋建筑采用空心砖、蒸压加气混凝土砌块、轻集料混凝土小型空心砌块等砌筑填充墙砌体的施工质量验收。

一、一般规定

1. 蒸压加气混凝土砌块、轻集料混凝土小型空心砌块砌筑时，其产品龄期应超过28d。
2. 空心砖、蒸压加气混凝土砌块、轻集料混凝土小型空心砌块等的运输、装卸过程中，严禁抛掷和倾倒。进场后应按品种、规格分别堆放整齐，堆置高度不宜超过2m。加气混凝土砌块应防止雨淋。
3. 填充墙砌体砌筑前块材应提前2d浇水湿润。蒸压加气混凝土砌块砌筑时，应向砌筑面适量浇水。
4. 用轻集料混凝土小型空心砌块或蒸压加气混凝土砌块砌筑墙体时，墙底部应砌烧结普通砖或多孔砖，或普通混凝土小型空心砌块，或现浇混凝土坎台等，其高度不宜小于200mm。
5. 加气混凝土砌块不得在以下部位砌筑：
（1）建筑物底层地面以下部位。
（2）长期浸水或经常干湿交替部位。
（3）受化学环境侵蚀部位。
（4）经常处于80℃以上高温环境中。
6. 加气混凝土砌体中不得留设脚手眼，也不得砌后打洞、凿槽。

二、施工质量控制

1. 填充墙砌体施工质量控制等级，应选用B级以上，不得选用C级，其砌筑人员均应取得技术等级证书，其中高、中级技术工人的比例不少于70%。为落实操作质量责任制，应采用挂牌或墙面明示等形式，注明操作人员、质量实测数据，并记入施工日志。
2. 对进入施工现场的建筑材料，尤其是砌体材料，应按产品标准进行质量验收，并作好验收记录。对质量不合格或产品等级不符合要求的，不得用于砌体工程。为消除外墙面渗漏水隐患，不得将有裂缝的砖面、小砌块面砌于外墙的外表面。
3. 砌体施工前，应由专人设置皮数杆，并应根据设计要求、块材规格和灰缝厚度在皮数杆上标明皮数及竖向构造的变化部位；灰缝厚度应用双线标明。

未设置皮数杆，砌筑人员不得进行施工。

4. 用混凝土小型空心砌块，加气混凝土砌块等块材砌筑墙体时，必须根据预先绘制的砌块排列图进行施工。

严禁无排列图或不按排列图施工。

5. 轻骨料小砌块、空心砖应提前一天浇水湿润；加气砌块砌筑时，应向砌筑面适量洒水；当采用粘结剂砌筑时不得浇水湿润。用砂浆砌筑时的含水率：轻骨料小砌块宜为 5%～8%，空心砖宜为 10%～15%，加气砌块宜小于 15%。

6. 填充墙砌筑时应错缝搭砌。单排孔小砌块应对孔错缝砌筑，当不能对孔时，搭接长度不应小于 90mm，加气砌块搭接长度不小于砌块长度的 1/3，当不能满足时，应在水平灰缝中设置钢筋加强。

7. 小砌块、空心砖砌体的水平、竖向灰缝厚度应为 8～12mm；加气砌块的水平灰缝厚度宜为 12～15mm，竖向灰缝宽度宜为 20mm。

8. 轻骨料小砌块和加气砌块砌体，由于干缩率和膨胀值较大，不应与其他块材混砌。但对于因构造需要的墙底部、顶部、门窗固定部位等，可局部适量镶嵌其他块材，门窗两侧小砌块可采用填灌混凝土办法，不同砌体交接处可采用构造柱连接。

9. 填充墙的水平灰缝砂浆饱满度均应不小于 80%；小砌块、加气砌块砌体的竖向灰缝也不应小于 80%，其他砖砌体的竖向灰缝应填满砂浆，并不得有透明缝、瞎缝、假缝。

10. 填充墙砌至梁、板底部时，应留一定空隙，至少间隔 7d 后再进行镶嵌；或用坍落度较小的混凝土或砂浆填嵌密实（高度宜为 50mm 与 30mm）。在封砌施工洞口及外墙井架洞口时，尤其应严格控制，千万不能一次到顶。

11. 小砌块、加气砌块砌筑时应防止雨淋。

12. 封堵外墙支模洞、脚手眼等，应在抹灰前派专人实施，在清洗干净后应从墙体两侧封堵密实，确保不开裂，不渗漏，并应加强检查，做好记录。

13. 砌筑伸缩缝、沉降缝、抗震缝等变形缝外砌体时应确保缝的净宽，并应采取遮盖措施或填嵌聚苯乙烯等发泡材料等，防止缝内夹有块材、碎渣、砂浆等杂物。

14. 构造柱与墙体的连接处应砌成马牙槎，从每层柱脚开始，先退后进，每一马牙槎沿高度方向的尺寸不宜超过 300mm。沿墙高每 500mm 设 2φ6 拉结钢筋，每边伸入墙内不宜小于 1m。预留伸出的拉结钢筋不得在施工中任意反复弯折，如有歪斜、弯曲，在浇灌混凝土之前，应校正到准确位置并绑扎牢固。

15. 利用砌体支撑模板时，为防止砌体松动，严禁采用"骑马钉"直接敲入砌体的做法。利用砌体入模浇筑混凝土构造柱等，当砌体强度、刚度不能克服混凝土振捣产生的侧向力时，应采取可靠措施，防止砌体变形、开裂、杜绝渗漏隐患。

16. 填充墙与混凝土结合部的处理，应按设计要求进行；若设计无要求时，宜在该处内外两侧，敷设宽度不小于 200mm 的钢丝网片，网片应绷紧后分别固定于混凝土与砌体上的粉刷层内，要保证网片粘结牢固。

17. 为防止外墙面渗漏水，伸出墙面的雨篷、敞开式阳台、空调机搁板、遮阳板、窗套、外楼梯根部及凹凸装饰线脚处，应采取切实有效的止水措施。

18. 钢筋混凝土结构中砌筑填充墙时，应沿框架柱（剪力墙）全高每隔 500mm（砌块模数不能满足时可为 600mm）设 2φ6 拉结筋，拉结筋伸入墙内的长度应符合设计要求；当设计无具体要求时：非抗震设防及抗震设防烈度为 6 度、7 度时，不应小于墙长的 1/5 且不小于 700mm；8 度、9 度时宜沿墙全长贯通。

19. 抗震设防地区还应采取如下抗震拉结措施：（1）墙长大于 5m 时，墙顶与梁宜有拉结；（2）墙长超过层高 2 倍时，宜设置钢筋混凝土构造柱；（3）墙高超过 4m 时，墙体半高处宜设置与柱连接且沿墙全长贯通的钢筋混凝土水平连系梁。

20．单层钢筋混凝土柱厂房等其他砌体围护墙应按设计要求。

三、施工质量验收

1．主控项目

砖、砌块和砌筑砂浆的强度等级应符合设计要求。

检验方法：检查砖或砌块的产品合格证书、产品性能检测报告和砂浆试块试验报告。

2．一般项目

(1) 填充墙砌体一般尺寸的允许偏差应符合表4-8的规定。

填充墙砌体一般尺寸允许偏差　　　　　　　　表4-8

项次	项　目		允许偏差(mm)	检验方法
1	轴线位移		10	用尺检查
	垂直度	≤3m	5	用2m托线板或吊线、尺检查
		>3m	10	
2	表面平整度		8	用2m靠尺和楔形塞尺检查
3	门窗洞口高、宽（后塞口）		±5	用尺检查
4	外墙上、下窗口偏移		20	用经纬仪或吊线检查

抽检数量：

1) 对表中1、2项，在检验批的标准间中随机抽查10片，但不应少于3间；大面积房间和楼道按两个轴线或每10延长米按一标准间计数。每间检验不应少于3处。

2) 对表中3、4项，在检验批中抽检10%，且不应少于5处。

(2) 蒸压加气混凝土砌块砌体和轻骨料混凝土小型空心砌块砌体不应与其他块材混砌。

抽检数量：在检验批中抽检20%，且不应少于5处。

检验方法：外观检查。

(3) 填充墙砌体的砂浆饱满度及检验方法应符合表4-9的规定。

填充墙砌体的砂浆饱满度及检验方法　　　　　　　　表4-9

砌体分类	灰缝	饱满度及要求	检验方法
空心砖砌体	水平	≥80%	采用百格网检查块材底面砂浆的粘结痕迹面积
	垂直	填满砂浆，不得有透明缝、瞎缝、假缝	
加气混凝土砌块和轻骨料混凝土小砌块砌体	水平	≥80%	
	垂直	≥80%	

抽检数量：每步架子不少于3处，且每处不应少于3块。

(4) 填充墙砌体留置的拉结筋或网片的位置应与块体皮数相符合。拉结钢筋或网片应置于灰缝中，埋置长度应符合设计要求，竖向位置偏差不应超过一皮高度。

抽检数量：在检验批中抽检20%，且不应少于5处。

检验方法：观察和用尺量检查。

（5）填充墙砌筑时应错缝搭砌，蒸压加气混凝土砌块搭砌长度不应小于砌块长度的1/3；轻骨料混凝土小型空心砌块搭砌长度不应小于90mm；竖向通缝不应大于2皮。

抽检数量：在检验批的标准间中抽查10%，且不应小于3间。

检查方法：观察和用尺检查。

（6）填充墙砌体的灰缝厚度和宽度应正确。空心砖、轻骨料混凝土小型空心砌块的砌体灰缝应为8~12mm。蒸压加气混凝土砌块砌体的水平灰缝厚度及竖向灰缝宽度分别宜为15mm和20mm。

抽检数量：在检验批的标准间中抽查10%，且不应少于3间。

检查方法：用尺量5皮空心砖或小砌块的高度和2m砌体长度折算。

（7）填充墙砌至接近梁、板底时，应留有一定空隙，待填充墙砌筑完并应至少间隔7d后，再将其补砌挤紧。

抽检数量：每验收批抽10%填充墙片（每两柱间的填充墙为一墙片），且不应少于3片墙。

检验方法：观察检查。

第七节 子分部工程验收

1．砌体工程验收前，应提供下列文件和记录：

（1）施工执行的技术标准；

（2）原材料的合格证书、产品性能检测报告；

（3）混凝土及砂浆配合比通知单；

（4）混凝土及砂浆试件抗压强度试验报告单；

（5）施工记录；

（6）各检验批的主控项目、一般项目验收记录；

（7）施工质量控制资料；

（8）重大技术问题的处理或修改设计的技术文件；

（9）其他必须提供的资料。

2．砌体子分部工程验收时，应对砌体工程的观感质量作出总体评价。

3．当砌体工程质量不符合要求时，应按现行国家标准《建筑工程施工质量统一验收标准》（GB 50300—2001）规定执行。

4．对有裂缝的砌体应按下列情况进行验收：

（1）对有可能影响结构安全性的砌体裂缝，应由有资质的检测单位检测鉴定，需返修或加固处理的，待返修或加固满足使用要求后进行二次验收；

（2）对不影响结构安全性的砌体裂缝，应予以验收，对明显影响使用功能和观感质量的裂缝，应进行处理。

第五章 混凝土结构工程

第一节 模板分项工程

一、一般规定

1. 根据国家标准《混凝土结构工程施工质量验收规范》（GB 50204—2002）的规定，模板工程应遵守以下规定：

（1）模板及其支架应根据工程结构形式、荷载大小、地基土类别、施工设备和材料供应等条件进行设计。模板及其支架应具有足够的承载能力、刚度和稳定性，能可靠地承受浇筑混凝土的重量、侧压力以及施工荷载。

（2）在浇筑混凝土之前，应对模板工程进行验收。

模板安装和浇筑混凝土时，应对模板及其支架进行观察和维护。发生异常情况时，应按施工技术方案及时进行处理。

（3）模板及其支架拆除的顺序及安全措施应按施工技术方案执行。

2. 为使模板工程达到质量标准，必须抓好以下两个方面：

（1）在学习结构施工图时，要把模板的尺寸、标高看透记住，抓好模板翻样工作，这是重要的技术准备。只有通过这项技术工作发现矛盾、解决问题，才能使实际施工顺利进行。

（2）对主要构件、承重模板必须事先进行模板支撑的受力计算，如确定支撑立杆的间距、水平拉杆的间距，模板侧压力的计算，确定抵抗侧压力杆件或螺栓的数量和断面的大小。只有通过确切的计算，才能达到模板质量标准中保证项目内要求的强度、刚度和稳定性的要求。

二、施工质量控制

1. 模板安装的质量控制

模板安装应按编制的模板设计文件和施工技术方案施工。在浇筑混凝土前，应对模板工程进行验收。模板安装和浇筑混凝土时，应检查和维护模板及其支架，发现异常情况时，应按施工技术方案及时进行处理。

模板轴线放线时，应考虑建筑装饰装修工程的厚度尺寸，留出装饰厚度。

模板安装的根部及顶部应设标高标记，并设限位措施，确保标高尺寸准确。支模时应拉水平通线，设竖向垂直度控制线，确保横平竖直，位置正确。

基础的杯芯模板应刨光直拼，并钻有排气孔，减少浮力；杯口模板中心线应准确，模板钉牢，防止浇筑混凝土时芯模上浮；模板厚度应一致，搁栅面应平整，搁栅木料要有足够强度和刚度。墙模板的穿墙螺栓直径、间距和垫块规格应符合设计要求。

柱子支模前必须先校正钢筋位置。成排柱支模时应先立两端柱模，在底部弹出通线，定出位置并兜方找中，校正与复核位置无误后，顶部拉通线，再立中间柱模。柱箍间距按柱截面大小及高度决定，一般控制在500~1000mm，根据柱距选用剪刀撑、水平撑及四面斜撑撑牢，保证柱模板位置准确。

梁模板上口应设临时撑头，侧模下口应贴紧底模或墙面，斜撑与上口钉牢，保持上口呈直线；深梁应根据梁的高度及核算的荷载及侧压力适当以横档。

梁柱节点连接处一般下料尺寸略缩短，采用边模包底模，拼缝应严密，支撑牢靠，及时错位并采取有效、可靠措施予以纠正。

固定在模板上的预埋件、预留孔和预留洞，应按图纸逐个核对其质量、数量、位置、不得遗漏，并应安装牢固。

模板与混凝土的接触面应清理干净并涂刷隔离剂，严禁隔离剂沾污钢筋和混凝土接槎处。

浇筑混凝土前，模板内的杂物应清理干净。

用作模板的地坪、胎膜等应保持平整光洁，不得产生下沉、裂缝、起砂或起鼓等现象。

支架的立柱底部应铺设合适的垫板，支承在疏松土质上时，基土必须经过夯实，并应通过计算，确定其有效支承面积。并应有可靠的排水措施。

立柱与立柱之间的带锥销横杆，应用锤子敲紧，防止立柱失稳，支撑完毕应设专人检查。

安装现浇结构的上层模板及其支架时，下层楼板应具有承受上层荷载的承载能力或加设支架支撑，确保有足够的刚度和稳定性；多层楼盖下层支架系统的立柱应安装在同一垂直线上。

超过3m高度的大型模板的侧模应留门子板；模板应留清扫口。

浇筑混凝土高度应控制在允许范围内，浇筑时应均匀、对称下料，避免局部侧压力过大造成胀模。

控制模板起拱高度，消除在施工中因结构自重、施工荷载作用引起的挠度。

2. 模板拆除质量控制

模板及其支架的拆除时间和顺序应事先在施工技术方案中确定，拆模必须按拆模顺序进行，一般是后支的先拆，先支的后拆；先拆非承重部分，后拆承重部分。重大复杂的模板拆除，按专门制定的拆模方案执行。

现浇楼板采用早拆模施工时，经理论计算复核后将大跨度楼板改成支模形式为小跨度楼板（≤2m），当浇筑的楼板混凝土实际强度达到50%的设计强度标准值，可拆除模板，保留支架，严禁调换支架。

多层建筑施工，当上层楼板正在浇筑混凝土时，下一层楼板的模板支架不得拆除，再下一层楼板的支架，仅可拆除一部分；跨度4m及4m以上的梁下均应保留支架，其间距不得大于3m。

高层建筑梁、板模板，完成一层结构，其底模及其支架的拆除时间控制，应对所用混凝土的强度发展情况，分层进行核算，确保下层梁及楼板混凝土能承受上层全部荷载。

拆除时应先清理脚手架上的垃圾杂物，再拆除连接杆件，经检查安全可靠后可按顺序拆除。拆除时要有统一指挥、专人监护，设置警戒区，防止交叉作业，拆下物品及时清运、整修、保养。

后张法预应力结构构件，侧模宜在预应力张拉前拆除；底模及支架的拆除应按施工技术方案，当无具体要求时，应在结构构件建立预应力之后拆除。

后浇带模板的拆除和支顶方法应按施工技术方案执行。

三、施工质量验收

1. 模板安装

(1) 主控项目

1) 安装现浇结构的上层模板及其支架时，下层楼板应具有承受上层荷载的承载能力，或加设支架；上、下层支架的立柱应对准，并铺设垫板。

检查数量：全数检查。

检验方法：对照模板设计文件和施工技术方案观察。

2) 在涂刷模板隔离剂时，不得沾污钢筋和混凝土接槎处。

检查数量：全数检查。

检验方法：观察。

(2) 一般项目

1) 模板安装应满足下列要求：

①模板的接缝不应漏浆；在浇筑混凝土前，木模板应浇水湿润，但模板内不应有积水；

②模板与混凝土的接触面应清理干净并涂刷隔离剂，但不得采用影响结构性能或妨碍装饰工程施工的隔离剂；

③浇筑混凝土前，模板内的杂物应清理干净；

④对清水混凝土工程及装饰混凝土工程，应使用能达到设计效果的模板。

检查数量：全数检查。

检验方法：观察。

2) 用作模板的地坪、胎模等应平整光洁，不得产生影响构件质量的下沉、裂缝、起砂或起鼓。

检查数量：全数检查。

检验方法：观察。

3) 对跨度不小于4m的现浇钢筋混凝土梁、板，其模板应按设计要求起拱；当设计无具体要求时，起拱高度宜为跨度的1/1000～3/1000。

检查数量：在同一检验批内，对梁，应抽查构件数量的10%，且不少于3件；对板，应按有代表性的自然间抽查10%，且不少于3间；对大空间结构，板可按纵、横轴线划分检查面，抽查10%，且不少于3面。

检验方法：水准仪或拉线、钢尺检查。

4) 固定在模板上的预埋件、预留孔和预留洞均不得遗漏，且应安装牢固，其偏差应符合表5-1的规定。

检查数量：在同一检验批内，对梁、柱和独立基础，应抽查构件数量的10%，且不少于3件；对墙和板，应按有代表性的自然间抽查10%，且不少于3间；对大空间结构，墙可按相邻轴线间高度 5m 左右划分检查面，板可按纵横轴线划分检查面，抽查 10%，且均不少于 3 面。

检验方法：钢尺检查。

预埋件和预留孔洞的允许偏差　　　　　　　　　　　　　表 5-1

项　目		允许偏差（mm）
预埋钢板中心线位置		3
预埋管、预留孔中心线位置		3
插　筋	中心线位置	5
	外露长度	+10，0
预埋螺栓	中心线位置	2
	外露长度	+10，0
预留洞	中心线位置	10
	尺　寸	+10，0

注：检查中心线位置时，应沿纵、横两个方向量测，并取其中的较大值。

5）现浇结构模板安装的偏差应符合表 5-2 的规定。

现浇结构模板安装的允许偏差及检验方法　　　　　　　表 5-2

项　目		允许偏差（mm）	检　验　方　法
轴线位置		5	钢尺检查
底模上表面标高		±5	水准仪或拉线、钢尺检查
截面内部尺寸	基础	±10	钢尺检查
	柱、墙、梁	+4，-5	钢尺检查
层高垂直度	不大于 5m	6	经纬仪或吊线、钢尺检查
	大于 5m	8	经纬仪或吊线、钢尺检查
相邻两板表面高低差		2	钢尺检查
表面平整度		5	2m 靠尺和塞尺检查

注：检查轴线位置时，应沿纵、横两个方向量测，并取其中的较大值。

检查数量：在同一检验批内，对梁、柱和独立基础，应抽查构件数量的 10%，且不少于 3 件；对墙和板，应按有代表性的自然间抽查 10%，且不少于 3 间；对大空间结构，墙可按相邻轴线间高度 5m 左右划分检查面，板可按纵、横轴线划分检查面，抽查 10%，且均不少于 3 面。

6）预制构件模板安装的偏差应符合表 5-3 的规定。

预制构件模板安装的允许偏差及检验方法　　　　　　　表 5-3

项　目		允许偏差（mm）	检　验　方　法
长　度	板、梁	±5	钢尺量两角边，取其中较大值
	薄腹板、桁架	±10	
	柱	0，-10	
	墙板	0，-5	

续表

项目		允许偏差（mm）	检验方法
宽度	板、墙板	0, -5	钢尺量一端及中部，取其中较大值
	梁、薄腹梁、桁架、柱	+2, -5	
高（厚）度	板	+2, -3	钢尺量一端及中部，取其中较大值
	墙板	0, -5	
	梁、薄腹梁、桁架、柱	+2, -5	
侧向弯曲	梁、板、柱	$l/1000$ 且 ≤15	拉线、钢尺量最大弯曲处
	墙板、薄腹梁、桁架	$l/1500$ 且 ≤15	
板的表面平整度		3	2m靠尺和塞尺检查
相邻两板表面高低差		1	钢尺检查
对角线差	板	7	钢尺量两个对角线
	墙板	5	
翘曲	板、墙板	$l/1500$	调平尺在两端测量
设计起拱	薄腹梁、桁架、梁	±3	拉线、钢尺量跨中

注：l 为构件长度

检查数量：首次使用及大修后的模板应全数检查；使用中的模板应定期检查，并根据使用情况不定期抽查。

2．模板拆除

（1）主控项目

1）底模及其支架拆除时的混凝土强度应符合设计要求；当设计无具体要求时，混凝土强度应符合表5-4的规定。

底模拆除时混凝土的强度要求　　　　表5-4

构件类型	构件跨度（m）	达到设计的混凝土立方体抗压强度标准值的百分率（%）
板	≤2	≥50
	>2, ≤8	≥75
	>8	≥100
梁、拱、壳	≤8	≥75
	>8	≥100
悬臂构件	—	≥100

检查数量：全数检查。

检验方法：检查同条件养护试件强度试验报告。

2）对后张法预应力混凝土结构构件，侧模宜在预应力张拉前拆除；底模支架的拆除应按施工技术方案执行，当无具体要求时，不应在结构构件建立预应力前拆除。

检查数量：全数检查。

检验方法：观察。

3) 后浇带模板的拆除和支顶应按施工技术方案执行。

检查数量：全数检查。

检验方法：观察。

(2) 一般项目

1) 侧模拆除时的混凝土强度应能保证其表面及棱角不受损伤。

检查数量：全数检查。

检验方法：观察。

2) 模板拆除时，不应对楼层形成冲击荷载。拆除的模板和支架宜分散堆放并及时清运。

检查数量：全数检查。

检验方法：观察。

第二节 钢筋分项工程

一、材料质量要求

1．钢筋出厂质量合格证和试验报告单应及时整理，试验单填写做到字迹清楚，项目齐全、准确、真实，且无未了事项。

2．钢筋出厂质量合格证和试验报告单不允许涂改、伪造、随意抽撤或损毁。

3．钢筋质量必须合格，应先试验后使用，有出厂质量合格证或试验单。需采取技术处理措施的，应满足技术要求并经有关技术负责人批准后方可使用。

4．钢筋合格证、试（检）验单或记录单的抄件（复印件）应注明原件存放单位，并有抄件人、抄件（复印）单位的签字和盖章。

5．钢筋应有出厂质量证明书或试验报告单，并按有关标准的规定抽取试样作机械性能试验。进场时应按炉罐（批）号及直径分批检验，查对标志、外观检查。

6．下列情况之一者，须做化学成分检验：

(1) 无出厂证明书或钢种钢号不明的。

(2) 有焊接要求的进口钢筋。

(3) 在加工过程中，发生脆断、焊接性能不良和机械性能显著不正常的。

7．有特殊要求的，还应进行相应专项试验。

8．集中加工的，应有由加工单位出具的出厂证明及钢筋出厂合格证和钢筋试验单的抄件。

9．混凝土结构构件所采用的热轧钢筋、热处理钢筋。碳素钢丝、刻痕钢丝和钢绞线的质量，必须符合下列有关现行国家标准的规定：

(1)《钢筋混凝土用热轧带肋钢筋》(GB 1499—1998)。

(2)《钢筋混凝土用热轧光圆钢筋》(GB 13013—1991)。

(3)《钢筋混凝土用余热处理钢筋》(GB 13014—1991)。

(4)《冷轧带肋钢筋》(GB 13788—2000)。

(5)《普通低碳钢热轧圆盘条》(GB/T 701—1997)。

(6)《预应力混凝土用热处理钢筋》(GB 4463—1984)。

(7)《预应力混凝土用钢丝》(GB/T 5223—2002)。

(8)《预应力混凝土用钢绞线》(GB/T 5224—2003)。

10．钢筋进场检查及验收

(1) 检查产品合格证、出厂检验报告

钢筋出厂，应具有产品合格证书、出厂试验报告单，作为质量的证明材料，所列出的品种、规格、型号、化学成分、力学性能等，必须满足设计要求，符合有关的现行国家标准的规定。当用户有特别要求时，还应列出某些专门的检验数据。

(2) 检查进场复试报告

进场复试报告是钢筋进场抽样检验的结果，以此作为判断材料能否在工程中应用的依据。

钢筋进场时，应按现行国家标准《钢筋混凝土用热轧带肋钢筋》(GB1499—1998)的有关规定抽取试件作力学性能检验，其质量符合有关标准规定的钢筋，可在工程中应用。

检查数量按进场的批次和产品的抽样检验方案确定。有关标准中对进场检验数量有具体规定的，应按标准执行，如果有关标准只对产品出厂检验数量有规定的，检查数量可按下列情况确定：

1) 当一次进场的数量大于该产品的出厂检验批量时，应划分为若干个出厂检验批量，然后按出厂检验的抽样方案执行。

2) 当一次进场的数量小于或等于该产品的出厂检验批量时，应作为一个检验批量，然后按出厂检验的抽样方案执行。

3) 对连续进场的同批钢筋，当有可靠依据时，可按一次进场的钢筋处理。

(3) 进场的每捆（盘）钢筋均应有标牌。按炉罐号、批次及直径分批验收，分类堆放整齐，严防混料，并应对其检验状态进标识，防止混用。

(4) 进场钢筋的外观质量检查

1) 钢筋应逐批检查其尺寸，不得超过允许偏差。

2) 逐批检查，钢筋表面不得有裂纹、折叠、结疤及夹杂，盘条允许有压痕及局部的凸块、凹块、划痕、麻面，但其深度或高度（从实际尺寸算起）不得大于 0.20mm，带肋钢筋表面凸块，不得超过横肋高度，钢筋表面上其他缺陷的深度和高度不得大于所在部位尺寸的允许偏差，冷拉钢筋不得有局部缩颈。

3) 钢筋表面氧化铁皮（铁锈）重量不大于 16kg/t。

4) 带肋钢筋表面标志清晰明了，标志包括强度级别、厂名（汉语拼音字头表示）和直径（mm）数字。

二、施工质量控制

1．在学习结构施工图时，要把不同构件的配筋数量、规格、间距、尺寸弄清楚，并看是否有矛盾，发现问题应在设计交底中解决。然后抓好钢筋翻样，检查配料单的准确性，不要把问题带到施工中去，应在技术准备中解决。

2．要注意本地区是否属于抗震设防地区，查清图纸是按几级抗震设计的，施工图上对抗震的要求有什么说明，对钢筋构造上有什么要求。只有这样才能使钢筋的制作和绑扎符合图纸要求和达到施工规范的规定。

3. 在制作加工中发生断裂的钢筋，应进行抽样做化学分析。防止其力学性能合格而化学含量有问题。做好这方面的控制，则保证了钢材材质的完全合格性。

4. 柱子钢筋的绑扎，主要是抓住搭接部位和箍筋间距（尤其是加密区箍筋间距和加密区高度），这对抗震地区尤为重要。若竖向钢筋采用焊接，要做抽样试验，从而保证钢筋接头的可靠性。

5. 对梁钢筋的绑扎，主要抓住锚固长度和弯起钢筋的弯起点位置。对抗震结构则要重视梁柱节点处，梁端箍筋加密范围和箍筋间距。

6. 对楼板钢筋，主要抓好防止支座负弯矩钢筋被踩塌而失去作用；再是垫好保护层垫块。

7. 对墙板的钢筋，要抓好墙面保护层和内外皮钢筋间的距离，撑好撑铁。防止两皮钢筋向墙中心靠近，对受力不利。

8. 对楼梯钢筋，主要抓梯段板的钢筋的锚固，以及钢筋变折方向不要弄错；防止弄错后在受力时出现裂缝。

9. 钢筋规格、数量、间距等在作隐蔽验收时一定要仔细核实。在一些规格不易辨认时，应用尺量或卡尺卡。保证钢筋配置的准确，也就保证了结构的安全。

10. 钢筋锥螺纹接头的外观要求

钢筋与连接套的规格一致；无完整接头丝扣外露。

11. 施工现场钢筋套筒挤压接头外观质量应符合要求。

三、施工质量验收

1. 原材料

（1）主控项目

1）钢筋进场时，应按现行国家标准《钢筋混凝土用热轧带肋钢筋》（GB1499—1998）等的规定抽取试件作力学性能检验，其质量必须符合有关标准的规定。

检查数量：按进场的批次和产品的抽样检验方案确定。

检验方法：检查产品合格证、出厂检验报告和进场复验报告。

2）对有抗震设防要求的框架结构，其纵向受力钢筋的强度应满足设计要求；当设计无具体要求时，对一、二级抗震等级，检验所得的强度实测值应符合下列规定：

①钢筋的抗拉强度实测值与屈服强度实测值的比值不应小于1.25；

②钢筋的屈服强度实测值与强度标准值的比值不应大于1.3。

检查数量：按进场的批次和产品的抽样检验方案确定。

检验方法：检查进场复验报告。

3）当发现钢筋脆断、焊接性能不良或力学性能显著不正常等现象时，应对该批钢筋进行化学成分检验或其他专项检验。

检验方法：检查化学成分等专项检验报告。

（2）一般项目

钢筋应平直、无损伤，表面不得有裂纹、油污、颗粒状或片状老锈。

检查数量：进场时和使用前全数检查。

检验方法：观察。

2. 钢筋加工

(1) 主控项目

1) 受力钢筋的弯钩和弯折应符合下列规定：

①HPB235级钢筋末端应作180°弯钩，其弯弧内直径不应小于钢筋直径的2.5倍，弯钩的弯后平直部分长度不应小于钢筋直径的3倍；

②当设计要求钢筋末端需作135°弯钩时，HRB335级、HRB 400级钢筋的弯弧内直径不应小于钢筋直径的4倍，弯钩的弯后平直部分长度应符合设计要求；

③钢筋作不大于90°的弯折时，弯折处的弯弧内直径不应小于钢筋直径的5倍。

检查数量：按每工作班同一类型钢筋、同一加工设备抽查不应少于3件。

检验方法：钢尺检查。

2) 除焊接封闭环式箍筋外，箍筋的末端应作弯钩，弯钩形式应符合设计要求；当设计无具体要求时，应符合下列规定：

①箍筋弯钩的弯弧内直径除应满足第1)条的规定外，尚应不小于受力钢筋直径；

②箍筋弯钩的弯折角度：对一般结构，不应小于90°；对有抗震等要求的结构，应为135°；

③箍筋弯后平直部分长度：对一般结构，不宜小于箍筋直径的5倍；对有抗震等要求的结构，不应小于箍筋直径的10倍。

检查数量：按每工作班同一类型钢筋、同一加工设备抽查不应少于3件。

检验方法：钢尺检查。

(2) 一般项目

1) 钢筋调直宜采用机械方法，也可采用冷拉方法。当采用冷拉方法调直钢筋时，HPB235级钢筋的冷拉率不宜大于4%，HRB335级、HRB400级和RRB400级钢筋的冷拉率不宜大于1%。

检查数量：按每工作班同一类型钢筋、同一加工设备抽查不应少于3件。

检验方法：观察，钢尺检查。

2) 钢筋加工的形状、尺寸应符合设计要求，其偏差应符合表5-5的规定。

钢筋加工的允许偏差　　　　　　　　　　　表5-5

项　目	允许偏差（mm）
受力钢筋顺长度方向全长的净尺寸	±10
弯起钢筋弯折位置	±20
箍筋内净尺寸	±5

检查数量：按每工作班同一类型钢筋、同一加工设备抽查不应少于3件。

检验方法：钢尺检查。

3. 钢筋连接

(1) 主控项目

1) 纵向受力钢筋的连接方式应符合设计要求。

检查数量：全数检查。

检验方法：观察。

2）在施工现场，应按国家现行标准《钢筋机械连接通用技术规程》（JGJ 107—2003）、《钢筋焊接及验收规程》（JGJ 18—2003）的规定抽取钢筋机械连接接头、焊接接头试件作力学性能检验，其质量应符合有关规程的规定。

检查数量：按有关规程确定。

检验方法：检查产品合格证、接头力学性能试验报告。

（2）一般项目

1）钢筋的接头宜设置在受力较小处。同一纵向受力钢筋不宜设置两个或两个以上接头。接头末端至钢筋弯起点的距离不应小于钢筋直径的10倍。

检查数量：全数检查。

检验方法：观察，钢尺检查。

2）在施工现场，应按国家现行标准《钢筋机械连接通用技术规程》（JGJ 107—2003）、《钢筋焊接及验收规程》（JGJ 18—2003）的规定对钢筋机械连接接头、焊接接头的外观进行检查，其质量应符合有关规程的规定。

检查数量：全数检查。

检验方法：观察。

3）当受力钢筋采用机械连接接头或焊接接头时，设置在同一构件内的接头宜相互错开。纵向受力钢筋机械连接接头及焊接接头连接区段的长度为35倍d（d为纵向受力钢筋的较大直径）且不小于500mm，凡接头中点位于该连接区段长度内的接头均属于同一连接区段。同一连接区段内，纵向受力钢筋机械连接及焊接的接头面积百分率为该区段内有接头的纵向受力钢筋截面面积与全部纵向受力钢筋截面面积的比值。

同一连接区段内，纵向受力钢筋的接头面积百分率应符合设计要求；当设计无具体要求时，应符合下列规定：

①在受拉区不宜大于50%；

②接头不宜设置在有抗震设防要求的框架梁端、柱端的箍筋加密区；当无法避开时，对等强度高质量机械连接接头，不应大于50%；

③直接承受动力荷载的结构构件中，不宜采用焊接接头；当采用机械连接接头时，不应大于50%。

检查数量：在同一检验批内，对梁、柱和独立基础，应抽查构件数量的10%，且不少于3件；对墙和板，应按有代表性的自然间抽查10%，且不少于3间；对大空间结构，墙可按相邻轴线间高度5m左右划分检查面，板可按纵横轴线划分检查面，抽查10%，且均不少于3面。

检验方法：观察，钢尺检查。

4）同一构件中相邻纵向受力钢筋的绑扎搭接接头宜相互错开。绑扎搭接接头中钢筋的横向净距不应小于钢筋直径，且不应小于25mm。

钢筋绑扎搭接接头连接区段的长度为$1.3l_1$（l_1为搭接长度），凡搭接接头中点位于该连接区段长度内的搭接接头均属于同一连接区段。同一连接区段内，纵向钢筋搭接接头面积百分率为该区段内有搭接接头的纵向受力钢筋截面面积与全部纵向受力钢筋截面面积的比值，如图5-1所示。

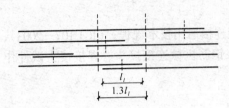

图 5-1 钢筋绑扎搭接接头连接区段及接头面积百分率

注：图中所示搭接接头同一连接区段内的搭接钢筋为两根，当各钢筋直径相同时，接头面积百分率为50%。

同一连接区段内，纵向受拉钢筋搭接接头面积百分率应符合设计要求；当设计无具体要求时，应符合下列规定：

①对梁类、板类及墙类构件，不宜大于25%；
②对柱类构件，不宜大于50%；
③工程中确有必要增大接头面积百分率时，对梁类构件，不应大于50%；对其他构件，可根据实际情况放宽。

纵向受力钢筋绑扎搭接接头的最小搭接长度应符合《混凝土结构工程施工质量验收规范》（GB 50204—2002）附录B的规定。

检查数量：在同一检验批内，对梁、柱和独立基础，应抽查构件数量的10%，且不少于3件；对墙和板，应按有代表性的自然间抽查10%，且不少于3间；对大空间结构，墙可按相邻轴线间高度5m左右划分检查面，板可按纵、横轴线划分检查面，抽查10%，且均不少于3面。

检验方法：观察，钢尺检查。

5）在梁、柱类构件的纵向受力钢筋搭接长度范围内，应按设计要求配置箍筋。当设计无具体要求时，应符合下列规定：

①箍筋直径不应小于搭接钢筋较大直径的0.25倍；
②受拉搭接区段的箍筋间距不应大于搭接钢筋较小直径的5倍，且不应大于100mm；
③受压搭接区段的箍筋间距不应大于搭接钢筋较小直径的10倍，且不应大于200mm；
④当柱中纵向受力钢筋直径大于25mm时，应在搭接接头两个端面外100mm范围内各设置两个箍筋，其间距宜为50mm。

检查数量：在同一检验批内，对梁、柱和独立基础，应抽查构件数量的10%，且不少于3件；对墙和板，应按有代表性的自然间抽查10%，且不少于3间；对大空间结构，墙可按相邻轴线间高度5m左右划分检查面，板可按纵、横轴线划分检查面，抽查10%，且均不少于3面。

检验方法：钢尺检查。

4. 钢筋安装

(1) 主控项目

钢筋安装时，受力钢筋的品种、级别、规格和数且必须符合设计要求。

检查数量：全数检查。

检验方法：观察，钢尺检查。

(2) 一般项目

钢筋安装位置的偏差应符合表5-6的规定。

表 5-6 钢筋安装位置的允许偏差和检验方法

项目		允许偏差（mm）	检验方法
绑扎钢筋网	长、宽	±10	钢尺检查
	网眼尺寸	±20	钢尺量连续三档，取最大值

续表

项　　目			允许偏差（mm）	检验方法
绑扎钢筋骨架		长	±10	钢尺检查
		宽、高	±5	钢尺检查
受力钢筋		间距	±10	钢尺量两端，中间各一点，取最大值
		排距	±5	
	保护层厚度	基础	±10	钢尺检查
		柱、梁	±5	钢尺检查
		板、墙、壳	±3	钢尺检查
绑扎钢筋、横向钢筋间距			±20	钢尺量连续三档，取最大值
钢筋弯起点位置			20	钢尺检查
预埋件		中心线位置	5	钢尺检查
		水平高差	+3，0	钢尺和塞尺检查

注：1. 检查预埋件中心线位置时，应沿纵、横两个方向量测，并取其中的较大值；
　　2. 表中梁类、板类构件上部纵向受力钢筋保护层厚度的合格点率应达到90%及以上，且不得有超过表中数值1.5倍的尺寸偏差。

检查数量：在同一检验批内，对梁、柱和独立基础，应抽查构件数量的10%，且不少于3件；对墙和板，应按有代表性的自然间抽查10%，且不少于3间；对大空间结构，墙可按相邻轴线间高度5m左右划分检查面，板可按纵、横轴线划分检查面，抽查10%，且均不少于3面。

第三节　预应力分项工程

一、材料质量要求

1. 后张法预应力工程的施工应由具有相应资质等级的预应力专业施工单位承担。
2. 预应力筋张拉机具设备及仪表，应定期维护和校验。张拉设备应配套标定，并配套使用。张拉设备的标定期限不应超过半年。当在使用过程中出现反常现象时或在千斤顶检修后，应重新标定。
（1）张拉设备标定时，千斤顶活塞的运行方向应与实际张拉工作状态一致；
（2）压力表的精度不应低于1.5级，标定张拉设备用的试验机或测力计精度不应低于±2%。
3. 在浇筑混凝土之前，应进行预应力隐蔽工程验收，其内容包括：
（1）预应力筋的品种、规格、数量、位置等。
（2）预应力筋锚具和连接器的品种、规格、数量、位置等。
（3）预留孔道的规格、数量、位置、形状及灌浆孔、排气兼泌水管等。
（4）锚固区局部加强构造等。
4. 预应力筋常用的品种和相应的现行国家标准有《预应力混凝土用钢丝》（GB/T 5223—2002)、《预应力混凝土用钢绞线》（GB/T 5224—2003)、《预应力混凝土用热处理钢筋》(GB 4463—84)。

(1) 预应力筋进场时，应具备产品合格证、出厂检验报告，使用前应作进场复验，按现行国家标准规定，按批次抽取试件作力学性能检验，其质量必须符合有关标准的规定。

(2) 预应力筋使用前应进行外观检查，其质量应符合下列要求：

1) 有粘结预应力筋展开后应平顺，不得弯折，表面不应有裂纹、机械损伤、氧化铁皮或油污。

2) 无粘结预应力筋护套应光滑、无裂缝，无明显褶皱。

(3) 无粘结预应力筋的涂包质量应符合无粘结预应力钢绞线标准的规定。进场时应具备产品合格证、出厂检验报告和进场复验报告。涂包质量的检验是按每60t为一批，每批抽取一组试件，检查涂包层油脂用量。

(4) 无粘结预应力筋护套，有严重破损的不得使用，有轻微破损的应外包防水塑料胶带修补好。当有工程经验，并经观察认为质量有保证时，可不作油脂用量和护套厚度的进场复验。

(5) 预应力钢材进场验收应遵守以下规定：

1) 碳素钢丝应按批验收，每批应由同一钢号、同一直径、同一抗拉强度和同一交货状态的钢丝组成。每捆钢丝上都应挂标牌、并附出厂合格证书。

2) 外观检查应逐盘进行，要求钢丝表面不得有裂纹、小刺、劈裂、机械损伤、氧化铁皮、油迹等，但表面上允许有浮锈和回火色。

3) 钢丝直径的检查，应按进场量的10%抽取，但不得少于六盘。

4) 钢丝外观检查合格后，从每批中任意选取批量的10%（但不少于六盘）的钢丝，从每盘钢丝的两端各截取一个试件，一个做拉力试验，一个做反复弯曲试验。如有某一项试验结果不符合国家标准，则该盘钢丝为不合格品，并从同一批中未经取样试验的钢丝盘中再取双倍数量的试件进行复试，如仍有一个指标不合格，则该批钢丝为不合格品，严禁使用。如果进行全数检查，则应选用合格产品。

5) 钢绞线的外观检查，同钢丝一样要求。无粘结钢绞线要检查外裹的塑料膜是否完好。

6) 钢绞线的力学性能检查，也是抽样试验，从每批中选取5%（但不少于三盘）钢绞线，各截取一个试件进行拉力试验。试拉的合格判定，与钢丝的判定原则相同。

5. 预应力筋用锚具、夹具和连接器应按设计规定采用，其性能应符合现行国家标准《预应力筋用锚具、夹具和连接器》(GB/T 14370—2000) 和《预应力筋用锚具、夹具和连接器应用技术规程》(JGJ 85—2002) 的规定。

6. 预应力筋端部锚具的制作质量应符合下列要求：

(1) 挤压锚具制作时压力表的油压应符合操作说明书的规定，挤压后预应力筋外端应露出挤压套筒1.5mm。

(2) 钢绞线压花锚成型时，表面应洁净无污染，梨形头尺寸和直线段长度应符合设计要求。

(3) 钢丝镦头的强度不得低于钢丝强度标准值的98%。

制作预应力锚具，每工作班应进行抽样检查，对挤压锚，每工作班抽查5%，且不应少于5件；对压花锚，每工作班抽查三件；对钢丝镦头，主要是检查钢丝的可镦性，故按钢丝进场批量，每批钢丝检查6个镦头试件的强度试验报告。

7．预应力筋用锚具、夹具和连接器进场时作进场复验，主要对锚具、夹具、连接器作静载锚固性能试验，并按出厂检验报告中所列指标，核对材质、机加工尺寸等。对锚具使用较少的一般工程，如供货方提供了有效的出厂试验报告，可不再作静载锚固性能试验。

8．锚具、夹具和连接器使用前应进行外观质量检查，其表面应无污物、锈蚀、机械损伤和裂纹，否则应根据不同情况进行处理，确保使用性能。

9．锚具验收

（1）检查出厂证明文件，核对其锚固性能、类别、品种、规格及数量，应全部符合订货要求。

（2）外观检查，应从每批中抽取10%但不少于10套的锚具，检查其外观和尺寸。当有一套表面有裂纹或超过产品标准及设计图纸规定尺寸的允许偏差时，应另取双倍数量的锚具重做检查，如仍有一套不符合要求，则逐套检查，对检查不合格者，严禁使用。

（3）硬度检查，应从每批中抽取5%，但不少于5件的锚具，对其中有硬度要求的零件做硬度试验，对多孔夹片式锚具的夹片，每套至少抽5片。每个零件测试三点，其硬度应在设计要求范围内，当有一个零件不合格时，应另取双倍数量的零件重做试验，如仍有一个零件不合格，则做逐个检查，合格者方可使用。

（4）静载锚固性能试验，经上述两项试验合格后，应从同批中抽取6套锚具（夹具或连接器）组成3个预应力筋锚具（夹具、连接器）组装件，进行静载锚固性能试验，当有一个试件不符合要求时，应另取双倍数量的锚具（夹具或连接器）重做试验，如仍有一套不合格，则该批锚具（夹具或连接器）为不合格品。

（5）对一般工程的锚具（夹具或连接器）进场验收，其静载锚固性能，也可由锚具生产厂提供试验报告。

10．夹具验收

预应力夹具的进场验收，只做静载锚固性能试验。试验方法与预应力筋锚具相同。

由于夹具的锚固性能不影响结构的使用性能，只要能满足工艺过程中的使用要求即可。为简化验收手续，可不作外观检查和硬度检验。

11．连接器验收

后张法预应力连接器的进场验收，应与预应力筋锚具相同；先张法预应力连接器进场验收，应与预应力筋夹具相同，但静载锚固性能试验时，可从同批中抽取3套连接器，组装成3个预应力筋连接器组装件进行试验。

12．灌浆用塑料管及盖板

灌浆用塑料管的管壁应能承受 $2N/mm^2$ 的压力，管内径一般为20mm；长度可以根据构件情况在施工中自行截取。盖板为弧形，弧度按所用波纹管进行加工，可向塑料厂定货供应。

13．用于张拉端的喇叭形钢筋、钢筋网片、钢垫板等均需根据设计图纸提出的要求，由施工单位进行加工制作。它们没有专门生产的厂商。因此，施工时看图必须认真，加工制作必须符合要求。

14．预应力束表面涂料

无粘结预应力束表面涂料，应长期保护预应力束不受腐蚀，它应具有以下性能：

（1）有较好的化学稳定性，在使用温度范围（一般为－20～＋70℃）内不裂缝，不变脆和流淌。

（2）与周围的材料如混凝土、钢材、缠绕材料或塑料套管等不起化学作用。

（3）不会被腐蚀，且具有不透水性。

15．无粘结预应力束用的外层包裹物必须具有一定的抗拉强度和防渗漏的性能，以保证预应力束在运输、储存、铺设和浇灌混凝土过程中不会发生不可修复的破坏。常用的包裹物有塑料布、塑料薄膜或牛皮纸，其中塑料布或塑料薄膜防水性能、抗拉强度和延伸率较好。此外，还可选用聚氯乙烯、高压聚乙烯、低压聚乙烯和聚丙烯等挤压成型作为预应力束的涂层包裹层。

16．辅助材料质量验收

（1）后张预应力混凝土孔道成型材料应具有刚度和密闭性，在铺设及浇筑混凝土过程中不应变形，其咬口及连接处不应漏浆。成型后的管道应能有效地传递灰浆和周围混凝土的粘结力。

（2）预应力混凝土用金属螺旋管进场时应具备产品合格证、出厂检验报告，使用前作进场复验，其尺寸、径向刚度和抗渗漏性能等应符合现行国家标准《预应力混凝土用金属螺旋管》（JG/T 3013—1994）的规定。对金属螺旋管用量较少的一般工程，如有可靠依据时，可不作径向刚度、抗渗漏性能的进场复试。

（3）预应力混凝土用金属螺旋管在使用前应进行外观质量检查。其内外表面应清洁、无锈蚀、无油污，不应有变形、孔洞和不规则的摺皱，咬口不应有开裂和脱扣。

（4）孔道灌浆用水泥应采用普通硅酸盐水泥，水泥及水泥外加剂应符合设计和规范要求，严禁使用含氯化物的外加剂。且水泥和水泥外加剂进场，应具备产品合格证，使用前作进场复验。

二、施工质量控制

预应力混凝土结构施工前，专业施工单位应根据设计图纸，编制预应力施工方案。当设计图纸深度不具备施工条件时，预应力专业施工单位应将图纸进一步深化、细化，予以完善，并经设计单位审核后实施。

1．预应力筋制作与安装

预应力筋制作与安装时，其品种、级别、规格、数量必须符合设计要求。

（1）预应力筋下料

1）预应力筋应采用砂轮锯或切断机切断，不得采用电弧切割，以免电弧损伤预应力筋；

2）预应力筋的下料长度应由计算确定，加工尺寸要求严格，以确保预加应力均匀一致。

（2）后张法有粘结预应力筋预留孔道

1）预留孔道的规格、数量、位置和形状应满足设计要求。

2）预留孔道的定位应准确、牢固，浇筑混凝土时不应出现移位或变形。

3）孔道应平顺通畅，端部的预埋垫板应垂直于孔道中心线。

4）成孔用管道应密封良好，接头应严密，不得漏浆。

5）灌浆孔的间距：对预埋金属螺旋预埋管的不宜大于30m，对抽芯成形孔道不宜大于12m。

6）在曲线孔道的曲线波峰位置应设置排气兼泌水管，必要时在最低点设置排水孔。灌浆孔及泌水管的孔径应能保证浆液通畅。

7）固定成孔管道的钢筋马凳间距：对钢管不宜大于1.5m；对金属螺旋管及波纹管不宜大于1.0m；对胶管不宜大于0.5m；对曲线孔道宜适当加密。

(3) 预应力筋铺设

1）施工过程中应防止电火花损伤预应力筋，对有损伤的预应力筋应予以更换。

2）先张法预应力施工时应选用非油脂性的模板隔离剂，在铺设预应力筋时严禁隔离剂沾污预应力筋。

3）在后张法施工中，对于浇筑混凝土前穿入孔道的预应力筋，应有防锈措施。

4）无粘结预应力的护套应完整，局部破损处采用防水塑料胶带缠绕紧密修补好。

5）无粘结预应力筋的定位应牢固，浇筑混凝土时不应出现移位和变形，端部的预埋垫板应垂直于预应力筋，内埋式固定端垫板不应重叠，锚具与垫块应贴紧。

6）预应力筋的保护层厚度应符合设计及有关规范的规定。无粘结预应力筋成束布置时，其数量及排列形状应能保证混凝土密实，并能够握裹住预应力筋。

7）预应力筋束形控制点的竖向位置偏差应符合表5-7的规定。

束形控制点的竖向位置允许偏差　　　　表5-7

截面高（厚）度（mm）	$h \leqslant 300$	$300 < h \leqslant 1500$	$h > 1500$
允许偏差（mm）	±5	±10	±15

2．预应力筋张拉和放张

（1）安装张拉设备时。直线预应力筋，应使张拉力的作用线与孔道中心线重合；曲线预应力筋，应便张拉力的作用线与孔道中心线末端的切线重合。

（2）预应力筋张拉或放张时，混凝土强度应符合设计要求；当设计无具体要求时，不应低于设计的混凝土立方体抗压强度标准值的75%。

（3）预应力筋的张拉力、张拉或放张顺序及张拉工艺应符合设计及施工技术方案的要求，并应符合下列规定：

1）张拉力及设计计算伸长值、张拉顺序均由设计确定，在后张法施工中，确定张拉力应考虑后批张拉对先批张拉预应力筋所产生的结构构件弹性压缩的影响，如应力影响较大时，可将其统一增加一定值。

2）预应力筋张拉时的应力控制应满足设计要求。后张法施工中，当预应力筋是逐根或逐束张拉时，应保证各阶段不出现对结构不利的应力状态；同时宜考虑后批张拉预应力筋所产生的结构构件的弹性压缩对先批张拉预应力筋的影响，确定张拉力；

有粘结预应力筋张拉时应整束张拉，使其各根预应力筋同步受力，应力均匀。

实际施工中有部分预应力损失，可采取超张拉方法抵消，其最大张拉应力不应大于现行国家标准《混凝土结构设计规范》（GB 50010—2002）的规定。

3）当采取超张拉方法减少预应力筋的松弛损失时，预应力筋的张拉顺序为：

从零应力开始张拉至 1.05 倍预应力筋的张拉控制应力 σ_{con}，持荷 2min 后，卸荷至预应力筋的张拉控制应力；或从应力为零开始张拉至 1.03 倍预应力筋的张拉控制应力。其中 σ_{con} 为预应力筋的张拉控制应力。

4) 当采用应力控制方法张拉时，应校核预应力筋的伸长值，如实际伸长值比计算伸长值大于 10%或小于 5%，应暂停张拉，在采取措施予以调整后，方可继续张拉。

(4) 内缩量值控制：在预应力筋锚固过程中，由于锚具零件之间和锚具与预应力筋之间的相对移动和局部塑性变形造成的回缩量，张拉端预应力筋的内回缩量应符合设计要求。

3. 灌浆及封锚

(1) 灌浆

孔道灌浆是在预应力筋处于高应力状态，对其进行永久性保护的工序，所以应在预应力筋张拉后尽早进行孔道灌浆，孔道内水泥浆应饱满、密实。

1) 孔道灌浆前应进行水泥浆配合比设计。

2) 严格控制水泥浆的稠度和泌水率，以获得饱满密实的灌浆效果，水泥浆的水灰比不应大于 0.45，搅拌后 3h 泌水不宜大于 2%，且不应大于 3%，应作水泥浆性能试验，泌水应能在 24h 内全部重新被水泥浆吸收。对空隙大的孔道，也可采用砂浆灌浆，水泥浆或砂浆的抗压强度标准值不应小于 $30N/mm^2$，当需要增加孔道灌浆密实度时，也可掺入对预应力筋无腐蚀的外加剂。

3) 灌浆前孔道应湿润、洁净。灌浆顺序宜先下层孔道。

4) 灌浆应缓慢均匀的进行，不能中断，直至出浆口排出的浆体稠度与进浆口一致，灌满孔道后，应再继续加压 0.5~0.6MPa，稍后封闭灌浆孔。不掺外加剂的水泥浆，可采用二次灌浆法。封闭顺序是沿灌注方向依次封闭。

5) 灌浆工作应在水泥浆初凝前完成。每人工作班留一组边长为 70.7mm 的立方体试件，标准养护 28d，作抗压强度试验，抗压强度为一组 6 个试件组成，当一组试件中抗压强度最大值或最小值与平均值相差 20%时，应取中间 4 个试件强度的平均值。

(2) 张拉端锚具及外露预应力筋的封闭保护

锚具的封闭保护应符合设计要求；当设计无具体要求时，应符合下列规定：

1) 锚固后的外露部分宜采用机械方法切割，外露长度不宜小于预应力筋直径的 1.5 倍，且不小于 30mm。

2) 预应力筋的外露锚具必须有严格的密封保护措施，应采取防止锚具受机械损伤或遭受腐蚀的有效措施。

3) 外露预应力筋的保护层厚度，处于正常环境时不应小于 20mm，处于易受腐蚀环境时，不应小于 50mm。

4) 凸出式锚固端锚具的保护层厚度不应小于 50mm。

三、施工质量验收

1. 原材料

(1) 主控项目

1) 预应力筋进场时，应按现行国家标准《预应力混凝土用钢绞线》（GB/T 5224—

2003）等的规定抽取试件作力学性能检验，其质量必须符合有关标准的规定。

　　检查数量：按进场的批次和产品的抽样检验方案确定。

　　检验方法：检查产品合格证、出厂检验报告和进场复验报告。

　　2）无粘结预应力筋的涂包质量应符合无粘结预应力钢绞线标准的规定。

　　检查数量：每60t为一批，每批抽取一组试件。

　　检验方法：观察，检查产品合格证、出厂检验报告和进场复验报告。

　　当有工程经验，并经观察认为质量有保证时，可不作油脂用量和护套厚度的进场复验。

　　3）预应力筋用锚具、夹具和连接器应按设计要求采用，其性能应符合现行国家标准《预应力筋用锚具、夹具和连接器》（GB/T 14370—2000）等的规定。

　　检查数量：按进场批次和产品的抽样检验方案确定。

　　检验方法：检查产品合格证、出厂检验报告和进场复验报告。

　　对锚具用量较少的一般工程，如供货方提供有效的试验报告，可不作静载锚固性能试验。

　　4）孔道灌浆用水泥应采用普通硅酸盐水泥，其质量应符合本章混凝土分项工程原材料验收主控项目第1）条的规定。孔道灌浆用外加剂的质量应符合本章混凝土分项工程原材料验收主控项目第2）条的规定。

　　检查数量：按进场批次和产品的抽样检验方案确定。

　　检验方法：检查产品合格证、出厂检验报告和进场复验报告。

　　对孔道灌浆用水泥和外加剂用量较少的一般工程，当有可靠依据时，可不作材料性能的进场复验。

　　(2) 一般项目

　　1）预应力筋使用前应进行外观检查，其质量应符合下列要求：

　　①有粘结预应力筋展开后应平顺，不得有弯折，表面不应有裂纹、小刺、机械损伤、氧化铁皮和油污等；

　　②无粘结预应力筋护套应光滑、无裂缝，无明显褶皱。

　　检查数量：全数检查。

　　检验方法：观察。

　　无粘结预应力筋护套轻微破损者应外包防水塑料胶带修补，严重破损者不得使用。

　　2）预应力筋用锚具、夹具和连接器使用前应进行外观检查，其表面应无污物、锈蚀、机械损伤和裂纹。

　　检查数量：全数检查。

　　检验方法：观察。

　　3）预应力混凝土用金属螺旋管的尺寸和性能应符合国家现行标准《预应力混凝土用金属螺旋管》（JG/T 3013—1994）的规定。

　　检查数量：按进场批次和产品的抽样检验方案确定。

　　检验方法：检查产品合格证、出厂检验报告和进场复验报告。

　　对金属螺旋管用量较少的一般工程，当有可靠依据时，可不作径向刚度、抗渗漏性能的进场复验。

4) 预应力混凝土用金属螺旋管在使用前应进行外观检查，其内外表面应清洁，无锈蚀，不应有油污、孔洞和不规则的褶皱，咬口不应有开裂或脱扣。

检查数量：全数检查。

检验方法：观察。

2. 制作与安装

(1) 主控项目

1) 预应力筋安装时，其品种、级别、规格、数目必须符合设计要求。

检查数量：全数检查。

检验方法：观察，钢尺检查。

2) 先张法预应力施工时应选用非油质类模板隔离剂，并应避免沾污预应力筋。

检查数量：全数检查。

检验方法：观察。

3) 施工过程中应避免电火花损伤预应力筋；受损伤的预应力筋应予以更换。

检查数量：全数检查。

检验方法：观察。

(2) 一般项目

1) 预应力筋下料应符合下列要求：

①预应力筋应采用砂轮锯或切断机切断，不得采用电弧切割。

②当钢丝束两端采用墩头锚具时，同一束中各根钢丝长度的极差不应大于钢丝长度的 1/5000，且不应大于 5mm。当成组张拉长度不大于 10m 的钢丝时，同组钢丝长度的极差不得大于 2mm。

检查数量：每工作班抽查预应力筋总数的 3%，且不少于 3 束。

检验方法：观察，钢尺检查。

2) 预应力筋端部锚具的制作质量应符合下列要求：

①挤压锚具制作时压力表油压应符合操作说明书的规定，挤压后预应力筋外端应露出挤压套筒 1~5mm；

②钢绞线压花锚成形时，表面应清洁、无油污，梨形头尺寸和直线段长度应符合设计要求；

③钢丝墩头的强度不得低于钢丝强度标准值的 98%。

检查数量：对挤压锚，每工作班抽查 5%，且不应少于 5 件；对压花锚，每工作班抽查 3 件；对钢丝墩头强度，每批钢丝检查 6 个墩头试件。

检验方法：观察，钢尺检查，检查墩头强度试验报告。

3) 后张法有粘结预应力筋预留孔道的规格、数量、位置和形状除应符合设计要求外，尚应符合下列规定：

①预留孔道的定位应牢固，浇筑混凝土时不应出现移位和变形；

②孔道应平顺，端部的预埋锚垫板应垂直于孔道中心线；

③成孔用管道应密封良好，接头应严密且不得漏浆；

④灌浆孔的间距：对预埋金属螺旋管不宜大于 30m；对抽芯成形孔道不宜大于 12m；

⑤在曲线孔道的曲线波峰部位应设置排气兼泌水管，必要时可在最低点设置排水孔；

⑥灌浆孔及泌水管的孔径应能保证浆液畅通。

检查数量：全数检查。

检验方法：观察，钢尺检查。

4）预应力筋束形控制点的竖向位置偏差应符合表5-7的规定。

检查数量：在同一检验批内，抽查各类型构件中预应力筋总数的5%，且对各类型构件均不少于5束，每束不应少于5处。

检验方法：钢尺检查。

5）无粘结预应力筋的铺设除应符合第4）条的规定外，尚应符合下列要求：

①无粘结预应力筋的定位应牢固，浇筑混凝土时不应出现移位和变形；

②端部的预埋锚垫板应垂直于预应力筋；

③内埋式固定端垫板不应重叠，锚具与垫板应贴紧；

④无粘结预应力筋成束布置时应能保证混凝土密实并能裹住预应力筋；

⑤无粘结预应力筋的护套应完整，局部破损处应采用防水胶带缠绕紧密。

检查数量：全数检查。

检验方法：观察。

6）浇筑混凝土前穿入孔道的后张法有粘结预应力筋，宜采取防止锈蚀的措施。

检查数量：全数检查。

检验方法：观察。

3. 张拉和放张

(1) 主控项目

1）预应力筋张拉或放张时，混凝土强度应符合设计要求；当设计无具体要求时，不应低于设计的混凝土立方体抗压强度标准值的75%。

检查数量：全数检查。

检验方法：检查同条件养护试件试验报告。

2）预应力筋的张拉力、张拉或放张顺序及张拉工艺应符合设计及施工技术方案的要求，并应符合下列规定：

①当施工需要超张拉时，最大张拉应力不应大于国家现行标准《混凝土结构设计规范》(GB 50010—2002) 的规定；

②张拉工艺应能保证同一束中各根预应力筋的应力均匀一致；

③后张法施工中，当预应力筋是逐根或逐束张拉时，应保证各阶段不出现对结构不利的应力状态；同时宜考虑后批张拉预应力筋所产生的结构构件的弹性压缩对先批张拉预应力筋的影响，确定张拉力；

④先张法预应力筋放张时，宜缓慢放松锚固装置，使各根预应力筋同时缓慢放松；

⑤当采用应力控制方法张拉时，应校核预应力筋的伸长值。实际伸长值与设计计算理论伸长值的相对允许偏差为±6%。

检查数量：全数检查。

检验方法：检查张拉记录。

3）预应力筋张拉锚固后实际建立的预应力值与工程设计规定检验值的相对允许偏差为±5%。

检查数量：对先张法施工，每工作班抽查预应力筋总数的1%，且不少于3根；对后张法施工，在同一检验批内，抽查预应力筋总数的3%，且不少于5束。

检验方法：对先张法施工，检查预应力筋应力检测记录；对后张法施工，检查见证张拉记录。

4）张拉过程中应避免预应力筋断裂或滑脱；当发生断裂或滑脱时，必须符合下列规定：

①对后张法预应力结构构件，断裂或滑脱的数且严禁超过同一截面预应力筋总根数的3%，且每束钢丝不得超过一根；对多跨双向连续板，其同一截面应按每跨计算；

②对先张法预应力构件，在浇筑混凝土前发生断裂或滑脱的预应力筋必须予以更换。

检查数量：全数检查。

检验方法：观察，检查张拉记录。

(2) 一般项目

1）锚固阶段张拉端预应力筋的内缩量应符合设计要求；当设计无具体要求时，应符合表5-8的规定。

张拉端预应力筋的内缩量限值　　　　　　表5-8

锚具类别		内缩量限值（mm）
支承式锚具（镦头锚具等）	螺帽缝隙	1
	每块后加垫板的缝隙	1
锥塞式锚具		5
夹片式锚具	有预压	5
	无预压	6~8

检查数量：每工作班抽查预应力筋总数的3%，且不少于3束。

检验方法：钢尺检查。

2）先张法预应力筋张拉后与设计位置的偏差不得大于5mm，且不得大于构件截面短边边长的4%。

检查数量：每工作班抽查预应力筋总数的3%，且不少于3束。

检验方法：钢尺检查。

4．灌浆及封锚

(1) 主控项目

1）后张法有粘结预应力筋张拉后应尽早进行孔道灌浆，孔道内水泥浆应饱满、密实。

检查数量：全数检查。

检验方法：观察，检查灌浆记录。

2）锚具的封闭保护应符合设计要求；当设计无具体要求时，应符合下列规定：

①应采取防止锚具腐蚀和遭受机械损伤的有效措施；

②凸出式锚固端锚具的保护层厚度不应小于50mmm；

③外露预应力筋的保护层厚度：处于正常环境时，不应小于20mm；处于易受腐蚀的环境时，不应小于50mm。

检查数量：在同一检验批内，抽查预应力筋总数的5%，且不少于5处。

检验方法：观察，钢尺检查。

(2) 一般项目

1）后张法预应力筋锚固后的外露部分宜采用机械方法切割，其外露长度不宜小于预应力筋直径的 1.5 倍，且不宜小于 30mm。

检查数量：在同一检验批内，抽查预应力筋总数的 3%，且不少于 5 束。

检验方法：观察，钢尺检查。

2）灌浆用水泥浆的水灰比不应大于 0.45，搅拌后 3h 泌水率不宜大于 2%，且不应大于 3%。泌水应能在 24h 内全部重新被水泥浆吸收。

检查数量：同一配合比检查一次。

检验方法：检查水泥浆性能试验报告。

3）灌浆用水泥浆的抗压强度不应小于 $30N/mm^2$。

检查数量：每工作班留置一组边长为 70.7mm 的立方体试件。

检验方法：检查水泥浆试件强度试验报告。

一组试件由 6 个试件组成，试件应标准养护 28d；抗压强度为一组试件的平均值，当一组试件中抗压强度最大值或最小值与平均值相差超过 20% 时，应取中间 4 个试件强度的平均值。

第四节 混凝土分项工程

一、材料质量要求

1．一般规定

(1) 结构构件的混凝土强度应按现行国家标准《混凝土强度检验评定标准》(GBJ 107)的规定分批检验评定。

对采用蒸汽法养护的混凝土结构构件，其混凝土试件应先随同结构构件同条件蒸汽养护，再转入标准条件养护共 28d。

当混凝土中掺用矿物掺合料时，由于其强度增长较慢，以 28d 为验收龄期可能不合适。所以，确定混凝土强度时的龄期可按现行国家标准《粉煤灰混凝土应用技术规范》(GBJ 146) 等的规定取值。

(2) 检验评定混凝土强度用的混凝土试件的尺寸及强度的尺寸换算系数应按表 5-9 取用；其标准成型方法、标准养护条件及强度试验方法应符合《普通混凝土力学性能试验方法标准》GB/T 50081—2002 的规定。

混凝土试件尺寸及强度的尺寸换算系数　　　　表 5-9

骨料最大粒径（mm）	试件尺寸（mm）	强度的尺寸换算系数
≤31.5	100×100×100	0.95
≤40	150×150×150	1.00
≤63	200×200×200	1.05

注：对强度等级为 C60 及以上的混凝土试件，其强度的尺寸换算系数可通过试验确定。

(3) 由于同条件养护试件具有与结构混凝土相同的原材料、配合比和养护条件，能有效代表结构混凝土的实际质量。所以，结构构件拆模、出池、出厂、吊装、张拉、放张及施工期间临时负荷时的混凝土强度，应根据同条件养护的标准尺寸试件的混凝土强度确定。

(4) 当混凝土试件强度评定不合格时,可采用非破损或局部破损的检测方法(例如回弹法、超声回弹综合法、钻芯法、后装拔出法等),按国家现行有关标准的规定对结构构件中的混凝土强度进行推定,并作为处理的依据。

(5) 室外日平均气温连续 5d 稳定低于 5℃时,混凝土分项工程应采取冬期施工措施,混凝土的冬期施工应符合国家现行标准《建筑工程冬期施工规程》(JGJ 104) 和施工技术方案的规定。

2. 水泥进场检查与试验

普通混凝土工程中水泥应采用硅酸盐水泥、普通硅酸盐水泥、矿渣硅酸盐水泥、火山灰质硅酸盐水泥或粉煤灰硅酸盐水泥。水泥的强度等级由设计确定,但不宜低于 32.5 级。水泥是混凝土的重要组成成分,其进场时应对其品种、级别、包装或散装仓号、出厂日期等进行检查,并应对其强度、安定性及其他必要的性能指标进行复验;其质量必须符合现行国家标准《硅酸盐水泥、普通硅酸盐水泥》(GB 175—1999) 等的规定。钢筋混凝土结构、预应力混凝土结构中,严禁使用含氯化合物的水泥。

3. 外加剂质量控制

混凝土外加剂的特点是品种多、掺量小、在改善新拌和硬化混凝土性能中起着重要的作用。外加剂的研究和应用促进了混凝土施工新技术和新品种混凝土的发展。混凝土外加剂种类较多,且均有相应的质量标准,使用对其质量及应用技术应符合国家现行标准《混凝土外加剂》(GB 8076)《混凝土外加剂应用技术规范》(GBJ 50119)、《混凝土速凝剂》(JC 472)、《混凝土泵送剂》(JC 473)、《砂浆、混凝土防水剂》(JC 474)、《混凝土防冻剂》(JC 475)、《混凝土膨胀剂》(JC 476) 等的规定。外加剂的检验项目、方法和批量应符合相应标准的规定。若外加剂中含有氯化物,同样可能引起混凝土结构中钢筋的锈蚀,故应严格控制。

4. 氯化物和碱量控制

混凝土中氯化物、碱的总含量过高,可能引起钢筋锈蚀和碱-骨料反应,严重影响结构构件受力性能和耐久性。现行国家标准《混凝土结构设计规范》(GB 50010) 中对此的规定如下:

(1) 一类、二类和三类环境中,设计使用年限为 50 年的结构混凝土应符合表 5-10 的规定。

结构混凝土耐久性的基本要求　　　　表 5-10

环境类别		最大水灰比	最小水泥用量 (kg/m³)	最低混凝土强度等级	最大氯离子含量(%)	最大碱含量 (kg/m³)
一		0.65	225	C20	1.0	不限制
二	a	0.60	250	C25	0.3	3.0
	b	0.55	275	C30	0.2	3.0
三		0.50	300	C30	0.1	3.0

注:1. 氯离子含量系指其占水泥用量的百分率;
2. 预应力构件混凝土中的最大氯离子含量为 0.06%,最小水泥用量为 300kg/m³,最低混凝土强度等级应按表中规定提高两个等级;
3. 素混凝土构件的最小水泥用量不应少于表中数值减 25kg/m³;
4. 当混凝土中加入活性掺合料或能提高耐久性的外加剂时,可适当降低最小水泥用量;
5. 当有可靠工程经验时,处于一类和二类环境中的最低混凝土强度等级可降低一个等级;
6. 当使用非碱活性骨料时,对混凝土中的碱含量可不作限制。

(2) 一类环境中，设计使用年限为 100 年的结构。

混凝土中的最大氯离子含量为 0.06%。

宜使用非碱活性骨料；当使用碱活性骨料时，混凝土中的最大碱含量为 $3.0kg/m^3$。

二、混凝土施工质量控制

1. 搅拌机的选用

混凝土搅拌机按搅拌原理可分为自落式和强制式两种。其搅拌原理、机型及适用范围见表 5-11。

搅拌机的搅拌原理及适用范围　　　　　　　　表 5-11

类别	搅拌原理	机型	适用范围
自落式	筒身旋转，带动叶片将物料提高，在重力作用下物料自由坠下，重复进行，互相穿插翻拌，混合	鼓形	流动性及低流动性混凝土
		锥形	流动性、低流动性及干硬性混凝土
强制式	筒身固定，叶片旋转，对物料施加剪切、挤压、翻滚、滑动、混合	立轴	低流动性或干硬性混凝土
		卧轴	

2. 混凝土搅拌前材料质量检查

在混凝土拌制前，应对原材料质量进行检查，其检验项目见表 5-12 所示。

材料质量检查　　　　　　　　表 5-12

材料名称		检查项目
水泥	散装	向企管员按仓库号查验水泥品种、强度等级、出厂或进仓时间
	袋装	1. 检查袋上标注的水泥品种、强度等级、出厂日期； 2. 抽查重量，允许误差 2%； 3. 仓库内水泥品种、强度等级有无混放
砂、石子		目测（有怀疑时再通知试验部门检验） 1. 有无杂质； 2. 砂的细度模数； 3. 粗骨料的最大粒径、针片状及风化骨料含量
外加剂		溶液是否搅拌均匀，粉剂是否已按量分装好

3. 混凝土工程的施工配料计量

在混凝土工程的施工中，混凝土质量与配料计量控制关系密切。但施工现场有关人员为图方便，往往是骨料按体积比，加水量由人工凭经验控制，这样造成拌制的混凝土离散性很大，难以保证混凝土的质量，故混凝土的施工配料计量须符合下列规定：

(1) 水泥、砂、石子、混合料等干料的配合比，应采用重量法计量。严禁采用容积法。

(2) 水的计量必须在搅拌机上配置水箱或定量水表。

(3) 外加剂中的粉剂可按比例先与水泥拌匀，按水泥计量或将粉剂每拌比例用量称好，在搅拌时加入；溶液掺入先按比例稀释为溶液，按用水量加入。

混凝土原材料每盘称量的偏差，不得超过表5-13的规定。

混凝土原材料称量的允许偏差　　　　　　　　　　　表5-13

材料名称	允许偏差	材料名称	允许偏差
水泥、混合材料	±2%	水、外加剂	±2%
粗、细骨料	±3%		

注：1. 各种衡器应定期校验，保持准确；
　　2. 骨料含水率应经常测定，雨天施工应增加测定次数。

4. 首拌混凝土的操作要求

上班第一拌的混凝土是整个操作混凝土的基础，其操作要求如下：

（1）空车运转的检查

1）旋转方向是否与机身箭头一致。

2）空车转速约比重车快2~3r/min。

3）检查时间2~3min。

（2）上料前应先启动，待正常运转后方可进料。

（3）为补偿粘附在机内的砂浆，第一拌减少石子约30%；或多加水泥、砂各15%。

5. 混凝土搅拌时间

搅拌混凝土的目的是使所有骨料表面都涂满水泥浆，从而使混凝土各种材料混合成匀质体。因此，必须的搅拌时间与搅拌机类型、容量和配合比有关。混凝土搅拌的最短时间可按表5-14采用。

混凝土搅拌的最短时间（s）　　　　　　　　　　　表5-14

混凝土坍落度 （mm）	搅拌机机型	搅拌机出料量（L）		
		<250	250~500	>500
≤30	强制式	60	90	120
	自落式	90	120	150
>30	强制式	60	60	90
	自落式	90	90	120

注：1. 混凝土搅拌的最短时间系指自全部材料装入搅拌筒中起，到开始卸料止的时间；
　　2. 当掺有外加剂时，搅拌时间应适当延长；
　　3. 全轻混凝土宜采用强制式搅拌机搅拌，砂轻混凝土可采用自落式搅拌机搅拌，但搅拌时间应延长60~90s；
　　4. 采用强制式搅拌机搅拌轻骨料混凝土的加料顺序是：当轻骨料在搅拌前预湿时，先加粗、细骨料和水泥搅拌30s，再加水继续搅拌；当轻骨料在搅拌前未预湿时，先加1/2的总用水量和粗、细骨料搅拌60s，再加水泥和剩余用水量继续搅拌；
　　5. 当采用其他形式的搅拌设备时，搅拌的最短时间应按设备说明书的规定或经试验确定；

6. 混凝土浇捣的质量控制

（1）混凝土浇捣前的准备

1）对模板、支架、钢筋、预埋螺栓、预埋铁的质量、数量、位置逐一检查，并作好记录。

2）与混凝土直接接触的模板、地基基土、未风化的岩石，应清除淤泥和杂物，用水湿润。地基基土应有排水和防水措施。模板中的缝隙和孔应堵严。

3）混凝土自由倾落高度不宜超过2m。

4）根据工程需要和气候特点，应准备好抽水设备、防雨、防暑、防寒等物品。

(2) 混凝土浇捣过程中的质量要求

1) 分层浇捣与浇捣时间间隔

①分层浇捣

为了保证混凝土的整体性，浇捣工作原则上要求一次完成。但由于振捣机具性能、配筋等原因，混凝土需要分层浇捣时，其浇筑层的厚度，应符合表 5-15 的规定。

混凝土浇筑层厚度（mm） 表 5-15

捣实混凝土的方法		浇筑层的厚度
插入式振捣		振捣器作用部分长度的 1.25 倍
表面振动		200
人工捣固	在基础、无筋混凝土或配筋稀疏的结构中	250
	在梁、墙板、柱结构中	200
	在配筋密列的结构中	150
轻骨料混凝土	插入式振捣	300
	表面振动（振动时需加荷）	200

②浇捣的时间间隔

浇捣混凝土应连续进行。当必须间歇时，其间歇时间应尽量缩短，并应在前层混凝土凝结之前，将次层混凝土浇筑完毕。前层混凝土凝结时间的标准，不得超过表 5-16 的规定。否则应留施工缝。

混凝土凝结时间（min，从出搅拌机起计） 表 5-16

混凝土强度等级	气 温（℃）	
	不高于 25	高于 25
≤C30	210	180
>C30	180	150

2) 采用振捣器振实混凝土时，每一振点的振捣时间，应将混凝土捣实至表面呈现浮浆和不再沉落为止。

①采用插入式振捣器振捣时，普通混凝土的移动间距，不宜大于作用半径的 1.5 倍，振捣器距离模板不应大于振捣器作用半径的 1/2，并应尽量避免碰撞钢筋、模板、芯管、吊环、预埋件等。

为使上、下层混凝土结合成整体，振捣器应插入下层混凝土 5cm。

②表面振动器，其移动间距应能保证振动器的平板覆盖已振实部分的混凝土边缘。对于表面积较大平面构件，当厚度小于 20cm 时，采用一般表面振动器振捣即可，但厚度大于 20cm，最好先用插入式振捣器振捣后，再用表面振动器振实。

③采用振动台振实干硬性混凝土时，宜采用加压振实的方法，加压重量为：$1 \sim 3 kN/m^2$。

3) 在浇筑与柱和墙连成整体的梁与板时，应在柱和墙浇捣完毕后停歇 $1 \sim 1.5h$，再继续浇筑。

梁和板宜同时浇筑混凝土；拱和高度大于 1m 的梁等结构，可单独浇筑混凝土。

4) 大体积混凝土的浇筑应按施工方案合理分段，分层进行，浇筑应在室外气温较高时进行，但混凝土浇筑温度不宜超过 28℃。

(3) 施工缝与后浇带

1) 施工缝的位置设置

混凝土施工缝的位置应在混凝土浇捣前按设计要求和施工技术方案确定。施工缝的处理应按施工技术方案执行。

2) 后浇带

后浇带是为在现浇钢筋混凝土结构施工过程中，克服由于温度、收缩而可能产生有害裂缝而设置的临时施工缝。该缝需要根据设计要求保留一段时间后再浇筑，将整个结构连成整体。

后浇带的设置距离，应考虑在有效降低温差和收缩应力的条件下，通过计算来获得。在正常的施工条件下，有关规范对此的规定是，如混凝土置于室内和土中，则为30m；如在露天，则为20m。

后浇带的保留时间应根据设计确定，如设计无要求时，一般至少保留28d以上。

后浇带的宽度应考虑施工简便，避免应力集中。一般其宽度为70～100cm。后浇带内的钢筋应完好保存。后浇带的构造如图5-2所示。

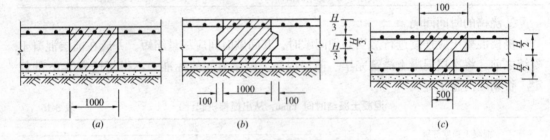

图 5-2 后浇带构造图
(a) 平接式；(b) 企口式；(c) 台阶式

后浇带在浇筑混凝土前，必须将整个混凝土表面按照施工缝的要求进行处理。填充后浇带混凝土可采用微膨胀或无收缩水泥，也可采用普通水泥加入相应的外加剂拌制，但必须要求填筑混凝土的强度等级比原结构强度提高一级，并保持至少15d的湿润养护。

7. 混凝土养护

混凝土浇筑完毕后应按施工技术方案及时采取有效的养护措施并应符合下列规定：

(1) 应在浇筑完毕后的12h以内对混凝土加以覆盖并保湿养护。

(2) 混凝土浇水养护的时间：对采用硅酸盐水泥、普通硅酸盐水泥或矿渣硅酸盐水泥拌制的混凝土不得少于7d，对掺用缓凝型外加剂或有抗渗要求的混凝土不得少于14d。

(3) 浇水次数应能保持混凝土处于湿润状态，混凝土养护用水应与拌制用水相同。

(4) 采用塑料布覆盖养护的混凝土其敞露的全部表面应覆盖严密并应保持塑料布内有凝结水。

(5) 混凝土强度达到1.2N/mm² 前不得在其上踩踏或安装模板及支架。

当日平均气温低于5℃时不得浇水；当采用其他品种水泥时混凝土的养护时间应根据所采用水泥的技术性能确定；混凝土表面不便浇水或使用塑料布时宜涂刷养护剂；对大体积混凝土的养护应根据气候条件按施工技术方案采取控温措施。

三、施工质量验收

1. 原材料

(1) 主控项目

1) 水泥进场时应对其品种、级别、包装或散装仓号、出厂日期等进行检查，并应对其强度、安定性及其他必要的性能指标进行复验，其质量必须符合现行国家标准《硅酸盐水泥、普通硅酸盐水泥》（GB 175）等的规定。

当在使用中对水泥质量有怀疑或水泥出厂超过三个月（快硬硅酸盐水泥超过一个月）时，应进行复验，并按复验结果使用。

钢筋混凝土结构、预应力混凝土结构中，严禁使用含氯化物的水泥。

检查数量：按同一生产厂家、同一等级、同一品种、同一批号且连续进场的水泥，袋装不超过200t为一批，散装不超过500t为一批，每批抽样不少于一次。

检验方法：检查产品合格证、出厂检验报告和进场复验报告。

2) 混凝土中掺用外加剂的质量及应用技术应符合现行国家标准《混凝土外加剂》（GB 8076）、《混凝土外加剂应用技术规范》（GB 50119）等和有关环境保护的规定。

预应力混凝土结构中，严禁使用含氯化物的外加剂。钢筋混凝土结构中，当使用含氯化物的外加剂时，混凝土中氯化物的总含量应符合现行国家标准《混凝土质量控制标准》（GB 50164）的规定。

检查数量：按进场的批次和产品的抽样检验方案确定。

检验方法：检查产品合格证、出厂检验报告和进场复验报告。

3) 混凝土中氯化物和碱的总含量应符合现行国家标准《混凝土结构设计规范》（GB 50010）和设计的要求。

检验方法：检查原材料试验报告和氯化物、碱的总含量计算书。

(2) 一般项目

1) 混凝土中掺用矿物掺合料的质量应符合现行国家标准《用于水泥和混凝土中的粉煤灰》（GB 1596）等的规定。矿物掺合料的掺量应通过试验确定。

检查数量：按进场的批次和产品的抽样检验方案确定。

检验方法：检查出厂合格证和进场复验报告。

2) 普通混凝土所用的粗、细骨料的质量应符合国家现行标准《普通混凝土用碎石或卵石质量标准及检验方法》（JGJ 53）、《普通混凝土用砂质量标准及检验方法》（JGJ 52）的规定。

检查数量：按进场的批次和产品的抽样检验方案确定。

检验方法：检查进场复验报告。

混凝土用的粗骨料，其最大颗粒粒径不得超过构件截面最小尺寸的1/4，且不得超过钢筋最小净间距的3/4。

对混凝土实心板，骨料的最大粒径不宜超过板厚的1/3，且不得超过40mm。

3) 拌制混凝土宜采用饮用水；当采用其他水源时，水质应符合国家现行标准《混凝土用水标准》（JGJ 63—2006）的规定。

检查数量：同一水源检查不应少于一次。

检验方法：检查水质试验报告。

2. 配合比设计

(1) 主控项目

混凝土应按国家现行标准《普通混凝土配合比设计规程》(JGJ 55)的有关规定，根据混凝土强度等级、耐久性和工作性等要求进行配合比设计。

对有特殊要求的混凝土，其配合比设计尚应符合国家现行有关标准的专门规定。

检验方法：检查配合比设计资料。

(2) 一般项目

1) 首次使用的混凝土配合比应进行开盘鉴定，其工作性应满足设计配合比的要求。开始生产时应至少留置一组标准养护试件，作为验证配合比的依据。

检验方法：检查开盘鉴定资料和试件强度试验报告。

2) 混凝土拌制前，应测定砂、石含水率并根据测试结果调整材料用量，提出施工配合比。

检查数量：每工作班检查一次。

检验方法：检查含水率测试结果和施工配合比通知单。

3. 混凝土施工

(1) 主控项目

1) 结构混凝土的强度等级必须符合设计要求。用于检查结构构件混凝土强度的试件，应在混凝土的浇筑地点随机抽取。取件留置应符合下列规定：

每拌制 100 盘且不超过 100 的同配合比的混凝土，取样不得少于一次；

每工作班拌制的同一配合比的混凝土不足 100 盘时，取样不得少于一次；

当一次连续浇筑超过 1000m³ 时，同一配合比的混凝土每 200m³ 取样不得少于一次；

每一楼层、同一配合比的混凝土，取样不得少于一次；

每次取样应至少留置一组标准养护试件，同条件养护试件的留置组数应根据实际需要确定。

检验方法：检查施工记录及试件强度试验报告。

2) 对有抗渗要求的混凝土结构，其混凝土试件应在浇筑地点随机取样。同一工程、同一配合比的混凝土，取样不应少于一次，留置组数可根据实际需要确定。

检验方法：检查试件抗渗试验报告。

3) 混凝土原材料每盘称量的偏差应符合表 5-13 的规定。

检查数量：每工作班抽查不应少于一次。

检验方法：复称。

4) 混凝土运输、浇筑及间歇的全部时间不应超过混凝土的初凝时间。同一施工段的混凝土应连续浇筑，并应在底层混凝土初凝之前将上一层混凝土浇筑完毕。

当底层混凝土初凝后浇筑上一层混凝土时，应按施工技术方案中对施工缝的要求进行处理。

检查数量：全数检查。

检验方法：观察，检查施工记录。

(2) 一般项目

1) 施工缝的位置应在混凝土浇筑前按设计要求和施工技术方案确定。施工缝的处理应按施工技术方案执行。

检查数量：全数检查。

检验方法：观察，检查施工记录。

2）后浇带的留置位置应按设计要求和施工技术方案确定。后浇带混凝土浇筑应按施工技术方案进行。

检查数量：全数检查。

检验方法：观察，检查施工记录。

3）混凝土浇筑完毕后，应按施工技术方案及时采取有效的养护措施，并应符合下列规定：

①应在浇筑完毕后的12h以内对混凝土加以覆盖并保湿养护；

②混凝土浇水养护的时间：对采用硅酸盐水泥、普通硅酸盐水泥或矿渣硅酸盐水泥拌制的混凝土，不得少于7d；对掺用缓凝型外加剂或有抗渗要求的混凝土，不得少于14d；

③浇水次数应能保持混凝土处于湿润状态；混凝土养护用水应与拌制用水相同；

④采用塑料布覆盖养护的混凝土，其敞露的全部表面应覆盖严密，并应保持塑料布内有凝结水；

⑤混凝土强度达到 1.2N/mm^2 前，不得在其上踩踏或安装模板及支架。

检查数量：全数检查。

检验方法：观察，检查施工记录。

第五节 现浇结构分项工程

一、一般规定

1. 现浇结构的外观质量缺陷，应由监理（建设）单位、施工单位等各方根据其对结构性能和使用功能影响的严重程度。按表5-17确定。

现浇结构外观质量缺陷　　　　表5-17

名　称	现　　象	严　重　缺　陷	一　般　缺　陷
露筋	构件内钢筋未被混凝土包裹而外露	纵向受力钢筋有露筋	其他钢筋有少量露筋
蜂窝	混凝土表面缺少水泥砂浆而形成石子外露	构件主要受力部位有蜂窝	其他部位有少量蜂窝
孔洞	混凝土中孔穴深度和长度均超过保护层厚度	构件主要受力部位有孔洞	其他部位有少量孔洞
夹渣	混凝土中夹有杂物且深度超过保护层厚度	构件主要受力部位有夹渣	其他部位有少量夹渣
疏松	混凝土中局部不实	构件主要受力部位有疏松	其他部位有少量疏松
裂缝	缝隙从混凝土表面延伸至混凝土内部	构件主要受力部位有影响结构性能或使用功能的裂缝	其他部位有少量不影响结构性能或使用功能的裂缝
连接部位缺陷	构件连接处混凝土缺陷及连接钢筋、连接件松动	连接部位有影响结构传力性能的缺陷	连接部位有基本不影响结构传力性能的缺陷
外形缺陷	缺棱掉角、棱角不直、翘曲不平、飞边凸肋等	清水混凝土构件有影响使用功能或装饰效果的外形缺陷	其他混凝土构件有不影响使用功能的外形缺陷
外表缺陷	构件表面麻面、掉皮、起砂、沾污等	具有重要装饰效果的清水混凝土构件表面有外表缺陷	其他混凝土构件有不影响使用功能的外表缺陷

2. 各种缺陷的数量限制可由各地根据实际情况作出具体规定。

3. 现浇结构拆模后,应由监理(建设)单位、施工单位对外观质量和尺寸偏差进行检查,作出记录,并应及时按施工技术方案对缺陷进行处理。

4. 对发生问题的混凝土部位进行观察,必要时会同监理、建设方或质量人员一起,做好记录,并根据质量问题的情况、发生的部位、影响程度等进行全面分析。

5. 对于发生在构件表面浅层局部的质量问题,如蜂窝、麻面、露筋、缺棱掉角等可按规范规定进行修补。而对影响混凝土强度或构件承载能力的质量事故,如大孔洞、断浇、漏振等,应会同有关部门研究必要的加固方案或补强措施。

二、施工质量验收

1. 外观质量

(1) 主控项目

现浇结构的外观质量不应有严重缺陷。对已经出现的严重缺陷,应由施工单位提出技术处理方案,并经监理(建设)单位认可后进行处理。对经处理的部位,应重新检查验收。

检查数量:全数检查。

检验方法:观察,检查技术处理方案。

(2) 一般项目

现浇结构的外观质量不宜有一般缺陷。对已经出现的一般缺陷,应由施工单位按技术处理方案进行处理,并重新检查验收。

检查数量:全数检查。

检验方法:观察,检查技术处理方案。

2. 尺寸偏差

(1) 主控项目

现浇结构不应有影响结构性能和使用功能的尺寸偏差。混凝土设备基础不应有影响结构性能和设备安装的尺寸偏差。

对超过尺寸允许偏差且影响结构性能和安装、使用功能的部位,应由施工单位提出技术处理方案,并经监理(建设)单位认可后进行处理。对经处理的部位,应重新检查验收。

检查数量:全数检查。

检验方法:量测,检查技术处理方案。

(2) 一般项目

现浇结构和混凝土设备基础拆模后的尺寸偏差应符合表 5-18、表 5-19 的规定。

现浇结构尺寸允许偏差和检验方法　　　　　　表 5-18

项　目		允许偏差(mm)	检 验 方 法
轴线位置	基础	15	钢尺检查
	独立基础	10	
	墙、柱、梁	8	
	剪力墙	5	

续表

项目			允许偏差（mm）	检验方法
垂直度	层高	≤5m	8	经纬仪或吊线、钢尺检查
		>5m	10	经纬仪或吊线、钢尺检查
	全高		$H/1000$ 且 ≤30	经纬仪、钢尺检查
标高	层高		±10	水准仪或拉线、钢尺检查
	全高		±30	
截面尺寸			+8，-5	钢尺检查
电梯井	井筒长、宽对定位中心线		+25，0	钢尺检查
	井筒全高（H）垂直度		$H/1000$ 且 ≤30	经纬仪、钢尺检查
表面平整度			8	2m 靠尺和塞尺检查
预埋中心线位置	预埋件		10	钢尺检查
	预埋螺栓		5	
	预埋管		5	
预留洞中心位置			15	钢尺检查

注：检查轴线、中心线位置时，应沿纵、横两个方向量测，并取其中的较大值。

检查数量：按楼层、结构缝或施工段划分检验批。在同一检验批内，对梁、柱和独立基础，应抽查构件数量的 10%，且不少于 3 件；对墙和板，应按有代表性的自然间抽查 10%，且不少于 3 间；对大空间结构，墙可按相邻轴线间高度 5m 左右划分检查面，板可按纵、横轴线划分检查面，抽查 10%，且均不少于 3 面；对电梯井，应全数检查。对设备基础，应全数检查。

混凝土设备基础尺寸允许偏差和检验方法 表 5-19

项目		允许偏差（mm）	检验方法
坐标位置		20	钢尺检查
不同平面的标高		0，-20	水准仪或拉线、钢尺检查
平面外形尺寸		±20	钢尺检查
凸台上平面外形尺寸		0，-20	钢尺检查
凹穴尺寸		+20，0	钢尺检查
平面水平度	每米	5	水平尺、塞尺检查
	全长	10	水准仪或拉线、钢尺检查
垂直度	每米	5	经纬仪或吊线、钢尺检查
	全高	10	
预埋地脚螺栓	标高（顶部）	+20，0	水准仪或拉线、钢尺检查
	中心距	±2	钢尺检查
预埋地脚螺栓孔	中心线位置	10	钢尺检查
	深度	+20，0	钢尺检查
	孔垂直度	10	吊线、钢尺检查
预埋活动地脚螺栓锚板	标高	+20，0	水准仪或拉线、钢尺检查
	中心线位置	5	钢尺检查
	带槽锚板平整度	5	钢尺、塞尺检查
	带螺纹孔锚板平整度	2	钢尺、塞尺检查

注：检查坐标、中心线位置时，应沿纵、横两个方向量测，并取其中的较大值。

第六节 装配式结构分项工程

一、材料（构件）质量要求

1. 构件尺寸必须准确，这是关键。要达到符合设计和规范要求的，模板支撑时应有足够的强度、刚度和稳定性。同时模板表面必须清理干净，隔离剂涂刷均匀，拆模后表面平整光滑。

2. 构件的配筋数量、规格、接头、节点等均符合施工图，防止出现偏差。学习构件施工图时一定要弄清楚以上各项，并抓好配料、翻样工作。

3. 要进行预应力张拉的构件，须对锚具、预应力筋的质量进行检验，以保证预应力材料的可靠性。且在张拉前一定要检验浇筑构件的混凝土强度是否达到设计要求。

4. 在结构吊装之前，所有制作的构件的有关资料，如混凝土强度报告、预应力张拉记录、灌浆强度、原材料所有质保书、复检资料等均应齐全。

二、施工质量控制

1. 柱子吊装

应以大柱面中心为准，由三人同时各用一线坠校对楼面上的中线，同时用两台经纬仪校对两相互垂直面的中线。

其校正顺序必须是：起重机脱钩后电焊前初校→电焊后第二次校正→梁安装后第三次校正。

为了避免柱子产生垂直偏差，当梁、柱节点的焊点有两个或两个以上时，施工顺序也要采取轮流间歇的施焊措施，即每个焊点不要一次焊完。

2. 楼板安装

楼板安装前，先要校核梁翼上口标高，抹好砂浆找平层，以控制标高。同时弹出楼板位置线，并标明板号。楼板吊装就位时，应事先用支撑支顶横梁两翼。楼板就位后，应及时检查板底是否平整，不平处用垫铁垫平。安装后的楼板，宜加设临时支撑，以防止施工荷载使楼板产生较大的挠度或出现裂缝。

3. 柱头箍筋的安设

节点梁端柱体的箍筋如果采用手工绑扎，由于箍筋位置难以准确，往往容易影响节点的抗剪能力。故应采用预制焊接钢筋笼，待主、次梁吊装焊接完毕后，从柱顶往下套。对于有8根主筋的柱子，应在梁端中部留出豁口，使梁端能顺利地伸入柱内与预埋件焊接。

4. 节点模板支设

梁、柱节点浇筑混凝土的模板，宜用定型钢模板，也可在次梁方向两面用钢模，立梁方向两面用木模。不论用什么模板，在梁下皮及以下需用两道角钢和 $\phi 12$ 螺栓组成围圈，或用 $\phi 18$ 钢筋围套，并用楔子背紧。

5. 节点浇灌

安装的构件，必须经过校正达到符合要求后，才可正式焊接和浇灌接头的混凝土。构件中浇灌的接头、接缝，凡承受内力的，其混凝土强度等级应等于或大于构件的强度等级。柱子吊装及基础灌缝强度达到设计要求时,才允许吊装上部构件。

上层柱根混凝土的上口,要留出30mm捻口缝。甩槎要平整,宽窄要一致。捻口不实,危害极大。因此,捻口宜用干硬性混凝土,并宜采用浇筑水泥,水灰比控制在0.3,以手捏成团,落地散开为宜。捻灰口时,两侧面用模板挡住,两人相对同时用扁錾子操作。每次填灰不宜过多,要随填随捻实。节点部位混凝土要加强湿润养护,养护时间不少于7d。

三、施工质量验收

1. 预制构件

(1) 主控项目

1) 预制构件应在明显部位标明生产单位、构件型号、生产日期和质量验收标志。构件上的预埋件、插筋和预留孔洞的规格,位置和数量应符合标准图或设计的要求。

检查数量:全数检查。

检验方法:观察。

2) 预制构件的外观质量不应有严重缺陷。对已经出现的严重缺陷,应按技术处理方案进行处理,并重新检查验收。

检查数量:全数检查。

检验方法:观察,检查技术处理方案。

3) 预制构件不应有影响结构性能和安装、使用功能的尺寸偏差。对超过尺寸允许偏差且影响结构性能和安装、使用功能的部位,应按技术处理方案进行处理,并重新检查验收。

检查数量:全数检查。

检验方法:量测,检查技术处理方案。

(2) 一般项目

1) 预制构件的外观质量不宜有一般缺陷。对已经出现的一般缺陷,应按技术处理方案进行处理,并重新检查验收。

检查数量:全数检查。

检验方法:观察,检查技术处理方案。

2) 预制构件的尺寸偏差应符合表5-20的规定。

预制构件尺寸的允许偏差及检验方法 表5-20

项 目		允许偏差(mm)	检验方法
长 度	板、梁	+10,-5	钢尺检查
	柱	+5,-10	
	墙板	±5	
	薄腹梁、衍架	+15,-10	
宽度、高(厚)度	板、梁、柱、墙板、薄腹梁、桁架	±5	钢尺量一端及中部,取其中较大值
侧向弯曲	梁、柱、板	$l/750$ 且 ≤ 20	拉线、钢尺量最大侧向弯曲处
	墙板、薄腹梁、桁架	$l/1000$ 且 ≤ 20	
预埋件	中心线位置	10	钢尺检查
	螺栓位置	5	
	螺栓外露长度	+10,-5	

续表

项 目		允许偏差（mm）	检 验 方 法
预留孔	中心线位置	5	钢尺检查
预留洞	中心线位置	15	钢尺检查
主筋保护层厚度	板	+5, -3	钢尺或保护层厚度测定仪量测
	梁、柱、墙板、薄腹梁、桁架	+10, -5	
对角线差	板、墙板	10	钢尺量两个对角线
表面平整度	板、墙板、柱、梁	5	2m靠尺和塞尺检查
预应力构件预留孔道位置	梁、墙板、薄腹梁、桁架	3	钢尺检查
翘曲	板	$l/750$	调平尺在两端量测
	墙板	$l/1000$	

注：1. l 为构件长度（mm）；
　　2. 检查中心线、螺栓和孔道位置时，应沿纵、横两个方向最测，并取其中的较大值；
　　3. 对形状复杂或有特殊要求的构件，其尺寸偏差应符合标准图或设计的要求。

检查数量：同一工作班生产的同类型构件，抽查5%且不少于3件。

2. 装配式结构施工

(1) 主控项目

1) 进入现场的预制构件，其外观质量、尺寸偏差及结构性能应符合标准图或设计的要求。

检查数量：按批检查。

检验方法：检查构件合格证。

2) 预制构件与结构之间的连接应符合设计要求。

连接处钢筋或埋件采用焊接或机械连接时，接头质量应符合国家现行标准《钢筋焊接及验收规程》（JGJ 18—2003）、《钢筋机械连接通用技术规程》国家（JGJ 107—2003）的要求。

检查数量：全数检查。

检验方法：观察，检查施工记录。

3) 承受内力的接头和拼缝，当其混凝土强度未达到设计要求时，不得吊装上一层结构构件；当设计无具体要求时，应在混凝土强度不小于10N/mm^{2}或具有足够的支承时方可吊装上一层结构构件。

已安装完毕的装配式结构，应在混凝土强度到达设计要求后，方可承受全部设计荷载。

检查数量：全数检查。

检验方法：检查施工记录及试件强度试验报告。

(2) 一般项目

1) 预制构件码放和运输时的支承位置和方法应符合标准图或设计的要求。

检查数量：全数检查。

检验方法：观察检查。

2) 预制构件吊装前，应按设计要求在构件和相应的支承结构上标志中心线、标高等控制尺寸，按标准图或设计文件校核预埋件及连接钢筋等，并作出标志。

检查数量：全数检查。

检验方法：观察，钢尺检查。

3）预制构件应按标准图或设计的要求吊装。起吊时绳索与构件水平面的夹角不宜小于45°，否则应采用吊架或经验算确定。

检查数量：全数检查。

检验方法：观察检查。

4）预制构件安装就位后，应采取保证构件稳定的临时固定措施，并应根据水准点和轴线校正位置。

检查数量：全数检查。

检验方法：观察，钢尺检查。

5）装配式结构中的接头和拼缝应符合设计要求；当设计无具体要求时，应符合下列规定：

①对承受内力的接头和拼缝应采用混凝土浇筑，其强度等级应比构件混凝土强度等级提高一级；

②对不承受内力的接头和拼缝应采用混凝土或砂浆浇筑，其强度等级不应低于C15或M15；

③用于接头和拼缝的混凝土或砂浆，宜采取微膨胀措施和快硬措施，在浇筑过程中应振捣密实，并应采取必要的养护措施。

检查数量：全数检查。

检验方法：检查施工记录及试件强度试验报告。

第七节 混凝土结构子分部工程

一、结构实体检验

1. 对涉及混凝土结构安全的重要部位应进行结构实体检验。结构实体检验应在监理工程师（建设单位项目专业技术负责人）见证下，由施工项目技术负责人组织实施。承担结构实体检验的试验室应具有相应的资质。

2. 结构实体检验的内容应包括混凝土强度、钢筋保护层厚度以及工程合同约定的项目；必要时可检验其他项目。

3. 对混凝土强度的检验，应以在混凝土浇筑地点制备并与结构实体同条件养护的试件强度为依据。混凝土强度检验用同条件养护试件的留置、养护和强度代表值应符合《混凝土结构工程施工质量验收规范》（GB 50204—2002）附录D的规定。

对混凝土强度的检验，也可根据合同的约定，采用非破损或局部破损的检测方法，按国家现行有关标准的规定进行。

4. 当同条件养护试件强度的检验结果符合现行国家标准《混凝土强度检验评定标准》（GBJ 107—87）的有关规定时，混凝土强度应判为合格。

5. 对钢筋保护层厚度的检验，抽样数量、检验方法、允许偏差和合格条件应符合

《混凝土结构工程施工质量验收规范》(GB 50204—2002)附录 E 的规定。

6. 当未能取得同条件养护试件强度、同条件养护试件强度被判为不合格或钢筋保护层厚度不满足要求时,应委托具有相应资质等级的检测机构按国家有关标准的规定进行检测。

二、混凝土结构子分部工程验收

1. 混凝土结构子分部工程施工质量验收时,应提供下列文件和记录:
(1) 设计变更文件;
(2) 原材料出厂合格证和进场复验报告;
(3) 钢筋接头的试验报告;
(4) 混凝土工程施工记录;
(5) 混凝土试件的性能试验报告;
(6) 装配式结构预制构件的合格证和安装验收记录;
(7) 预应力筋用锚具、连接器的合格证和进场复验报告;
(8) 预应力筋安装、张拉及灌浆记录;
(9) 隐蔽工程验收记录;
(10) 分项工程验收记录;
(11) 混凝土结构实体检验记录;
(12) 工程的重大质量问题的处理方案和验收记录;
(13) 其他必要的文件和记录。

2. 混凝土结构子分部工程施工质量验收合格应符合下列规定:
(1) 有关分项工程施工质量验收合格;
(2) 应有完整的质量控制资料;
(3) 观感质量验收合格;
(4) 结构实体检验结果满足本规范的要求。

3. 当混凝土结构施工质量不符合要求时,应按下列规定进行处理:
(1) 经返工、返修或更换构件、部件的检验批,应重新进行验收;
(2) 经有资质的检测单位检测鉴定达到设计要求的检验批,应予以验收;
(3) 经有资质的检测单位检测鉴定达不到设计要求,但经原设计单位核算并确认仍可满足结构安全和使用功能的检验批,可予以验收;
(4) 经返修或加固处理能够满足结构安全使用要求的分项工程,可根据技术处理方案和协商文件进行验收。

4. 混凝土结构工程子分部工程施工质量验收合格后,应将所有的验收文件存档备案。

第六章 钢 结 构

第一节 原材料、成品进场验收

一、材料质量控制

为保证采购的产品符合规定的要求,应选择合适的供货方。

对用于工程的主要材料,进场时必须具备正式的出厂合格证和材质证明书。如不具备或证明资料有疑义,应抽样复验,只有试验结果达到国家标准的规定和技术文件的要求时方可采用。

工程中所有的钢构件必须有出厂合格证和有关质量资料。由于运输安装中出现的构件质量问题,应进行分析研究,制定纠正措施并落实。

凡标志不清或怀疑质量有问题的材料、钢构件,受工程重要性程度决定应进行一定比例试验的材料,需要进行追踪检验以控制和保证其质量可靠性的材料和钢构件等,均应进行抽检,对于进口材料应进行商检。材料质量抽样和检验方法,应符合国家有关标准和设计要求,要能反映该批材料的质量特性。对于重要的构件应接合同或设计规定增加采样的数量。

对材料的性能、质量标准、适用范围和对施工的要求必须充分了解,慎重选择和使用材料。如焊条的选用应符合母材的等级,油漆应注意上、下层的用料选择。

材料的代用要征得设计单位的认可。

二、原材料管理

加强对材料的质量控制,材料进场必须按规定的技术条件进行检验,合格后方可入库和使用。

钢材应按种类、材质、炉号(批号)、规格等分类平整堆放,并作好标识。

焊材必须分类堆放,并有明显标志,不得混放,焊材库必须干燥通风,严格控制库内温度和湿度。

高强度螺栓存放应防潮、防雨、防粉尘,并按类型、规格、批号分类存放保管。对长期保管或保管不善而造成螺栓生锈及沾染脏物等可能改变螺栓的扭矩系数或性能的螺栓,应视情况进行清洗、除锈和润滑等处理,并对螺栓进行扭矩系数或预拉力检验,合格后方可使用。

压型金属板应按材质、规格分批平整堆放,并妥善保管,防止发生擦痕、泥砂油污、明显凹凸和皱折。

由于油漆和耐火涂料属于时效性物资,库存积压易过期失效,故宜先进先用,注意时效管理。对因存放过久,超过使用期限的涂料,应取样进行质量检测,检测项目按产品标准的规定或设计部门要求进行。

企业应建立严格的进料验证、入库、保管、标记、发放和回收制度，使影响产品质量的材料处于受控状态。

三、施工质量验收

1. 钢材

（1）主控项目

1）铸件的品种、规格、性能等应符合现行国家产品标准和设计要求。进口钢材产品的质量应符合设计和合同规定标准的要求。

检查数量：全数检查。

检验方法：检查质量合格证明文件、中文标志及检验报告等。

2）对属于下列情况之一的钢材，应进行抽样复验，其复验结果应符合现行国家产品标准和设计要求。

①国外进口钢材；

②钢材混批；

③板厚等于或大于40mm，且设计有Z向性能要求的厚板；

④建筑结构安全等级为一级，大跨度钢结构中主要受力构件所采用的钢材；

⑤设计有复验要求的钢材；

⑥对质量有疑义的钢材。

检查数量：全数检查。

检验方法：检查复验报告。

（2）一般项目

1）钢板厚度及允许偏差应符合其产品标准的要求。

检查数量：每一品种、规格的钢板抽查5处。

检验方法：用游标卡尺量测。

2）型钢的规格尺寸及允许偏差符合其产品标准的要求。

检查数量：每一品种、规格的型钢抽查5处。

检验方法：用钢尺和游标卡尺量测。

3）钢材的表面外观质量除应符合国家现行有关标准的规定外，尚应符合下列规定：

①当钢材的表面有锈蚀、麻点或划痕等缺陷时，其深度不得大于该钢材厚度负允许偏差值的1/2；

②钢材表面的锈蚀等级应符合现行国家标准《涂装前钢材表面锈蚀等级和除锈等级》（GB 8923—88）规定的C级及C级以上；

③钢材端边或断口处不应有分层、夹渣等缺陷。

检查数量：全数检查。

检验方法：观察检查。

2. 焊接材料

（1）主控项目

1）焊接材料的品种、规格、性能等应符合现行国家产品标准和设计要求。

检查数量：全数检查。

检验方法：检查焊接材料的质量合格证明文件、中文标志及检验报告等。

2）重要钢结构采用的焊接材料应进行抽样复验，复验结果应符合现行国家产品标准和设计要求。

检查数量：全数检查。

检验方法：检查复验报告。

(2) 一般项目

1）焊钉及焊接瓷环的规格、尺寸及偏差应符合现行国家标准《圆柱头焊钉》(GB 10433—2002)中的规定。

检查数量：按量抽查1%，且不应少于10套。

检验方法：用钢尺和游标卡尺量测。

2）焊条外观不应有药皮脱落、焊芯生锈等缺陷；焊剂不应受潮结块。

检查数量：按量抽查1%，且不应少于10包。

检验方法：观察检查。

3．连接用紧固标准件

(1) 主控项目

1）钢结构连接用高强度大六角头螺栓连接副、扭剪型高强度螺栓连接副、钢网架用高强度螺栓、普通螺栓、铆钉、自攻钉、拉铆钉、射钉、锚栓（机械型和化学试剂型）、地脚锚栓等紧固标准件及螺母、垫圈等标准配件，其品种、规格、性能等应符合现行国家产品标准和设计要求。高强度大六角头螺栓连接副和扭剪型高强度螺栓连接副出厂时应分别随箱带有扭矩系数和紧固轴力（预拉力）的检验报告。

检查数量：全数检查。

检验方法：检查产品的质量合格证明文件、中文标志及检验报告等。

2）高强度大六角头螺栓连接副按《钢结构工程施工质量验收规范》(GB 50205—2001)附录B的规定检验其扭矩系数，其检验结果应符合《钢结构工程施工质量验收规范》(GB 50205—2001)附录B的规定。

检查数量：随即抽取每批8套。

检验方法：检查复验报告。

3）扭剪型高强度螺栓连接副应按《钢结构工程施工质量验收规范》(GB 50205—2001)附录B的规定检验预拉力，其检验结果应符合《钢结构工程施工质量验收规范》(GB 50205—2001)附录B的规定。

检查数量：随即抽取每批8套。

检验方法：检查复验报告。

(2) 一般项目

1）高强度螺栓连接副，应按包装箱配套供货，包装箱上应标明批号、规格、数量及生产日期。螺栓、螺母、垫圈外观表面应涂油保护，不应出现生锈和沾染脏物，螺纹不应有损伤。

检查数量：按包装箱数抽查5%，且不应少于3箱。

检验方法：观察检查。

2) 对建筑结构安全等级为一级，跨度 40m 及以上的螺栓球节点钢网架结构，其连接高强度螺栓应进行表面硬度试验，对 8.8 级的高强度螺栓其硬度为 HRC21～29；10.9 级高强度螺栓其硬度为 HRC32～36，且不得有裂纹或损伤。

检查数量：按规格抽查 8 只。

检验方法：硬度计、10 倍放大镜或磁粉探伤。

4．焊接球

(1) 主控项目

1) 焊接球及制造焊接球所采用的原材料，其品种、规格、性能等应符合现行国家产品标准和设计要求。

检查数量：全数检查。

检验方法：检查产品的质量合格证明文件、中文标志及检验报告等。

2) 焊接球焊缝应进行无损检验，其质量应符合设计要求，当设计无要求时应符合《钢结构工程施工质量验收规范》（GB 50205—2001）中规定的二级质量标准。

检查数量：每一规格按数量抽查 5%，且不应少于 3 个。

检验方法：超声波探伤或检查检验报告。

(2) 一般项目

1) 焊接球直径、圆度、壁厚减薄量等尺寸偏差应符合《钢结构工程施工质量验收规范》（GB 50205—2001）的规定。

检查数量：每一规格按数量抽查 5%，且不应少于 3 个。

检验方法：用卡尺和测厚仪检查。

2) 焊接球表面应无明显波纹及局部凹凸不平不大于 1.5mm。

检查数量：每一规格按数量抽查 5%，且不应少于 3 个。

检验方法：用弧形套模、卡尺和观察检查。

5．螺栓球

(1) 主控项目

1) 螺栓球及制造螺栓球节点所采用的原材料，其品种、规格、性能等应符合现行国家产品标准和设计要求。

检查数量：全数检查。

检验方法：检查产品的质量合格证明文件、中文标志及检验报告等。

2) 螺栓球不得有过烧、裂纹及褶皱。

检查数量：每种规格抽查 5%，且不应少于 5 只。

检验方法：用 10 倍放大镜观察和表面探伤。

(2) 一般项目

1) 螺栓球螺纹尺寸应符合现行国家标准《普通螺纹基本尺寸》（GB 196—2003）中粗牙螺纹的规定，螺纹公差必须符合现行国家标准《普通螺纹公差与配合》（GB 197—2003）中 6H 级精度的规定。

检查数量：每种规格抽查 5%，且不应少于 5 只。

检验方法：用标准螺纹规。

2) 螺栓球直径、圆度、相邻两螺栓孔中心线夹角等尺寸及允许偏差应符合《钢结构工程施工质量验收规范》（GB 50205—2001）的规定。

检查数量：每一规格按数量抽查5%，且不应少于3个。

检验方法：用卡尺和分度头仪检查。

6. 封板、锥头和套筒

主控项目

1）封板、锥头和套筒及制造封板、锥头和套筒所采用的原材料，其品种、规格、性能等应符合现行国家产品标准和设计要求。

检查数量：全数检查。

检验方法：检查产品的质量合格证明文件、中文标志及检验报告等。

2）封板、锥头、套筒外观不得有裂纹、过烧及氧化皮。

检查数量：每种抽查5%，且不应少于10只。

检验方法，用放大镜观察检查和表面探伤。

7. 金属压型板

（1）主控项目

1）金属压型板及制造金属压型板所采用的原材料，其品种、规格、性能等应符合现行国家产品标准和设计要求。

检查数量：全数检查。

检验方法：检查产品的质量合格证明文件、中文标志及检验报告等。

2）压型金属泛水板、包角板和零配件的品种、规格以及防水密封材料的性能应符合现行国家产品标准和设计要求。

检查数量：全数检查。

检验方法：检查产品的质量合格证明文件、中文标志及检验报告等。

（2）一般项目

压型金属板的规格尺寸及允许偏差、表面质量、涂层质量等应符合设计要求和《钢结构工程施工质量验收规范》（GB 50205—2001）的规定。

检查数量：每种规格抽查5%，且不应少于3件。

检验方法：观察和用10倍放大镜检查及尺量。

8. 涂装材料

（1）主控项目

1）钢结构防腐涂料、稀释剂和固化剂等材料的品种、规格、性能等应符合现行国家产品标准和设计要求。

检查数量：全数检查。

检验方法：检查产品的质量合格证明文件、中文标志及检验报告等。

2）钢结构防火涂料的品种和技术性能应符合设计要求，并应经过具有资质的检测机构检测符合国家现行有关标准的规定。

检查数量：全数检查。

检验方法：检查产品的质量合格证明文件、中文标志及检验报告等。

（2）一般项目

防腐涂料和防火涂料的型号、名称、颜色及有效期应与其质量证明文件相符。开启后，不应存在结皮、结块、凝胶等现象。

检查数量：按桶数抽查5%，且不应少于3桶。

检验方法：观察检查。

9. 其他

主控项目

1）钢结构用橡胶垫的品种、规格、性能等应符合现行国家产品标准和设计要求。

检查数量：全数检查。

检验方法：检查产品的质量合格证明文件、中文标志及检验报告等。

2）钢结构工程所涉及到的其他特殊材料，其品种、规格、性能等应符合现行国家产品标准和设计要求。

检查数量：全数检查。

检验方法：检查产品的质量合格证明文件、中文标志及检验报告等。

第二节 钢结构焊接工程

一、材料质量要求

建筑钢结构用钢材及焊接填充材料的选用应符合设计图的要求，并应具有钢厂和焊接材料厂出具的质量证明书或检验报告；其化学成分、力学性能和其他质量要求必须符合国家现行标准规定。当采用其他钢材和焊接材料替代设计选用的材料时，必须经原设计单位同意。

钢材的成分、性能复验应符合国家现行有关工程质量验收标准的规定；大型、重型及特殊钢结构的主要焊缝采用的焊接填充材料应按生产批号进行复验。复验应由国家技术质量监督部门认可的质量监督检测机构进行。

钢结构工程中选用的新材料必须经过新产品鉴定。钢材应由生产厂提供焊接性资料、指导性焊接工艺、热加工和热处理工艺参数、相应钢材的焊接接头性能数据等资料；焊接材料应由生产厂提供贮存及焊前烘焙参数规定、熔敷金属成分、性能鉴定资料及指导性施焊参数，经专家论证、评审和焊接工艺评定合格后，方可在工程中采用。

焊接T形、十字形、角接接头，当其翼缘板厚度等于或大于40mm时，设计宜采用抗层状撕裂的钢板。钢材的厚度方向性能级别应根据工程的结构类型、节点形式及板厚和受力状态的不同情况选择。

焊条应符合现行国家标准《碳钢焊条》(GB/T 5117—1995)、《低合金钢焊条》(GB/T 5118—1995)的规定。

焊丝应符合现行国家标准《熔化焊用钢丝》(GB/T 14957—94)、《气体保护电弧焊用碳钢、低合金钢焊丝》(GB/T 8110—95)及《碳钢药芯焊丝》(GB/T 10045—2001)、《低合金钢药芯焊丝》(GB/T 17493—1998)的规定。

埋弧焊用焊丝和焊剂应符合现行国家标准《埋弧焊用碳钢焊丝和焊剂》(GB/T 5293—1999)、《低合金钢埋弧焊用焊剂》(GB/T 12470—2003)的规定。

气体保护焊使用的氩气应符合现行国家标准《氩气》(GB/T 4842—1995)的规定，其纯度不应低于99.95%。

气体保护焊使用的二氧化碳气体应符合国家现行标准《焊接用二氧化碳》(HG/T 2537—1993) 的规定，大型、重型及特殊钢结构工程中主要构件的重要焊接节点采用的二氧化碳气体质量应符合该标准中优等品的要求，即其二氧化碳含量（V/V）不得低于99.9%，水蒸气与乙醇总含量（m/m）不得高于0.005%，并不得检出液态水。

钢材还应符合下列要求：

1. 清除待焊处表面的水、氧化皮、锈、油污。

2. 焊接坡口边缘上钢材的夹层缺陷长度超过25mm时，应采用无损探伤检测其深度，如深度不大于6mm，应用机械方法清除；如深度大于6mm，应用机械方法清除后焊接填满；若缺陷深度大于25mm时，应采用超声波探伤测定其尺寸，当单个缺陷面积（$a×d$）或聚集缺陷的总面积不超过被切割钢材总面积（$B×L$）的4%时为合格，否则该板不宜使用。

3. 钢材内部的夹层缺陷，其尺寸不超过上述2的规定且位置离母材坡口表面距离（b）大于或等于25mm时不需要修理；如该距离小于25mm则应进行修补。

4. 夹层缺陷是裂纹时，如裂纹深度超过50mm或累计长度超过板宽的20%时，该钢板不宜使用。

焊接材料还应符合下列规定：

1. 焊条、焊丝、焊剂和熔嘴应储存在干燥、通风良好的地方，由专人保管。

2. 焊条、熔嘴、焊剂和药芯焊丝在使用前，必须按产品说明书及有关工艺文件的规定进行烘干。

3. 低氢型焊条烘干温度应为350～380℃，保温时间应为1.5～2h，烘干后应缓冷放置于110～120℃的保温箱中存放、待用；使用时应置于保温筒中；烘干后的低氢型焊条在大气中放置时间超过4h应重新烘干；焊条重复烘干次数不宜超过2次；受潮的焊条不应使用。

4. 实芯焊丝及熔嘴导管应无油污、锈蚀，镀铜层应完好无损。

5. 焊钉的外观质量和力学性能及焊接瓷环尺寸应符合现行国家标准《圆柱头焊钉》(GB/T 10433—2002) 的规定，并应由制造厂提供焊钉性能检验及其焊接端的鉴定资料。焊钉保存时应有防潮措施；焊钉及母材焊接区如有水、氧化皮、锈、漆、油污、水泥灰渣等杂质，应清除干净方可施焊。受潮的焊接瓷环使用前应经120℃烘干2h。

6. 焊条、焊剂烘干装置及保温装置的加热、测温、控温性能应符合使用要求；二氧化碳气体保护电弧焊所用的二氧化碳气瓶必须装有预热干燥器。

二、施工质量控制

1. 焊接准备

（1）从事钢结构各种焊接工作的焊工，应按现行国家标准《建筑钢结构焊接规程》(JGJ 81—2002) 的规定经考试并取得合格证后，方可进行操作。

（2）钢结构中首次采用的钢种、焊接材料、接头形式、坡口形式及工艺方法，应按照《建筑钢结构焊接规程》(JGJ 81—2002) 和《钢制压力容器焊接工艺评定》(JB 4078—2000) 的规定进行焊接工艺评定，其评定结果应符合设计要求。

(3) 焊接材料的选择应与母材的机械性能相匹配。对低碳钢一般按焊接金属与母材等强度的原则选择焊接材料;对低合金高强度结构钢一般应使焊缝金属与母材等强或略高于母材,但不应高出 50MPa,同时焊缝金属必须具有优良的塑性、韧性和抗裂性;当不同强度等级的钢材焊接时,宜采用与低强度钢材相适应的焊接材料。

(4) 焊条、焊剂、电渣焊的熔化嘴和栓钉焊保护瓷圈,使用前应按技术说明书规定的烘焙时间进行烘焙,然后转入保温。低氢型焊条经烘焙后放入保温筒内随用随取。

(5) 母材的焊接坡口及两侧 30~50mm 范围内,在焊前必须彻底清除氧化皮、熔渣、锈、油、涂料、灰尘、水分等影响焊接质量的杂质。

(6) 构件的定位焊的长度和间距,应视母材的厚度、结构型式和拘束度来确定。

(7) 钢结构的焊接,应视(钢种、板厚、接头的拘束度和焊接缝金属中的含氢量等因素)钢材的强度及所用的焊接方法来确定合适的预热温度和方法。

碳素结构钢厚度大于 50mm 低合金高强度结构钢厚度大于 36mm,其焊接前预热温度宜控制在 100~150℃。预热区在焊道两侧,其宽度各为焊件厚度的 2 倍以上,且不应小于 100mm。

合同、图纸或技术条件有要求时,焊接应作焊后处理。

(8) 因降雨、雪等使母材表面潮湿(相对湿度 >80%)或大风天气,不得进行露天焊接;但焊工及被焊接部分如果被充分保护且对母材采取适当处置(如加热、去潮)时,可进行焊接。

当采用 CO_2 半自动气体保护焊时,环境风速大于 2m/s 时原则上应停止焊接,但若采用适当的挡风措施或采用抗风式焊机时,仍允许焊接(药芯焊丝电弧焊可不受此限制)。

2. 焊接施工

(1) 引弧应在焊道处进行,严禁在焊道区以外的母材上打火引弧。焊缝终端的弧坑必须填满。

(2) 对接焊接

1) 不同厚度的工件对接,其厚板一侧应加工成平缓过渡形状,当板厚差超过 4mm 时,厚板一侧应加工成 1:2.5~1:5 的斜度,对接处与薄板等厚。

2) T形接头、十字接头、角接接头等要求熔透的对接和角接组合焊缝,焊接时应增加对母材厚度 1/4 以上的加强角焊缝尺寸。

(3) 填角焊接

1) 等角填角焊缝的两侧焊角,不得有明显差别;对不等角填角焊缝,要注意确保焊角尺寸,并使焊趾处平滑过渡。

2) 焊成凹形的角焊缝,焊缝金属与母材间应平缓过渡;加工成凹形的角焊缝不得在其表面留下切痕。

3) 当角焊缝的端部在构件上时,转角处宜连续包角焊,起落弧点不宜在端部或棱角处,应距焊缝端部 10mm 以上。

(4) 部分熔透焊接,焊前必须检查坡口深度,以确保要求的焊缝深度。当采用手工电弧焊时,打底焊宜采用 $\phi 3.2mm$ 或以下的小直径焊条,以确保足够的熔透深度。

(5) 多层焊接宜连续施焊,每一层焊完后应及时清理检查,如发现有影响质量的缺陷,必须清除后再焊。

(6) 焊接完毕，焊工应清理焊缝表面的熔渣及两侧的飞溅物，检查焊缝外观质量，合格后在工艺规定的部位打上焊工钢印。

(7) 不良焊接的修补

1) 焊缝同一部位的返修次数，不宜超过两次，超过两次时，必须经过焊接责任工程师核准后，方可按返修工艺进行。

2) 焊缝出现裂缝时，焊工不得擅自处理，应及时报告焊接技术负责人查清原因，订出修补措施，方可处理。

3) 对焊缝金属中的裂纹，在修补前应用无损检测方法确定裂纹的界限范围，在去除时，应自裂纹的端头算起，两端至少各加50mm的焊缝一同去除后再进行修补。

4) 对焊接母材中的裂纹，原则上应更换母材，但是在得到技术负责人认可后，可以采用局部修补措施进行处理。主要受力构件必须得到原设计单位确认。

(8) 栓钉焊

1) 采用栓钉焊机进行焊接时，一般应使工件处于水平位置。

2) 每天施工作业前，应在与构件相同的材料上先试焊2只栓钉，然后进行30°的弯曲试验，如果挤出焊角达到360°，且无热影响区裂纹时，方可进行正式焊接。

三、施工质量验收

1. 钢结构焊接工程

(1) 主控项目

1) 焊条、焊丝、焊剂、电渣焊熔嘴等焊接材料与母材的匹配应符合设计要求及国家现行行业标准《建筑钢结构焊接技术规程》（JGJ 81）的规定。焊条、焊剂、药芯焊丝、熔嘴等在使用前，应按其产品说明书及焊接工艺文件的规定进行烘焙和存放。

检查数量：全数检查。

检验方法：检查质量证明书和烘焙记录。

2) 焊工必须经考试合格并取得合格证书。持证焊工必须在其考试合格项目及其认可范围内施焊。

检查数量：全数检查。

检验方法：检查焊工合格证及其认可范围、有效期。

3) 施工单位对其首次采用的钢材、焊接材料、焊接方法、焊后热处理等，应进行焊接工艺评定，并应根据评定报告确定焊接工艺。

检查数量：全数检查。

检验方法：检查焊接工艺评定报告。

4) 设计要求全焊透的一、二级焊缝应采用超声波探伤进行内部缺陷的检验，超声波探伤不能对缺陷作出判断时，应采用射线探伤，其内部缺陷分级及探伤方法应符合现行国家标准《钢焊缝手工超声波探伤方法和探伤结果分级》（GB 11345）或《钢熔化焊对接接头射线照相和质量分级》（GB 3323）的规定。

焊接球节点网架焊缝、螺栓球节点网架焊缝及圆管T、K、Y形节点相关线焊缝，其内部缺陷分级及探伤方法应分别符合国家现行标准《焊接球节点钢网架焊缝超声波探伤方法及质量分级法》（JBJ/T 3034.1）、《螺栓球节点钢网架焊缝超声波探伤方法及质量分级法》(JBJ/T 3034.2)、《建筑钢结构焊接技术规程》(JGJ 81)的规定。

一级、二级焊缝的质量等级及缺陷分级应符合表6-1的规定。

一、二级焊缝质量等级及缺陷分级　　　　表6-1

焊缝质量等级		一级	二级
内部缺陷超声波探伤	评定等级	Ⅱ	Ⅲ
	检验等级	B级	B级
	探伤比例	100%	20%
内部缺陷射线探伤	评定等级	Ⅱ	Ⅲ
	检验等级	AB级	AB级
	探伤比例	100%	20%

注：探伤比例的计数方法应按以下原则确定：1. 对工厂制作焊缝，应按每条焊缝计算百分比，且探伤长度应不小于200mm，当焊缝长度不足200mm时，应对整条焊缝进行探伤；2. 对现场安装焊缝，应按同一类型、同一施焊条件的焊缝条数计算百分比，探伤长度应不小于200mm，并应不少于1条焊缝。

检查数量：全数检查。

检验方法：检查超声波或射线探伤记录。

5) T形接头、十字接头、角接接头等要求熔透的对接和角对接组合焊缝，其焊脚尺寸不应小于 $t/4$，如图 6-1(a)、(b)、(c) 所示；设计有疲劳验算要求的吊车梁或类似构件的腹板与上翼缘连接焊缝的焊脚尺寸为 $t/2$，如图 6-1(d) 所示，且不应大于 10mm。焊脚尺寸的允许偏差为 0～4mm。

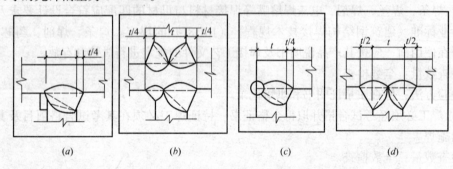

图 6-1　焊脚尺寸

检查数量：资料全数检查；同类焊缝抽查 10%，且不应少于 3 条。

检验方法：观察检查，用焊缝量规抽查测量。

6) 焊缝表面不得有裂纹、焊瘤等缺陷。一级、二级焊缝不得有表面气孔、夹渣、弧坑裂纹、电弧擦伤等缺陷。且一级焊缝不得有咬边、未焊满、根部收缩等缺陷。

检查数量：每批同类构件抽查 10%，且不应少于 3 件；被抽查构件中，每一类型焊缝按条数抽查 5%，且不应少于 1 条；每条检查 1 处，总抽查数不应少于 10 处。

检验方法：观察检查或使用放大镜、焊缝量规和钢尺检查，当存在疑义时，采用渗透或磁粉探伤检查。

(2) 一般项目

1) 对于需要进行焊前预热或焊后热处理的焊缝，其预热温度或后热温度应符合国家现行有关标准的规定或通过工艺试验确定。预热区在焊道两侧，每侧宽度均应大于焊件厚度的 1.5 倍以上，且不应小于 100mm；后热处理应在焊后立即进行，保温时间应根据板厚按每 25mm 板厚 1h 确定。

检查数量：全数检查。

检验方法：检查预、后热施工记录和工艺试验报告。

2）二级、三级焊缝外观质量标准应符合《钢结构工程施工质量验收规范》（GB 50205—2001）附录 A 中表 A.0.1 的规定。三级对接焊缝应按二级焊缝标准进行外观质量检验。

检查数量：每批同类构件抽查 10%，且不应少于 3 件；被抽查构件中，每一类型焊缝按条数抽查 5%，且不应少于 1 条；每条检查 1 处，总抽查数不应少于 10 处。

检验方法：观察检查或使用放大镜、焊缝量规和钢尺检查。

3）焊缝尺寸允许偏差应符合《钢结构工程施工质量验收规范》（GB 50205—2001）附录 A 中表 A.0.2 的规定。

检查数量：每批同类构件抽查 10%，且不应少于 3 件；被抽查构件中，每种焊缝按条数各抽查 5%，但不应少于 1 条；每条检查 1 处，总抽查数不应少于 10 处。

检验方法：用焊缝量规检查。

4）焊成凹形的角焊缝，焊缝金属与母材间应平缓过渡；加工成凹形的角焊缝，不得在其表面留下切痕。

检查数量：每批同类构件抽查 10%，且不应少于 3 件。

检验方法：观察检查。

5）焊缝感观应达到：外形均匀、成型较好，焊道与焊道、焊道与基本金属间过渡较平滑，焊渣和飞溅物基本清除干净。

检查数量：每批同类构件抽查 10%，且不应少于 3 件；被抽查构件中，每种焊缝按数量各抽查 5%，总抽查处不应少于 5 处。

检验方法：观察检查。

2. 焊钉（栓钉）焊接工程

（1）主控项目

1）施工单位对其采用的焊钉和钢材焊接应进行焊接工艺评定，其结果应符合设计要求和国家现行有关标准的规定。瓷环应按其产品说明书进行烘焙。

检查数量：全数检查。

检验方法：检查焊接工艺评定报告和烘焙记录。

2）焊钉焊接后应进行弯曲试验检查，其焊缝和热影响区不应有肉眼可见的裂纹。

检查数量：每批同类构件抽查 10%，且不应少于 10 件；被抽查构件中，每件检查焊钉数量的 1%，但不应少于 1 个。

检验方法：焊钉弯曲 30°后用角尺检查和观察检查。

（2）一般项目

焊钉根部焊脚应均匀，焊脚立面的局部未熔合或不足 360°的焊脚应进行修补。

检查数量：按总焊钉数量抽查 1%，且不应少于 10 个。

检验方法：观察检查。

第三节 紧固件连接工程

一、材料质量要求

普通螺栓通常用 Q235 钢制造。由于强度较低,故对其栓杆施加的紧固预拉力不能太大,这样在被连接件间所施加的压紧力不大,因此其间的摩擦力也不大。另外,普通螺栓根据螺栓的加工精度还分为 A、B 和 C 三级。A 级和 B 级螺栓尺寸准确,精度较高,且配用 I 类孔孔径与螺栓杆径相等,只分别允许其有正与负公差,因此栓杆和螺孔间的空隙仅 0.3~0.5mm。C 级螺栓表面不加工,尺寸不很准确,且配用 D 类孔(在单个零件上一次冲成或不用钻模钻成设计孔径的孔),孔径比螺栓杆径大 1~1.5mm。

高强度螺栓制造厂应对原材料(按加工高强度螺栓的同样工艺进行热处理)进行抽样试验,其性能应符合表 6-2 的规定。

高强度螺栓性能　　　　　表 6-2

性能等级	抗拉强度 f_u（N/mm²）		最大屈服强度 f_y（N/mm²）	伸长率 δ_5（%）	断面收缩率 ψ（%）	冲击韧性 α_k（J/cm²）
	公称值	幅度值	不小于			
10.9S	1000	1000/1124	900	10	42	59
8.8S	800	810/984	640	12	45	78

高强度螺栓的硬度:性能等级为 8.8 级时,热处理后硬度为 HRC21~29;性能等级为 10.9 级时,热处理后硬度为 HRC32~36。

高强度螺栓不允许存在任何淬火裂纹。

高强度螺栓表面要进行发黑处理。

高强度螺栓抗拉极限承载力应符合设计规定。

二、施工质量控制

1. 普通螺栓

(1) 螺母和螺钉的装配应符合以下要求:

1) 螺母或螺钉与零件贴合的表面要光洁、平整、贴合处的表面应当经过加工,否则容易使连接件松动或使螺钉弯曲。

2) 螺母或螺钉和接触面之间应保持清洁,螺孔内的脏物应当清理干净。

3) 拧紧成组的螺母时,必须按照一定的顺序进行,并做到分次序逐步拧紧,否则会使零件或螺杆产生松紧不一致,甚至变形。在拧紧长方形布置的成组螺母时,必须从中间开始,逐渐向两边对称地扩展;在拧紧方形或圆形布置的成组螺母时,必须对称地进行。

4) 装配时,必须按照一定的拧紧力矩来拧紧,因为拧紧力矩太大时,会出现螺栓或螺钉拉长,甚至断裂和被连接件变形等现象;拧紧力矩太小时,就不可能保证被连接件在工作时的可靠性和正确性。

(2) 一般的螺纹连接部具有自锁性，在受静荷载和工作温度变化不大时，不会自行松脱。但在冲击、振动或变荷载作用下，以及在工作温度变化很大时，这种连接有可能自松，影响工作，甚至发生事故。为了保证连接安全可靠，对螺纹连接必须采取有效的防松措施。

一般常用的防松措施有增大摩擦力、机械防松和不可拆三大类。

1) 增大摩擦力的防松措施是使拧紧的螺纹之间不因外载荷变化而失去压力，因而始终有摩擦阻力防止连接松脱。但这种方法不十分可靠，所以多用于冲击和振动不剧烈的场合。常用的措施有弹簧垫圈和双螺母。

2) 机械防松措施是利用各种止动零件，阻止螺纹零件的相对转动来实现防松。机械防松可靠，所以应用很广。常用的措施有开口销与槽形螺母、止退垫圈与圆螺母、止动垫圈与螺母或螺钉、串联钢丝等。

3) 不可拆的防松措施是利用点焊、点铆等方法把螺母固定在螺栓或被连接件上，或者把螺钉固定在被连接零件上，达到防松目的。

2. 高强度螺栓

(1) 高强度螺栓的连接形式

高强度螺栓的连接形式有：摩擦连接、张拉连接和承压连接。

1) 摩擦连接是高强度螺栓拧紧后，产生强大加紧力来夹紧板束，依靠接触面间产生的抗剪摩擦力传递与螺杆垂直方向应力的连接方法。

2) 张拉连接是螺杆只承受轴向拉力，在螺栓拧紧后，连接的板层间压力减少，外力完全由螺栓承担。

3) 承压连接是在螺栓拧紧后所产生的抗滑移力及螺栓孔内和连接钢板间产生的承压力来传递应力的一种方法。

(2) 摩擦面的处理是指采用高强度摩擦连接时对构件接触面的钢材进行表面加工。经过加工，使其接触表面的抗滑系数达到设计要求的额定值，一般为 0.45~0.55。

摩擦面的处理方法有：喷砂（或抛丸）后生赤锈；喷砂后涂无机富锌漆；砂轮打磨；钢丝刷消除浮锈；火焰加热清理氧化皮；酸洗等。

(3) 摩擦型高强度螺栓施工前，钢结构制作和施工单位应按规定分别进行高强度螺栓连接摩擦面的抗滑移系数实验和复验，现场处理的构件摩擦面应单独进行摩擦面抗滑移系数试验。试验基本要求如下：

1) 制造厂和安装单位应分别以钢结构制造批为单位进行抗滑移系数试验。制造批可按照分部（子分部）工程划分规定的工程量每 2000t 为一批，不足 2000t 的可视为一批。选用两种或两种以上表面处理工艺时，每种处理工艺应单独检验。每批三组试件。

2) 抗滑移系数试验用的试件应由制造厂加工，试件与所代表的钢结构构件应为同一材质、同批制作、采用同一摩擦面处理工艺和具有相同的表面状态，并应用同批同一性能等级的高强度螺栓连接副，在同一环境条件下存放。

(4) 高强度螺栓连接安装时，在每个节点上应穿入的临时螺栓与冲钉数量由安装时可能承担的载荷计算确定，并应符合下列规定：

1) 不得少于安装孔数的 1/3；

2) 不得少于两个临时螺栓；

3）冲钉穿入数量不宜多于临时螺栓的30％，不得将连接用的高强度螺栓兼作临时螺栓。

（5）高强度螺栓的安装应顺畅穿入孔内，严禁强行敲打。如不能自由穿入时，应用绞刀铰孔修整，修整后的最大孔径应小于1.2倍螺栓直径。铰孔前应将四周的螺栓全部拧紧，使钢板密贴后再进行，不得用气割扩孔。

（6）高强度螺栓的穿入方向应以施工方便为准，并力求一致。连接副组装时，螺母带垫圈面的一侧应朝向垫圈倒角面的一侧。大六角头高强度螺栓六角头下放置的垫圈有倒角面的一侧必须朝向螺栓六角头。

（7）安装高强度螺栓时，构件的摩擦面应保持干燥，不得在雨中作业。

（8）高强度螺栓连接副的拧紧应分为初拧、终拧。对于大型节点应分初拧、复拧、终拧。复拧扭矩等于初拧扭矩。初拧、复拧、终拧应在24h内完成。

（9）高强度螺栓连接副初拧、复拧、终拧时，一般应按由螺栓群节点中心位置顺序向外缘拧紧的方法施拧。

（10）高强度螺栓连接副的施工扭矩确定

1）终拧扭矩值按下式计算：

$$T_c = K \times P_c \times d \tag{6-1}$$

式中　T_c——终拧扭矩值（N·m）；

　　　P_c——施工预拉力标准值（kN），见表6-3；

　　　d——螺栓公称直径（mm）；

　　　K——扭矩系数，按（GB 50205—2001）的规定试验确定。

高强度螺栓连接副施工预拉力标准值（kN）　　　　表6-3

螺栓性能等级	螺栓公称直径（mm）					
	M16	M20	M22	M24	M27	M30
8.8S	75	120	150	170	225	275
10.9S	110	170	210	250	320	390

2）高强度大六角头螺栓连接副初拧扭矩 T_o 可按 $0.5T_c$ 取值。

3）扭剪型高强度螺栓连接副初拧扭矩值可按下式计算：

$$T_o = 0.065 P_c \times d \tag{6-2}$$

式中　T_o——初拧扭矩值（N·m）；

　　　P_c——施工预拉力标准值（kN），见表6-3；

　　　d——螺栓公称直径（mm）。

（11）施工所用的扭矩扳手，班前必须矫正，班后必须校验，其扭矩误差不得大于±5％，合格的方可使用。检查用的扭矩扳手其扭矩误差不得大于±3％。

（12）初拧或复拧后的高强度螺栓应用颜色在螺母上涂上标记，终拧后的螺栓应用另一种颜色在螺栓上涂上标记，以分别表示初拧、复拧、终拧完毕。扭剪型高强螺栓应用专用扳手进行终拧，直至螺栓尾部梅花头拧掉。对于操作空间有限，不能用扭剪型螺栓专用扳手进行终拧的扭剪型螺栓，可按大六角头高强度螺栓的拧紧方法进行终拧。

三、施工质量验收

1．普通紧固件连接

(1) 主控项目

1) 普通螺栓作为永久性连接螺栓时,当设计有要求或对其质量有疑义时,应进行螺栓实物最小拉力载荷复验,试验方法见《钢结构工程施工质量验收规范》(GB 50205—2001)附录B,其结果应符合现行国家标准《紧固件机械性能螺栓、螺钉和螺柱》(GB 3098.1—2000)的规定。

检查数量:每一规格螺栓抽查8个。

检验方法:检查螺栓实物复验报告。

2) 连接薄钢板采用的自攻钉、拉铆钉、射钉等其规格尺寸应与被连接钢板相匹配,其间距、边距等应符合设计要求。

检查数量:按连接节点数抽查1%,且不应少于3个。

检验方法:观察和尺量检查。

(2) 一般项目

1) 永久性普通螺栓紧固应牢固、可靠,外露丝扣不应少于2扣。

检查数量:按连接节点数抽查10%,且不应少于3个。

检验方法:观察和用小锤敲击检查。

2) 自攻螺钉、钢拉铆钉、射钉等与连接钢板应紧固密贴,外观排列整齐。

检查数量:按连接节点数抽查10%,且不应少于3个。

检验方法:观察或用小锤敲击检查。

2. 高强度螺栓

(1) 主控项目

1) 钢结构制作和安装单位应按《钢结构工程施工质量验收规范》(GB 50205—2001)附录B的规定分别进行高强度螺栓连接摩擦面的抗滑移系数试验和复验,现场处理的构件摩擦面应单独进行摩擦面抗滑移系数试验,其结果应符合设计要求。

检查数量:按照分部(子分部)工程划分规定的工程量每2000t为一批,不足2000t的可视为一批。选用两种或两种以上表面处理工艺时,每种处理工艺应单独检验。每批三组试件。

检验方法:检查摩擦面抗滑移系数试验报告和复验报告。

2) 高强度大六角头螺栓连接副终拧完成1h后、48h内应进行终拧扭矩检查,检查结果应符合《钢结构工程施工质量验收规范》(GB 50205—2001)附录B的规定。

检查数量:按节点数抽查10%,且不应少于10个;每个被抽查节点按螺栓数抽查10%,且不应少于2个。

检验方法:见《钢结构工程施工质量验收规范》(GB 50205—2001)附录B。

3) 扭剪型高强度螺栓连接副终拧后,除因构造原因无法使用专用扳手终拧掉梅花头者外,未在终拧中拧掉梅花头的螺栓数不应大于该节点螺栓数的5%。对所有梅花头未拧掉的扭剪型高强度螺栓连接副应采用扭矩法或转角法进行终拧并作标记,且按第2)条的规定进行终拧扭矩检查。

检查数量:按节点数抽查10%,但不应少于10个节点,被抽查节点中梅花头未拧掉的扭剪型高强度螺栓连接副全数进行终拧扭矩检查。

检验方法:观察检查及《钢结构工程施工质量验收规范》(GB 50205—2001)附录B。

(2) 一般项目

1) 高强度螺栓连接副的施拧顺序和初拧、复拧扭矩应符合设计要求和国家现行行业标准《钢结构高强度螺栓连接的设计、施工及验收规程》(JGJ 82) 的规定。

检查数量：全数检查资料。

检验方法：检查扭矩扳手标定记录和螺栓施工记录。

2) 高强度螺栓连接副终拧后，螺栓丝扣外露应为2~3扣，其中允许有10%的螺栓丝扣外露1扣或4扣。

检查数量：按节点数抽查5%，且不应少于10个。

检验方法：观察检查。

3) 高强度螺栓连接摩擦面应保持干燥、整洁，不应有飞边、毛刺、焊接飞溅物、焊疤、氧化铁皮、污垢等，除设计要求外摩擦面不应涂漆。

检查数量：全数检查。

检验方法：观察检查。

4) 高强度螺栓应自由穿入螺栓孔。高强度螺栓孔不应采用气割扩孔，扩孔数量应征得设计同意，扩孔后的孔径不应超过 $1.2d$ （d 为螺栓直径）。

检查数量：被扩螺栓孔全数检查。

检验方法：观察检查及用卡尺检查。

5) 螺栓球节点网架总拼完成后，高强度螺栓与球节点应紧固连接，高强度螺栓拧入螺栓球内的螺纹长度不应小于 $1.0d$ （d 为螺栓直径），连接处不应出现有间隙、松动等未拧紧情况。

检查数量：按节点数抽查5%，且不应少于10个。

检验方法：普通扳手及尺量检查。

第四节　钢零件及钢部件加工工程

一、材料质量要求

钢材应具有质量证明书，并应符合设计的要求。当对钢材的质量有疑义时，应按国家现行有关标准的规定进行抽样检验，其结果应符合国家标准的规定和设计文件的要求方可采用。钢材表面有锈蚀、麻点和划痕等缺陷时，其深度不得大于该钢材厚度负偏差值的1/2。钢材表面锈蚀等级应符合现行国家标准《涂装前钢材表面锈蚀等级和除锈等级》(GB 8923) 规定的 A、B、C 级。

连接材料（焊条、焊丝、焊剂）、高强度螺栓、精制螺栓、普通螺栓及铆钉等，以及涂料（底漆和面漆等）均应具有出厂质量证明书，并应符合设计的要求和国家现行有关标准的规定。严禁使用药皮脱落或焊芯生锈的焊条、受潮结块或已熔烧过的焊剂以及锈蚀、碰伤或混批的高强度螺栓。

二、施工质量控制

1. 放样和号料

(1) 放样

1) 放样即是根据已审核过的施工样图，按构件（或部件）的实际尺寸或一定比例画出该构件的轮廓，或将曲面展开成平面，求出实际尺寸，作为制造样板。加工和装配工作的依据。放样是整个钢结构制作工艺中第一道工序，是非常重要的一道工序。因为所有的构件、部件、零件尺寸和形状都必须先进行放样，然后根据其结果数据、图样进行加工，然后才把各个零件装配成一个整体，所以，放样的准确程度将直接影响产品的质量。

2) 放样前，放样人员必须熟悉施工图和工艺要求，核对构件及构件相互连接的几何尺寸和连接有否不当之外。如发现施工图有遗漏或错误，以及其他原因需要更改施工图时，必须取得原设计单位签具设计变更文件，不得擅自修改。

3) 放样使用的钢尺，必须经计量单位检验合格，并与土建、安装等有关方面使用的钢尺相核对。丈量尺寸，应分段叠加，不得分段测量后相加累计全长。

4) 放样应在平整的放样台上进行。凡放大样的构件，应以 1:1 的比例放出实样；当构件零件较大难以制作样杆、样板时，可以绘制下料图。

5) 样杆、样板制作时，应按施工图和构件加工要求，做出各种加工符号、基准线、眼孔中心等标记，并按工艺要求预放各种加工余量，然后号上冲印等印记，用磁漆（或其他材料）在样杆、样板上写出工程、构件及零件编号、零件规格孔径、数量及标注有关符号。

6) 放样工作完成，对所放大样和样杆样板（或下料图）进行自检，无误后报专职检验人员检验。

7) 样杆、样板应按零件号及规格分类存放，妥为保存。

(2) 号料

1) 号料前，号料人员应熟悉样杆、样板（成下料图）所注的各种符号及标记等要求。核对材料牌号及规格、炉批号。

2) 凡型材端部存有倾斜或板材边缘弯曲等缺陷，号料时应去除缺陷部分或先行矫正。

3) 根据割、锯等不同切割要求和对刨、铣加工的零件，预放不同的切割及加工余量和焊接收缩量。

4) 按照样杆、样板的要求，对下料件应号出加工基准线和其他有关标记。并号上冲印等印记。

5) 下料完成，检查所下零件规格、数量等是否有误，并做出下料记录。

2. 切割

钢材的切割下料应根据钢材截面形状、厚度以及切割边缘质量要求的不同而分别采用剪切、冲切、锯切、气割。

(1) 剪切

1) 剪切或剪断的边缘必要时，应加工整光，相关接触部分不得产生歪曲。

2) 剪切材料对主要受静载荷的构件，允许材料在剪断机上剪切，毋需再加工。

3) 剪切的材料对受动载荷的构件，必须将截面中存在有害的剪切边清除。

4) 剪切前必须检查核对材料规格、牌号是否符合图纸要求。

5) 剪切前，应将钢板表面的油污、铁锈等清除干净，并检查剪断机是否符合剪切材料强度要求。

6）剪切时，必须看清断线符号，确定剪切程序。

(2) 气割

1）气割原则上采用自动切割机，也可使用半自动切割机和手工切割，使用气体可为氧乙炔、丙烷、碳-3气及混合气等。气割工在操作时，必须检查工作场地和设备，严格遵守安全操作规程。

2）零件自由端火焰切割面无特殊要求的情况加工精度如下：

①粗糙度：200s以下；

②缺口度：1.0mm以下。

3）采用气割时应控制切割工艺参数，自动、半自动气割工艺参数见表6-4。

自动、半自动气割工艺参数　　　　　　　　　　表6-4

割嘴号码	板厚（mm）	氧气压力（MPa）	乙炔压力（MPa）	气割速度（mm/min）
1	6~10	0.20~0.25	≥0.030	650~450
2	10~20	0.25~0.30	≥0.035	500~350
3	20~30	0.30~0.40	≥0.040	450~300
4	40~60	0.50~0.60	≥0.045	400~300
5	60~80	0.60~0.70	≥0.050	350~250
6	80~100	0.70~0.80	≥0.060	300~200

4）气割工割完重要的构件时，在割缝两端100~200mm处，加盖本人钢印。割缝出现超过质量要求所规定的缺陷，应上报有关部门，进行质量分析，订出措施后方可返修。

5）当重要构件厚板切割时应作适当预热处理，或遵照工艺技术要求进行。

3. 矫正和成型

钢结构（或钢材）表面上如有不平、弯曲、扭曲、尺寸精度超过允许偏差的规定时，必须对有缺陷的构件（或钢材）进行矫正，以保证钢结构构件的质量。矫正的方法很多，根据矫正时钢材的温度分冷矫正和热矫正两种。冷矫正是在常温下进行的矫正，冷矫时会产生冷硬现象，适用于矫正塑性较好的钢材。对变形十分严重或脆性很大的钢材，如合金钢及长时间放在露天生锈钢材等，因塑性较差不能用冷矫正；热矫正是将钢材加热至700~1000℃的高温内进行，当钢材弯曲变形大，钢材塑性差，或在缺少足够动力设备的情况下才应用热矫正。另外，根据矫正时作用外力的来源与性质来分，矫正分手工矫正、机械矫正、火焰矫正等。矫正和成型应符合以下要求：

(1) 钢材的初步矫正，只对影响号料质量的钢材进行矫正，其余在各工序加工完毕后再矫正或成型。

(2) 钢材的机械矫正，一般应在常温下用机械设备进行，矫正后的钢材，在表面上不应有凹陷、凹痕及其他损伤。

(3) 碳素结构钢和低合金高强度结构钢，允许加热矫正，其加热温度严禁超过正火温度（900℃）。用火焰矫正时，对钢材的牌号为Q345、Q390、35、45的焊件，不准浇水冷却，一定要在自然状态下冷却。

(4) 弯曲加工分常温和高温，热弯时所有需要加热的型钢，宜加热到880~1050℃，并采取必要措施使构件不致"过热"，当温度降低到普通碳素结构钢700℃，低合金高强度结构钢800℃，构件不能再进行热弯，不得在蓝脆区段（200~400℃）进行弯曲。

(5) 热弯的构件应在炉内加热或电加热，成型后有特殊要求者再退火。冷弯的半径应为材料厚度的 2 倍以上。

4. 边缘加工

通常采用刨和铣加工对切割的零件边缘加工，以便提高零件尺寸精度，消除切割边缘的有害影响，加工焊接坡口，提高截面光洁度，保证截面能良好传递较大压力。边缘加工应符合以下要求：

(1) 气割的零件，当需要消除影响区进行边缘加工时，最少加工余量为 2.0mm。

(2) 机械加工边缘的深度，应能保证把表面的缺陷清除掉，但不能小于 2.0mm，加工后表面不应有损伤和裂缝，在进行砂轮加工时，磨削的痕迹应当顺着边缘。

(3) 碳素结构钢的零件边缘，在手工切割后，其表面应作清理，不能有超过 1.0mm 的不平度。

(4) 构件的端部支承边要求刨平顶紧和构件端部截面精度要求较高的，无论是什么方法切割和用何种钢材制成的，都要刨边或铣边。

(5) 施工图有特殊要求或规定为焊接的边缘需进行刨边，一般板材或型钢的剪切边不需刨光。

(6) 刨削时直接在工作台上用螺栓和压板装夹工件时，通用工艺规则如下：

1) 多件划线毛坯同时加工时，装夹中心必须按工件的加工线找正到同一平面上，以保证各工件加工尺寸的一致。

2) 在龙门刨床上加工重而窄的工件，需偏于一侧加工时，应尽量两件同时加工或在另一侧加配重，以使机床的两边导轨负荷平衡。

3) 在刨床工作台上装夹较高的工件时，应加辅助支承，以使装夹牢靠和防止加工中工件变形。

4) 必须合理装夹工件，以工件迎着走刀方向和进给方向的两个侧边紧靠定位装置，而另两个侧边应留有适当间隙。

(7) 关于铣刀和铣削量的选择，应根据工件材料和加工要求决定，合理的选择是加工质量的保证。

5. 管、球加工

(1) 焊接球节点

1) 焊接空心球节点由空心球、钢管杆件、连接套管等零件组成。空心球制作工艺流程应为：下料→加热→冲压→切边坡口→拼装→焊接→检验。

2) 半球圆形坯料钢板应用乙炔氧气或等离子切割下料。坯料锻压的加热温度应控制在 900～1100℃。半球成型，其坯料须在固定锻模具上热挤压成半个球形，半球表面光滑平整，不应有局部凸起或褶皱。

3) 毛坯半圆球可在普通车床切边坡口。不加肋空心球两个半球对装时，中间应预留 2.0mm 缝隙，以保证焊透。

4) 加肋空心球的肋板位置，应在两个半球的拼接环形缝平面处。加肋钢板应用乙炔氧气切割下料，外径（D）留放加工余量，其内孔以 $D/3 \sim D/2$ 割孔。

5) 空心球与钢管杆件连接时，钢管两端开坡口 30°，并在钢管两端头内加套管与空心球焊接。球面上相邻钢管杆件之间的缝隙不宜小于 10mm。钢管杆件与空心球之间应留有

2.0~6.0mm 的缝隙予以焊透。

(2) 螺栓球节点

1) 螺栓球节点主要由钢球、高强螺栓、锥头或封板、套筒等零件组成。钢球、锥头、封板、套筒等原材料是元钢采用锯床下料,元钢经加热温度控制在 900~1100℃之间,分别在固定的锻模具上压制成型。

2) 螺栓球加工应在车床上进行,其加工程序第一是加工定位工艺孔,第二是加工各种弦杆孔。相邻螺孔角度必须以专用的夹具保证。每个球必须检验合格,打上操作者标记和安装球号,最后在螺纹处涂上黄油防锈。

(3) 钢管杆件加工

1) 钢管杆件应用切割机或管子车床下料,下料后长度应放余量,钢管两端应坡口 30°,钢管下料长度应预加焊接收缩量,如钢管壁厚≤6.0mm,每条焊缝放 1.0~1.5mm;壁厚≥8.0mm,每条焊缝放 1.5~2.0mm。钢管杆件下料后必须认真清除钢材表面的氧化皮和锈蚀等污物,并采取防腐措施。

2) 钢管杆件焊接两端加锥头或封板,长度是用专门的定位夹具控制,以保证杆件的精度和互换性。采用手工焊,焊接成品应分三步到位:一是定长度点焊;二是底层焊;三是面层焊。当采用 CO_2 气体保护自动焊接机床焊接钢管杆件,它只需要钢管杆件配锥头或封板后焊接自动完成一次到位,焊缝高度必须大于钢管壁厚。对接焊缝部位应在清除焊渣后涂刷防锈漆,检验合格后打上焊工钢印和安装编号。

6. 制孔

构件使用的高强度螺栓、半圆头铆钉自攻螺钉等用孔的制作方法可有:钻孔、铣孔、冲孔、铰孔等。制孔加工过程应注意以下事项:

(1) 构件制孔优先采用钻孔,当证明某些材料质量、厚度和孔径,冲孔后不会引起脆性时允许采用冲孔。

厚度在 5mm 以下的所有普通结构钢允许冲孔,次要结构厚度小于 12mm 允许采用冲孔。在冲切孔上,不得随后施焊(槽型),除非证明材料在冲切后,仍保留有相当韧性则可焊接施工。一般情况下,在需要所冲的孔上再钻大时,则冲孔必须比指定的直径小 3mm。

(2) 钻孔前,一是要磨好钻头,二是要合理地选择切削余量。

(3) 制成的螺栓孔,应为正圆柱形,并垂直于所在位置的钢材表面,倾斜度应小于 1/20,其孔周边应无毛刺、破裂、喇叭口或凹凸的痕迹,切屑应清除干净。

三、施工质量验收

1. 切割

(1) 主控项目

钢材切割面或剪切面应无裂纹、夹渣、分层和大于 1mm 的缺棱。

检查数量:全数检查。

检验方法:观察或用放大镜及百分尺检查,有疑义时作渗透、磁粉或超声波探伤检查。

(2) 一般项目

1) 气割的允许偏差应符合表 6-5 的规定。

气割的允许偏差（mm）　　　　　　　　　　　　表 6-5

项　目	允　许　偏　差	项　目	允　许　偏　差
零件宽度	±3.0	割纹深度	0.3
切割面平面度	$0.05t$，且不应大于 2.0	局部缺口深度	1.0

注：t 为切割面厚度。

检查数量：按切割面数抽查 10%，且不应少于 3 个。

检验方法：观察检查或用钢尺、塞尺检查。

2) 机械剪切的允许偏差应符合表 6-6 的规定。

机械剪切的允许偏差（mm）　　　　　　　　　　　表 6-6

项　目	允　许　偏　差	项　目	允　许　偏　差
零件宽度、长度	±3.0	型钢端部垂直度	2.0
边缘缺棱	1.0		

检查数量：按割面数抽查 10%，且不应少于 3 个。

检验方法：观察检查或用钢尺、塞尺检查。

2. 矫正和成型

(1) 主控项目

1) 碳素结构钢在环境温度低于 -16℃、低合金结构钢在环境温度低于 -12℃ 时，不应进行冷矫正和冷弯曲。碳素结构钢和低合金结构钢在加热矫正时，加热温度不应超过 900℃。低合金结构钢在加热矫正后应自然冷却。

检查数量：全数检查。

检验方法：检查制作工艺报告和施工记录。

2) 当零件采用热加工成型时，加热温度应控制在 900~1000℃；碳素结构钢和低合金结构钢在温度分别下降到 700℃ 和 800℃ 之前，应结束加工；低合金结构钢应自然冷却。

检查数量：全数检查。

检验方法：检查制作工艺报告和施工记录。

(2) 一般项目

1) 矫正后的钢材表面，不应有明显的凹面或损伤，划痕深度不得大于 0.5mm，且不应大于该钢材厚度负允许偏差的 1/2。

检查数量：全数检查。

检验方法：观察检查和实测检查。

2) 冷矫正和冷弯曲的最小曲率半径和最大弯曲矢高应符合表 6-7 的规定。

冷矫正和冷弯曲的最小曲率半径和最大弯曲矢高（mm）　　　表 6-7

钢材类别	图　例	对应轴	矫　正		弯　曲	
			r	f	r	f
钢板扁钢		x-x	$50t$	$\dfrac{l^2}{400t}$	$25t$	$\dfrac{l^2}{200t}$
		y-y（仅对扁钢轴线）	$100b$	$\dfrac{l^2}{800t}$	$50b$	$\dfrac{l^2}{400t}$

续表

钢材类别	图例	对应轴	矫正 r	矫正 f	弯曲 r	弯曲 f
角钢		x-x	$90b$	$\dfrac{l^2}{720b}$	$45b$	$\dfrac{l^2}{360b}$
槽钢		x-x	$50h$	$\dfrac{l^2}{400h}$	$25h$	$\dfrac{l^2}{200h}$
槽钢		y-y	$90b$	$\dfrac{l^2}{720b}$	$45b$	$\dfrac{l^2}{360b}$
工字钢		x-x	$50h$	$\dfrac{l^2}{400h}$	$25h$	$\dfrac{l^2}{200h}$
工字钢		y-y	$50b$	$\dfrac{l^2}{400b}$	$25b$	$\dfrac{l^2}{200b}$

注：r 为曲率半径；f 为弯曲矢高；l 为弯曲弦长；t 为钢板厚度。

检查数量：按冷矫正和冷弯曲的件数抽查10%，且不应少于3个。

检验方法：观察检查和实测检查。

3）钢材矫正后的允许偏差，应符合表6-8的规定。

钢材矫正后的允许偏差（mm） 表6-8

项目		允许偏差	图例
钢板的局部平面度	$t \leqslant 14$	1.5	
钢板的局部平面度	$t > 14$	1.0	
型钢弯曲矢高		$l/1000$ 且不应大于5.0	
角钢肢的垂直度		$b/1000$ 双肢栓接角钢的角度不得大于90°	
槽钢翼缘对腹板的垂直度		$b/80$	
工字钢、H型钢翼缘对腹板的垂直度		$b/100$ 且不大于2.0	

检查数量：按矫正件数抽查10%，且不应少于3件。

检验方法：观察检查和实测检查。

3. 边缘加工

(1) 主控项目

气割或机械剪切的零件，需要进行边缘加工时，其刨削量不应小于2.0mm。

检查数量：全数检查。

检验方法：检查工艺报告和施工记录。

(2) 一般项目

边缘加工允许偏差应符合表 6-9 的规定。

边缘加工的允许偏差（mm）　　　　　表 6-9

项　目	允　许　偏　差	项　目	允　许　偏　差
零件宽度、长度	±1.0	加工面垂直度	$0.025t$，且不应大于 0.5
加工边线直线度	$l/3000$ 且不应大于 2.0	加工面表面粗糙度	$\underline{50}$
相邻两边夹角	±6′		

检查数量：按加工面数抽查 10%，且不应少于 3 件。

检验方法：观察检查和实测检查。

4. 管、球加工

(1) 主控项目

1) 螺栓球成型后，不应有裂纹、摺皱、过烧。

检查数量：每种规格抽查 10%，且不应少于 5 个。

检验方法：10 倍放大镜观察检查或表面探伤。

2) 钢板压成半圆球后，表面不应有裂纹、摺皱；焊接球其对接坡口应采用机械加工，对接焊缝表面应打磨平整。

检查数量：每种规格抽查 10%，且不应少于 5 个。

检验方法：10 倍放大镜观察检查或表面探伤。

(2) 一般项目

1) 螺栓球加工的允许偏差应符合表 6-10 的规定。

螺栓球加工的允许偏差（mm）　　　　　表 6-10

项　目		允许偏差	检验方法
圆　度	$d \leqslant 120$	1.5	用卡尺和游标卡尺检查
	$d > 120$	2.5	
同一轴线上两铣平面平行度	$d \leqslant 120$	0.2	用百分表 V 形块检查
	$d > 120$	0.3	
铣平面距球中心距离		±0.2	用游标卡尺检查
相邻两螺栓孔中心线夹角		±30′	用分度头检查
两铣平面与螺栓孔轴线垂直度		$0.005r$	用百分表检查
球毛坯直径	$d \leqslant 120$	+2.0 −1.0	用卡尺和游标卡尺检查
	$d > 120$	+3.0 −1.5	

检查数量：每种规格抽查 10%，且不应少于 5 个。

检验方法：见表 6-10。

2) 焊接球加工的允许偏差应符合表 6-11 的规定。

焊接球加工的允许偏差（mm） 表 6-11

项　目	允许偏差	检 验 方 法
直径	±0.005d ±2.5	用卡尺和游标卡尺检查
圆度	2.5	用卡尺和游标卡尺检查
壁厚减薄量	0.13t，且不应大于1.5	用卡尺和测厚仪检查
两半球对口错边	1.0	用套模和游标卡尺检查

检查数量：每种规格抽查 10%，且不应少于 5 个。

检验方法：见表 6-11。

3）钢网架（桁架）用钢管杆件加工的允许偏差应符合表 6-12 的规定。

钢网架（桁架）用钢管杆件加工的允许偏差（mm） 表 6-12

项　目	允许偏差	检 验 方 法
长　度	±1.0	用钢尺和百分表检查
端面对管轴的垂直度	0.005r	用百分表 V 形块检查
管口曲线	1.0	用套模和游标卡尺检查

检查数量：每种规格抽查 10%，且不应少于 5 根。

检验方法：见表 6-12。

5．制孔

(1) 主控项目

1) A、B 级螺栓孔（Ⅰ类孔）应具有 H12 的精度，孔壁表面粗糙度 R_a 不应大于 12.5μm。其孔径的允许偏差应符合表 6-13 的规定。

A、B 级螺栓孔径的允许偏差（mm） 表 6-13

序号	螺栓公称直径、螺栓孔直径	螺栓公称直径允许偏差	螺栓孔直径允许偏差
1	10～18	0.00 −0.21	+0.18 0.00
2	18～30	0.00 −0.21	+0.21 0.00
3	30～50	0.00 −0.25	+0.25 0.00

2) C 级螺栓孔（Ⅱ类孔），孔壁表面粗糙度 R_a 不应大于 25μm，其允许偏差应符合表 6-14 的规定。

C 级螺栓孔的允许偏差（mm） 表 6-14

项　目	允许偏差	项　目	允许偏差
直径	+0.1 0.0	圆度	2.0
		垂直度	0.03t，且不应大于2.0

检查数量：按钢构件数量抽查 10%，且不应少于 3 件。

检验方法：用游标卡尺或孔径量规检查。

(2) 一般项目

1) 螺栓孔孔距的允许偏差应符合表 6-15 的规定。

螺栓孔孔距允许偏差（mm） 表6-15

螺栓孔孔距范围	≤500	501~1200	1201~3000	>3000
同一组内任意两孔间距离	±1.0	±1.5	—	—
相邻两组的端孔间距离	±1.5	±2.0	±2.5	±3.0

注：1. 在节点中连接板与一根杆件相连的所有螺栓孔为一组；
  2. 对接接头在拼接板一侧的螺栓孔为一组；
  3. 在两相邻节点或接头间的螺栓孔为一组，但不包括上述两款所规定的螺栓孔；
  4. 受弯构件翼缘上的连接螺栓孔，每米长度范围内的螺栓孔为一组。

检查数量：按钢构件数量抽查10%，且不应少于3件。
检验方法：用钢尺检查。

2) 螺栓孔孔距的允许偏差超过表6-15规定的允许偏差时，应采用与母材材质相匹配的焊条补焊后重新制孔。

检查数量：全数检查。
检验方法：观察检查。

第五节　钢构件组装工程

一、一般规定

钢结构构件的组装是遵照施工图的要求，把已加工完成的各零件或半成品构件，用组装的手段组合成为独立的成品，这种方法通常称为组装。组装根据组装构件的特性以及组装程度，可分为部件组装、组装和预总装。

部件组装是组装的最小单元的组合，它由两个或两个以上零件按施工图的要求组装成为半成品的结构构件。

组装是把零件或半成品按施工图的要求组装成为独立的成品构件。预总装是根据施工图把相关的两个以上成品构件，在工厂制作场地上，按其各构件空间位置总装起来。其目的是客观地反映出各构件组装接点，保证构件安装质量。钢结构构件组装通常便用的方法有：地样组装、仿形复制组装、立装、卧装、胎膜组装等。

二、施工质量控制

1. 在组装前，组装人员必须熟悉施工图、组装工艺及有关技术文件的要求，并检查组装零部件的外观、材质、规格、数量，当合格无误后方可施工。

2. 组装焊接处的连接接触面及沿边缘30~50mm范围内的铁锈、毛刺、污垢、冰雪等必须在组装前清除干净。

3. 板材、型材需要焊接时，应在部件或构件整体组装前进行；构件整体组装应在部件组装、焊接、矫正后进行。

4. 构件的隐蔽部位应先行涂装、焊接，经检查合格后方可组合；完全封闭的内表面可不涂装。

5. 构件组装应在适当的工作平台及装配胎膜上进行。

6. 组装焊接构件时,对构件的几何尺寸应依据焊缝等收缩变形情况,预放收缩余量;对有起拱要求的构件,必须在组装前按规定的起拱量做好起拱。

7. 胎膜或组装大样定型后须经自检,合格后质检人员复检,经认可后方可组装。

8. 构件组装时的连接及紧固,宜使用活络夹具及活络紧固器具;对吊车梁等承受动载荷构件的受拉翼缘或设计文件规定者,不得在构件上焊接组装卡夹具或其他物件。

9. 拆取组装卡夹具时,不得损伤母材,可用气割方法割除,切割后并磨光残留焊疤。

三、施工质量验收

1. 焊接 H 型钢
一般项目
1）焊接 H 型钢的翼缘板拼接缝和腹板拼接缝的间距不应小于 200mm。翼缘板拼接长度不应小于 2 倍板宽;腹板拼接宽度不应小于 300mm,长度不应小于 600mm。

检查数量：全数检查。

检验方法：观察和用钢尺检查。

2）焊接 H 型钢的允许偏差应符合《钢结构工程施工质量验收规范》（GB 50205—2001）附录 C 中表 C.0.1 的规定。

检查数量：按钢构件数抽查 10%,宜不应少于 3 件，

检验方法：用钢尺、角尺、塞尺等检查。

2. 组装
（1）主控项目
吊车梁和吊车桁架不应下挠。

检查数量：全数检查。

检验方法：构件直立，在两端支承后，用水准仪和钢尺检查。

（2）一般项目
1）焊接连接组装的允许偏差应符合《钢结构工程施工质量验收规范》（GB 50205—2001）附录 C 中表 C.0.2 的规定。

检查数量：按构件数抽查 10%，且不应少于 3 个。

检验方法：用钢尺检验。

2）顶紧接触面应有 75% 以上的面积紧贴。

检查数量：按接触面的数量抽查 10%，且不应少于 10 个。

检验方法：用 0.3mm 塞尺检查，其塞入面积应小于 25%，边缘间隙不应大于 0.8mm。

3）桁架结构杆件轴线交点错位的允许偏差不得大于 3.0mm，允许偏差不得大于 4.0mm。

检查数量：按构件数抽查 10%，且不应少于 3 个，每个抽查构件按节点数抽查 10%，且不应少于 3 个节点。

检验方法：尺量检查。

3. 端部铣平及安装焊缝坡口
（1）主控项目
端部铣平的允许偏差应符合表 6-16 的规定。

端部铣平的允许偏差（mm）　　　　　　　　　　　　　　　　表 6-16

项　目	允许偏差	项　目	允许偏差
两端铣平时构件长度	±2.0	铣平面的平面度	0.3
两端铣平时零件长度	±0.5	铣平面对轴线的垂直度	$l/1500$

检查数量：按铣平面数量抽查10%，且不应少于3个。

检验方法：用钢尺、角尺、塞尺等检查。

(2) 一般项目

1) 安装焊缝坡口的允许偏差应符合表 6-17 的规定。

安装焊缝坡口的允许偏差　　　　　　　　　　　　　　　　表 6-17

项　目	允许偏差	项　目	允许偏差
坡口角度	±5°	钝边	±1.0mm

检查数量：按坡口数量抽查10%，且不应少于3条。

检验方法：用焊缝量规检查。

2) 外露铣平面应防锈保护。

检查数量：全数检查。

检验方法：观察检查。

4．钢构件外形尺寸

(1) 主控项目

钢构件外形尺寸主控项目的允许偏差应符合表 6-18 的规定。

钢构件外形尺寸主控项目的允许偏差（mm）　　　　　　　　　表 6-18

项　目	允许偏差
单层柱、梁、桁架受力支托（支承面）表面至第一个安装孔距离	±1.0
多节柱铣平面至第一个安装孔距离	±1.0
实腹梁两端最外侧安装孔距离	±3.0
构件连接处的截面几何尺寸	±3.0
柱、梁连接处的腹板中心线偏移	2.0
受压构件（杆件）弯曲矢高	$l/1000$，且不应大于 10.0

检查数量：全数检查。

检验方法：用钢尺检查。

(2) 一般项目

钢构件外形尺寸一般项目的允许偏差应符合《钢结构工程施工质量验收规范》(GB 50205—2001) 附录 C 中表 C.0.3~C.0.9 的规定。

检查数量：按构件数量抽查10%，且不应少于3件。

检验方法：见《钢结构工程施工质量验收规范》(GB 50205—2001) 附录 C 中表 C.0.3～C.0.9。

第六节　钢构件预拼装工程

钢结构构件工厂内预拼装，目的是在出厂前将已制作完成的各构件进行相关组合，对设计、加工，以及适用标准的规模性验证。

一、施工质量控制

1. 预拼装组合部位的选择原则：尽可能选用主要受力框架、节点连接结构复杂，构件允差接近极限且有代表性的组合构件。

2. 预拼接应在坚实、稳固的平台式胎架上进行。所用的支承凳或平台应测量找平，检查时应拆除全部临时固定和拉紧装置

3. 预拼装中所有构件应按施工图控制尺寸，各杆件的重心线应汇交于节点中心，并完全处于自由状态，不允许有外力强制固定。单构件支承点不论柱、梁、支撑，应不少于两个支承点。

4. 预拼装构件控制基准中心线应明确标示，并与平台基线和地面基线相对一致。控制基准应按设计要求基准一致。

5. 所有需进行预拼装的构件，必须制作完毕经专检员验收并符合质量标准。相同的单构件宜可互换，而不影响整体集合尺寸。

6. 在胎架上预拼全过程中，不得对构件动用火焰或机械等方式进行修正、切割，或使用重物压载、冲撞、锤击。

7. 大型框架露天预拼装的检测应定时。所使用测量工具的精度，应与安装单位一致。

8. 高强度螺栓连接件预拼装时，可使用冲钉定位和临时螺栓紧固。试装螺栓在一组孔内不得少于螺栓孔的 30%，且不少于 2 只。冲钉数不得多于临时螺栓的 1/3。

二、施工质量验收

主控项目

(1) 高强度螺栓和普通螺栓连接的多层板叠，应采用试孔器进行检查，并应符合下列规定：

1) 当采用比孔公称直径小 1.0mm 的试孔器检查时，每组孔的通过率不应小于 85%；

2) 当采用比螺栓公称直径大 0.3mm 的试孔器检查时，通过率应为 100%。

检查数量：按预拼装单元全数检查。

检验方法：采用试孔器检查。

(2) 一般项目

预拼装的允许偏差应符合《钢结构工程施工质量验收规范》(GB 50205—2001) 附录 D 表 D 的规定。

检查数量：按预拼装单元全数检查。

检验方法：见《钢结构工程施工质量验收规范》(GB 50205—2001) 附录 D 表 D。

第七节 钢结构安装工程

钢结构安装是将各个单体（或组合体）构件组成成一个整体，其所提供的整体建筑物将直接投入生产使用，安装上出现的质量问题有可能成为永久性缺陷，同时钢结构安装工程具有作业面广、工序作业点多、材料、构件等供应渠道来自各方、手工操作比重大、交叉立体作业复杂、工程规模大小不一以及结构形式变化不同等特点，因此，更显示质量控制的重要性。

一、一般规定

1. 单层钢结构安装工程可按变形缝或空间刚度单元等划分成一个或若干个检验批。多层及高层钢结构安装工程可按楼层或施工段等划分为一个或若干个检验批。地下钢结构可按不同地下层划分检验批。

2. 钢结构安装检验批应在进场验收和焊接连接、紧固件连接、制作等分项工程验收合格的基础上进行验收。

3. 柱、梁、支撑等构件的长度尺寸应包括焊接收缩余量等变形值。

4. 安装柱时，每节柱的定位轴线应从地面控制轴线直接引上，不得从下层柱的轴线引上。

5. 结构的楼层标高可按相对标高或设计标高进行控制。

6. 安装的测量校正、高强度螺栓安装、负温度下施工及焊接工艺等，应在安装前进行工艺试验或评定，并应在此基础上制定相应的施工工艺或方案。

7. 安装偏差的检测，应在结构形成空间刚度单元并连接固定后进行。

8. 安装时，必须控制屋面、楼面、平台等的施工荷载，施工荷载和冰雪荷载等严禁超过梁、桁架、楼面板、屋面板、平台铺板等的承载能力。

9. 在形成空间刚度单元后，应及时对柱底板和基础顶面的空隙进行细石混凝土、灌浆料等二次浇灌。

10. 吊车梁或直接承受动力荷载的梁其受拉翼缘、吊车桁架或直接承受动力荷载的桁架其受拉弦杆上不得焊接悬挂物和卡具等。

二、施工质量控制

1. 施工准备

(1) 建筑钢结构的安装，应符合施工图设计的要求，并应编制安装工程施工组织设计。

(2) 安装用的专用机具和工具，应满足施工要求，并应定期进行检验，保证合格。

(3) 安装的主要工艺，如测量校正、高强度螺栓安装、负温度下施工及焊接工艺等，应在安装前进行工艺试验或评定，并应在此基础上制定相应的施工工艺和施工方案。

(4) 安装前，应对构件的变形尺寸、螺栓孔直径及位置、连接件位置及角度、焊缝、栓钉焊、高强度螺栓接头摩擦面加工质量、栓件表面的油漆等进行全面检查，在符合设计文件或有关标准的要求后，方能进行安装工作。

(5) 安装使用的测量工具应按同一标准鉴定,并应具有相同的精度等级。

2. 基础和支承面

(1) 建筑钢结构安装前,应对建筑物的定位轴线、平面封闭角、柱的位置线、钢筋混凝土基础的标高和混凝土强度等级等进行复查,合格后方能开始安装工作。

(2) 框架柱定位轴线的控制,可采用在建筑物外部或内部设辅助线的方法。每节柱的定位轴线应从地面控制轴线引上来,不得从下层柱的轴线引出。

(3) 柱的地脚螺栓位置应符合设计文件或有关标准的要求,并应有保护螺纹的措施。

(4) 底层柱地脚螺栓的紧固轴力,应符合设计文件的规定。螺母止退可采用双螺母,或用电焊将其焊牢。

(5) 结构的楼层标高可按相对标高或设计标高进行控制。

3. 构件安装顺序

(1) 建筑钢结构的安装应符合下列要求:
1) 划分安装流水区段;
2) 确定构件安装顺序;
3) 编制构件安装顺序表;
4) 进行构件安装,或先将构件组拼成扩大安装单元,再行安装。

(2) 安装流水区段可按建筑物的平面形状、结构形状、安装机械的数量、现场施工条件等因素划分。

(3) 构件安装的顺序,平面上应从中间向四周扩展,竖向应由下向上逐渐安装。

(4) 构件的安装顺序表,应包括各构件所用的节点板、安装螺栓的规格数量等。

4. 钢构件安装

(1) 柱的安装应先调整标高,再调整位移,最后调整垂直偏差,并应重复上述步骤。直到柱的标高、位移、垂直偏差符合要求。调整柱垂直度的缆风绳或支撑夹板,应在柱起吊前在地面绑扎好。

(2) 当由多个构件在地面组拼为扩大安装单元进行安装时,其吊点应经过计算确定。

(3) 构件的零件及附件应随构件一起起吊。尺寸较大、重量较重的节点板,可以用铰链固定在构件上。

(4) 柱、主梁、支撑等大构件安装时,应随即进行校正。

(5) 当天安装的钢构件应形成空间稳定体系。形成空间刚度单元后,应及时对柱底板和基础顶面的空隙进行细石混凝土、灌浆料等两次浇灌。

(6) 进行钢结构安装时,必须控制屋面、楼面、平台等的施工荷载、施工荷载和冰雪荷载等严禁超过梁、桁架、楼面板、屋面板、平台铺板等的承载能力。

(7) 一节柱的各层梁安装完毕后,宜立即安装本节柱范围内的各层楼梯,并铺设各层楼面的压型钢板。

(8) 安装外墙板时,应根据建筑物的平面形状对称安装。

(9) 吊车梁或直接承受动力荷载的梁其受拉翼缘、吊车桁架或直接承受动力荷载的桁架其受拉弦杆上不得焊接悬挂物和卡具。

(10) 一个流水段一节柱的全部钢构件安装完毕并验收合格后,方可进行下一流水段的安装工作。

5．安装测量校正

（1）柱在安装校正时，水平偏差应校正到允许偏差以内。在安装柱与柱之间的主梁时，再根据焊缝收缩量预留焊缝变形值。

（2）结构安装时，应注意日照、焊接等温度变化引起的热影响对构件的伸缩和弯曲引起的变化，应采取相应措施。

（3）用缆风绳或支撑校正柱时，应在缆风绳或支撑松开状态下使柱保持垂直，才算校正完毕。

（4）在安装柱与柱之间的主梁构件时，应对柱的垂直度进行监测。除监测一根梁两端柱子的垂直度变化外，还应监测相邻各柱因梁连接而产生的垂直度变化。

（5）安装压型钢板前，应在梁上标出压型钢板铺放的位置线。铺放压型钢板时，相邻两排压型钢板端头的波形槽口应对准。

（6）栓钉施工前应标出栓钉焊接的位置。若钢梁或压型钢板在栓钉位置有锈污或镀锌层，应采用角向砂轮打磨干净。栓钉焊接时应按位置线排列整齐。

三、施工质量验收

1．单层钢结构

（1）基础和支承面

1）主控项目

①建筑物的定位轴线、基础轴线和标高、地脚螺栓的规格及其紧固应符合设计要求。

检查数量：按柱基数抽查10%，且不应少于3个。

检验方法：用经纬仪、水准仪、全站仪和钢尺现场实测。

②基础顶面直接作为柱的支承面和基础顶面预埋钢板或支座作为柱的支承面时，其支承面、地脚螺栓（锚栓）位置的允许偏差应符合表6-19的规定。

支承面、地脚螺栓（锚栓）位置的允许偏差（mm） 表6-19

项　　目		允许偏差
支承面	标　高	±3.0
	水平度	$l/1000$
地脚螺栓（锚栓）	螺栓中心偏移	5.0
预留孔中心偏移		10.0

检查数量：按柱基数抽查10%，且不应少于3个。

检验方法：用经纬仪、水准仪、全站仪、水平尺和钢尺实测。

③采用座浆垫板时，座浆垫板的允许偏差应符合表6-20的规定。

座浆垫板的允许偏差（mm） 表6-20

项　目	允许偏差	项　目	允许偏差
顶面标高	0.0 -3.0	水平度	$l/1000$
		位置	20.0

检查数量：资料全数检查。按柱基数抽查10%，且不应少于3个。

检验方法：用水准仪、全站仪、水平尺和钢尺现场实测。

④采用杯口基础时，杯口尺寸的允许偏差应符合表 6-21 的规定。

杯口尺寸的允许偏差（mm）　　　　表 6-21

项　目	允许偏差	项　目	允许偏差
底面标高	0.0 -5.0	杯口垂直度	$H/100$，且不应大于 10.0
杯口深度 H	±5.0	位　置	10.0

检查数量：按基础数抽查 10%，且不应少于 4 处。

检验方法：观察及尺量检查。

2）一般项目

地脚螺栓（锚栓）尺寸的偏差应符合表 6-22 的规定。地脚螺栓（锚栓）的螺纹应受到保护。

地脚螺栓（锚拴）尺寸的允许偏差（mm）　　　　表 6-22

项　目	允许偏差	项　目	允许偏差
螺栓（锚栓）露出长度	+30.0 0.0	螺纹长度	+30.0 0.0

检查数量：按柱基数抽查 10%，且不应少于 3 个。

检验方法：用钢尺现场实测。

(2) 安装和校正

1）主控项目

①钢构件应符合设计要求和本规范的规定。运输、堆放和吊装等造成的钢构件变形及涂层脱落，应进行矫正和修补。

检查数量：按构件数抽查 10%，且不应少于 3 个。

检验方法：用拉线、钢尺现场实测或观察。

②设计要求顶紧的节点，接触面不应少于 70% 紧贴，且边缘最大间隙不应大于 0.8mm。

检查数量：按节点数抽查 10%，且不应少于 3 个。

检验方法：用钢尺及 0.3mm 和 0.8mm 厚的塞尺现场实测。

③钢屋（托）架、桁架、梁及受压杆件的垂直度和侧向弯曲矢高的允许偏差应符合表 6-23 的规定。

钢屋（托）架、桁架、梁及受压杆件垂直度
和侧向弯曲矢高的允许偏差（mm）　　　　表 6-23

项　目	允许偏差	图　例
跨中的垂直度	$h/250$，且不应大于 15.0	1-1

续表

项 目		允 许 偏 差	图 例
侧向弯曲矢高 f	$l \leqslant 30m$	$l/1000$，且不应大于 10.0	
	$30m < l \leqslant 60m$	$l/1000$，且不应大于 30.0	
	$l > 60m$	$l/1000$，且不应大于 50.0	

检查数量：按同类构件数抽查 10%，且不应少于 3 个。
检验方法：用吊线、拉线、经纬仪和钢尺现场实测。
④单层钢结构主体结构的整体垂直度和整体平面弯曲的允许偏差应符合表 6-24 的规定。

整体垂直度和整体平面弯曲的允许偏差（mm）　　　表 6-24

项 目	允 许 偏 差	图 例
主体结构的整体垂直度	$H/1000$，且不应大于 25.0	
主体结构的整体平面弯曲	$l/1500$，且不应大于 25.0	

检查数量：对主要立面全部检查。对每个所检查的立面，除两列角柱外，尚应至少选取一列中间柱。
检验方法：采用经纬仪、全站仪等测量。
2）一般项目
①钢柱等主要构件的中心线及标高基准点等标记应齐全。

检查数量：按同类构件数抽查10%，且不应少于3件。

检验方法：观察检查。

②当钢桁架（或梁）安装在混凝土柱上时，其支座中心对定位轴线的偏差不应大于10mm；当采用大型混凝土屋面板时，钢桁架架（或梁）间距的偏差不应大于10mm。

检查数量：按同类构件数抽查10%，且不应少于3榀。

检验方法：用拉线和钢尺现场实测。

③钢柱安装的允许偏差应符合《钢结构工程施工质量验收规范》（GB 50205—2001）附录E中表E.0.1的规定。

检查数量：按钢柱数抽查10%，且不应少于3件。

检验方法：见《钢结构工程施工质量验收规范》（GB 50205—2001）附录E中表E.0.1。

④钢吊车梁或直接承受动力荷载的类似构件，其安装的允许偏差应符合《钢结构工程施工质量验收规范》（GB 50205—2001）附录E中表E.0.2的规定。

检查数量：按钢吊车梁数抽查10%，且不应少于3榀。

检验方法：见《钢结构工程施工质量验收规范》（GB 50205—2001）附录E中表E.0.2。

⑤檩条、墙架等次要构件安装的允许偏差应符合《钢结构工程施工质量验收规范》（GB 50205—2001）附录E中表E.0.3的规定。

检查数量：按同类构件数抽查10%，且不应少于3件。

检验方法：见《钢结构工程施工质量验收规范》（GB 50205—2001）附录E中表E.0.3。

⑥钢平台、钢梯、栏杆安装应符合现行国家标准《固定式钢直梯》（GB 4053.1）、《固定式钢斜梯》（GB 4053.2）、《固定式防护栏杆》（GB 4053.3）和《固定式钢平台》（GB 4053.4）的规定。钢平台、钢梯和防护栏杆安装的允许偏差应符合《钢结构工程施工质量验收规范》（GB 50205—2001）附录E中表E.0.4的规定。

检查数量：按钢平台总数抽查10%，栏杆、钢梯按总长度各抽查10%，但钢平台不应少于1个，栏杆不应少于5m，钢梯不应少于1跑。

检验方法：见《钢结构工程施工质量验收规范》（GB 50205—2001）附录E中表E.0.4。

⑦现场焊缝组对间隙的允许偏差应符合表6-25的规定。

现场焊缝组对间隙的允许偏差（mm） 表6-25

项 目	允许偏差	项 目	允许偏差
无垫板间隙	+3.0 0.0	有垫板间隙	+3.0 -2.0

检查数量：按同类节点数抽查10%，且不应少于3个。

检验方法：尺量检查。

⑧钢结构表面应干净。结构主要表面不应有疤痕、泥沙等污垢。

检查数量：按同类构件数抽查10%，且不应少于3件。

检验方法：观察检查。

2．多层及高层钢结构安装工程

（1）基础和支承面

1）主控项目

①建筑物的定位轴线、基础上柱的定位轴线和标高、地脚螺栓（锚栓）的规格和位置、地脚螺栓（锚栓）紧固应符合设计要求。当设计无要求时，应符合表 6-26 的规定。

建筑物定位轴线、基础上柱的定位轴线和标高、
地脚螺栓（锚栓）的允许偏差（mm） 表 6-26

项 目	允许偏差	图 例
建筑物定位轴线	$l/20000$，且不应大于 3.0	
基础上柱的定位轴线	1.0	
基础上柱底标高	±2.0	
地脚螺栓（锚栓）位移	2.0	

检查数量：按柱基数抽查 10%，且不应少于 3 个。

检验方法：采用经纬仪、水准仪、全站仪和钢尺实测。

②多层建筑以基础顶面直接作为柱的支承面，或以基础顶面预埋钢板或支座作为柱的支承面时，其支承面、地脚螺栓（锚栓）位置的允许偏差应符合表 6-19 的规定。

检查数量：按柱基数抽查 10%，且不应少于 3 个。

检验方法：用经纬仪、水准仪、全站仪、水平尺和钢尺实测。

③多层建筑采用座浆垫板时，座浆垫板的允许偏差应符合表6-20的规定。

检查数量：资料全数检查。按柱基数抽查10%，且不应少于3个。

检验方法：用水准仪、全站仪、水平尺和钢尺实测。

④当采用杯口基础时，杯口尺寸的允许偏差应符合表6-21的规定。

检查数量：按基础数抽查10%，且不应少于4处。

检验方法：观察及尺量检查。

2）一般项目

地脚螺栓（锚栓）尺寸的允许偏差应符合本规范表6-22的规定。地脚螺栓（锚栓）的螺纹应受到保护。

检查数量：按柱基数抽查10%，且不应少于3个。

检验方法：用钢尺现场实测。

(2) 安装和校正

1）主控项目

①钢构件应符合设计要求和《钢结构工程施工质量验收规范》（GB 50205—2001）的规定。运输、堆放和吊装等造成的钢构件变形及涂层脱落，应进行矫正和修补。

检查数量：按构件数抽查10%，且不应少于3个。

检验方法：用拉线、钢尺现场实测或观察。

②柱子安装的允许偏差应符合表6-27的规定。

柱子安装的允许偏差（mm）　　　　　　　　　表6-27

项　目	允许偏差	图　例
底层柱柱底轴线对定位轴线偏移	3.0	
柱子定位轴线	1.0	
单节柱定位轴线	$h/1000$，且不应大于10.0	

检查数量：标准柱全部检查；非标准柱抽查10%，且不应少于3根。
检验方法：用全站仪或激光经纬仪和钢尺实测。

③设计要求顶紧的节点，接触面不应少于70%紧贴，且边缘最大间隙不应大于0.8mm。

检查数量：按节点数抽查10%，且不应少于3个。
检验方法：用钢尺及0.3mm和0.8mm厚的塞尺现场实测。

④钢主梁、次梁及受压杆件的垂直度和侧向弯曲矢高的允许偏差应符合本规范表6-23有关钢屋（托）架允许偏差的规定。

检查数量：按同类构件数抽查10%，且不应少于3个。
检验方法：用吊线、拉线、经纬仪和钢尺现场实测。

⑤多层及高层钢结构主体结构的整体垂直度和整体平面弯曲的允许偏差应符合表6-28的规定。

整体垂直度和整体平面弯曲的允许偏差（mm）　　表6-28

项　目	允许偏差	图　例
主体结构的整体垂直度	($H/2500+10.0$)，且不应大于50.0	
主体结构的整体平面弯曲	$h/1500$，且不应大于25.0	

检查数量：对主要立面全部检查。对每个所检查的立面，除两列角柱外，尚应至少选取一列中间柱。

检验方法：对于整体垂直度，可采用激光经纬仪、全站仪测量，也可根据各节柱的垂直度允许偏差累计（代数和）计算。对于整体平面弯曲，可按产生的允许偏差累计（代数和）计算。

2）一般项目

①钢结构表面应干净，结构主要表面不应有疤痕、泥沙等污垢。

检查数量：按同类构件数抽查10%，且不应少于3件。
检验方法：观察检查。

②钢柱等主要构件的中心线及标高基准点等标记应齐全。

检查数量：按同类构件数抽查10%，且不应少于3件。
检验方法：观察检查。

③钢构件安装的允许偏差应符合《钢结构工程施工质量验收规范》（GB 50205—2001）

附录E中表E.0.5的规定。

检查数量：按同类构件或节点数抽查10%。其中柱和梁各不应少于3件，主梁与次梁连接节点不应少于3个，支承压型金属板的钢梁长度不应少于5m。

检验方法：见《钢结构工程施工质量验收规范》（GB 50205—2001）附录E中表E.0.5。

④主体结构总高度的允许偏差应符合《钢结构工程施工质量验收规范》（GB 50205—2001）附录E中表E.0.6的规定。

检查数量：按标准柱列数抽查10%，且不应少于4列。

检验方法：采用全站仪、水准仪和钢尺实测。

⑤当钢构件安装在混凝土柱上时，其支座中心对定位轴线的偏差不应大于10mm；当采用大型混凝土屋面板时，钢梁（或桁架）间距的偏差不应大于10mm。

检查数量：按同类构件数抽查10%，且不应少于3榀。

检验方法：用拉线和钢尺现场实测。

⑥多层及高层钢结构中钢吊车梁或直接承受动力荷载的类似构件，其安装的允许偏差应符合《钢结构工程施工质量验收规范》（GB 50205—2001）附录E中表E.0.2的规定。

检查数量：按钢吊车梁数抽查10%，且不应少于3榀。

检验方法：见《钢结构工程施工质量验收规范》（GB 50205—2001）附录E中表E.0.2。

⑦多层及高层钢结构中檩条、墙架等次要构件安装的允许偏差应符合《钢结构工程施工质量验收规范》（GB 50205—2001）附录E中表E.0.3的规定。

检查数量：按同类构件数抽查10%，且不应少于3件。

检验方法：见《钢结构工程施工质量验收规范》（GB 50205—2001）附录E中表E.0.3。

⑧多层及高层钢结构中钢平台、钢梯、栏杆安装应符合现行国家标准《固定式钢直梯》（GB 4053.1）《固定式钢斜梯》（GB 4053.2）、《固定式防护栏杆》（GB 4053.3）和《固定式钢平台》（GB 4053.4）的规定。钢平台、钢梯和防护栏杆安装的允许偏差应符合《钢结构工程施工质量验收规范》（GB 50205—2001）附录E中表E.0.4的规定。

检查数量：按钢平台总数抽查10%，栏杆、钢梯按总长度各抽查10%，但钢平台不应少于1个，栏杆不应少于5m，钢梯不应少1跑。

检验方法：见《钢结构工程施工质量验收规范》（GB 50205—2001）附录E中表E.0.4。

⑨多层及高层钢结构中现场焊缝组对间隙的允许偏差应符合表6-25的规定。

检查数量：按同类节点数抽查10%，且不应少于3个。

检验方法：尺量检查。

第八节　钢网架结构安装工程

一、一般规定

1. 钢网架使用的钢材、连接材料、高强度螺栓、焊条等材料应符合设计要求，并应有出厂合格证明。

2. 螺栓球、空心焊接球、加肋焊接球、锥头、套筒、封板、网架杆件、焊接钢板节点等半成品，应符合设计要求及相应的国家标准规定。

（1）制造钢结构网架用的螺栓球的钢材，必须符合设计规定及相应材料的技术条件和标准。

（2）拼装用高强度螺栓的钢材必须符合设计规定及相应的技术标准。钢网架结构用高强度螺栓必须采用国家标准《钢结构用高强度大六角头螺栓》（GT 1228—2006）规定的性能等级 8.8S 或 10.9S，并应按相应等级要求来检查。检查高强度螺栓出厂合格证、试验报告、复验报告。

（3）钢网架拼装用杆件的钢材品种、规格、质量，必须符合设计规定及相应的技术标准。钢管杆件与封板、锥头的连接，必须符合设计要求，焊缝质量标准必须符合现行国家标准《钢结构工程施工质量验收规范》（GB 50205—2001）中的规定。

（4）钢网架结构安装工程可按变形缝、施工段或空间刚度单元划分成一个或若干检验批。

（5）钢网架结构安装检验批应在进场验收和焊接连接、紧固件连接、制作等分项工程验收合格的基础上进行验收。

3. 安装偏差的检测，应在结构形成空间刚度单元并连接固定后进行。

4. 安装时，必须控制屋面、楼面、平台等的施工荷载，施工荷载和冰雪荷载等严禁超过梁、桁架、楼面板、屋面板、平台铺板等的承载能力。

二、施工质量控制

1. 网架安装前，应对照构件明细表核对进场的各种节点、杆件及连接件规格、品种和数量；查验各节点、杆件、连接件和焊接材料的原材料质量保证书和试验报告；复验工厂预装的小拼单元的质量验收合格证明书。

2. 网架安装前，根据定位轴线和标高基准点复核和验收土建施工单位设置的网架支座预埋件或预埋螺栓的平面位置和标高。

3. 网架安装必须按照设计文件和施工图要求，制定施工组织设计和施工方案，并认真加以实施。

4. 网架安装的施工图应严格按照原设计单位提供的设计文件或设计图进行绘制，若要修改，必须取得原设计单位同意，并签署设计变更文件。

5. 网架安装所使用的测量器具，必须按国家有关的计量法规的规定定期送检。测量器（钢卷尺）使用时按精度进行尺长改正，温度改正，使之满足网架安装工程质量验收的测量精度。

6. 网架安装方法应根据网架受力的构造特点、施工技术条件，在满足质量的前提下综合确定。常用的安装方法有：高空散装法；分条或分块安装法；高空滑移法；整体吊装法；整体提升法；整体顶升法。

7. 采用吊装、提升或顶升的安装方法时其吊点或支点的位置和数量的选择，应考虑下列因数：

（1）宜与网架结构使用时的受力状况相接近。

(2) 吊点或支点的最大反力不应大于起重设备的负荷能力。

(3) 各起重设备的负荷宜接近。

8. 安装方法确定后，施工单位应会同设计单位按安装方法分别对网架的吊点（支点）反力、挠度、杆件内力、风荷载作用下提升或顶升时支承柱的稳定性和风载作用的网架水平推力等项进行验算，必要时应采取加固措施。

9. 网架正式施工前均应进行试拼及试安装，在确保质量安全和符合设计要求的前提下方可进行正式施工。

10. 当网架采用螺栓球节点连接时，须注意下列几点：

(1) 拼装过程中，必须使网架杆件始终处于非受力状态，严禁强迫就位或不按设计规定的受力状态加载。

(2) 拼装过程中，不宜将螺栓一次拧紧，而是须待沿建筑物纵向（横向）安装好一排或两排网架单元后，经测量复验并校正无误后方可将螺栓球节点全部拧紧到位。

(3) 在网架安装过程中，要确保螺栓球节点拧到位，若出现销钉高出六角套筒面外时，应及时查明原因，调整或调换零件使之达到设计要求。

11. 屋面板安装必须待网架结构安装完毕后再进行，铺设屋面板时应按对称要求进行，否则，须经验算后方可实施。

12. 网架单元宜减少中间运输。如须运输时，应采取措施防止网架变形。

13. 当组合网架结构分割成条（块）状单元时，必须单独进行承载力和刚度的验算，单元体的挠度不应大于形成整体结构后该处挠度值。

14. 曲面网架施工前应在专用胎架上进行预拼装，以确保网架各节点空间位置偏差在允许范围内。

15. 柱面网架安装顺序：先安装两个下弦球及系杆，拼装成一个简单的曲面结构体系，并及时调整球节点的空间位置，再进行上弦球和腹杆的安装，宜从两边支座向中间进行。

16. 柱面网架安装时，应严格控制网架下弦的挠度，平面位移和各节点缝隙。

17. 大跨度球面网架，其球节点空间定位应采用极坐标法。

18. 球面网架安装，其顺序宜先安装一个基准圈，校正固定后再安装与其相邻的圈。原则上从外圈到内圈逐步向内安装，以减少封闭尺寸误差。

19. 球面网架焊接时，应控制变形和焊接应力，严禁在同一杆件两端同时施焊。

三、施工质量验收

1. 支承面顶板和支承垫块

(1) 主控项目

1) 钢网架结构支座定位轴线的位置、支座锚栓的规格应符合设计要求。

检查数量：按支座数抽查10%，且不应少于4处。

检验方法：用经纬仪和钢尺实测。

2) 支承面顶板的位置、标高、水平度以及支座锚栓位置的允许偏差应符合表6-29的规定。

检查数量：按支座数抽查10%，且不应少于4处。

支承面顶板、支座锚栓位置的允许偏差（mm）　　　　表 6-29

项　目		允许偏差
支承面顶板	位　置	15.0
	顶面标高	0 -3.0
	顶面水平度	$l/1000$
支座锚栓	中心偏移	±5.0

检验方法：用经纬仪、水准仪、水平尺和钢尺实测。

3）支承垫块的种类、规格、摆放位置和朝向，必须符合设计要求和国家现行有关标准的规定。橡胶垫块与刚性垫块之间或不同类型刚性垫块之间不得互换使用。

检查数量：按支座数抽查10%，且不应少于4处。

检验方法：观察和用钢尺实测。

4）网架支座锚栓的紧固应符合设计要求。

检查数量：按支座数抽查10%，且不应少于4处。

检验方法：观察检查。

(2) 一般项目

支座锚栓尺寸的允许偏差应符合表6-22的规定。支座锚栓的螺纹应受到保护。

检查数量：按支座数抽查10%，且不应少于4处。

检验方法：用钢尺实测。

2. 总拼与安装

(1) 主控项目

1）小拼单元的允许偏差应符合表6-30的规定。

小拼单元的允许偏差（mm）　　　　表 6-30

项　目			允许偏差
节点中心偏移			2.0
焊接球节点与钢管中心的偏移			1.0
杆件轴线的弯曲矢高			$L_1/1000$，且不应大于5.0
锥体型小拼单元	弦杆长度		±2.0
	锥体高度		±2.0
	上弦杆对角线长度		±3.0
平面桁架型小拼单元	跨　长	≤24m	+3.0 -7.0
		>24m	+5.0 -10.0
	跨中高度		±3.0
	跨中拱度	设计要求起拱	±$L/5000$
		设计未要求起拱	+10

注：L_1 为杆件长度；L 为跨长。

检查数量：按单元数抽查5%，且不应少于5个。

检验方法：用钢尺和拉线等辅助量具实测。

2）中拼单元的允许偏差应符合表6-31的规定。

中拼单元的允许偏差（mm）　　　　　表6-31

项　目		允许偏差
单元长度≤20m，拼接长度	单　跨	±10.0
	多跨连续	±5.0
单元长度>20m，拼接长度	单　跨	±20.0
	多跨连续	±10.0

检查数量：全数检查。

检验方法：用钢尺和辅助量具实测。

3）对建筑结构安全等级为一级，跨度40m及以上的公共建筑钢网架结构，且设计有要求时，应按下列项目进行节点承载力试验，其结果应符合以下规定：

①焊接球节点应按设计指定规格的球及其匹配的钢管焊接成试件，进行轴心拉、压承载力试验，其试验破坏荷载值大于或等于1.6倍设计承载力为合格。

②螺栓球节点应按设计指定规格的球最大螺栓孔螺纹进行抗拉强度保证荷载试验，当达到螺栓的设计承载力时，螺孔、螺纹及封板仍完好无损为合格。

检查数量：每项试验做3个试件。

检验方法：在万能试验机上进行检验，检查试验报告。

4）钢网架结构总拼完成后及屋面工程完成后应分别测量其挠度值，且所测的挠度值不应超过相应设计值的1.15倍。

检查数量：跨度24m及以下钢网架结构测量下弦中央一点；跨度24m以上钢网架结构测量下弦中央一点及各向下弦跨度的四等分点。

检验方法：用钢尺和水准仪实测。

（2）一般项目

1）钢网架结构安装完成后，其节点及杆件表面应干净，不应有明显的疤痕、泥沙和污垢。螺栓球节点应将所有接缝用油腻子填嵌严密，并应将多余螺孔封口。

检查数量：按节点及杆件数抽查5%，且不应少于10个节点。

检验方法：观察检查。

2）钢网架结构安装完成后，其安装的允许偏差应符合表6-32的规定。

钢网架结构安装的允许偏差（mm）　　　　　表6-32

项　目	允许偏差	检验方法
纵向、横向长度	$L/2000$，且不应大于30.0 $-L/2000$，且不应小于-30.0	用钢尺实测
支座中心偏移	$L/3000$且不应大于30.0	用钢尺和经纬仪实测
周边支承网架相邻支座高差	$L/400$，且不应大于15.0	用钢尺和水准仪实测
支座最大高差	30.0	
多点支承网架相邻支座高差	$L_1/800$，且不应大于30.0	

注：L为纵向、横向长度，L_1为相邻支座间距。

检查数量：除杆件弯曲矢高按杆件数抽查5%外，其余全数检查。
检验方法：见表6-32。

第九节　压型金属板工程

一、材料质量要求

压型钢板的钢材，应满足基材与涂层（镀层）两部分的要求，基板一般采用现行国家标准《普通碳素钢》（GB/T 700—88）中规定的Q215和Q235牌号。镀锌钢板和彩色涂层钢板还应分别符合现行国家标准《连续热镀锌钢板及钢带》（GB/T 2518—2004）和《彩色涂层钢板及钢带》（GB/T 12754—2006）中的各项规定。

二、施工质量控制

1. 压型金属板材质和成材质量

(1) 板材必须有出厂合格证及质量证明书，对钢材有疑义时，应进行必要的检查，当有可靠依据时，也可使用具有材质相似的其他钢材。

(2) 组合压型金属板应采用镀锌卷板，镀锌层两面总计275g/m^2，基板厚度0.5~2.0mm。

(3) 抗剪措施：无痕开口式压型金属板上翼焊剪力钢筋；无痕闭合式压型金属板；带压痕，加劲肋，冲孔的压型金属板。

(4) 规格和参数必须达到要求，出厂前应进行抽检。

2. 组合用压型金属板厚度

(1) 压型金属板已用于工程上的，如果是单纯用作模板，厚度不够可采取支顶措施解决；如果用于模板并受拉力，则应通过设计进行核算。如超过设计应力，必须采取加固措施。

(2) 用于组合板的压型金属板净厚度（不包括镀锌层或饰面层厚度）不应小于0.75mm，仅作模板用的压型金属板厚度不小于0.5mm。

3. 栓钉直径及间距

(1) 必须具有栓钉施工专业培训的人员按有关单位会审的施工图纸进行施工。

(2) 监理人员应审查栓钉材质及尺寸，必要时开始打栓钉应进行跟踪质量检查，检查工艺是否正确。

(3) 对已焊好的栓钉，如有直径不一、间距位置不准，应打掉重新按设计焊好，具体做法如下：

1) 当栓钉焊于钢梁受拉翼缘时，其直径不得大于翼缘厚度的1.5倍；当栓钉焊于无拉应力部位时，其直径不得大于翼缘板厚度的2.5倍；

2) 栓钉沿梁轴线方向布置，其间距不得小于5d（d为栓钉的直径）；栓钉垂直于轴线布置，其间距不得小于4d，边距不得小于35mm；

3) 当栓钉穿透钢板焊于钢梁时，其直径不得小于19mm，焊后栓钉高度应大于压型钢板波高加30mm；

4）栓钉顶面的混凝土保护层厚度不应小于15mm；

5）对穿透压型钢板跨度小于3m的板，栓钉直径宜为13mm或16mm；跨度为3~6m时，栓钉直径宜为16mm或19mm；跨度大于6m的板，栓钉直径宜为19mm。

4．栓钉焊接

（1）栓焊工必须经过平焊、立焊、仰焊位置专业培训取得合格证者，做相应技术施焊。

（2）栓钉应采用自动定时的栓焊设备进行施焊，栓焊机必须连接在单独的电源上，电源变压器的容量应在100~250kV·A，容量应随焊钉直径的增大而增大，各项工作指数、灵敏度及精度要可靠。

（3）栓钉材质应合格，无锈蚀、氧化皮、油污、受潮，端部无涂漆、镀锌或镀镉等。焊钉焊接药座施焊前必须严格检查，不得使用焊接药座破裂或缺损的栓钉。被焊母材必须清理表面氧化皮、锈、受潮、油污等，被焊母材低于-18℃或遇雨雪天气不得施焊，必须焊接时要采取有效的技术措施。

（4）对穿透压型钢板焊于母材上时，焊钉施焊前应认真检查压型钢板是否与母材点固焊牢，其间隙控制在1mm以内。被焊压型钢板在栓钉位置有锈或镀锌层，应采用角向砂轮打磨干净。

瓷环几何尺寸要符合设计要求，破裂和缺损瓷环不能用，如瓷环已受潮，要经过250℃烘焙1h后再用。

（5）焊接时应保持焊枪与工件垂直，直至焊接金属凝固。

（6）栓钉焊后弯曲处理：

1）栓钉焊于工件上，经外观检查合格后，应在主要构件上逐批抽1%打弯15°检验，若焊钉根部无裂纹则认为通过弯曲检验，否则抽2%检验，若其中1%不合格，则对此批焊钉逐个检验，打弯栓钉可不调直；

2）对不合格焊钉打掉重焊，被打掉栓钉底部不平处要磨平，母材损伤凹坑补焊好；

3）如焊脚不足360°，可用合适的焊条用手工焊修，并做30°弯曲试验。

三、施工质量验收

1．压型金属板制作

（1）主控项目

1）压型金属板成型后，其基板不应有裂纹。

检查数量：按计件数抽查5%，且不应少于10件。

检验方法：观察和用10倍放大镜检查。

2）有涂层、镀层压型金属板成型后，涂、镀层不应有肉眼可见的裂纹、剥落和擦痕等缺陷。

检查数量：按计件数抽查5%，且不应少于10件。

检验方法：观察检查。

（2）一般项目

1）压型金属板的尺寸允许偏差应符合表6-33的规定。

检查数量：按计件数抽查5%，且不应少于10件。

压型金属板的尺寸允许偏差（mm） 表 6-33

项　目			允 许 偏 差
波　距			±2.0
波　高	压型钢板	截面高度≤70	±1.5
		截面高度>70	±2.0
侧向弯曲	在测量长度 l_1 的范围内		20.0

注：l_1 为测量长度，指板长扣除两端各 0.5m 后的实际长度（小于 10m）或扣除后任选 10m 的长度。

检验方法：用拉线和钢尺检查。

2）压型金属板成型后，表面应干净，不应有明显凹凸和皱褶。

检查数量：按计件数抽查 5%，且不应少于 10 件。

检验方法：观察检查。

3）压型金属板施工现场制作的允许偏差应符合表 6-34 的规定。

压型金属板施工现场制作的允许偏差（mm） 表 6-34

项　目		允 许 偏 差
压型金属板的覆盖宽度	截面高度≤70	+10.0，-2.0
	截面高度>70	+6.0，-2.0
板　长		±9.0
横向剪切偏差		6.0
泛水板、包角板尺寸	板　长	±6.0
	折弯面宽度	±3.0
	折弯面夹角	2°

检查数量：按计件数抽查 5%，且不应少于 10 件。

检验方法：用钢尺、角尺检查。

2．压型金属板安装

（1）主控项目

1）压型金属板、泛水板和包角板等应固定可靠、牢固，防腐涂料涂刷和密封材料敷设应完好，连接件数量、间距应符合设计要求和国家现行有关标准规定。

检查数量：全数检查。

检验方法：观察检查及尺量。

2）压型金属板应在支承构件上可靠搭接，搭接长度应符合设计要求，且不应小于表 6-35 所规定的数值。

压型金属板在支承构件上的搭接长度（mm） 表 6-35

项　目		搭接长度
截面高度>70		375
截面高度≤70	屋面坡度<1/10	250
	屋面坡度≥1/10	200
墙　面		120

检查数量：按搭接部位总长度抽查10%，且不应少于10m。

检验方法：观察和用钢尺检查。

3）组合楼板中压型钢板与主体结构（梁）的锚固支承长度应符合设计要求，且不应小于50mm，端部锚固件连接应可靠，设置位置应符合设计要求。

检查数量：沿连接纵向长度抽查10%；且不应少于10m。

检验方法：观察和用钢尺检查。

(2) 一般项目

1）压型金属板安装应平整、顺直，板面不应有施工残留物和污物。檐口和墙面下端应呈直线，不应有未经处理的错钻孔洞。

检查数量：按面积抽查10%，且不应少于10m²。

检验方法：观察检查。

2）压型金属板安装的允许偏差应符合表6-36的规定。

压型金属板安装的允许偏差（mm）　　　　　表6-36

项	目	允许偏差
屋 面	檐口与屋脊的平行度	12.0
	压型金属板波纹线对屋脊的垂直度	$L/800$，且不应大于25.0
	檐口相邻两块压型金属板端部错位	6.0
	压型金属板卷边板件最大波浪高	4.0
墙 面	墙板波纹线的垂直度	$H/800$，且不应大于25.0
	墙板包角板的垂直度	$H/800$，且不应大于25.0
	相邻两块压型金属板的下端错位	6.0

注：L 为屋面半坡或单坡长度；H 为墙面高度。

检查数量：檐口与屋脊的平行度：按长度抽查10%，且不应少于10m。其他项目：每20m长度应抽查1处，不应少于2处。

检验方法：用拉线、吊线和钢尺检查。

第十节　钢结构涂装工程

一、一般规定

涂装前钢构件表面的除锈质量是确保漆膜防腐蚀效果和保护寿命的关键因素。因此钢构件表面处理的质量控制是防腐涂层的重要环节。涂装前的钢材表面处理，亦称除锈。

钢结构涂装工程可按钢结构制作或钢结构安装工程检验批的划分原则划分成一个或若干个检验批。

钢结构普通涂料涂装工程应在钢结构构件组装、预拼装或钢结构安装工程检验批的施工质量验收合格后进行。钢结构防火涂料涂装工程应在钢结构安装工程检验批和钢结构普通涂料涂装检验批的施工质量验收合格后进行。

二、施工质量控制

1. 涂装施工准备工作

（1）涂装之前应除去钢材表面的污垢、油脂、铁锈、氧化皮、焊渣或已失效的旧漆膜，还包括除锈后钢材表面所形成的合适的"粗糙度"。钢结构表面处理的除锈方法主要有喷射或抛射除锈、动力工具除锈、手工工具除锈、酸洗（化学）除锈和火焰除锈。

（2）在使用前，必须将桶内油漆和沉淀物全部搅拌均匀后才可使用。

（3）双组分的涂料，在使用前必须严格按照说明书所规定的比例来混合。一旦配比混合后，就必须在规定的时间内用完。

（4）施工时应对选用的稀释剂牌号及使用稀释剂的最大用量进行控制，否则会造成涂料报废或性能下降影响质量。

2. 施工环境条件

（1）涂装工作尽可能在车间内进行，并应保持环境清洁和干燥，以防止已处理的涂料表面和已涂装好的任何表面被灰尘、水滴、油脂、焊接飞溅或其他脏物粘附在其上面而影响质量。

（2）涂装时的环境温度和相对湿度应符合涂料产品说明书的要求，当产品说明书无要求时，环境温度宜在5~38℃之间，相对湿度不应大于85%。涂装时构件表面不应有结露；涂装后4h内应保护免受雨淋。当使用无气喷涂时，风力超过5级时，不宜喷涂。

3. 涂装施工

（1）涂装方法一般有浸涂、手刷、滚刷和喷漆等。在涂刷过程中的顺序应自上而下，从左到右，先里后外，先难后易，纵横交错地进行涂刷。

（2）对于边、角、焊缝、切痕等部位，在喷涂之前应先涂刷一道，然后再进行大面积涂装，以保证凸出部位的漆膜厚度。

（3）喷（抛）射磨料进行表面处理后，一般应在4~6h内涂第一道底漆。涂装前钢材号表面不允许再有锈蚀，否则应重新除锈后方可涂装。

（4）构件需焊接部位应留出规定宽度暂不涂装。

（5）涂装前构件表面处理情况和涂装工作每一个工序完成后，都需检查，并作出工作记录。内容包括：涂件周围工作环境、相对湿度、表面清洁度、各层涂刷（喷）遍数、涂料种类、配料、湿、干膜厚度等。

（6）损伤涂膜应根据损伤的情况砂、磨、铲后重新按层涂刷，仍按原工艺要求修补。

（7）包浇、埋入混凝土部位均可不做涂刷油漆。

三、施工质量验收

1. 钢结构防腐涂料涂装

（1）主控项目

1）涂装前钢材表面除锈应符合设计要求和国家现行有关标准的规定。处理后的钢材表面不应有焊渣、焊疤、灰尘、油污、水和毛刺等。当设计无要求时，钢材表面除锈等级应符合表6-37的规定。

各种底漆或防锈漆要求最低的除锈等级　　　　　　　　　　表 6-37

涂 料 品 种	除锈等级
油性酚醛、醇酸等底漆或防锈漆	St2
高氯化聚乙烯、氯化橡胶、氯磺化聚乙烯、环氧树脂、聚氨酯等底漆或防锈漆	Sa2
无机富锌、有机硅、过氯乙烯等底漆	$Sa2\frac{1}{2}$

检查数量：按构件数抽查 10%，且同类构件不应少于 3 件。

检验方法：用铲刀检查和用现行国家标准《涂装前钢材表面锈蚀等级和除锈等级》（GB 8923—88）规定的图片对照观察检查。

2) 涂料、涂装遍数、涂层厚度均应符合设计要求。当设计对涂层厚度无要求时，涂层干漆膜总厚度：室外应为 150μm，室内应为 125μm，其允许偏差为 -25μm。每遍涂层干漆膜厚度的允许偏差为 -5μm。

检查数量：按构件数抽查 10%，且同类构件不应少于 3 件。

检验方法：用于漆膜测厚仪检查。每个构件检测 5 处，每处的数值为 3 个相距 50mm 测点涂层干漆膜厚度的平均值。

（2）一般项目

1) 构件表面不应误涂、漏涂，涂层不应脱皮和返锈等。涂层应均匀、无明显皱皮、流坠、针眼和气泡等。

检查数量：全数检查。

检验方法：观察检查。

2) 当钢结构处在有腐蚀介质环境或外露且设计有要求时，应进行涂层附着力测试，在检测处范围内，当涂层完整程度达到 70% 以上时，涂层附着力达到合格质量标准的要求。

检查数量：按构件数抽查 1%，且不应少于 3 件，每件测 3 处。

检验方法：按照现行国家标准《漆膜附着力测定法》（GB 1720—89）或《色漆和清漆、漆膜的划格试验》（GB 9286—98）执行。

3) 涂装完成后，构件的标志、标记和编号应清晰完整。

检查数量：全数检查。

检验方法：观察检查。

2. 钢结构防火涂料涂装

（1）主控项目

1) 防火涂料涂装前钢材表面除锈及防锈底漆涂装应符合设计要求和国家现行有关标准的规定。

检查数量：按构件数抽查 10%，且同类构件不应少于 3 件。

检验方法：表面除锈用铲刀检查和用现行国家标准《涂装前钢材表面锈蚀等级和除锈等级》（GB 8923—88）规定的图片对照观察检查。底漆涂装用于漆膜测厚仪检查，每个构件检测 5 处，每处的数值为 3 个相距 50mm 测点涂层干漆膜厚度的平均值。

2) 钢结构防火涂料的粘结强度、抗压强度应符合国家现行标准《钢结构防火涂料应用技术规程》（CECS24：90）的规定。检验方法应符合现行国家标准《建筑构件防火喷涂材料性能试验方法》(GB 9978)的规定。

检查数量：每使用100t或不足100t薄涂型防火涂料应抽检一次粘结强度；每使用500t或不足500t厚涂型防火涂料应抽检一次粘结强度和抗压强度。

检验方法：检查复检报告。

3）薄涂型防火涂料的涂层厚度应符合有关耐火极限的设计要求。厚涂型防火涂料涂层的厚度，80%及以上面积应符合有关耐火极限的设计要求，且最薄处厚度不应低于设计要求的85%。

检查数量：按同类构件数抽查10%，且均不应少于3件。

检验方法：用涂层厚度测量仪、测针和钢尺检查。测量方法应符合国家现行标准《钢结构防火涂料应用技术规程》(CECS24：90)的规定及《钢结构工程施工质量验收规范》(GB 50205—2001)附录F。

4）薄涂型防火涂料涂层表面裂纹宽度不应大于0.5mm；厚涂型防火涂料涂层表面裂纹宽度不应大于1mm。

检查数量：按同类构件数抽查10%，且均不应少于3件。

检验方法：观察和用尺量检查。

(2) 一般项目

1）防火涂料涂装基层不应有油污、灰尘和泥砂等污垢。

检查数量：全数检查。

检验方法：观察检查。

2）防火涂料不应有误涂、漏涂，涂层应闭合无脱层、空鼓、明显凹陷、粉化松散和浮浆等外观缺陷，乳突已剔除。

检查数量：全数检查。

检验方法：观察检查。

第十一节 分部工程竣工验收

1. 根据现行国家标准《建筑工程施工质量验收统一标准》(GB 50300)的规定，钢结构作为主体结构之一应按子分部工程竣工验收；当主体结构均为钢结构时应按分部工程竣工验收。大型钢结构工程可划分成若干个子分部工程进行竣工验收。

2. 钢结构分部工程有关安全及功能的检验和见证检测项目见《钢结构工程施工质量验收规范》(GB 50205—2001)附录G，检验应在其分项工程验收合格后进行。

3. 钢结构分部工程有关观感质量检验应按《钢结构工程施工质量验收规范》(GB 50205—2001)附录H执行。

4. 钢结构分部工程合格质量标准应符合下列规定：

(1) 各分项工程质量均应符合合格质量标准；

(2) 质量控制资料和文件应完整；

(3) 有关安全及功能的检验和见证检测结果应符合《钢结构工程施工质量验收规范》(GB 50205—2001)相应合格质量标准的要求；

(4) 有关观感质量应符合本规范相应合格质量标准的要求。

5. 钢结构分部工程竣工验收时，应提供下列文件和记录：
(1) 钢结构工程竣工图纸及相关设计文件；
(2) 施工现场质量管理检查记录；
(3) 有关安全及功能的检验和见证检测项目检查记录；
(4) 有关观感质量检验项目检查记录；
(5) 分部工程所含各分项工程质量验收记录；
(6) 分项工程所含各检验批质量验收记录；
(7) 强制性条文检验项目检查记录及证明文件；
(8) 隐蔽工程检验项目检查验收记录；
(9) 原材料、成品质量合格证明文件、中文标志及性能检测报告；
(10) 不合格项的处理记录及验收记录；
(11) 重大质量、技术问题实施方案及验收记录；
(12) 其他有关文件和记录。

6. 钢结构工程质量验收记录应符合下列规定：
(1) 施工现场质量管理检查记录可按现行国家标准《建筑工程施工质量验收统一标准》(GB 50300—2001) 中附录 A 进行；
(2) 分项工程检验批验收记录可按《钢结构工程施工质量验收规范》(GB 50205—2001) 附录 J 中表 J.0.1~表 J.0.13 进行；
(3) 分项工程验收记录可按现行国家标准《建筑工程施工质量验收统一标准》(GB 50300—2001) 中附录 E 进行；
(4) 分部（子分部）工程验收记录可按现行国家标准《建筑工程施工质量验收统一标准》(GB 50300—2001) 中附录 F 进行。

第七章 屋面工程

第一节 卷材防水屋面

一、材料质量要求

1. 防水卷材应具备如下特性：
(1) 水密性：即具有一定的抗渗能力，吸水率低，浸泡后防水能力降低少；
(2) 大气稳定性好：在阳光紫外线、臭氧老化下性能持久；
(3) 温度稳定性好：高温不流淌变形，低温不脆断，在一定温度条件下，保持性能良好；
(4) 一定的力学性能：能承受施工及变形条件下产生的荷载，具有一定强度和伸长率；
(5) 施工性良好：便于施工，工艺简便；
(6) 污染少：对人身和环境无污染。

2. 基层处理剂
(1) 冷底子油

沥青应全部溶解，不应有未溶解的沥青硬块。溶液内不应有草、木、砂、土等杂质。冷底子油稀稠适当，便于涂刷。采用的溶剂应易于挥发。溶剂挥发后的沥青应具有一定软化点。

在终凝后水泥基层上喷涂时，干燥时间为 12~48h，此类属于慢挥发性冷底子油；干燥时间为 5~10h，此类属于快挥发性冷底子油；在金属配件上涂刷时，干燥时间为 4h，此类属于速干性冷底子油。

(2) 卷材基层处理剂

用于高聚物改性沥青和合成高分子卷材的基层处理，一般采用合成高分子材料进行改性，基本上由卷材生产厂家配套供应。

3. 胶粘剂
(1) 改性沥青胶沾剂的粘结强度不应小于 8N/10mm。
(2) 合成高分子胶沾剂的沾结剥离强度不应小于 15N/10mm，浸水 168h 后的保持率不应小于 70%。
(3) 双面胶沾带剥离状态下的粘合性不应小于 10N/25mm，浸水 168h 后的保持率不应小于 70%。

4. 沥青卷材（油毡）

沥青防水卷材的外观质量和物理性能应符合表 7-1 和表 7-2 的要求。

5. 高聚物改性沥青卷材

沥青防水卷材的外观质量要求 表 7-1

项 目	外 观 质 量 要 求
孔洞、硌伤	不允许
露胎、涂盖不匀	不允许
折纹、折皱	距卷芯 1000mm 以外，长度不应大于 100mm
裂纹	距卷芯 1000mm 以外，长度不应大于 10mm
裂口、缺边	边缘裂口小于 20mm；缺边长度小于 50mm，深度小于 20mm
每卷卷材的接头	不超过 1 处，较短的一段不应小于 2500mm，接头处应加长 150mm

沥青防水卷材物理性能 表 7-2

项 目		性 能 要 求	
		350 号	500 号
纵向拉力（25±2℃）(N)		≥340	≥440
耐热度（85±2℃，2h）		不流淌，无集中性气泡	
柔度（18±2℃）		绕 ϕ20mm 圆棒无裂纹	绕 ϕ25mm 圆棒无裂纹
不透水性	压力（MPa）	≥0.10	≥0.15
	保持时间（min）	≥30	≥30

高聚物改性沥青防水卷材外观质量和物理性能应符合表 7-3 和表 7-4 的要求。

高聚物改性沥青防水卷材外观质量 表 7-3

项 目	外 观 质 量 要 求
孔洞、缺边、裂口	不允许
边缘不整齐	不超过 10mm
胎体露白、未浸透	不允许
撒布材料粒度、颜色	均 匀
每卷卷材的接头	不超过 1 处，较短的一段不应小于 1000mm，接头处应加长 150mm

高聚物改性沥青卷材的物理性能 表 7-4

项 目		性 能 要 求		
		聚酯毡胎体	玻纤胎体	聚乙烯胎体
拉力（N/50mm）		≥450	纵向≥350，横向≥250	≥100
延伸率（%）		最大拉力时，≥30	—	断裂时，≥200
耐热度（℃，2h）		SBS 卷材 90，APP 卷材 110，无滑动、流淌、滴落		PEE 卷材 90，无流淌、起泡
低温柔度（℃）		SBS 卷材 -180，APP 卷材 -5，PEE 卷材 -10。3mm 厚 r = 15mm；4mm 厚 r = 25mm；3s 弯 180°，无裂纹		
不透水性	压力（MPa）	≥0.3	≥0.2	≥0.3
	保持时间（min）	≥30		

注：SBS——弹性体改性沥青防水卷材；APP——塑性体改性沥青防水卷材；PEE——改性沥青聚乙烯胎防水卷材。

6. 合成高分子卷材

合成高分子防水卷材的外观质量和物理性能应符合表 7-5 和表 7-6 的要求。

合成高分子防水卷材的外观质量要求 表 7-5

项 目	外 观 质 量 要 求
折 痕	每卷不超过 2 处，总长度不超过 20mm
杂 质	大于 0.5mm 颗粒不允许，每 1m^2 不超过 9mm^2
胶 块	每卷不超过 6 处，每处面积不大于 4mm^2
凹 痕	每卷不超过 6 处，深度不超过本身厚度 30%；树脂类深度不超过 15%
每卷卷材接头	橡胶类每 20m 不超过 1 处，较短的一段不应小于 3000mm，接头处应加长 150mm；树脂类 20m 长度内不允许有接头

合成高分子防水卷材物理性能 表 7-6

项 目		性 能 要 求			
		硫化橡胶类	非硫化橡胶类	树脂类	纤维增强类
断裂拉伸强度（MPa）		≥6	≥3	≥10	≥9
扯断伸长率（%）		≥400	≥200	≥200	≥10
低温弯折（℃）		-30	-20	-20	-20
不透水性	压力（MPa）	≥0.3	≥0.2	≥0.3	≥0.3
	保持时间（min）	≥30			
加热收缩率（%）		<1.2	<2.0	<2.0	<1.0
热老化保持率	断裂拉伸强度	≥80%			
	扯断伸长率	≥70%			

二、施工质量控制

1. 工程质量要求

（1）建筑防水工程各部位应达到不渗漏，不积水。

（2）防水工程所用各类材料均应符合质量标准和设计要求。

（3）屋面找平层包括水泥砂浆、细石混凝土或沥青砂浆的整体找平层，其厚度和技术要求应符合规定要求。

（4）保温层应干燥，封闭式保温层的含水率应相当于该材料在当地自然风干状态下的平衡含水率。当采用有机胶结材料时，保温层的含水率不得超过 5%；当采用无机胶结材料时，保温层含水率不得超过 20%。

（5）卷材铺贴工艺应符合标准、规范规定和设计要求，卷材搭接宽度准确，接缝严密。平立面卷材及搭接部位卷材铺贴后表面应平整，无皱折、鼓泡、翘边，接缝牢固严密。

2. 工程质量控制要点

(1) 屋面找平层

1) 基层处理

①水泥砂浆、细石混凝土找平层的基层,施工前必须先作清理干净和浇水湿润。

②沥青砂浆找平层的基层,施工前必须干净、干燥。满涂冷底子油1~2道,要求薄而均匀,不得有气泡和空白。

2) 分格缝留设

①按照设计要求,应先在基层上弹线标出分格缝位置。若基层为预制屋面板,则分格缝应与板缝对齐。

②安放分格缝的木条应平直、连续,其高度与找平层厚度一致,宽度应符合设计要求,断面为上宽下窄,便于取出。

3) 水泥砂浆、沥青砂浆找平层施工

①找平层坡度应符合设计要求,一般天沟纵向坡度不宜小于5‰(用轻混凝土垫泛水),内部排水的水落口周围应做成半径约0.5m和坡度不宜小于5%(25mm深)的杯形洼坑。

②用2m长的直尺控制找平层的平整度,允许偏差不超过5mm。

③找平层上的分格缝留设位置应符合设计要求和施工规范规定。分格缝的缝宽一般为20mm。分格缝兼作排气屋面的排气道时,可适当加宽,并应与保温层连通。

④基层与突出屋面结构(女儿墙、墙、天窗壁、变形缝、烟囱、管道等)的连接处,以及在基层的转角处(槽口、天沟、斜沟、水落口、屋脊等)均应做成半径为100~150mm的圆弧或斜边长度为100~150mm的钝角坡度。

⑤内部排水的水落口杯应牢固地固定在承重结构上,均应预先清除铁锈,并涂上专用底漆(锌磺类或磷化底漆等)。水落口杯与竖管承门的连接处,应用沥青与纤维材料拌制的填料或油膏填塞。

⑥水泥砂浆找平层表面应压实,无脱皮、起砂等缺陷;沥青砂浆找平层的铺设,是在干燥的基层上满涂冷底子油1~2道,干燥后再铺设沥青砂浆,滚压后表面应平整、密实、无蜂窝,无压痕。

⑦水泥砂浆、细石混凝土找平层,在收水后,应作二次压光,确保表面坚固密实和平整。终凝后应采取浇水、覆盖浇水、喷养护剂等养护措施,保证水泥充分水化,确保找平层质量。同时严禁过早堆物、上人和操作。特别应注意:在气温低于0℃或终凝前可能下雨的情况下,不宜进行施工。

⑧沥青砂浆找平层施工,应在冷底子油干燥后,开始铺设。虚铺厚度一般应按1.3~1.4倍压实厚度的要求控制。对沥青砂浆在拌制、铺设、滚压过程中的温度,必须按规定准确控制,常温下沥青砂浆的拌制温度为140~170℃,铺设温度为90~120℃。待沥青砂浆铺设于屋面并刮平后,应立即用火滚子进行滚压(夏天温度较高时,滚筒可不生火)直至表面平整、密实、无蜂窝和压痕为止,滚压后的温度为60℃。火滚子滚压不到的地方,可用烙铁烫压。施工缝应留斜搓,继续施工时,接搓处应刷热沥青一道,然后再铺设。

⑨准确设置转角圆弧。对各类转角处的找平层宜采用细石混凝土或沥青砂浆,做出圆

弧形。施工前可按照设计规定的圆弧半径，采用木材、铁板或其他光滑材料制成简易圆弧操作工具，用于压实、拍平和抹光，并统一控制圆弧形状和半径。

4）预制找平层

①基层必须平整牢固，无松动现象。坡度符合设计要求。

②预制块不应有断裂、缺角、缺楞。

③预制找平层铺设应紧贴基层，垫平、垫稳，坡度正确，不得有松动。找平层灌缝应密实。

(2) 屋面保温层

1）松散材料保温层

①铺设松散材料保温层的基层应平整、干燥和干净。

②保温层含水率应符合设计要求。

③松散保温材料应分层铺设并压实，每层虚铺厚度不宜大于150mm；压实的程度与厚度必须经试验确定；压实后不得直接在保温层上行车或堆物。

④保温层施工完成后，应及时进行找平层和防水层的施工；雨期施工时，保温层应采取遮盖措施。

2）板状材料保温层

①板状材料保温层的基层应平整、干燥和干净。

②板状保温材料应紧靠在需保温的基层表面上，并应铺平垫稳。

③分层铺设的板块上下层接缝应相互错开；板间缝隙应采用同类材料嵌填密实。

④干铺的板状保温材料，一要紧靠基层表面；二要分层铺设的板块上下层接缝错开；三要板间缝隙嵌填密实。

⑤板状保温材料的粘贴应符合下列要求：

a. 当采用玛蹄脂及其他胶结材料粘贴时，板状保温材料相互之间及基层之间应满涂胶结材料，以便相互粘牢。热玛蹄脂的加热温度不应高于240℃，使用温度不宜低于190℃。熬制好的玛蹄脂宜在本工作班内用完。

b. 当采用水泥砂浆粘贴板状保温材料时，板间缝隙应采用保温灰浆填实并勾缝。保温灰浆的配比宜为1:1:10（水泥:石灰膏:同类保温材料的碎粒，体积比）。

3）整体现浇（喷）保温层

①沥青膨胀蛭石、沥青膨胀珍珠岩宜用机械搅拌，并应色泽一致，无沥青团；压实程度根据试验确定，其厚度应符合设计要求，表面应平整。

②硬质聚酯泡沫塑料应按配比准确计量，发泡厚度均匀一致。

③整体沥青膨胀蛭石、沥青膨胀珍珠岩保温层施工须符合下列规定：

a. 沥青加热温度不应高于240℃。膨胀蛭石或膨胀珍珠岩的预热温度宜为100~120℃。

b. 宜采用机械搅拌。

c. 压实程度必须根据试验确定。

d. 倒置式屋面当保护层采用卵石铺压时，卵石铺设应防止过量，以免加大屋面荷载，使结构开裂或变形过大，甚至造成结构破坏。

(3) 卷材防水层

1）冷底子油涂刷

①冷底子油的配合成分和技术性能应符合设计规定。

冷底子油的干燥时间应视其用途定为：

a．在水泥基层上涂刷的慢挥发性冷底子油为 12~48h。

b．在水泥基层上涂刷的快挥发性冷底子油为 5~10h。

②在熬好的沥青中加入慢挥发性溶剂时，沥青的温度不得超过 140℃，如加入快挥发性溶剂，则沥青温度不应超过 110℃。

③涂刷冷底子油的找平层表面，要求平整、干净、干燥。如个别地方较潮湿，可用喷灯烘烤干燥。

④涂刷冷底子油的品种应视铺贴的卷材而定，不可错用。焦油沥青低温油毡，应用焦油沥青冷底子油。

⑤涂刷冷底子油要薄而匀，无漏刷、麻点、气泡。过于粗糙的找平层表面，宜先刷一遍慢挥发性冷底子油，待其初步干燥后，再刷一遍快挥发性冷底子油。涂刷时间宜在铺毡前 1~2d 进行。如采取湿铺工艺，冷底子油需在水泥砂浆找平层终凝后，能上人时涂刷。

2）卷材铺贴

①采用冷粘法铺贴卷材

a．应严格控制胶结剂的涂刷质量，确保涂刷均匀、避免出现堆积或漏涂现象。

b．应根据胶结剂的性能和施工环境特点，分别采取涂刷后立即粘贴；或待溶剂挥发后粘贴等方法，其间隔时间还和气温、湿度、风力等因素有关，可通过试验，准确掌握间隔时间。

c．应有效控制搭接宽度和粘结密封性能。搭接缝平直、不扭曲，以保证搭接宽度；并应在已铺卷材上弹出搭接宽度的粉线，以保证搭接尺寸；采取涂满胶结剂、溢出胶结剂等方法，以达到粘结牢固的要求。

②采用热熔法铺贴卷材

a．应控制施工加热时卷材幅宽内必须均匀一致，要求火焰加热器的喷嘴与卷材的距离适当，加热至卷材表面有光亮黑色时方可粘合。若熔化不够则会影响卷材接缝的粘接强度和密封性能；加温过高，会使改性沥青老化变焦且把卷材烧穿。

b．厚度小于 3mm 的高聚物改性沥青防水卷材，严禁采用热熔法施工。

c．在铺贴卷材时应将空气排出。确保粘贴服贴牢固。

d．应在滚铺卷材时，缝边必须溢出热熔的改性沥青胶，确保搭接粘结牢固、封闭严密。

e．应实施现场弹线作业，以保证铺贴的卷材平整顺直，搭接尺寸准确，不发生扭曲。

③采用自粘法铺贴卷材

a．卷材铺贴前，先将隔离纸撕净。再在基层上涂刷处理剂，并及时铺贴卷材。

b．在搭接部位采用热风加热，特别在温度较低时，更应正确掌握加热措施。

c．应在接缝隙口采用密封材料进行封严，确保接缝口不发生翘边张缝，并有效提高其密封抗渗性能。

d．应在铺贴立面或大坡面卷材时，采用加热法或钉压固定法，使自粘卷材与基层粘贴牢固。

④采用热风焊枪焊接热塑性卷材（如 PVC 卷材等）。

a. 应先将接缝表面的油污、尘土、水滴等附着物擦拭干净后，再进行焊接施工。

b. 应由操作熟练的专业施工人员进行焊接，并按规定严格控制焊接速度和热风温度，确保无漏焊、跳焊、焊焦或焊接不牢等现象。

3）排气槽与出气孔的留置和施工

①在基层（找平层或保温层）中须留置 30~40mm 宽的纵横连通的排气边沟槽。

②在屋脊或屋面上设置排气槽、出气孔必须相互连通。

③施工中必须注意，不将排气槽、出气孔堵塞。受潮易粉化的材料不得作排气的填充料。

④在板端排气槽的孔边上要干铺一层不小于 300mm 的油毡附加层，油毡条要单边粘住，以利伸缩。

⑤排气孔、槽均应与大气连通，出气口力求构造简单合理、便于施工、不进水。

4）卷材在泛水处收头密封形式

①女儿墙较低，卷材铺到压顶下，上用金属或钢筋混凝土等压盖。

②墙体为砖砌体时，应预留凹槽将卷材收头压实，用压条钉压，密封材料封严，抹水泥砂浆或聚合物砂浆保护。凹槽距屋面找平层高度不应小于 250mm。

③墙体为混凝土时，卷材的收头可采用金属压条钉压，并用密封材料封固。

(4) 卷材屋面保护层

1）绿豆砂保护层

①检查卷材铺贴的质量，合格后，方可进行保护层施工。

②绿豆砂在铺撒前应在锅内或钢板上炒干，并加热至 100℃ 左右，在油毡涂刷 2~3mm 厚的热沥青胶结材料，立即趁热将预热的绿豆砂均匀地撒在沥青胶结材料上，使其一半左右粒径嵌入沥青中，不均匀处要补撒，多余的绿豆砂应扫除。

2）板材或整体保护层

①防水层宜采用再生胶、玻璃丝布等防腐油毡，面层上应满涂一层玛蹄脂。保护层与油毡之间，宜设隔离层。

②板材无裂纹、缺楞掉角，铺砌牢固，表面平整，板块纵横及周边排列整齐；整体保护层的强度符合设计要求，表面密实压光。

③板材或整体保护层均应分格，分格缝应留设在屋面坡面转折处，以及屋面与突出屋面的女儿墙、烟囱等交接处，同时尽量与找平层的分格缝错开。整体保护层的分格面积不宜大于 $9m^2$，板材保护层分格面积可适当加大。

④板材的拼缝宜用砂浆填实，并用稠水泥浆勾封严密。分格缝应用油膏或渗有石棉绒的玛蹄脂嵌封。

三、施工质量验收

卷材防水屋面工程

(1) 屋面找平层

1）基本规定

①本节适用于防水层基层采用水泥砂浆、细石混凝土或沥青砂浆的整体找平层。

②找平层的厚度和技术要求应符合表7-7的规定。

找平层的厚度和技术要求　　　　　　表7-7

类　别	基层种类	厚度（mm）	技术要求
水泥砂浆找平层	整体混凝土	15~20	1:2.5~1:3（水泥:砂）体积比，水泥强度等级不低于32.5级
	整体或板状材料保温层	20~25	
	装配式混凝土板，松散材料保温层	20~30	
细石混凝土找平层	松散材料保温层	30~35	混凝土强度等级不低于C20
沥青砂浆找平层	整体混凝土	15~20	1:8（沥青:砂）质量比
	装配式混凝土板，整体或板状材料保温层	20~25	

③找平层的基层采用装配式钢筋混凝土板时，应符合下列规定：

a. 板端、侧缝应用细石混凝土灌缝，其强度等级不应低于C20。

b. 板缝宽度大于40mm或上窄下宽时，板缝内应设置构造钢筋。

c. 板端缝应进行密封处理。

④找平层的排水坡度应符合设计要求。平屋面采用结构找坡不应小于3%，采用材料找坡宜为2%；天沟、槽沟纵向找坡不应小于1%，沟底水落差不得超过200mm。

⑤基层与突出屋面结构（女儿墙、山墙、天窗壁、变形缝、烟囱等）的交接处和基层的转角处，找平层均应做成圆弧形，圆弧半径应符合表7-8的要求。内部排水的水落口周围，找平层应做成略低的凹坑。

转角处圆弧半径　　表7-8

卷材种类	圆弧半径（mm）
沥青防水卷材	100~150
高聚物改性沥青防水卷材	50
合成高分子防水卷材	20

⑥找平层宜设分格缝，并嵌填密封材料。分格缝应留设在板端缝处，其纵横缝的最大间距：水泥砂浆或细石混凝土找平层，不宜大于6m；沥青砂浆找平层，不宜大于4m。

2）主控项目

①找平层的材料质量及配合比，必须符合设计要求。

检验方法：检查出厂合格证、质量检验报告和计量措施。

②屋面（含天沟、檐沟）找平层的排水坡度，必须符合设计要求。

检验方法：用水平仪（水平尺）、拉线和尺量检查。

3）一般项目

①基层与突出屋面结构的交接处和基层的转角处，均应做成圆弧形，且整齐平顺。

检验方法：观察和尺量检查。

②水泥砂浆、细石混凝土找平层应平整、压光，不得有酥松、起砂、起皮现象；沥青砂浆找平层不得有拌合不匀、蜂窝现象。

检验方法：观察检查。

③找平层分格缝的位置和间距应符合设计要求。

检验方法：观察和尺量检查。

④找平层表面平整度的允许偏差为5mm。

检验方法：用 2m 靠尺和楔形塞尺检查。
(2) 屋面保温层
1) 基本规定
①本节适用于松散、板状材料或整体现浇（喷）保温层。
②保温层应干燥，封闭式保温层的含水率应相当于该材料在当地自然风干状态下的平衡含水率。
③屋面保温层干燥有困难时，应采用排汽措施。
④倒置式屋面应采用吸水率小、长期浸水不腐烂的保温材料。保温层上应用混凝土等块材、水泥砂浆或卵石做保护层；卵石保护层与保温层之间，应干铺一层无纺聚酯纤维布做隔离层。
⑤松散材料保温层施工应符合下列规定：
a. 铺设松散材料保温层的基层应平整、干燥和干净。
b. 保温层含水率应符合设计要求。
c. 松散保温材料应分层铺设并压实，压实的程度与厚度应经试验确定。
d. 保温层施工完成后，应及时进行找平层和防水层的施工；雨季施工时，保温层应采取遮盖措施。
⑥板状材料保温层施工应符合下列规定：
a. 板状材料保温层的基层应平整、干燥和干净。
b. 板状保温材料应紧靠在需保温的基层表面上，并应铺平垫稳。
c. 分层铺设的板块上下层接缝应相互错开；板间缝隙应采用同类材料嵌填密实。
d. 粘贴的板状保温材料应贴严、粘牢。
⑦整体现浇（喷）保温层施工应符合下列规定：
a. 沥青膨胀蛭石、沥青膨胀珍珠岩宜用机械搅拌，并应色泽一致，无沥青团；压实程度根据试验确定，其厚度应符合设计要求，表面应平整。
b. 硬质聚氨酯泡沫塑料应按配比准确计量，发泡厚度均匀一致。
2) 主控项目
①保温材料的堆积密度或表观密度、导热系数以及板材的强度、吸水率，必须符合设计要求。
检验方法：检查出厂合格证、质量检验报告和现场抽样复验报告。
②保温层的含水率必须符合设计要求。
检验方法：检查现场抽样检验报告。
3) 一般项目
①保温层的铺设应符合下列要求：
a. 松散保温材料：分层铺设，压实适当，表面平整，找坡正确。
b. 板状保温材料：紧贴（靠）基层，铺平垫稳，拼缝严密，找坡正确。
c. 整体现浇保温层：拌合均匀，分层铺设，压实适当，表面平整，找坡正确。
检验方法：观察检查。
②保温层厚度的允许偏差：松散保温材料和整体现浇保温层为 +10%，-5%；板状保温材料为 ±5%，且不得大于 4mm。

检验方法：用钢针插入和尺量检查。

③当倒置式屋面保护层采用卵石铺压时，卵石应分布均匀，卵石的质（重）量应符合设计要求。

检验方法：观察检查和按堆积密度计算其质（重）量。

（3）卷材防水层

1）基本规定

①本节适用于防水等级为Ⅰ—Ⅳ级的屋面防水。

②卷材防水层应采用高聚物改性沥青防水卷材、合成高分子防水卷材或沥青防水卷材。所选用的基层处理剂、接缝胶粘剂、密封材料等配套材料应与铺贴的卷材材性相容。

③在坡度大于25%的屋面上采用卷材作防水层时，应采取固定措施。固定点应密封严密。

④铺设屋面隔汽层和防水层前，基层必须干净、干燥。

干燥程度的简易检验方法，是将1m² 卷材平坦地干铺在找平层上，静置3~4h 后掀开检查，找平层覆盖部位与卷材上未见水印即可铺设。

⑤卷材铺贴方向应符合下列规定：

a. 屋面坡度小于3%时，卷材宜平行屋脊铺贴。

b. 屋面坡度在3%~15%时，卷材可平行或垂直屋脊铺贴。

c. 屋面坡度大于15%或屋面受震动时，沥青防水卷材应垂直屋脊铺贴，高聚物改性沥青防水卷材和合成高分子防水卷材可平行或垂直屋脊铺贴。

d. 上下层卷材不得相互垂直铺贴。

⑥卷材厚度选用应符合表7-9的规定。

卷材厚度选用表 表7-9

屋面防水等级	设防道数	合成高分子防水卷材	高聚物改性沥青防水卷材	沥青防水卷材
Ⅰ级	三道或三道以上设防	不应小于1.5mm	不应小于3mm	—
Ⅱ级	二道设防	不应小于1.2mm	不应小于3mm	—
Ⅲ级	一道设防	不应小于1.2mm	不应小于4mm	三毡四油
Ⅳ级	一道设防	—	—	二毡三油

⑦铺贴卷材采用搭接法时，上下层及相邻两幅卷材的搭接缝应错开。各种卷材搭接宽度应符合表7-10的要求。

卷材搭接宽度（mm） 表7-10

铺贴方法 卷材种类		短边搭接		长边搭接	
		满粘法	空铺、点粘、条粘法	满粘法	空铺、点粘、条粘法
沥青防水卷材		100	150	70	100
高聚物改性沥青防水卷材		80	100	80	100
合成高分子防水卷材	胶粘剂	80	100	80	100
	胶粘带	50	60	50	60
	单缝焊	60，有效焊接宽度不小于25			
	双缝焊	80，有效焊接宽度不小于10×2+空腔宽			

⑧冷粘法铺贴卷材应符合下列规定：

a. 胶粘剂涂刷应均匀，不露底，不堆积。

b. 根据胶粘剂的性能，应控制胶粘剂涂刷与卷材铺贴的间隔时间。

c. 铺贴的卷材下面的空气应排尽，并辊压粘结牢固。

d. 铺贴片卷材应平整顺直，搭接尺寸准确，不得扭曲、皱折。

e. 接缝口应用密封材料封严，宽度不应小于10mm。

⑨热熔法铺贴卷材应符合下列规定：

a. 火焰加热器加热卷材应均匀，不得过分加热或烧穿卷材；厚度小于3mm的高聚物改性沥青防水卷材严禁采用热熔法施工。

b. 卷材表面热熔后应立即滚铺卷材，卷材下面的空气应排尽，并辊压粘结牢固，不得空鼓。

c. 卷材接缝部位必须溢出热熔的改性沥青胶。

d. 铺贴的卷材应平整顺直，搭接尺寸准确，不得扭曲、皱折。

⑩自粘法铺贴卷材应符合下列规定：

a. 铺贴卷材前基层表面应均匀涂刷基层处理剂，干燥后应及时铺贴卷材。

b. 铺贴卷材时，应将自粘胶底面的隔离纸全部撕净。

c. 卷材下面的空气应排尽，并辊压粘结牢固。

d. 铺贴的卷材应平整顺直，搭接尺寸准确，不得扭曲、皱折。搭接部位宜采用热风加热，随即粘贴牢固。

e. 接缝口应用密封材料封严，宽度不应小于10mm。

⑪卷材热风焊接施工应符合下列规定：

a. 焊接前卷材的铺设应平整顺直，搭接尺寸准确，不得扭曲、皱折。

b. 卷材的焊接面应清扫干净，无水滴、油污及附着物。

c. 焊接时应先焊长边搭接缝，后焊短边搭接缝。

d. 控制热风加热温度和时间，焊接处不得有漏焊、跳焊、焊焦或焊接不牢现象。

e. 焊接时不得损害非焊接部位的卷材。

⑫沥青玛琋脂的配制和使用应符合下列规定：

a. 配制沥青玛琋脂的配合比应视使用条件、坡度和当地历年极端最高气温，并根据所用的材料经试验确定；施工中应按确定的配合比严格配料，每工作班应检查软化点和柔韧性。

b. 热沥青玛琋脂的加热温度不应高于240℃，使用温度不应低于190℃。

c. 冷沥青玛琋脂使用时应搅匀，稠度太大时可加少量溶剂稀释搅匀。

d. 沥青玛琋脂应涂刮均匀，不得过厚或堆积。

粘结层厚度：热沥青玛琋脂宜为1~1.5mm，冷沥青玛琋脂宜为0.5~1mm；面层厚度：热沥青玛琋脂宜为2~3mm，冷沥青玛琋脂宜为1~1.5mm。

⑬天沟、檐沟、槽口、泛水和立面卷材收头的端部应裁齐，塞入预留凹槽内，用金属压条钉压固定，最大钉距不应大于900mm，并用密封材料嵌填封严。

⑭卷材防水层完工并经验收合格后，应做好成品保护。保护层的施工应符合下列规定：

a. 绿豆砂应清洁、预热、铺撒均匀,并使其与沥青玛琋脂粘结牢固,不得残留未粘结的绿豆砂。

b. 云母或蛭石保护层不得有粉料,撒铺应均匀,不得露底,多余的云母或蛭石应清除。

c. 水泥砂浆保护层的表面应抹平压光,并设表面分格缝,分格面积宜为 $1m^2$。

d. 块体材料保护层应留设分格缝,分格面积不宜大于 $100m^2$,分格缝宽度不宜小于 20mm。

e. 细石混凝土保护层,混凝土应密实,表面抹平压光,并留设分格缝,分格面积不大于 $36m^2$。

f. 浅色涂料保护层应与卷材粘结牢固,厚薄均匀,不得漏涂。

g. 水泥砂浆、块材或细石混凝土保护层与防水层之间应设置隔离层。

h. 刚性保护层与女儿墙、山墙之间应预留宽度为 300mm 的缝隙,并用密封材料嵌填严密。

2) 主控项目

①卷材防水层所用卷材及其配套材料,必须符合设计要求。

检验方法:检查出厂合格证、质量检验报告和现场抽样复验报告。

②卷材防水层不得有渗漏或积水现象。

检验方法:雨后或淋水、蓄水检验。

③卷材防水层在天沟、檐沟、槽口、水落口、泛水、变形缝和伸出屋面管道的防水构造,必须符合设计要求。

检验方法:观察检查和检查隐蔽工程验收记录。

3) 一般项目

①卷材防水层的搭接缝应粘(焊)结牢固,密封严密,不得有皱折、翘边和鼓泡等缺陷;防水层的收头应与基层粘结并固定牢固,缝口封严,不得翘边。

检验方法:观察检查。

②卷材防水层上的撒布材料和浅色涂料保护层应铺撒或涂刷均匀,粘结牢固;水泥砂浆、块材或细石混凝土保护层与卷材防水层间应设置隔离层;刚性保护层的分格缝留置应符合设计要求。

检验方法:观察检查。

③排汽屋面的排汽道应纵横贯通,不得堵塞。排汽管应安装牢固,位置正确,封闭严密。

检验方法:观察检查。

卷材的铺贴方向应正确,卷材搭接宽度的允许偏差为 -10mm。

检验方法:观察和尺量检查。

第二节 涂膜防水屋面工程

一、材料质量要求

1. 为满足屋面防水工程的需要,防水涂料及其形成的涂膜防水层应具备:

(1) 一定的固体含量：涂料是靠其中的固体成分形成涂膜的，由于各种防水涂料所含固体的密度相差并不太大，当单位面积用量相同时，涂膜的厚度取决于固体含量的大小，如果固体含量过低，涂膜的质量难以保证。

(2) 优良的防水能力：在雨水的侵蚀和干湿交替作用下防水能力下降少。

(3) 耐久性好：在阳光紫外线、臭氧、大气中酸碱介质长期作用下保持长久的防水性能。

(4) 温度敏感性低：高温条件下不流淌、不变形，低温状态时能保持足够的延伸率。不发生脆断。

(5) 一定的力学性能：即具有一定的强度和延伸率，在施工荷载作用下或结构和基层变形时不破坏、不断裂。

(6) 施工性好：工艺简单、施工方法简便、易于操作和工程质量控制。

(7) 对环境污染少。

防水涂料按成膜物质的主要成分，可将涂料分成沥青基防水涂料、高聚物改性沥青防水涂料和合成高分子防水涂料3种。施工时根据涂料品种和屋面构造形式的需要，可在涂膜防水层中增设胎体增强材料。

2. 沥青基防水涂料的物理性能应符合表7-11的要求。

沥青基防水涂料物理性能　　　　　　表 7-11

项　目		性　能　要　求
固体含量（%）		≥50
耐热度（80℃，5h）		无流淌、起泡和滑动
柔性（10±1℃）		4mm厚，绕φ20mm圆棒，无裂纹、断裂
不透水性	压力（MPa）	≥0.1
	保持时间（min）	≥30 不透水
延伸（20±2℃拉伸）（mm）		≥4.0

3. 高聚物改性沥青防水涂料的物理性能应符合表7-12的要求。

高聚物改性沥青防水涂料物理性能　　　　　　表 7-12

项　目		性　能　要　求
固体含量（%）		≥43
耐热度（80℃，5h）		无流淌、起泡和滑动
柔性（-10℃）		3mm厚，绕φ20mm圆棒，无裂纹、断裂
不透水性	压力（MPa）	≥0.1
	保持时间（min）	≥30
延伸（20±2℃拉伸）（mm）		≥4.5

与沥青基防水涂料相比，高聚物改性沥青防水涂料在柔韧性、抗裂性、强度、耐高低温性能、使用寿命等方面都有了较大的改善。

4. 合成高分子防水涂料的物理性能应符合表 7-13 的要求。

合成高分子防水涂料物理性能 表 7-13

项目		性 能 要 求		
		反应固化型	挥发固化型	聚合物水泥涂料
固体含量（%）		≥94	≥65	≥65
拉伸强度（MPa）		≥1.65	≥1.5	≥1.2
断裂延伸率（%）		≥350	≥300	≥200
柔性（℃）		-30，弯折无裂痕	-20，弯折无裂痕	-10，绕 ϕ10mm 圆棒无裂痕
不透水性	压力（MPa）	≥0.3		
	保持时间（min）	≥30		

由于合成高分子材料本身的优异性能，以此为原料制成的合成高分子防水涂料有较高的强度和延伸率，优良的柔韧性、耐高低温性能、耐久性和防水能力。

5. 胎体增强材料的质量应符合表 7-14 的要求。

胎体增强材料质量要求 表 7-14

项目		质 量 要 求		
		聚酯无纺布	化纤无纺布	玻纤网布
外 观		均匀无团状，平整无折皱		
拉力（N/50mm）	纵向	≥150	≥45	≥90
	横向	≥100	≥35	≥50
延伸率%	纵向	≥10	≥20	≥3
	横向	≥20	≥25	≥3

二、施工质量控制

1．工程质量控制要求

（1）涂膜防水层要求

1) 涂膜厚度必须达到标准、规范规定和设计要求。

2) 涂膜防水层不应有裂纹、脱皮、起鼓、薄厚不匀或堆积、露胎以及皱皮等现象。

（2）屋面涂膜防水工程的检查项目

1) 结构层：检查其平整度、预制构件安装稳固程度、板缝混凝土嵌填密实性、预留嵌填密封材料的空间尺寸。

2) 找坡层：检查其坡度及平整度。

3) 找平层：检查其排水坡度、表面平整度、组成材料的配合比、表面质量（是否有起砂、起壳等现象）、含水率。

4) 隔汽层：检查其表面平整、连续完整性、粘结牢靠性、防水隔汽性能，作为隔汽层涂膜的厚度或卷材的搭接宽度。

5) 保温层：检查其材料配比、表观密度、含水率、厚度。

6) 涂膜防水层：检查是否积水和渗漏、检查其涂膜厚度、涂膜完整性、连续性、与基层或其他材料粘结的牢固度。

7) 隔离层：检查其平整、连续性。

8) 保护层：检查作为保护层的粘结粒料或浅色涂层等的完整性及与防水涂膜粘结的牢靠性；检查刚性保护层的强度、厚度和完整性。对刚性块体保护层还须检查其平稳性。

9) 架空隔热层：检查其架空高度、架空板或架空构件的强度和完整性、表面平整度及板间勾缝质量。

(3) 涂膜防水工程完工后，应达到下列要求：

1) 防水工程完工后不得有渗漏和积水现象。

2) 工程所用材料必须符合国家有关质量标准和设计要求，并按规定抽样复查合格。

3) 结构基层应稳固，平整度应符合规定，预制构件接缝应嵌填密实。

4) 找平层表面平整度偏差不应超过 5mm，表面不得有酥松、起砂、起皮等现象；找平层排水坡度（含天沟、檐沟、排水沟、水落口、地漏等）必须准确，排水系统必须畅通。

5) 节点、构造细部等处做法应符合设计要求，封固严密，不得开缝翘边，密封材料必须与基层粘结牢固，密封部位应平直、光滑，无气泡、龟裂、空鼓、起壳、塌陷，尺寸符合设计要求；底部放置背衬材料但不与密封材料粘结；保护层应覆盖严密。

6) 涂膜防水层表面应平整、均匀，不应有裂纹、脱皮、流淌、鼓泡、露胎体、皱皮等现象；涂膜厚度应符合设计要求。

7) 涂膜表面上的松散材料保护层、涂料保护层或泡沫塑料保护层等，应覆盖均匀，粘结牢固。

8) 在屋面涂膜防水工程中的架空隔热层、保温层、蓄水屋面和种植屋面等，应符合设计要求和有关技术规范规定。

2. 工程质量控制要点

(1) 涂料防水屋面基层

1) 找平层要有一定强度，表面平整、密实，不得有起砂、起皮、空鼓裂缝等现象。用 2m 直尺检查其平整度不应超过 5mm。

2) 基层与凸出屋面结构连接处及基层转角处应做成圆弧或钝角。

3) 按设计要求做好排水坡度，无积水现象。基层含水率不超过 8%～18%（现场试验方法是：铺盖 1m² 卷材，由傍晚至次日晨或在晴天约 1～2h，如卷材内侧无结露时即可认为基层已基本干燥）。

4) 涂料施工前，应将分格缝清理干净，不得有异物和浮灰。

(2) 涂料防水屋面薄质防水涂层

1) 按设计要求对屋面板的板缝用细石混凝土嵌填密实或上部用油膏嵌缝。

2) 突出屋面结构的交接处、转角处加铺一层附加层，宽度为 250～350mm。在板端缝、檐口板与屋面板交接处，先铺一层宽度为 150～350mm 塑料薄膜缓冲层，然后涂刷防水层。

3) 玻璃丝布或毡片用搭接法铺贴，搭接宽度：长边≥70mm，短边≥100mm，上下层及相邻两幅的搭接缝应错开 1/3 幅宽，但上下层不得互相垂直铺贴。

4）上一道涂料未干燥前不得涂刷下一道涂料。整个防水层完毕后一周内不许上人行走或进行其他工序施工。

5）如用两组成分（A液、B液）的涂料，施工时按要求准确计量、搅拌均匀，当天用完。

(3) 涂层保护层

1）保护层所用材料应符合设计要求和涂料说明书的规定。

2）铺散保护层应用胶辊滚压，使之粘牢，隔日扫除多余部分。涂刷浅色涂料，应在最后一道涂膜干后进行。要求涂刷均匀，不露底、起泡，未干前严禁上人。

三、施工质量验收

涂膜防水屋面工程中屋面找平层及屋面保温层的施工质量验收标准与卷材防水屋面工程相同。本节主要阐述涂膜防水层的质量验收。

1．基本规定

(1) 本节适用于防水等级为Ⅰ—Ⅳ级屋面防水。

(2) 防水涂料应采用高聚物改性沥青防水涂料、合成高分子防水涂料。

(3) 防水涂膜施工应符合下列规定：

1）涂膜应根据防水涂料的品种分层分遍涂布，不得一次涂成。

2）应待先涂的涂层干燥成膜后，方可涂后一遍涂料。

3）需铺设胎体增强材料时，屋面坡度小于15%时可平行屋脊铺设，屋面坡度大于15%时应垂直于屋脊铺设。

4）胎体长边搭接宽度不应小于50mm，短边搭接宽度不应小于70mm。

5）采用二层胎体增强材料时，上下层不得相互垂直铺设，搭接缝应错开，其间距不应小于幅宽的1/3。

(4) 涂膜厚度选用应符合表7-15的规定。

涂膜厚度选用表　　表 7-15

屋面防水等级	设防道数	高聚物改性沥青防水涂料	合成高分子防水涂料
Ⅰ级	三道或三道以上设防	—	不应小于1.5mm
Ⅱ级	二道设防	不应小于3mm	不应小于1.5mm
Ⅲ级	一道设防	不应小于3mm	不应小于2mm
Ⅳ级	一道设防	不应小于2mm	—

(5) 屋面基层的干燥程度应视所用涂料特性确定。当采用溶剂型涂料时，屋面基层应干燥。

(6) 多组份涂料应按配合比准确计量，搅拌均匀，并应根据有效时间确定使用量。

(7) 天沟、檐沟、檐口、泛水和立面涂膜防水层的收头，应用防水涂料多遍涂刷或用密封材料封严。

(8) 涂膜防水层完工并经验收合格后，应做好成品保护。

2．主控项目

(1) 防水涂料和胎体增强材料必须符合设计要求。

检验方法：检查出厂合格证、质量检验报告和现场抽样复验报告。
（2）涂膜防水层不得有沾污或积水现象。
检验方法：雨后或淋水、蓄水检验。
（3）涂膜防水层在天沟、檐沟、檐口、水落口、泛水、变形缝和伸出屋面管道的防水构造，必须符合设计要求。
检验方法：观察检查和检查隐蔽工程验收记录。

3. 一般项目
（1）涂膜防水层的平均厚度应符合设计要求，最小厚度不应小于设计厚度的80%。
检验方法：针测法或取样量测。
（2）涂膜防水层与基层应粘结牢固，表面平整，涂刷均匀，无流淌、皱折、鼓泡、露胎体和翘边等缺陷。
检验方法：观察检查。
（3）涂膜防水层上的撒布材料或浅色涂料保护层应铺撒或涂刷均匀，粘结牢固；水泥砂浆、块材或细石混凝土保护层与涂膜防水层间应设置隔离层；刚性保护层的分格缝留置应符合设计要求。
检验方法：观察检查。

第三节　刚性防水屋面工程

一、材料质量要求

1. 水泥和骨料
（1）水泥
宜采用普通硅酸盐水泥或硅酸盐水泥；当采用矿渣硅酸盐水泥时应采取减少泌水性的措施；水泥的强度等级不低于42.5MPa，不得使用火山灰质硅酸盐水泥。水泥应有出厂合格证，质量标准应符合国家标准的要求。
（2）砂（细骨料）
应符合《普通混凝土用砂质量标准及检验方法》（JGJ 52—92）的规定，宜采用中砂或粗砂，含泥量不大于2%，否则应冲洗干净。如用特细砂、山砂时，应符合《特细砂混凝土配制及应用技术规程》（DBS 1/5002—92）的规定。
（3）石（粗骨料）
应符合《普通混凝土用碎石或卵石质量标准及检验方法》（JGJ 53—92）的规定，宜采用质地坚硬，最大粒径不超过15mm，级配良好，含泥量不超过1%的碎石或砾石，否则应冲洗干净。
（4）水
水中不得含有影响水泥正常凝结硬化的糖类、油类及有机物等有害物质，硫酸盐及硫化物较多的水不能使用，pH值不得小于4。一般自来水和饮用水均可使用。

2. 外加剂
刚性防水层中使用的膨胀剂、减水剂、防水剂、引气剂等外加剂应根据不同品种的适用范围、技术要求来选择。

3．配筋

配置直径为 4～6mm、间距为 100～200mm 的双向钢筋网片，可采用乙级冷拔低碳钢丝，性能符合标准要求。钢筋网片应在分格缝处断开，其保护层厚度不小于 10mm。

4．聚丙烯抗裂纤维

聚丙烯抗裂纤维为短切聚丙烯纤维，纤维直径 $0.48\mu m$，长度 10～19mm，抗拉强度 276MPa，掺入细石混凝土中，抵抗混凝土的收缩应力，减少细石混凝土的开裂。掺量一般为每 m^3 细石混凝土中掺入 0.7～1.2kg。

5．密封材料及背衬材料

分格缝及其他节点处嵌填的密封材料要求见"屋面接缝密封防水"的有关内容。

6．块料

块体是块性刚性防水层的防水主体，块体质量是影响防水效果的主要因素之一。因此使用的块体应无裂纹、无石灰颗粒、无灰浆泥面、无缺棱掉角，质地坚实，表面平整。

二、施工质量控制

1．工程质量要求

（1）防水工程所用的防水混凝土和防水砂浆材料及外加剂、预埋件等均应符合有关标准和设计要求。

（2）防水混凝土的密实性、强度和抗渗性，必须符合设计要求和有关标准的规定。

（3）刚性防水层的厚度应符合设计要求，其表面应平整，不起砂，不出现裂缝。细石混凝土防水层内的钢筋位置应准确。分格缝做到平直，位置正确。

（4）施工缝、变形缝的止水片（带）、穿墙管件、支模铁件等设置和构造部位，必须符合设计要求和有关规范规定，不得有渗漏现象。

（5）分格缝的位置应正确，尺寸标准一致。

（6）防水混凝土和防水砂浆防水层施工时，基底不得有水，雨季施工时应有防雨措施。防水工程施工时，不得带水作业。

（7）防水层施工时，地下水位应降至工程底部最低标高 500mm 以下。降水作业应持续至基坑回填完毕。

2．材料质量检验

（1）防水材料的外观质量、规格和物理技术性能，均应符合标准、规范规定。

（2）对进入施工现场的材料应及时进行抽样检测。刚性防水材料检测项目主要有：防水混凝土及防水砂浆配合比、坍落度、抗压和抗拉强度、抗渗性等。

3．施工过程控制

（1）屋面预制板缝用 C20 细石混凝土灌缝，养护不少于 7d。

（2）在结构层与防水层之间增加一层隔离作用层（一般可用低强度砂浆，卷材等）。

（3）细石混凝土防水层，分格缝应设置在装配式结构层屋面板的支承端、屋面转折处（如屋脊）、防水层与突出屋面结构的交接处，并与板缝对齐，其纵横间距一般不大于 6m，分格缝上口宽为 30mm，下口宽为 20mm。分格缝可用油膏嵌封。屋脊和平行于流水方向的分格缝，也可做成泛水，用盖瓦覆盖，盖瓦单边座灰固定。

(4) 按设计要求铺设钢筋网。设计无规定时，一般配置 φ4mm 间距 100～200mm 双向钢筋网片，保护层不小于 10mm。用绑扎时端头要有弯钩，搭接长度要大于 250mm；焊接搭接长度不小于 25 倍钢筋直径，在一个网片的同一断面内接头不得超过钢筋断面积的 1/4。分格缝处钢筋要断开。

(5) 细石混凝土配合比由试验室试配确定，施工中严格按配合比计量，并按规定制作试块。

(6) 现浇细石混凝土防水层厚度应均匀一致，不宜小于 40mm。混凝土以分格缝分块，每块一次浇捣，不留施工缝。浇捣混凝土时应振捣密实平整，压实抹光，无起砂、起皮等缺陷。

(7) 屋面泛水应按设计要求施工。如设计无明确要求时，泛水高度不应低于 120mm，并与防水层一次浇捣完成，泛水转角处要做成圆弧或钝角。

(8) 细石混凝土终凝后养护不少于 14d。

4．防水工程施工检验

(1) 基层找平层和刚性防水层的平整度，用 2m 直尺检查，直尺与面层间的最大空隙不超过 5mm，空隙应平缓变化，每米长度内不得多于 1 处。

(2) 刚性屋面及地下室防水工程的每道防水层完成后，应由专人进行检查，合格后方可进行下一道防水层施工。

(3) 刚性防水屋面施工后，应进行 24h 蓄水试验，或持续淋水 24h 或雨后观察，看屋面排水系统是否畅通，有无渗漏、积水现象。

(4) 防水工程的细部构造处理，各种接缝、保护层及密封防水部位等均应进行外观检验和防水功能检验，合格后方可隐蔽。

三、施工质量验收

1．基本规定

(1) 本节适用于防水等级为 Ⅰ—Ⅲ 级的屋面防水；不适用于设有松散材料保温层的屋面以及受较大震动或冲击的和坡度大于 15% 的建筑屋面。

(2) 细石混凝土不得使用火山灰质水泥；当采用矿渣硅酸盐水泥时，应采用减少泌水性的措施。粗骨料含泥量不应大于 1%，细骨料含泥量不应大于 2%。

混凝土水灰比不应大于 0.55；每立方米混凝土水泥用量不得少于 330kg；含砂率宜为 35%～40%；灰砂比宜为 1:2～1:2.5；混凝土强度等级不应低于 C20。

(3) 混凝土中掺加膨胀剂、减水剂、防水剂等外加剂时，应按配合比准确计量，投料顺序得当，并应用机械搅拌，机械振捣。

(4) 细石混凝土防水层的分格缝，应设在屋面板的支承端、屋面转折处、防水层与突出屋面结构的交接处，其纵横间距不宜大于 6m。分格缝内应嵌填密封材料。

(5) 细石混凝土防水层的厚度不应小于 40mm 并应配置双向钢筋网片。钢筋网片在分格缝处应断开，其保护层厚度不应小于 10mm。

(6) 细石混凝土防水层与立墙及突出屋面结构等交接处，均应做柔性密封处理；细石混凝土防水层与基层间宜设置隔离层。

2．主控项目

(1) 细石混凝土的原材料及配合比必须符合设计要求。

检验方法：检查出厂合格证、质量检验报告、计量措施和现场抽样复验报告。

(2) 细石混凝土防水层不得有渗漏或积水现象。

检验方法：雨后或淋水、蓄水检验。

(3) 细石混凝土防水层在天沟、檐沟、檐口、水落口、泛水、变形缝和伸出屋面管道的防水构造，必须符合设计要求。

检验方法：观察检查和检查隐蔽工程验收记录。

3．一般项目

(1) 细石混凝土防水层应表面平整、压实抹光，不得有裂缝、起壳、起砂等缺陷。

检验方法：观察检查。

(2) 细石混凝土防水层的厚度和钢筋位置应符合设计要求。

检验方法：观察和尺量检查。

(3) 细石混凝土分格缝的位置和间距应符合设计要求。

检验方法：观察和尺量检查。

(4) 细石混凝土防水层表面平整度的允许偏差为5mm。

检验方法：用2m靠尺和楔形塞尺检查。

第四节 屋面接缝密封防水

一、材料质量要求

密封材料是指用于各种接缝、接头及构件连接处起水密性、气密性作用的材料。屋面工程中常使用不定型密封材料，即各种膏状体，俗称密封膏、嵌缝油膏。按其组成材料的不同，屋面工程中使用的密封材料可分为两类，即改性沥青密封材料和合成高分子密封材料。

1．改性沥青密封材料

改性沥青密封材料是以沥青为基料，用适量的高分子聚合物进行改性，加入填充料和其他化学助剂配制而成的膏状密封材料。常用的有两类，即改性石油沥青密封材料和改性焦油沥青密封材料。由于改性焦油沥青密封材料中的焦油具有一定的毒性，施工熬制时会产生较多的有害气体，所以近年已逐渐在建筑工程中限制使用和淘汰。

改性石油沥青密封材料的物理性能应符合表7-16的规定。

改性石油沥青密封材料物理性能　　　　表7-16

项　目		性　能　要　求	
		Ⅰ	Ⅱ
耐热度	温度（℃）	70	80
	下垂度（mm）	≤4.0	
低温柔性	温度（℃）	－20	－10
	粘结状态	无裂纹和剥离现象	

续表

项　目	性　能　要　求	
	Ⅰ	Ⅱ
拉伸粘结性（%）	≥125	
浸水后拉伸粘结性（%）	≥125	
挥发性（%）	≤2.8	
施工度（mm）	≥22.0	≥20.0

注：改性石油沥青密封材料按耐热度和低温柔性分为Ⅰ类和Ⅱ类。

2. 合成高分子密封材料

合成高分子密封材料是以合成高分子材料为主体，加入适量的化学助剂、色剂等，经过特定的生产工艺制成的膏状密封材料。按性状可分为弹性体、塑性体两种。常用的有聚氨酯密封膏、丙烯酸酯密封膏、有机硅密封膏、丁基密封膏等。与改性沥青密封材料相比，合成高分子密封材料具有优良的性能，高延伸、优良的耐候性、粘结性强及耐疲劳性等，为高档密封材料。

合成高分子密封材料的物理性能应符合表 7-17 的规定。

合成高分子密封材料物理性能　　　　　表 7-17

项　目		性　能　要　求	
		弹性体密封材料	塑性体密封材料
拉伸粘结性	拉伸强度（MPa）	≥0.2	≥0.02
	延伸率（%）	≥200	≥250
柔性（℃）		-30，无裂纹	-20，无裂纹
拉伸-压缩循环性能	拉伸-压缩率（%）	≥±20	≥±10
	粘结和内聚酯破坏面积（%）	≤25	

3. 基层处理剂与背衬材料

（1）基层处理剂

基层处理剂要符合下列要求：

1）有易于操作的黏度（流动性）；

2）对被粘结体有良好的浸润性和渗透性；

3）不含能溶化被粘结体表面的溶剂，与密封材料在化学结构上相近，不造成侵蚀，有良好的粘结性；

4）干燥时间短，调整幅度大。

基层处理剂一般采用密封材料生产厂家配套提供的或推荐的产品，其他生产厂家时，应作粘结试验。

（2）背衬材料

为控制密封材料的嵌填深度，防止密封材料和接缝底部粘结，在接缝底部与密封材料之间设置的可变形的材料称之为背衬材料。因此，对背衬材料的要求是：与密封材料不粘结或粘结力弱，具有较大变形能力。常用的背衬材料有各种泡沫塑料棒、油毡条等。

二、施工质量控制

1. 质量控制要求

(1) 密封材料的品种、性能、质量标准必须符合设计要求和有关标准的规定。

(2) 接缝的宽度和深度必须符合设计要求，界面干燥、无浮浆、无尘土。

(3) 非成品密封材料的配合比，必须通过试验确定，并符合施工规范规定。

(4) 密封嵌缝必须嵌填密实，粘结牢固，无开裂，密封膏嵌入深度不得小于接缝宽度的50%，密封膏的覆盖宽度必须超过接缝两边各20mm以上。

2. 板面裂缝治理

板面裂缝的治理方法为裂缝封闭法，可用防水油膏、二布三油或环氧树脂进行密封处理，处理过程如下：

(1) 将裂缝周围50mm宽的界面清洗干净；将裂缝周边的浮渣或不牢的灰浆清除。

(2) 用腻子刀或喷枪将密封膏挤入其中。

(3) 在嵌缝材料上覆盖一层保护层。

具体施工可如图7-1所示进行。

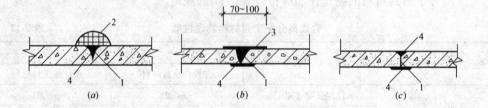

图 7-1 板面裂缝治理
(a) 堆缝；(b) 贴缝；(c) 闭缝
1—裂缝；2—防水油膏；3——布二油或二布三油；4—环氧树脂

3. 建筑接缝密封的维护

接缝密封胶及埋入的定型密封材料一般寿命较长，但并非一劳永逸，很少能同结构寿命等同。由于日光、大气、雨雪、高低温及腐蚀介质的侵蚀，风沙、伸缩位移应力的作用及意外损伤，接缝密封材料的性能将逐渐劣化，发生软化、硬化、龟裂、剥离或破裂，造成接缝密封失效。为了保证在建筑使用期内接缝有效密封，建设定期检修、清洗或为其他目的进行检查时，注意密封失效的先兆。安排专业人员对接缝密封状态进行检查和维护，当接缝密封已经呈现失效特征——粉化、变软、发硬、微裂纹、边界剥脱现象（尽管未发生渗漏）时，应提前安排局部修复或进行重新密封或定期更换，若当建筑发生渗漏时才行维修，不仅维修难度大，而且损失大、代价高。

三、施工质量验收

1. 基本规定

(1) 本节适用于刚性防水屋面分格缝以及天沟、檐沟、泛水、变形缝等细部构造的密封处理。

(2) 密封防水部位的基层质量应符合下列要求：

1) 基层应牢固，表面应平整、密实，不得有蜂窝、麻面、起皮和起砂现象。
2) 嵌填密封材料的基层应干净、干燥。
(3) 密封防水处理连接部位的基层，应涂刷与密封材料相配套的基层处理剂。基层处理剂应配比准确，搅拌均匀。采用多组份基层处理剂时，应根据有效时间确定使用量。
(4) 接缝处的密封材料底部应填放背衬材料，外露的密封材料上应设置保护层，其宽度不应小于200mm。
(5) 密封材料嵌填完成后不得碰损及污染，固化前不得踩踏。

2．主控项目
(1) 密封材料的质量必须符合设计要求。
检验方法：检查产品出厂合格证、配合比和现场抽样复验报告。
(2) 密封材料嵌填必须密实、连续、饱满，粘结牢固，无气泡、开裂、脱落等缺陷。
检验方法：观察检查。

3．一般项目
(1) 嵌填密封材料的基层应牢固、干净、干燥，表面应平整、密实。
检验方法：观察检查。
(2) 密封防水接缝宽度的允许偏差为±10%，接缝深度为接缝宽度的0.5～0.7倍。
检查方法：尺量检查。
(3) 嵌填的密封材料表面应平滑，缝边应顺直，无凹凸不平现象。
检查方法：观察检查。

第五节 瓦屋面工程

一、平瓦屋面

1．材料质量要求

平瓦主要是指传统的黏土机制平瓦和水泥平瓦，平瓦屋面由平瓦和脊瓦组成，平瓦用于铺盖坡面，脊瓦铺盖于屋脊上，黏土平瓦及其脊瓦是以黏土压制或挤压成型、干燥焙烧而成。水泥平瓦及脊瓦是用水泥、砂加水搅拌经机械滚压成型，常压蒸汽养护后制成。

黏土平瓦及脊瓦的表面质量应符合要求表7-18的要求。

黏土平瓦的表面质量要求　　　　表7-18

缺陷项目		优等品	一等品	合格品
有釉类瓦	无釉类瓦			
缺釉、斑点、落脏、棕眼、熔洞、釉缕、釉泡、釉裂	斑点、起包、熔洞、麻面、图案缺陷、烟熏	距1m处目测不明显	距2m处目测不明显	距3m处目测不明显
色差、光泽差	色差	距3m处目测不明显		

2．施工质量控制
(1) 平瓦屋面的瓦不得有缺角（边、瓦爪）、砂眼、裂纹和翘曲张口等缺陷。铺设后

的屋面不得渗漏水（可在雨天后检查）；

（2）挂瓦应平整，搭接紧密，行列横平竖直，靠屋脊一排瓦应挂上整页；檐口瓦出檐尺寸一致，檐头平直整齐；

（3）屋檐要平直，脊瓦搭口和脊瓦与平瓦的缝隙、沿山墙挑檐的平瓦、斜沟瓦与排水沟的空隙，均应用麻刀灰浆填实抹平，封固严密；

（4）封山应平直，天沟、斜沟、檐沟和泛水的质量要求及漏斗罩、水落口、漏斗、排水管均应符合设计要求和工程质量验收的有关规定。

3．施工质量验收

（1）基本规定

1）本节适用于防水等级为Ⅱ、Ⅲ级以及坡度不小于20%的屋面。

2）平瓦屋面与立墙及突出屋面结构等交接处，均应做泛水处理。天沟、檐沟的防水层，应采用合成高分子防水卷材、高聚物改性沥青防水卷材、沥青防水卷材、金属板材或塑料板材等材料铺设。

3）平瓦屋面的有关尺寸应符合下列要求：

①脊瓦在两坡面瓦上的搭盖宽度，每边不小于40mm。

②瓦伸入天沟、檐沟的长度为50～70mm。

③天沟、檐沟的防水层伸入瓦内宽度不小于150mm。

④瓦头挑出封檐板的长度为50～70mm。

⑤突出屋面的墙或烟囱的侧面瓦伸入泛水宽度不小于50mm。

（2）主控项目

1）平瓦及其脊瓦的质量必须符合设计要求。

检验方法：观察检查和检查出厂合格证或质量检验报告。

2）平瓦必须铺置牢固。地震设防地区或坡度大于50%的屋面，应采取固定加强措施。

检验方法：观察和手扳检查。

（3）一般项目

1）挂瓦条应分档均匀，铺钉平整、牢固；瓦面平整，行列整齐，搭接紧密，檐口平直。

检验方法：观察检查。

2）脊瓦应搭盖正确，间距均匀，封固严密；屋脊和斜脊应顺直，无起伏现象。

检验方法：观察和手扳检查。

3）泛水做法应符合设计要求，顺直整齐，结合严密，无渗漏。

检验方法：观察检查和雨后或淋水检验。

二、油毡瓦屋面

1．材料质量要求

（1）外观质量要求

1）10～45℃环境温度时应易于打开，不得产生脆裂和粘连。

2）玻纤毡必须完全用沥青浸透和涂盖。

3）油毡瓦不应有孔洞和边缘切割不齐、裂缝、断裂等缺陷。

4）矿物料应均匀、覆盖紧密。

5）自粘结点距末端切槽的一端不大于190mm，并与油毡瓦的防粘纸对齐。

(2) 物理性能指标

油毡瓦的物理性能应符合表7-19的要求。

油毡瓦物理性能 表7-19

项 目	性能指标	
	合格品	优等品
可溶物含量（g/m²）	≥1450	≥1900
拉力（N）	≥300	≥340
耐热度（℃）	≥85	
柔度（℃）	10	8

2．施工质量控制

(1) 在有屋面板的屋面上，铺瓦前铺钉一层油毡，其搭接宽度为100mm。油毡用顺水条（间距一般为500mm）钉在屋面板上。

(2) 挂瓦条一般用断面为30mm×30mm木条，铺钉时上口要平直，接头在檩条上并要错开，同一檩条上不得连续超过三个接头。其间距根据瓦长，一般为280~330mm，挂瓦条应铺钉平整、牢固，上棱应成一线。封檐条要比挂瓦条高20~30mm。

(3) 瓦应铺成整齐的行列，彼此紧密搭接，沿口应成一直线，瓦头挑出檐口一般为50~70mm。

(4) 斜脊、斜沟瓦应先盖好瓦，沟瓦要搭盖泛水宽度不小于150mm，然后弹墨线编号，将多余的瓦面锯掉后按号码次序挂上，斜脊同样处理，但要保证脊瓦搭盖在二坡面瓦上至少少各40mm，间距应均匀。

(5) 脊瓦与坡面瓦的缝隙应用麻刀混合砂浆嵌严刮平，屋脊和斜脊应平直，无起伏现象。平脊的接头口要顺主导风向。斜脊的接头口向下（即由下向上铺设）。

(6) 沿山墙挑檐一行瓦，宜用1:2.5的水泥砂浆做出披水线，将瓦封固。

(7) 天沟、斜沟和檐沟一般用镀锌薄钢板制作时，其厚度应为0.45~0.75mm，薄钢板伸入瓦下面不应少于150mm。镀锌薄钢板应经风化或涂刷专用的底漆（锌磺类或磷化底漆等）后再涂刷罩面漆两道；如用薄钢板时，应将表面铁锈、油污及灰尘清理干净，其两面均应涂刷两度防锈底漆（红丹油等）再涂刷罩面漆两道。

(8) 天沟和斜沟如用油毡铺设，层数不得小于三层，底层油毡应用带有垫圈的钉子钉在木基层上，其余各层油毡施工应符合有关规定。

3．施工质量验收

(1) 基本规定

1）本节适用于防水等级为Ⅱ、Ⅲ级以及坡度不小于20%的屋面。

2）油毡瓦屋面与立墙及突出屋面结构等交接处，均应做泛水处理。

3）油毡瓦的基层应牢固平整。如为混凝土基层，油毡瓦应用专用水泥钢钉与冷沥青玛琋脂粘结固定在混凝土基层上；如为木基层，铺瓦前应在木基层上铺设一层沥青防水卷材垫毡，用油毡钉铺钉，钉帽应盖在垫毡下面。

4) 油毡瓦屋面的有关尺寸应符合下列要求：
① 脊瓦与两坡面油毡瓦搭盖宽度每边不小于 100mm。
② 脊瓦与脊瓦的压盖面不小于脊瓦面积的 1/2。
③ 油毡瓦在屋面与突出屋面结构的交接处铺贴高度不小于 250mm。

(2) 主控项目

1) 油毡瓦的质量必须符合设计要求。
检验方法：检查出厂合格证和质量检验报告。
2) 油毡瓦所用固定钉必须钉平、钉牢，严禁钉帽外露油毡瓦表面。
检验方法：观察检查。

(3) 一般项目

1) 油毡瓦的铺设方法应正确；油毡瓦之间的对缝，上下层不得重合。
检验方法：观察检查。
2) 油毡瓦应与基层紧贴，瓦面平整，檐口顺直。
检验方法：观察检查。
3) 泛水做法应符合设计要求，顺直整齐，结合严密，无渗漏。
检验方法：观察检查和雨后或淋水检验。

三、金属板材屋面

1. 金属板材应边缘整齐、表面光滑、外形规则，不得有扭翘、锈蚀等缺陷。其规格和性能应符合表 7-20 的要求。

金属板材规格和性能　　　　表 7-20

项　目	规　格　和　性　能					
屋面板宽度（mm）	1000					
屋面板每块长度（mm）	12					
屋面板厚度（mm）	40		60		80	
板材厚度（mm）	0.5	0.6	0.5	0.6	0.5	0.6
适用温度范围（℃）	-50～120					
耐火极限（h）	0.6					
重量（kg/m²）	12	14	13	15	14	16
屋面板、泛水板屋脊板厚度（mm）	0.6～0.7					

金属板材连接件及密封材料应符合表 7-21 的要求。

连接件及密封材料的要求　　表 7-21

材料名称	材料要求
自攻螺钉	6.3mm、45 号钢镀锌板、塑料帽
拉铆钉	铝质抽芯铆钉
压盖	不锈钢
密封垫圈	乙丙橡胶垫圈
密封材料	丙烯酸、硅酮密封膏、丁基密封条

2. 施工质量控制

1) 屋面坡度不应小于 1/20，亦不应大于 1/6；在腐蚀环境中屋面坡度不应小于 1/12。
2) 屋面板采用切边铺法时，上下两块板的板峰应对齐；不切边铺法时，上下两块板的板峰应错开一波。铺板应挂线铺设，使纵横对齐，横向搭接不小于一个波，长向（侧向）搭接，应顺年最大频率风向搭接，端部搭接应顺流水方向搭接，搭接长度不应小于200mm。屋面板铺设从一端开始，往另一端同时向屋脊方向进行。

3）每块金属板材两端支承处的板缝均应用M6.3自攻螺栓与檩条固定，中间支承处应每隔一个板峰用M6.3自攻螺栓与檩条固定。钻孔时，应垂直不偏斜，将板与檩条一起钻穿，螺栓固定前，先垫好长短边的密封条，套上橡胶密封垫圈和不锈钢压盖一起拧紧。

4）铺板时两板长向搭接间应放置一条通长密封条，端头应放置二条密封条（包括屋脊板、泛水板、包角板等），密封条应连续不得间断。螺栓拧紧后，两板的搭接口处还应用丙烯酸或硅酮密封膏封严。

5）两板铺设后，两板的侧向搭接处还得用拉铆钉连接，所用铆钉均应用丙烯酸或硅酮密封膏封严。

3. 施工质量验收

（1）基本规定

1）本节适用于防水等级为Ⅰ~Ⅲ级的屋面。

2）金属板材屋面与立墙及突出屋面结构等交接处，均应做泛水处理。两板间应放置通长密封条；螺栓拧紧后，两板的搭接口处应用密封材料封严。

3）压型板应采用带防水垫圈的镀锌螺栓（螺钉）固定，固定点应设在波峰上。所有外露的螺栓（螺钉），均应涂抹密封材料保护。

4）压型板屋面的有关尺寸应符合下列要求：

①压型板的横向搭接不小于一个波，纵向搭接不小于200mm。

②压型板挑出墙面的长度不小于200mm。

③压型板伸入檐沟内的长度不小于150mm。

④压型板与泛水的搭接宽度不小于200mm。

（2）主控项目

1）金属板材及辅助材料的规格和质量，必须符合设计要求。

检验方法：检查出厂合格证和质量检验报告。

2）金属板材的连接和密封处理必须符合设计要求，不得有渗漏现象。

检验方法：观察检查和雨后或淋水检验。

（3）一般项目

1）金属板材屋面应安装平整，固定方法正确，密封完整；排水坡度应符合设计要求。

检验方法：观察和尺量检查。

2）金属板材屋面的檐口线、泛水段应顺直，无起伏现象。

检验方法：观察检查。

第六节 隔热屋面工程

一、施工质量控制

1. 架空隔热屋面

(1) 架空隔热屋面应在通风较好的平屋面建筑上采用，夏季风量小的地区和通风差的建筑上适用效果不好，尤其在高女儿墙情况下不宜采用，应采取其他隔热措施。寒冷地区也不宜采用，因为到冬天寒冷时也会降低屋面温度，反而使室内降温。

(2) 架空的高度一般在 100~300mm，并要视屋面的宽度、坡度而定。如果屋面宽度超过 10m 时，应设通风屋脊，以加强通风强度。

(3) 架空屋面的进风口应设在当地炎热季节最大频率风向的正压区，出风口设在负压区。

(4) 铺设架空板前，应清扫屋面上的落灰、杂物，以保证隔热层气流畅通，但操作时不得损伤已完成的防水层。

(5) 架空板支座底面的柔性防水层上应采取增设卷材或柔软材料的加强措施，以免损坏已完工的防水层。

(6) 架空板的铺设应平整、稳固；缝隙宜采用水泥砂浆或水泥混合砂浆嵌填。

(7) 架空隔热板距女儿墙不小于 250mm，以利于通风，避免顶裂山墙。

(8) 架空隔热制品应铺平垫稳，架空层中不得堵塞，架空板表面应平整，缝隙用水泥砂浆勾填密实。

2. 蓄水屋面

(1) 蓄水屋面的防水层，宜采用刚柔结合的防水方案，柔性防水层应是耐腐蚀、耐霉烂、耐穿刺性能好的涂料或卷材，最佳方案应是涂膜防水层和卷材防水层复合，然后在防水层上浇筑配筋细石混凝土，它既是刚性防水层，又是柔性防水层的保护层。刚性防水层的分格缝和蓄水分区相结合，分格间距一般不大于 10m，以便于管理、清扫和维修，缩小蓄水面积，也可防止大风吹起浪花影响周围环境，细石混凝土的分格缝应填密封材料。当蓄水面积较大时，在蓄水区中部还应设置通道板。

(2) 蓄水屋面坡度不宜大于 0.5%，并应划分为若干蓄水区，每区的边长不宜大于 10m；在变形缝两侧，应分成两个互不连通的蓄水区；长度超过 40m 的蓄水屋面，应做横向伸缩缝一道，分区隔墙可用混凝土，也可用砖砌抹面，同时兼作人行通道。分隔墙间应设可以关闭和开启的连通孔、进水孔、溢水孔。

(3) 蓄水屋面的泛水和隔墙应高出蓄水深度 100mm，并在蓄水高度处留置溢水口。在分区隔墙底部设过水孔，泄水孔应与水落管连通。

(4) 蓄水屋面防水层质量可靠，构造设置合理，如采用柔性防水层复合时，应先施工柔性防水层，再作隔离层，然后浇筑细石混凝土防水层。柔性防水层施工完成后，应进行蓄水检验无渗漏，才能继续下一道工序的施工。柔性防水层与刚性防水层或刚性保护层间应设置隔离层。

(5) 蓄水屋面预埋管道及孔洞应在浇筑混凝土前预埋牢固和预留孔洞，不得事后打孔凿洞。

(6) 蓄水屋面的细石混凝土原材料和配比应符合刚性防水层的要求，宜掺加膨胀剂、减水剂和密实剂，以减少混凝土的收缩。

(7) 每分格区内的混凝土应一次浇完，不得留设施工缝。

(8) 防水混凝土必须机械搅拌、机械振捣，随捣随抹，抹压时不得洒水、撒干水泥或加水泥浆。混凝土收水后应进行二次压光，及时养护，如放水养护应结合蓄水，不得再使之干涸，否则就会发生渗漏。

（9）分格缝嵌填密封材料后，上面应做砂浆保护层埋置保护。

（10）含水屋面的每块盖板间距应留20~30mm间缝，以便下雨时蓄水。

3．种植屋面

（1）种植屋面的坡度宜为1%~3%，以利多余水的排除。

（2）种植屋面的防水层，宜采用刚柔结合的防水方案，柔性防水层应是耐腐蚀、耐霉烂、耐穿刺性能好的涂料或卷材，最佳方案应是涂膜防水层和卷材防水层复合，柔性防水层上必须设置细石混凝土保护层或细石混凝土防水层，以抵抗种植根系的穿刺和种植工具对它的损坏。

（3）种植屋面四周应设挡墙，以阻止屋面上种植介质的流失，挡墙下部应留泄水孔，孔内侧放置疏水粗细骨料，或放置聚酯无纺布，以保证多余水的流出而种植介质不会流失。

（4）根据种植要求应设置人行通道，也可以采用门形预制槽板，作为挡墙和分区走道板。

（5）种植覆盖层的施工应避免损坏防水层；覆盖材料的表观密度、厚度应按设计的要求选用。

（6）分格缝宜采用整体浇筑的细石混凝土硬化后用切割机锯缝，缝深为2/3刚性防水层厚度，填密封材料后，加聚合物水泥砂浆嵌缝，以减少植物根系穿刺防水层。

二、施工质量验收

1．架空屋面

（1）基本规定

1）架空隔热层的高度应按照屋面宽度或坡度大小的变化确定。如设计无要求，一般以100~300mm为宜。当屋面宽度大于10m时，应设置通风屋脊。

2）架空隔热制品支座底面的卷材、涂膜防水层上应采取加强措施，操作时不得损坏已完工的防水层。

3）架空隔热制品的质量应符合下列要求：

①非上人屋面的黏土砖强度等级不应低于MU7.5；上人屋面的黏土砖强度等级不应低于MU10。

②混凝土板的强度等级不应低于C20，板内宜加放钢丝网片。

（2）主控项目

架空隔热制品的质量必须符合设计要求，严禁有断裂和露筋等缺陷。

检验方法：观察检查和检查构件合格证或试验报告。

（3）一般项目

1）架空隔热制品的铺设应平整、稳固，缝隙勾填应密实；架空隔热制品距山墙或女儿墙不得小于250mm，架空层中不得堵塞，架空高度及变形缝做法应符合设计要求。

检验方法：观察和尺量检查。

2）相邻两块制品的高低差不得大于3mm。

检验方法：用直尺和楔形塞尺检查。

2. 蓄水屋面

(1) 基本规定

1) 蓄水屋面应采用刚性防水层或在卷材、涂膜防水层上面再做刚性防水层,防水层应采用耐腐蚀、耐霉烂、耐穿刺性能好的材料。

2) 蓄水屋面应划分为若干蓄水区,每区的边长不宜大于10m,在变形缝的两侧应分成两个互不连通的蓄水区;长度超过40m的蓄水屋面应做横向伸缩缝一道。蓄水屋面应设置人行通道。

3) 蓄水屋面所设排水管、溢水口和给水管等,应在防水层施工前安装完毕。

4) 每个蓄水区的防水混凝土应一次浇筑完毕,不得留施工缝。

(2) 主控项目

1) 蓄水屋面上设置的溢水口、过水孔、排水管、溢水管,其大小、位置、标高的留设必须符合设计要求。

检验方法:观察和尺量检查。

2) 蓄水屋面防水层施工必须符合设计要求,不得有渗漏现象。

检验方法:蓄水至规定高度观察检查。

3. 种植屋面

(1) 基本规定

1) 种植屋面的防水层应采用耐腐蚀、耐霉烂、耐穿刺性能好的材料。

2) 种植屋面采用卷材防水层时,上部应设置细石混凝土保护层。

3) 种植屋面应有1%~3%的坡度。种植屋面四周应设挡墙,挡墙下部应设泄水孔,孔内侧放置疏水粗细骨料。

4) 种植覆盖层的施工应避免损坏防水层;覆盖材料的厚度、质(重)量应符合设计要求。

(2) 主控项目

1) 种植屋面挡墙泄水孔的留设必须符合设计要求,并不得堵塞。

检验方法:观察和尺量检查。

2) 种植屋面防水层施工必须符合设计要求,不得有渗漏现象。

检验方法:蓄水至规定高度观察检查。

第七节 屋面细部构造防水

一、施工质量控制

1. 在檐口、斜沟、泛水、屋面和突出屋面结构的连接处以及水落口四周,均应加铺一层卷材附加层;天沟宜加1~2层卷材附加层;内部排水的水落口四周,还宜再加铺一层沥青麻布油毡或再生胶油毡,如图7-2和图7-3所示。

2. 内部排水的水落口应用铸铁制品,水落口杯应牢固地固定在承重结构上,全部零件应预先除净铁锈,并涂刷防锈漆。

与水落口连接的各层卷材,均应粘贴在水落口杯上,并用漏斗罩。底盘压紧宽度至

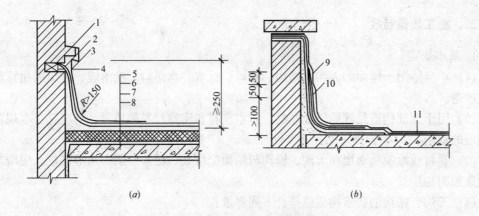

图 7-2 屋面与堵面连接处防水层的做法

1—防腐木砖；2—水泥砂浆或沥青砂浆密封；3—20mm×0.5mm 薄钢板压住油毡并钉牢；4—防腐木条；5—油毡附加层；6—油毡防水层；7—砂浆找平层；8—保温层及钢筋混凝土基层；9—油毡附加层；10—油毡插接部分；11—油毡防水层

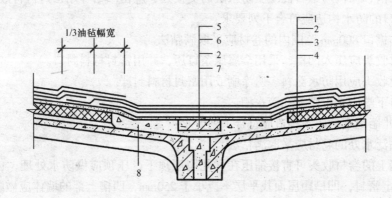

图 7-3 天沟与屋面连接处各层卷材的搭接方法

1—屋面油毡防水层；2—砂浆找平层；3—保温层；4—预制钢筋混凝土屋面板；5—天沟油毡防水层；6—天沟油毡附加层；7—预制混凝土薄板；8—天沟部分轻质混凝土

少为 100mm，底盘与卷材间应涂沥青胶结材料，底盘周围应用沥青胶结材料填平。

3. 水落口杯与竖管承口的连接处，用沥青麻丝堵塞，以防漏水。

4. 混凝土檐口宜留凹槽，卷材端部应固定在凹槽内，并用玛琋脂或油膏封严。

5. 屋面与突出屋面结构的连接处，贴在立面上的卷材高度应≥250mm。如用薄钢板泛水覆盖时，应用钉子将泛水卷材层的上端钉在预埋的墙上木砖上，泛水上部与墙间的缝隙应用沥青砂浆填平。并将钉帽盖住。薄钢板泛水长向接缝处应焊牢。如用其他泛水时，卷材上端应用沥青砂浆或水泥砂浆封严，如图 7-2 所示。

6. 在砌变形缝的附加墙以前，缝口应用伸缩片覆盖，并在墙砌好后，在缝内填沥青麻丝；上部应用钢筋混凝土盖板或可伸缩的镀锌薄钢板盖住。钢筋混凝土盖板的接缝，可用油膏嵌实封严。

二、施工质量验收

1. 基本规定

（1）本节适用于屋面的天沟、檐沟、檐口、泛水、水落口、变形缝、伸出屋面管道等防水构造。

（2）用于细部构造处理的防水卷材、防水涂料和密封材料的质量，均应符合本规范有关规定的要求。

（3）卷材或涂膜防水层在天沟、檐沟与屋面交接处、泛水、阴阳角等部位，应增加卷材或涂膜附加层。

（4）天沟、檐沟的防水构造应符合下列要求：

1）沟内附加层在天沟、檐沟与屋面交接处宜空铺，空铺的宽度不应小于200mm。

2卷材防水层应由沟底翻上至沟外槽顶部，卷材收头应用水泥钉固定，并用密封材料封严。

3）涂膜收头应用防水涂料多遍涂刷或用密封材料封严。

4）在天沟、檐沟与细石混凝土防水层的交接处，应留凹槽并用密封材料嵌填严密。

（5）檐口的防水构造应符合下列要求：

1）铺贴檐口800mm范围内的卷材应采取满粘法。

2）卷材收头应压入凹槽，采用金属压条钉压，并用密封材料封口。

3）涂膜收头应用防水涂料多遍涂刷或用密封材料封严。

4）檐口下端应抹出鹰嘴和滴水槽。

（6）女儿墙泛水的防水构造应符合下列要求：

1）铺贴泛水处的卷材应采取满粘法。

2）砖墙上的卷材收头可直接铺压在女儿墙压顶下，压顶应做防水处理；也可压入砖墙凹槽内固定密封，凹槽距屋面找平层不应小于250mm，凹槽上部的墙体应做防水处理。

3）涂膜防水层应直接涂刷至女儿墙的压顶下，收头处理应用防水涂料多遍涂刷封严，压顶应做防水处理。

4）混凝土墙上的卷材收头应采用金属压条钉压，并用密封材料封严。

（7）水落口的防水构造应符合下列要求：

1）水落口杯上口的标高应设置在沟底的最低处。

2）防水层贴入水落口杯内不应小于50mm。

3）水落口周围直径500mm范围内的坡度不应小于5%，并采用防水涂料或密封材料涂封，其厚度不应小于2mm。

4）水落口杯与基层接触处应留宽20mm、深20mm凹槽，并嵌填密封材料。

（8）变形缝的防水构造应符合下列要求：

1）变形缝的泛水高度不应小于250mm。

2）防水层应铺贴到变形缝两侧砌体的上部。

3）变形缝内应填充聚苯乙烯泡沫塑料，上部填放衬垫材料，并用卷材封盖。

4）变形缝顶部应加扣混凝土或金属盖板，混凝土盖板的接缝应用密封材料嵌填。

（9）伸出屋面管道的防水构造应符合下列要求：

1）管道根部直径 500mm 范围内，找平层应抹出高度不小于 30mm 的圆台。

2）管道周围与找平层或细石混凝土防水层之间，应预留 20mm×20mm 的凹槽，并用密封材料嵌填严密。

3）管道根部四周应增设附加层，宽度和高度均不应小于 300mm。

4）管道上的防水层收头处应用金属箍紧固，并用密封材料封严。

2. 主控项目

（1）天沟、檐沟的排水坡度，必须符合设计要求。

检验方法：用水平仪（水平尺）、拉线和尺量检查。

（2）天沟、檐沟、檐口、水落口、泛水、变形缝和伸出屋面管道的防水构造，必须符合设计要求。

检验方法：观察检查和检查隐蔽工程验收记录。

第八节 分部工程验收

1. 屋面工程施工应按工序或分项工程进行验收，构成分项工程的各检验批应符合相应质量标准的规定。

2. 屋面工程验收的文件和记录应按表 7-22 要求执行。

屋面工程验收的文件和记录　　　　　　　　　　　表 7-22

序号	项　目	文　件　和　记　录
1	防水设计	设计图纸及会审记录、设计变更通知单和材料代用核定单
2	施工方案	施工方法、技术措施、质量保证措施
3	技术交底记录	施工操作要求及注意事项
4	材料质量证明文件	出厂合格证、质量检验报告和试验报告
5	中间检查记录	分项工程质量验收记录、隐蔽工程验收记录、施工检验记录、淋水或蓄水检验记录
6	施工日志	逐日施工情况
7	工程检验记录	抽样质量检验及观察检查
8	其他技术资料	事故处理报告、技术总结

3. 屋面工程隐蔽验收记录应包括以下主要内容：

（1）卷材、涂膜防水层的基层。

（2）密封防水处理部位。

（3）天沟、檐沟、泛水和变形缝等细部做法。

（4）卷材、涂膜防水层的搭接宽度和附加层。

（5）刚性保护层与卷材、涂膜防水层之间设置的隔离层。

4. 屋面工程质量应符合下列要求：

（1）防水层不得有渗漏或积水现象。

（2）使用的材料应符合设计要求和质量标准的规定。

（3）找平层表面应平整，不得有酥松、起砂、起皮现象。

（4）保温层的厚度、含水率和表观密度应符合设计要求。

(5) 天沟、檐沟、泛水和变形缝等构造，应符合设计要求。

(6) 卷材铺贴方法和搭接顺序应符合设计要求，搭接宽度正确，接缝严密，不得有皱折、鼓泡和翘边现象。

(7) 涂膜防水层的厚度应符合设计要求，涂层无裂纹、皱折、流淌、鼓泡和露胎体现象。

(8) 刚性防水层表面应平整、压光，不起砂，不起皮，不开裂。分格缝应平直，位置正确。

(9) 嵌缝密封材料应与两侧基层粘牢，密封部位光滑、平直，不得有开裂、鼓泡、下塌现象。

(10) 平瓦屋面的基层应平整、牢固，瓦片排列整齐、平直，搭接合理，接缝严密，不得有残缺瓦片。

5. 检查屋面有无渗漏、积水和排水系统是否畅通，应在雨后或持续淋水 2h 后进行。有可能作蓄水检验的屋面，其蓄水时间不应少于 24h。

6. 屋面工程验收后，应填写分部工程质量验收记录，交建设单位和施工单位存档。

第八章 地下防水工程

第一节 防水混凝土

一、材料要求

1. 水泥

水泥强度等级不应低于32.5级。

在不受侵蚀性介质和冻融作用的条件下，宜采用普通硅酸盐水泥、硅酸盐水泥、火山灰质硅酸盐水泥、粉煤灰硅酸盐水泥；若选用矿渣硅酸盐水泥，则必须掺用高效减水剂。

在受侵蚀性介质作用的条件下，应按介质的性质选用相应的水泥。例如：在受硫酸盐侵蚀性介质作用的条件下，可采用火山灰质硅酸盐水泥、粉煤灰硅酸盐水泥，或抗硫酸盐硅酸盐水泥。

在受冻融作用的条件下，应优先选用普通硅酸盐水泥，不宜采用火山灰质硅酸盐水泥和粉煤灰硅酸盐水泥。

不得使用过期或受潮结块的水泥；不得使用混入有害杂质的水泥；不得将不同品种或不同强度等级的水泥混合使用。

2. 石子

石子最大粒径不宜大于40mm；泵送混凝土，石子最大粒径应为输送管径的1/4；石子吸水率不应大于1.5%；含泥量不得大于1%，泥块含量不得大于0.5%；不得使用碱活性骨料；其他要求应符合现行《普通混凝土用碎石或卵石质量标准及检验方法》（JGJ 53—92）的规定。

3. 砂

宜采用中砂；含泥量不得大于3.0%，泥块含量不得大于1.0%；其他要求应符合现行《普通混凝土用砂质量标准及检验方法》（JGJ 52—92）的规定。

4. 水

应符合现行《混凝土拌合用水标准》（JGJ 63—89）的规定。

5. 掺合料

粉煤灰的级别不应低于二级，掺量不宜大于20%。其质量应符合《用于水泥和混凝土中的粉煤灰》（GB 1596—2005）标准的要求；硅粉掺量不应大于3%；其他掺合料的掺量应经过试验确定，例如磨细矿渣粉等。

二、施工质量控制

1. 混凝土配合比

防水混凝土的配合比应通过试验选定。选定配合比时，应按设计要求的抗渗等级提高

0.2，其他各项技术指标应符合下列规定：

(1) 每 $1m^3$ 混凝土的水泥用量（包括粉细料在内）不少于 320kg。

(2) 含砂率以 35%～40% 为宜，灰砂比应为 1.2～2.5。

(3) 水灰比不大于 0.6。

(4) 坍落度不大于 5cm，如掺用外加剂或采用泵送混凝土时，不受此限。

(5) 掺用引气型外加剂的防水混凝土，其含气量应控制在 3%～5%。

2. 混凝土施工

(1) 钢筋保护层：用与防水混凝土相同的混凝土块，或砂浆块做成垫块垫牢。

(2) 配料：严格控制各种材料用量，不得任意增减。对各种外加剂应稀释成较小浓度的溶液后，再加入搅拌机内。

(3) 搅拌：防水混凝土必须用搅拌机搅拌，时间不应小于 2min。掺外加剂时，应根据外加剂的技术要求确定搅拌时间。

(4) 检测：使用防水混凝土，尤其在高温季节使用时，必须随时加强检测水灰比和坍落度。加气剂防水混凝土还需要抽查混凝土拌合物的含气量，使其严格控制在 3%～6% 范围内。

(5) 浇筑：清除模板内杂物。浇筑前木模板用清水湿润，钢模板要保持其表面清洁无浮浆。浇筑高度不超过 2.0m，浇筑要分层，每层厚度不大于 250mm。

(6) 振捣：防水混凝土振捣必须使用振捣器，振捣时间为 10～30s，振捣器的插入间距不大于 500mm，并置入下层不小于 50mm。

(7) 收缩裂缝：大体积防水混凝土的施工，由于水化热引起的混凝土内部温升而产生收缩裂缝，可采取以下措施：

1) 优先选用低水化热的矿渣水泥拌制混凝土，并适当使用缓凝减水剂。

2) 在保证混凝土设计强度等级前提下，适当降低水灰比，减少水泥用量。

3) 降低混凝土的入模温度，控制混凝土内外的温差（当设计无要求时，控制在 25℃ 以内）。如降低拌和水温度（拌合水中加冰屑或用地下水）；骨料用水冲洗降温，避免曝晒。

4) 及时对混凝土覆盖保温、保湿材料。

5) 而预埋冷却水管，通入循环水将混凝土内部热量带出，进行人工导热。

三、施工质量验收

1. 基本规定

(1) 本节适用于防水等级为 1～4 级的地下整体式混凝土结构。不适用环境温度高于 80℃ 或处于耐侵蚀系数小于 0.8 的侵蚀性介质中使用的地下工程。

耐侵蚀系数是指在侵蚀性水中养护 6 个月的混凝土试块的抗折强度与在饮用水中养护 6 个月的混凝土试块的抗折强度之比。

(2) 防水混凝土所用的材料应符合下列规定：

1) 水泥品种应按设计要求选用，其强度等级不应低于 32.5 级，不得使用过期或受潮结块水泥；

2) 碎石或卵石的粒径宜为 5～40mm，含泥量不得大于 1.0%，泥块含量不得大于

0.5%；

3) 砂宜用中砂，含泥量不得大于3.0%，泥块含量不得大于1.0%；

4) 拌制混凝土所用的水，应采用不含有害物质的洁净水；

5) 外加剂的技术性能，应符合国家或行业标准一等品及以上的质量要求；

6) 粉煤灰的级别不应低于二级，掺量不宜大于20%；硅粉掺量不应大于3%，其他掺合料的掺量应通过试验确定。

(3) 防水混凝土的配合比应符合下列规定：

1) 试配要求的抗渗水压值应比设计值提高0.2MPa；

2) 水泥用量不得少于320kg/m³；掺有活性掺合料时，水泥用量不得少于280kg/m³；

3) 砂率宜为35%～40%，灰砂比宜为1:1.5～1:2.5；

4) 水灰比不得大于0.55；

5) 普通防水混凝土坍落度不宜大于50mm，泵送时入泵坍落度宜为120±20mm。

(4) 混凝土拌制和浇筑过程控制应符合下列规定：

1) 拌制混凝土所用材料的品种、规格和用量，每工作班检查不应少于两次。每盘混凝土各组成材料计量结果的偏差应符合表8-1的规定。

混凝土组成材料计量结果的允许偏差（%）　　　　表8-1

混凝土组成材料	每盘计量	累计计量
水泥、掺和料	±2	±1
粗、细骨料	±3	±2
水、外加剂	±2	±1

注：累计计量仅适用于微机控制计量的搅拌站。

2) 混凝土在浇筑地点的坍落度，每工作班至少检查两次。混凝土的坍落度试验应符合现行《普通混凝土拌合物性能试验方法标准》（GB/T 50080—2002）的有关规定。

混凝土坍落度允许偏差　　表8-2

要求坍落度（mm）	允许偏差（mm）
≤40	±10
50～90	±15
≥100	±20

混凝土实测的坍落度与要求坍落度之间的偏差应符合表8-2的规定。

(5) 防水混凝土抗渗性能，应采用标准条件下养护混凝土抗渗试件的试验结果评定。试件应在浇筑地点制作。

连续浇筑混凝土每500m³应留置一组抗渗试件（一组为6个抗渗试件），且每项工程不得少于两组。采用预拌混凝土的抗渗试件，留置组数应视结构的规模和要求而定。

抗渗性能试验应符合现行《普通混凝土长期性能和耐久性能试验方法》（GBJ 82—85）的有关规定。

(6) 防水混凝土的施工质量检验数量，应按混凝土外露面积每100m²抽查1处，每处10m²，且不得少于3处；细部构造应按全数检查。

2. 主控项目

(1) 防水混凝土的原材料、配合比及坍落度必须符合设计要求。

检验方法：检查出厂合格证、质量检验报告、计量措施和现场抽样试验报告。

(2) 防水混凝土的抗压强度和抗渗压力必须符合设计要求。

检验方法：检查混凝土抗压、抗渗试验报告。

(3) 防水混凝土的变形缝、施工缝、后浇带、穿墙管道、埋设件等设置和构造，均须符合设计要求，严禁有渗漏。

检验方法：观察检查和检查隐蔽工程验收记录。

3．一般项目

(1) 防水混凝土结构表面应坚实、平整，不得有露筋、蜂窝等缺陷；埋设件位置应正确。

检验方法：观察和尺量检查。

(2) 防水混凝土结构表面的裂缝宽度不应大于0.2mm，并不得贯通。

检验方法：用刻度放大镜检查。

(3) 防水混凝土结构厚度不应小于250mm，其允许偏差为+15nm、-10mm；迎水面钢筋保护层厚度不应小于50mm，其允许偏差为±10mm。

检验方法：尺量检查和检查隐蔽工程验收记录。

第二节 水泥砂浆防水层

一、技术要求

1．材料要求

(1) 水泥品种应按设计要求选用，其强度等级不应低于32.5级，不得使用过期或结结块水泥；

(2) 砂宜采用中砂，粒径3mm以下，含泥量不得大于1%，硫化物和硫酸盐含量不大于1%；

(3) 水应采用不含有害物质的洁净水；

(4) 聚合物乳液的外观质量，无颗粒、异物和凝固物；

(5) 外加剂的技术性能应符合国家或行业标准一等品及以上的质量要求。

2．施工要求

(1) 基层表面应平整、坚实、粗糙、清洁，并充分湿润、无积水。

(2) 基层表面的孔洞、缝隙，应用与防水层相同的砂浆堵塞抹平。

(3) 施工前应将预埋件、穿墙管预留凹槽内嵌填密封材料后，再施工防水砂浆层。

(4) 水泥砂浆防水层应分层铺抹或喷射，铺抹时应压实、抹平，最后一层表面应提浆压光。

(5) 聚合物水泥砂浆拌合后应在1h内用完，且施工中不得任意加水。

(6) 水泥砂浆防水层各层应紧密贴合，每层宜连续施工；如必须留槎时，采用阶梯坡形槎，但离阴阳角处不得小于200mm；搭接应依层次顺序操作，层层搭接紧密。

(7) 水泥砂浆防水层不宜在雨天及5级以上大风中施工。冬季施工时，气温不应低于5℃，且基层表面温度应保持0℃以上。夏季施工时，不应在35℃以上或烈日照射下施工。

(8) 普通水泥砂浆防水层终凝后，应及时进行养护，养护温度不宜低于5℃，养护时间不得少于14d，养护期间应保持湿润。

聚合物水泥砂浆防水层未达到硬化状态时，不得浇水养护或直接受雨水冲刷，硬化后应采用干湿交替的养护方法。在潮湿环境中，可在自然条件下养护。

使用特种水泥、外加剂、掺合料的防水砂浆，养护应按产品有关规定执行。

3．工程质量要求

（1）防水砂浆的原材料、外加剂、配合比及其分层做法，必须符合设计要求和规范规定。

（2）基层清理必须彻底洁净。浇水要充分，达到表面平整、坚实、粗糙、干净和湿润。

（3）防水层要求分层层次清楚，厚度均匀一致，做到抹压严密连续封闭。

（4）施工缝甩槎清楚，接槎严密，阴阳角要求做成圆角，对于切断防水层的预埋管道、预埋件，应按要求采取相应措施，保证防水层的严密。

（5）浇水养护，一般养护期为14d。

二、施工质量控制

1．基层处理

（1）混凝土基层处理

1）新建混凝土工程，拆除模板后，立即用钢丝刷将混凝土表面刷毛，并在抹面前浇水冲刷干净。

2）旧混凝土工程补做防水层时，需用钻子、剁斧、钢丝刷将表面凿毛。清理平整后再冲水，用棕刷刷洗干净。

3）混凝土基层表面凹凸不平、蜂窝孔洞，应根据不同情况分别进行处理。

超过1cm的棱角及凹凸不平处，应剔成慢坡形，并浇水清洗干净，用素灰和水泥砂浆分层找平。混凝土表面的蜂窝孔洞，应先将松散不牢的石子除掉，浇水冲洗干净，用素灰和水泥砂浆交替抹到与基层面相平。混凝土表面的蜂窝麻面不深，石子粘结较牢固，只需用水冲洗干净后，用素灰打底水泥砂浆压实找平。

4）混凝土结构的施工缝要沿缝剔成八字形凹槽，用水冲洗后，用素灰打底，水泥砂浆压实抹平。

（2）砖砌体基层的处理

对于新砌体，应将其表面残留的砂浆等污物清除干净，并浇水冲洗。对于旧砌体，要将其表面酥松表皮及砂浆等污物清理干净，至露出坚硬的砖面，并浇水冲洗。

对于石灰砂浆或混合砂浆砌的砖砌体，应将缝剔深1cm，缝内呈直角。

（3）毛石和料石砌体基层的处理

这种砌体基层的处理与混凝土和砖砌体基层处理基本相同。对于石灰砂浆或混合砂浆砌体，其灰缝要剔深1cm，缝内呈直角。对于表面凹凸不平的石砌体，清理完毕后，在基层表面要做找平层。找平层的做法是：先在石砌体表面刷水灰比0.5左右的水泥浆一道，厚约1mm，再抹1~1.5cm厚的1:2.5水泥砂浆，并将表面扫成毛面。一次不能找平时，要间隔两天分次找平。

基层处理后必须浇水湿润，这是保证防水层和基层结合牢固，不空鼓的重要条件。

浇水要按次序反复浇透。砖砌体要浇到砌体表面基本饱和,抹上灰浆后没有吸水现象为合格。

2．水泥砂浆和水泥浆的配合比必须符合设计要求和规范规定,一般根据防水要求、原材料性能和施工方法确定,施工时必须严格掌握。

3．各种水泥砂浆防水层的阴阳角均应做成圆弧形或钝角。圆弧半径一般为：阳角10mm,阴角50mm。水泥砂浆防水层无论迎水面域背水面,其高度均应超出室外地坪不小于150mm。

4．多层作法防水层每层宜连续施工,各层紧密贴合不留施工缝。如必须留施工缝时,则应留成阶梯坡形搓,接搓要依照层次顺序操作,层层搭接紧密。接搓位置一般宜在地面上,亦可留在墙面上,但均需离开阴阳角处200mm。

5．手工铺抹或机械喷涂施工的水泥砂浆防水层在凝结后应立即进行养护。养护时的环境温度不宜低于5℃,并应保持防水层湿润。使用普通硅酸盐水泥时,养护时间不应少于7d；使用矿渣硅酸盐水泥时,养护时间不应少于14d,在此期间不得受静水压力作用。使用其他品种的水泥,应按专门技术规定养护。

三、施工质量验收

1．基本规定

(1) 本节适用于混凝土或砌体结构的基层上采用多层抹面的水泥砂浆防水层。不适用环境有侵蚀性、持续振动或温度高于80℃的地下工程。

(2) 普通水泥砂浆防水层的配合比应按表8-3选用；掺外加剂、掺合料、聚合物水泥砂浆的配合比应符合所掺材料的规定。

普通水泥砂浆防水层的配合比　　　　表8-3

名称	配合比（质量比）		水灰比	适用范围
	水泥	砂		
水泥浆	1	—	0.55～0.60	水泥砂浆防水层的第一层
水泥浆	1	—	0.37～0.40	水泥砂浆防水层的第三、五层
水泥砂浆	1	1.5～2.0	0.40～0.50	水泥砂浆防水层的第二、四层

(3) 水泥砂浆防水层所用的材料应符合下列规定：

1）水泥品种应按设计要求选用,其强度等级不应低于32.5级,不得使用过期或受潮结块水泥；

2）砂宜采用中砂,粒径3mm以下,含泥量不得大于1%,硫化物和硫酸盐含量不得大于1%；

3）水应采用不含有害物质的洁净水；

4）聚合物乳液的外观质量,无颗粒、异物和凝固物；

5）外加剂的技术性能应符合国家或行业标准一等品及以上的质量要求。

(4) 水泥砂浆防水层的基层质量应符合下列要求：

1）水泥砂浆铺抹前,基层的混凝土和砌筑砂浆强度应不低于设计值的80%；

2）基层表面应坚实、平整、粗糙、洁净,并充分湿润,无积水；

3)基层表面的孔洞、缝隙应用与防水层相同的砂浆填塞抹平。

(5)水泥砂浆防水层施工应符合下列要求:

1)分层铺抹或喷涂,铺抹时应压实、抹平和表面压光;

2)防水层各层应紧密贴合,每层宜连续施工,必须留施工缝时应采用阶梯坡形槎,但离开阴阳角处不得小于200mm;

3)防水层的阴阳角处应做成圆弧形;

4)水泥砂浆终凝后应及时进行养护,养护温度不宜低于5℃并保持湿润,养护时间不得少于14d。

(6)水泥砂浆防水层的施工质量检验数量,应按施工面积每100m²抽查1处,每处10m²,且不得少于3处。

2.主控项目

(1)水泥砂浆防水层的原材料及配合比必须符合设计要求。

检验方法:检查出厂合格证、质量检验报告、计量措施和现场抽样试验报告。

(2)水泥砂浆防水层各层之间必须结合牢固,无空鼓现象。

检验方法:观察和用小锤轻击检查。

3.一般项目

(1)水泥砂浆防水层表面应密实、平整,不得有裂纹、起砂、麻面等缺陷;阴阳角处应做成圆弧形。

检验方法:观察检查。

(2)水泥砂浆防水层施工缝留槎位置应正确,接槎应按层次顺序操作,层层搭接紧密。

检验方法:观察检查和检查隐蔽工程验收记录。

(3)水泥砂浆防水层的平均厚度应符合设计要求,最小厚度不得小于设计值的85%。

检验方法:观察和尺量检查。

第三节 卷材防水层

一、材料质量要求

1.卷材防水层应选用高聚物改性沥青类或合成高分子类防水卷材,并符合下列规定:

(1)卷材外观质量、品种规格应符合现行国家标准或行业标准。

(2)卷材及其胶粘剂应具有良好的耐水性、耐久性、耐刺穿性、耐腐蚀性和耐菌性。

(3)高聚物改性沥青防水卷材的主要物理性能应符合表8-4的要求。

高聚物改性沥青防水卷材的主要物理性能　　　　表8-4

项　　目		性　能　要　求		
		聚酯胎体卷材	玻纤毡胎体卷材	聚乙烯胎体卷材
拉伸性能	拉力(N/50mm)	≥800(纵横向)	≥500(纵向) ≥300(横向)	≥140(纵向) ≥120(横向)
	最大拉力时延伸率(%)	≥40(纵横向)	—	≥250(纵横向)

续表

项　　目	性　能　要　求		
	聚酯胎体卷材	玻纤毡胎体卷材	聚乙烯胎体卷材
低温柔度（℃）	≤ -15		
	3mm 厚，r = 15mm；4mm 厚，r = 25mm；3s，弯 180°，无裂纹		
	压力 0.3MPa，保持时间 30min，不透水		

（4）合成高分子防水卷材的主要物理性能应符合表 8-5 的要求。

合成高分子防水卷材的主要物理性能　　　　　表 8-5

项　　目	性　能　要　求				
	硫化橡胶类		非硫化橡胶类	合成树脂类	纤维胎增强类
	JL_1	JL_2	JF_3	JS_1	
拉伸强度（MPa）	≥8	≥7	≥5	≥8	≥8
断裂伸长率（%）	≥450	≥400	≥200	≥200	≥10
低温弯折性（℃）	-45	-40	-20	-20	-20
不透水性	压力 0.3MPa，保持时间 30min，不透水				

2. 粘贴各类卷材必须采用与卷材材性相容的胶粘剂，胶粘剂的质量应符合下列要求：

（1）高聚物改性沥青卷材间的粘结剥离强度不应小于 8N/10mm。

（2）合成高分子卷材胶粘剂的粘结剥离强度不应小于 15N/10mm，浸水 168h 后的粘结剥离强度保持率不应小于 70%。

3. 地下工程卷材防水层不得采用纸胎油毡。因纸胎油毡的胎芯采用原纸，其中草浆含量大于 60%，故紧度大，疏松度不够，吸水率大，吸油率小，以致延伸性小、强度低、耐久性差，遇水容易膨胀、腐烂。

4. 地下工程卷材外表不应有孔眼、断裂、叠皱、边缘撕裂。表面防粘层应均匀散布及油质均匀、无未浸透的油层和杂质，受水后不起泡、不翘边，冬季不脆断。

5. 沥青胶配制

沥青胶现场配制时，为了保证沥青胶的质量，常以软化点来控制沥青胶的耐热度，通常软化点要比耐热度高 10～15℃（多蜡沥青胶软化点要比耐热度高 20～40℃）。

地下防水工程受气温变化影响较小，对耐热度要求不高，在夏季施工时可采用 10 号沥青，春秋季施工时可采用 30 或 60 号沥青。沥青胶的软化点比基层和周围介质的可能最高温度高出 20～25℃，但不低于 40℃，以 50～70℃为宜。如用于受高温影响的地下结构防水，其耐热度不应低于结构表面受热温度。

二、施工质量控制

1. 卷材防水层的找平层

地下防水工程找平层的平整度与屋面工程相同，表面应清洁、牢固，不得有疏松，尖锐棱角等凸起物。找平层的阴阳角部位，均应做成圆弧形，圆弧半径参照屋面工程的规定，合成高分子防水卷材的圆弧半径应不小于 20mm；高聚物改性沥青防水卷材的圆弧半径应不小于 50mm；非低胎沥青类防水卷材的圆弧半径为 100～150mm。铺贴卷材时，找平层应基本干燥。将要下雨或雨后找平层尚未干燥时,不得铺贴卷材。铺贴防水卷材前,应将找平层清扫干净,在基面上涂刷基层处理剂,基层处理剂应与卷材及胶粘剂的改性相容,可采用喷涂或涂刷法施工,喷涂应均匀一致、不露底,待表面干燥后方可铺贴卷材。当基面较潮湿时,应涂刷湿固化型胶粘剂或潮湿界面隔离剂。

2. 卷材防水层

地下工程卷材防水层适用于在混凝土结构或砌体结构迎水面铺贴,一般采用外防外贴和外防内贴两种施工方法。由于外防外贴法的防水效果优于外防内贴法,所以在施工场地和条件不受限制时一般均采用外防外贴法。

建筑工程地下防水的卷材铺贴方法,主要采用冷粘法和热熔法。底板垫层混凝土平面部位的卷材宜采用空铺法、点粘法或条粘法,其他与混凝土结构相接触的部位应采用满铺法。为了保证卷材防水层的搭接缝粘结牢固和封闭严密,两幅卷材短边和长边的搭接缝宽度均不应小于100mm。采用多层卷材时,上下两层和相邻两幅卷材的搭接缝应错开1/3幅宽,且两层卷材不得相互垂直铺贴。这是为防止在同一处形成透水通路,导致防水层渗漏水。

当采用冷粘法铺贴卷材时须注意胶粘剂涂刷应均匀,不露底,不堆积。铺贴卷材时应控制胶粘剂涂刷与卷材铺贴的间隔时间,排除卷材下面的空气,并辊压粘结牢固,不得有空鼓。铺贴卷材应平整、顺直,搭接尺寸正确,不得有扭曲、皱折。接缝口应用密封材料封严,其宽度不应小于10mm。

对采用热熔法铺贴卷材的施工,加热时卷材幅宽内必须均匀一致,要求火焰加热器的喷嘴与卷材距离应适当,加热至卷材表面有光亮黑色时方可进行粘合。若熔化不够会影响卷材接缝的粘结强度和密封性能,但也不得过分加热或烧穿卷材。卷材表面层所涂覆的改性沥青热熔胶,采用热熔法施工时容易把胎体增强材料烧坏,严重影响防水卷材的质量。因此对厚度小于3mm的高聚物改性沥青防水卷材,严禁采用热熔法施工。卷材表面热溶后应立即滚铺卷材,排除卷材下面的空气,并辊压粘结牢固,不得有空鼓。滚铺卷材时接缝部位必须溢出沥青热熔胶,并应随即刮封便接缝粘结严密。铺贴后的卷材应平整、顺直,搭接尺寸正确,不得有扭曲、皱折。

3. 卷材防水层的保护层

底板垫层、侧墙和顶板部位卷材防水层,铺贴完成后应作保护层,防止后续施工将其损坏。顶板保护层考虑顶板上部使用机械回填碾压时,细石混凝土保护层厚度应大于70mm,且为了防止保护层伸缩而破坏防水层,顶板的细石混凝土保护层与防水层之间宜设置隔离层;底板的细石混凝土保护层厚度应大于50mm;侧墙宜采用聚苯乙烯泡沫塑料保护层,或砌砖保护墙,砌筑保护墙过程中,保护墙与侧墙之间会出现一定的空隙,为防止回填侧压力将保护墙折断而损坏防水层,所以要求保护墙应边砌边将空隙填实。墙外铺抹30mm厚水泥砂浆。

三、施工质量验收

1. 基本规定

(1) 本节适用于受侵蚀性介质或受振动作用的地下工程主体迎水面铺贴的卷材防水层。

(2) 卷材防水层应采用高聚物改性沥青防水卷材和合成高分子防水卷材。所选用的基层处理剂、胶粘剂、密封材料等配套材料，均应与铺贴的卷材材性相容。

（3）铺贴防水卷材前，应将找平层清扫干净，在基面上涂刷基层处理剂；当基面较潮湿时，应涂刷湿固化型胶粘剂或潮湿界面隔离剂。

（4）防水卷材厚度选用应符合表8-6的规定。

防 水 卷 材 厚 度　　　　　表8-6

防水等级	设防道数	合成高分子防水卷材	高聚物改性沥青防水卷材
1级	三道或三道以上设防	单层：不应小于1.5mm， 双层：每层不应小于1.2mm	单层：不应小于4mm， 双层：每层不应小于3mm
2级	二道设防		
3级	一道设防	不应小于1.5mm	不应小于4mm
	复合设防	不应小于1.2mm	不应小于3mm

（5）两幅卷材短边和长边的搭接宽度均不应小于100mm。采用多层卷材时，上下两层和相邻两幅卷材的接缝应错开1/3幅宽，且两层卷材不得相互垂直铺贴。

（6）冷粘法铺贴卷材应符合下列规定：

1）胶粘剂涂刷应均匀，不露底，不堆积；

2）铺贴卷材时应控制胶粘剂涂刷与卷材铺贴的间隔时间，排除卷材下面的空气，并辊压粘结牢固，不得有空鼓；

3）铺贴卷材应平整、顺直，搭接尺寸正确，不得有扭曲、皱折；

4）接缝口应用密封材料封严，其宽度不应小于10mm。

（7）热熔法铺贴卷材应符合下列规定：

1）火焰加热器加热卷材应均匀，不得过分加热或烧穿卷材；厚度小于3mm的高聚物改性沥青防水卷材，严禁采用热熔法施工；

2）卷材表面热熔后应立即滚铺卷材，排除卷材下面的空气，并辊压粘结牢固，不得有空鼓、皱折；

3）滚铺卷材时接缝部位必须溢出沥青热熔胶，并应随即刮封接口使接缝粘结严密；铺贴后的卷材应平整、顺直，搭接尺寸正确，不得有扭曲。

4）卷材防水层完工并经验收合格后应及时做保护层。保护层应符合下列规定：

①顶板的细石混凝土保护层与防水层之间宜设置隔离层；

②底板的细石混凝土保护层厚度应大于50mm；

③侧墙宜采用聚苯乙烯泡沫塑料保护层，或砌砖保护墙（边砌边填实）和铺抹30mm厚水泥砂浆。

5）卷材防水层的施工质量检验数量，应按铺贴面积每$100m^2$抽查1处，每处$10m^2$，且不得少于3处。

2. 主控项目

（1）卷材防水层所用卷材及主要配套材料必须符合设计要求。

检验方法：检查出厂合格证、质量检验报告和现场抽样试验报告。

（2）卷材防水层及其转角处、变形缝、穿墙管道等细部做法均须符合设计要求。

检验方法：观察检查和检查隐蔽工程验收记录。

3. 一般项目

（1）卷材防水层的基层应牢固，基面应洁净、平整，不得有空鼓、松动、起砂和脱皮现象；基层阴阳角处应做成圆弧形。

检验方法：观察检查和检查隐蔽工程验收记录。

（2）卷材防水层的搭接缝应粘（焊）结牢固，密封严密，不得有皱折、翘边和鼓泡等缺陷。

检验方法：观察检查。

（3）侧墙卷材防水层的保护层与防水层应粘结牢固，结合紧密、厚度均匀一致。

检验方法：观察检查。

（4）卷材搭接宽度的允许偏差为 -10mm。

检验方法：观察和尺量检查。

第四节 涂料防水层

一、材料要求

地下结构属长期浸水部位，涂料防水层应选用具有良好的耐水性、耐久性、耐腐蚀性和耐菌性的涂料。一般应采用反应型、水乳型、聚合物水泥防水涂料或水泥基、水泥基渗透结晶型防水涂料。在材料选用时，为了充分发挥防水涂料的防水作用，对防水涂料主要提出四个方面的要求：

1. 要有可操作时间，操作时间越短的涂料将不利于大面积防水涂料施工；

2. 要有一定的粘结强度，特别是在潮湿基面（即基面饱和但无渗漏水）上有一定的粘结强度；

3. 防水涂料必须具有一定厚度，才能保证防水功能；

4. 涂膜应具有一定的抗渗性。耐水性是用于地下工程涂料的一项重要指标，但目前国内尚无适用于地下工程防水涂料耐水性试验方法和标准。由于地下工程处于地下水的包围之中，如涂料遇水产生溶胀现象，其物理性能就会降低。因此，借鉴屋面防水材料耐水性试验方法和材料，对有机防水涂料的耐水性提出指标规定。反应型防水涂料的耐水性应不小于80%，水乳型和聚合物水泥防水涂料的耐水性也应不小于80%。耐水性指标是在浸水168h后，材料的粘结强度及砂浆抗渗性的保持率。

涂料防水层按材料特性可分为有机防水涂料和无机防水涂料。

（1）有机防水涂料的物理性能应符合表8-7的规定。

有机防水涂料的物理性能　　　　表8-7

涂料种类	可操作时间 (min)	潮湿基面粘结强度 (MPa)	抗渗性（MPa）			浸水168h后断裂伸长率（%）	浸水168h后拉伸强度（MPa）	耐水性 (h)	表干 (h)	实干 (h)
			涂膜 (30min)	砂浆迎水面	砂浆背水面					
反应型	≥20	≥0.3	≥0.3	≥0.6	≥0.2	≥300	≥1.65	≥80	≤8	≤24
水乳型	≥50	≥0.2	≥0.3	≥0.6	≥0.2	≥350	≥0.5	≥80	≤4	≤12
聚合物水泥	≥30	≥0.6	≥0.3	≥0.8	≥0.6	≥80	≥1.5	≥80	≤4	≤12

（2）无机防水涂料的物理性能应符合表 8-8 的规定。

无机防水涂料的物理性能　　　　　　表 8-8

涂料种类	抗折强度（MPa）	粘结强度（MPa）	抗渗性（MPa）	冻融循环
水泥基防水涂料	>4	>1.0	>0.8	>D50
水泥基渗透结晶型防水涂料	≥3	≥1.0	>0.8	>D50

（3）胎体增强材料质量应符合表 8-9 的要求。

胎体增强材料质量要求　　　　　　表 8-9

项目		聚酯无纺布	化纤无纺布	玻纤网布
外观		均匀无团状，平整无折皱		
拉力（N/50mm）	纵向（N）	≥150	≥45	≥90
	横向（N）	≥100	≥35	≥50
延伸率%	纵向（N）	≥10	≥20	≥3
	横向（N）	≥20	≥25	≥3

二、施工质量控制

1. 基层表面的气孔、凹凸不平、蜂窝、缝隙、起砂等应修补处理，基面必须干净、无浮浆、无水珠、不渗水。

2. 涂料施工前，基层阴阳角应做成圆弧形，阴角直径宜大于 50mm，阳角直径宜大于 10mm。

3. 涂料施工前对阴阳角、预埋件、穿墙管等部位，可用密封材料及胎体增强材料进行密封或加强。然后再大面积施涂。

4. 涂料涂刷前先在基面上涂一层与涂料相容的基层处理剂。

5. 涂膜防水层甩槎构造

涂膜防水施工属冷作业施工，只适用于地下室结构外防外涂的防水施工作业法，不适用于外防内涂做法。即涂膜防水涂料应涂刷在地下室结构基层面上，所形成的涂膜防水层能够适应结构变形。由于涂膜防水层从底板垫层转向外砌块模板墙立面，在转角位置的防水层存在由于地层产生相对沉降位移，使建筑物与砌块外模墙不同步沉降而与防水层产生摩擦拉伸损坏防水层，因此，防水涂料不应涂在永久性保护墙上，必须采取相适应的构造措施，确保所形成的涂膜防水层能适应结构在沉降位移时防水层与砌块模板墙自动分离而牢固附属在结构主体上，实现建筑物与防水层同步位移，避免建筑物下沉拉损防水层。

三、施工质量验收

1. 基本规定

（1）本节适用于受侵蚀性介质或受振动作用的地下工程主体迎水面或背水面涂刷的涂料防水层。

（2）涂料防水层应采用反应型、水乳型、聚合物水泥防水涂料或水泥基、水泥基渗透结晶型防水涂料。

（3）防水涂料厚度选用应符合表 8-10 的规定：

防水涂料厚度（mm） 表 8-10

防水等级	设防道数	有机涂料			无机涂料	
		反应型	水乳型	聚合物水泥	水泥基	水泥基渗透结晶型
1级	三道或三道以上设防	1.2~2.0	1.2~1.5	1.5~2.0	1.5~2.0	≥0.8
2级	二道设防	1.2~2.0	1.2~1.5	1.5~2.0	1.5~2.0	≥0.8
3级	一道设防	—	—	≥2.0	≥2.0	—
	复合设防	—	—	≥1.5	≥1.5	—

（4）涂料防水层的施工应符合下列规定：

1）涂料涂刷前应先在基面上涂一层与涂料相容的基层处理剂；

2）涂膜应多遍完成，涂刷应待前遍涂层干燥成膜后进行；

3）每遍涂刷时应交替改变涂层的涂刷方向，同层涂膜的先后搭茬宽度宜为 30~50mm；

4）涂料防水层的施工缝（甩槎）应注意保护，搭接缝宽度应大于 100mm，接涂前应将其甩茬表面处理干净；

5）涂刷程序应先做转角处、穿墙管道、变形缝等部位的涂料加强层，后进行大面积涂刷；

6）涂料防水层中铺贴的胎体增强材料，同层相邻的搭接宽度应大于 100mm，上下层接缝应错开 1/3 幅宽。

（5）防水涂料的保护层应符合卷材防水保护层的规定。

（6）涂料防水层的施工质量检验数量，应按涂层面积每 100m 抽查 1 处，每处 10m^2，且不得少于 3 处。

2．主控项目

（1）涂料防水层所用材料及配合比必须符合设计要求。

检验方法：检查出厂合格证、质量检验报告、计量措施和现场抽样试验报告。

（2）涂料防水层及其转角处、变形缝、穿墙管道等细部做法均须符合设计要求。

检验方法：观察检查和检查隐蔽工程验收记录。

3．一般项目

（1）涂料防水层的基层应牢固，基面应洁净、平整，不得有空鼓、松动、起砂和脱皮现象；基层阴阳角处应做成圆弧形。

检验方法：观察检查和检查隐蔽工程验收记录。

（2）涂料防水层应与基层粘结牢固，表面平整、涂刷均匀，不得有流淌、皱折、鼓泡、露胎体和翘边等缺陷。

检验方法：观察检查。

（3）涂料防水层的平均厚度应符合设计要求，最小厚度不得小于设计厚度的 80%。

检验方法：针测法或割取 20mm×20mm 实样用卡尺测量。

（4）侧墙涂料防水层的保护层与防水层粘结牢固，结合紧密，厚度均匀一致。

检验方法：观察检查。

第五节 细 部 构 造

一、材料要求

防水混凝土结构的变形缝、施工缝、后浇带等细部构造，应采用止水带、遇水膨胀橡胶腻子止水条等高分子防水材料和接缝密封材料。选用变形缝的构造形式和材料时，应根据工程特点、地基或结构变形情况以及水压、水质影响等因素，以适应防水混凝土结构的伸缩和沉降的需要，并保证防水结构不受破坏。对水压大于 0.3MPa、变形量为 20～30mm、结构厚度大于和等于 300mm 的变形缝，应采用中埋式橡胶止水带、对环境温度高于 50℃、结构厚度大于和等于 300mm 的变形缝，可采用 2mm 厚的紫铜片或 3mm 厚的不锈钢等金属止水带，其中间呈圆弧形。变形缝的复合防水构造，是将中埋式止水带与遇水膨胀橡胶腻子止水条、嵌缝材料复合使用，形成了多道防线。

二、施工质量验收

1．基本规定

（1）本节适用于防水混凝土结构的变形缝、施工缝、后浇带、穿墙管道、埋设件等细部构造。

（2）防水混凝土结构的变形缝、施工缝、后浇带等细部构造，应采用止水带、遇水膨胀橡胶腻子止水条等高分子防水材料和接缝密封材料。

（3）变形缝的防水施工应符合下列规定：

1）止水带宽度和材质的物理性能均应符合设计要求，且无裂缝和气泡；接头应采用热接，不得叠接，接缝平整、牢固，不得有裂口和脱胶现象；

2）中埋式止水带中心线应和变形缝中心线重合，止水带不得穿孔或用铁钉固定；

3）变形缝设置中埋式止水带时，混凝土浇筑前应校正止水带位置，表面清理干净，止水带损坏处应修补；顶、底板止水带的下侧混凝土应振捣密实，边墙止水带内外侧混凝土应均匀，保持止水带位置正确、平直，无卷曲现象；

4）变形缝处增设的卷材或涂料防水层，应按设计要求施工。

（4）施工缝的防水施工应符合下列规定：

1）水平施工缝浇筑混凝土前，应将其表面浮浆和杂物清除，铺水泥砂浆或涂刷混凝土界面处理剂并及时浇筑混凝土；

2）垂直施工缝浇筑混凝土前，应将其表面清理干净，涂刷混凝土界面处理剂并及时浇筑混凝土；

3）施工缝采用遇水膨胀橡胶腻子止水条时，应将止水条牢固地安装在缝表面预留槽内；

4）施工缝采用中埋止水带时，应确保止水带位置准确、固定牢靠。

（5）后浇带的防水施工应符合下列规定：

1）后浇带应在其两侧混凝土龄期达到 42d 后再施工；

2）后浇带的接缝处理应符合施工缝处理的规定；

3）后浇带应采用补偿收缩混凝土，其强度等级不得低于两侧混凝土；

4）后浇带混凝土养护时间不得少于28d。

（6）穿墙管道的防水施工应符合下列规定：

1）穿墙管止水环与主管或翼环与套管应连续满焊，并做好防腐处理；

2）穿墙管处防水层施工前，应将套管内表面清理干净；

3）套管内的管道安装完毕后，应在两管间嵌入内衬填料，端部用密封材料填缝。柔性穿墙时，穿墙内侧应用法兰压紧；

4）穿墙管外侧防水层应铺设严密，不留接茬；增铺附加层时，应按设计要求施工。

（7）埋设件的防水施工应符合下列规定：

1）埋设件端部或预留孔（槽）底部的混凝土厚度不得小于250mm；当厚度小于250mm时，必须局部加厚或采取其他防水措施；

2）预留地坑、孔洞、沟槽内的防水层，应与孔（槽）外的结构防水层保持连续；

3）固定模板用的螺栓必须穿过混凝土结构时，螺栓或套管应满焊止水环或翼环；采用工具式螺栓或螺栓加堵头做法，拆模后应采取加强防水措施将留下的凹槽封堵密实。

（8）密封材料的防水施工应符合下列规定：

1）检查粘结基层的干燥程度以及接缝的尺寸，接缝内部的杂物应清除干净；

2）热灌法施工应自下向上进行并尽量减少接头，接头应采用斜梯；密封材料熬制及浇灌温度，应按有关材料要求严格控制；

3）冷嵌法施工应分次将密封材料嵌填在缝内，压嵌密实并与缝壁粘结牢固，防止裹入空气。接头应采用斜槎；

4）接缝处的密封材料底部应嵌填背衬材料，外露密封材料上应设置保护层，其宽度不得小于100mm。

（9）防水混凝土结构细部构造的施工质量检验应按全数检查。

2．主控项目

（1）细部构造所用止水带、遇水膨胀橡胶腻子止水条和接缝密封材料必须符合设计要求。

检验方法：检查出厂合格证、质量检验报告和进场抽样试验报告。

（2）变形缝、施工缝、后浇带、穿墙管道、埋设件等细部构造作法，均须符合设计要求，严禁有渗漏。

检验方法：观察检查和检查隐蔽工程验收记录。

3．一般项目

（1）中埋式止水带中心线应与变形缝中心线重合，止水带应固定牢靠、平直，不得有扭曲现象。

检验方法：观察检查和检查隐蔽工程验收记录。

（2）穿墙管止水环与主管或翼环与套管应连续满焊，并做防腐处理。

检验方法：观察检查和检查隐蔽工程验收记录。

（3）接缝处混凝土表面应密实、洁净、干燥；密封材料应嵌填严密、粘结牢固，不得有开裂、鼓泡和下塌现象。

检验方法：观察检查。

第六节 特殊施工法防水工程

一、锚喷支护

1. 基本规定

(1) 本节适用于地下工程的支护结构以及复合式衬砌的初期支护。

(2) 喷射混凝土所用原材料应符合下列规定：

1) 水泥优先选用普通硅酸盐水泥，其强度等级不应低于32.5级；

2) 细骨料：采用中砂或粗砂，细度模数应大于2.5，使用时的含水率宜为5%~7%；

3) 粗骨料：卵石或碎石粒径不应大于15mm；使用碱性速凝剂时，不得使用活性二氧化硅石料；

4) 水：采用不含有害物质的洁净水；

5) 速凝剂：初凝时间不应超过5min，终凝时间不应超过10min。

(3) 混合料应搅拌均匀并符合下列规定：

1) 配合比：水泥与砂石质量比宜为1:4~4.5，含砂率宜为45%~55%，水灰比不得大于0.45，速凝剂掺量应通过试验确定；

2) 原材料称量允许偏差：水泥和速凝剂±2%，砂石±3%；

3) 运输和存放中严防受潮，混合料应随拌随用，存放时间不应超过20min。

(4) 在有水的岩面上喷射混凝土时应采取下列措施：

1) 潮湿岩面增加速凝剂掺量；

2) 表面渗、滴水采用导水盲管或盲沟排水；

3) 集中漏水采用注浆堵水。

(5) 喷射混凝土终凝2h后应养护，养护时间不得少于14d；当气温低于5℃时不得喷水养护。

(6) 喷射混凝土试件制作组数应符合下列规定：

1) 抗压强度试件：区间或小于区间断面的结构，每20延米拱和墙各取一组；车站各取两组。

2) 抗渗试件：区间结构每40延米取一组；车站每20延米取一组。

(7) 锚杆应进行抗拔试验。同一批锚杆每100根应取一组试件，每组3根，不足100根也取3根。

同一批试件抗拔力的平均值不得小于设计锚固力，且同一批试件抗拔力的最低值不应小于设计锚固力的90%。

(8) 锚喷支护的施工质量检验数量，应按区间或小于区间断面的结构，每20延米检查1处，车站每10延米检查1处，每处10m²，且不得少于3处。

2. 主控项目

(1) 喷射混凝土所用原材料及钢筋网、锚杆必须符合设计要求。

检验方法：检查出厂合格证、质量检验报告和现场抽样试验报告。

(2) 喷射混凝土抗压强度、抗渗压力及锚杆抗拔力必须符合设计要求。

检验方法：检查混凝土抗压、抗渗试验报告和锚杆抗拔力试验报告。

3．一般项目

(1) 喷层与围岩及喷层之间应粘结紧密，不得有空鼓现象。

检验方法：用锤击法检查。

(2) 喷层厚度有60％不小于设计厚度，平均厚度不得小于设计厚度，最小厚度不得小于设计厚度的50％。

检验方法：用针探或钻孔检查。

(3) 喷射混凝土应密实、平整，无裂缝、脱落、漏喷、露筋、空鼓和渗漏水。

检验方法：观察检查。

(4) 喷射混凝土表面平整度的允许偏差为30mm，且矢弦比不得大于1/6。

检验方法：尺量检查。

二、地下连续墙

1．基本规定

(1) 本节适用于地下工程的主体结构、支护结构以及隧道工程复合式衬砌的初期支护。

(2) 地下连续墙应采用掺外加剂的防水混凝土，水泥用量：采用卵石时不得少于370kg/m³，采用碎石时不得少于400kg/m³，坍落度宜为180～220mm。

(3) 地下连续墙施工时，混凝土应按每一个单元槽段留置一组抗压强度试件，每五个单元槽段留置一组抗渗试件。

(4) 地下连续墙墙体内侧采用水泥砂浆防水层、卷材防水层、涂料防水层或塑料板防水层时，应分别按有关规定执行。

(5) 单元槽段接头不宜设在拐角处；采用复合式衬砌时，内外墙接头宜相互错开。

(6) 地下连续墙与内衬结构连接赴，应凿毛并清理干净，必要时应做特殊防水处理。

(7) 地下连续墙的施工质量检验数量，应按连续墙每10个槽段抽查1处，每处为1个槽段，且不得少于3处。

2．主控项目

(1) 防水混凝土所用原材料、配合比以及其他防水材料必须符合设计要求。

检验方法：检查出厂合格证、质量检验报告、计量措施和现场抽样试验报告。

(2) 地下连续墙混凝土抗压强度和抗渗压力必须符合设计要求。

检验方法：检查混凝土抗压、抗渗试验报告。

3．一般项目

(1) 地下连续墙的槽段接缝以及墙体与内衬结构接缝应符合设计要求。

检验方法：观察检查和检查隐蔽工程验收记录。

(2) 地下连续墙墙面的露筋部分应小于1％墙面面积，且不得有露石和夹泥现象。

检验方法：观察检查。

(3) 地下连续墙墙体表面平整度的允许偏差：

临时支护墙体为50mm，单一或复合墙体为30mm。

检验方法：尺量检查。

三、复合式衬砌

1. 基本规定

(1) 本节适用于混凝土初期支护与二次衬砌中间设置防水层和缓冲排水层的隧道工程复合式衬砌。

(2) 初期支护的线流漏水或大面积渗水，应在防水层和缓冲排水层铺设之前进行封堵或引排。

(3) 防水层和缓冲排水层铺设与内衬混凝土的施工距离均不应小于5m。

(4) 二次衬砌采用防水混凝土浇筑时，应符合下列规定：

1) 混凝土泵送时，入泵坍落度：墙体宜为100～150mm，拱部宜为160～210mm；

2) 振捣不得直接触及防水层；

3) 混凝土浇筑至墙拱交界处，应间隙1～1.5h后方可继续浇筑；

4) 混凝土强度达到2.5MPa后方可拆模。

(5) 复合式衬砌的施工质量检验数量，应按区间或小于区间断面的结构，每20延米检查1处，车站每10延米检查1处，每处10m^2，且不得少于3处。

2. 主控项目

(1) 塑料防水板、土工复合材料和内衬混凝土原材料必须符合设计要求。

检验方法：检查出厂合格证、质量检验报告和现场抽样试验报告。

(2) 防水混凝土的抗压强度和抗渗压力必须符合设计要求。

检验方法：检查混凝土抗压、抗渗试验报告。

(3) 施工缝、变形缝、穿墙管道、埋设件等细部构造作法，均须符合设计要求、严禁有渗漏。

检验方法：观察检查和检查隐蔽工程验收记录。

3. 一般项目

(1) 二次衬砌混凝土渗漏水量应控制在设计防水等级要求范围内。

检验方法：观察检查和渗漏水量测。

(2) 二次衬砌混凝土表面应坚实、平整，不得有露筋、蜂窝等缺陷。

检验方法：观察检查。

第七节 排 水 工 程

一、渗排水、盲沟排水

1. 基本规定

(1) 渗排水、盲沟排水适用于无自流排水条件、防水要求较高且有抗浮要求的地下工程。

(2) 渗排水应符合下列规定：

1) 渗排水层用砂、石应洁净，不得有杂质；

2) 粗砂过滤层总厚度宜为300mm，如较厚时应分层铺填。过滤层与基坑土层接触处应用厚度为 100~150mm、粒径为 5~10mm 的石子铺填；

3) 集水管应设置在粗砂过滤层下部，坡度不宜小于 1%，且不得有倒坡现象。集水管之间的距离宜为 5~10m，并与集水井相通；

4) 工程底板与渗排水层之间应做隔浆层，建筑周围的渗排水层顶面应做散水坡。

(3) 盲沟排水应符合下列规定：

1) 盲沟成型尺寸和坡度应符合设计要求；

2) 盲沟用砂、石应洁净，不得有杂质；

3) 反滤层的砂、石粒径组成和层次应符合设计要求；

4) 盲沟在转弯处和高低处应设置检查井，出水口处应设置滤水笆子。

(4) 渗排水、盲沟排水应在地基工程验收合格后进行施工。

(5) 盲沟反滤层的材料应符合下列规定：

1) 砂、石粒径

滤水层（贴天然土）：塑性指数 $I_p \leqslant 3$（砂性土）时，采用 0.1~2mm 粒径砂子；$I_p > 3$（黏性土）时，采用 2~5mm 粒径砂子。

渗水层：塑性指数 $I_p \leqslant 3$（砂性土）时，采用 1~7mm 粒径卵石；$I_p > 3$（黏性土）时，采用 5~10mm 粒径卵石。

2) 砂石含泥量不得大于 2%。

(6) 集水管应采用无砂混凝土管、普通硬塑料管和加筒软管式透水盲管。

(7) 渗排水、盲沟排水的施工质量检验数量应按 10% 抽查，其中按两轴线间或每 10 延米为 1 处，且不得少于 3 处。

2．主控项目

(1) 反滤层的砂、石粒径和含泥且必须符合设计要求。

检验方法：检查砂、石试验报告。

(2) 集水管的埋设深度及坡度必须符合设计要求。

检验方法：观察和尺量检查。

3．一般项目

(1) 渗排水层的构造应符合设计要求。

检验方法：检查隐蔽工程验收记录。

(2) 渗排水层的铺设应分层、铺平、拍实。

检验方法：检查隐蔽工程验收记录。

(3) 盲沟的构造应符合设计要求。

检验方法：检查隐蔽工程验收记录。

二、隧道、坑道排水

1．基本规定

(1) 本节适用于贴壁式、复合式、离壁式衬砌构造的隧道或坑道排水。

(2) 隧道或坑道内的排水泵站（房）设置，主排水泵站和辅助排水泵站、集水池的有效容积应符合设计规定。

(3) 主排水泵站、辅助排水泵站和污水泵房的废水及污水，应分别排入城市雨水和污水管道系统。污水的排放尚应符合国家现行有关标准的规定。

（4）排水盲管应采用无砂混凝土集水管；导水盲管应采用外包土工布与螺旋钢丝构成的软式透水管。

盲沟应设反滤层，其所用材料应符合盲沟排水的规定。

（5）复合式衬砌的缓冲排水层铺设应符合下列规定：

1）土工织物的搭接应在水平铺设的场合采用缝合法或胶结法，搭接宽度不应小于300mm；

2）初期支护基面清理后即用暗钉圈将土工织物固定在初期支护上；

3）采用土工复合材料时，土工织物面应为迎水面，涂膜面应与后浇混凝土相接触。

（6）隧道、坑道排水的施工质量检验数量应按10%抽查，其中按两轴线间或每10延米为1处，且不得少于3处。

2．主控项目

（1）隧道、坑道排水系统必须畅通。

检验方法：观察检查。

（2）反滤层的砂、石粒径和含泥量必须符合设计要求。

检验方法：检查砂、石试验报告。

（3）土工复合材料必须符合设计要求。

检验方法：检查出厂合格证和质量检验报告。

3．一般项目

（1）隧道纵向集水盲管和排水明沟的坡度应符合设计要求。

检验方法：尺量检查。

（2）隧道导水盲管和横向排水管的设置间距应符合设计要求。

检验方法：尺量检查。

（3）中心排水盲沟的断面尺寸、集水管埋设及检查井设置应符合设计要求。

检验方法：观察和尺量检查。

（4）复合式衬砌的缓冲排水层应铺设平整、均匀、连续，不得有扭曲、折皱和重叠现象。

检验方法：观察检查和检查隐蔽工程验收记录。

第八节 分部工程验收

1．地下防水工程施工应按工序或分项进行验收，构成分项工程的各检验批应符合本规范相应质量标准的规定。

2．地下防水工程验收文件和记录应按表8-11的要求进行。

地下防水工程验收的文件和记录 表8-11

序号	项目	文件和记录
1	防水设计	设计图及会审记录、设计变更通知单和材料代用核定单
2	施工方案	施工方法、技术措施和保证措施

续表

序号	项 目	文 件 和 记 录
3	技术交底	施工操作要求及注意事项
4	材料质量证明文件	出厂合格证产品质量检验报告、试验报告
5	中间检查记录	分项工程质量验收记录、隐蔽工程检查验收记录、施工检验记录
6	施工日志	逐日施工情况
7	混凝土、砂浆	试配及施工配合比，混凝土抗压、抗渗试验报告
8	施工单位资质证明	资质复印证件
9	工程检验记录	抽样质量检验及观察检查
10	其他技术资料	事故处理报告、技术总结

3. 地下防水隐蔽工程验收记录应包括以下主要内容：

(1) 卷材、涂料防水层的基层；

(2) 防水混凝土结构和防水层被掩盖的部位；

(3) 变形缝、施工缝等防水构造的做法；

(4) 管道设备穿过防水层的封固部位；

(5) 渗排水层、盲沟和坑槽；

(6) 衬砌前围岩渗漏水处理；

(7) 基坑的超挖和回填。

4. 地下建筑防水工程的质量要求：

(1) 防水混凝土的抗压强度和抗渗压力必须符合设计要求；

(2) 防水混凝土应密实，表面应平整，不得有露筋、蜂窝等缺陷；裂缝宽度应符合设计要求；

(3) 水泥砂浆防水层应密实、平整、粘结牢固，不得有空鼓、裂纹、起砂、麻面等缺陷；防水层厚度应符合设计要求；

(4) 卷材接缝应粘结牢固，封闭严密，防水层不得有损伤、空鼓、皱折等缺陷；

(5) 涂层应粘结牢固，不得有脱皮、流淌、鼓泡、露胎、皱折等缺陷；涂层厚度应符合设计要求；

(6) 塑料板防水层应铺设牢固、平整，搭接焊缝严密，不得有焊穿、下垂、绷紧现象；

(7) 金属板防水层焊缝不得有裂纹、未熔合、夹渣、焊瘤、咬边、烧穿、弧坑、针状气孔等缺陷；保护涂层应符合设计要求；

(8) 变形缝、施工缝、后浇带、穿墙管道等防水构造应符合设计要求。

5. 特殊施工法防水工程的质量要求：

(1) 内衬混凝土表面应平整，不得有孔洞、露筋、蜂窝等缺陷；

(2) 盾构法隧道衬砌自防水、衬砌外防水涂层、衬砌接缝防水和内衬结构防水应符合设计要求；

(3) 锚喷支护、地下连续墙、复合式衬砌等防水构造应符合设计要求。

6. 排水工程的质量要求：

(1) 排水系统不淤积、不堵塞，确保排水畅通；
(2) 反滤层的砂、石粒径、含泥量和层次排列应符合设计要求；
(3) 排水沟断面和坡度应符合设计要求。

7．注浆工程的质量要求：

(1) 注浆孔的间距、深度及数量应符合设计要求；
(2) 注浆效果应符合设计要求；
(3) 地表沉降控制应符合设计要求。

8．检查地下防水工程渗漏水量，应符合《地下防水工程施工质量验收规范》（GB 50208—2002）第3.0.1条地下工程防水等级标准的规定。

9．地下防水工程验收后，应填写子分部工程质量验收记录，随同工程验收的文件和记录交建设单位和施工单位存档。

第九章 建筑地面工程

第一节 基本规定

1. 建筑施工企业在建筑地面工程施工时，应有质量管理体系和相应的施工工艺技术标准。

2. 建筑地面工程采用的材料应按设计要求和本规范的规定选用，并应符合国家标准的规定；进场材料应有中文质量合格证明文件、规格、型号及性能检测报告，对重要材料应有复验报告。

3. 建筑地面采用的大理石、花岗石等天然石材必须符合国家现行行业标准《天然石材产品放射防护分类控制标准》（JC 518—1993）中有关材料有害物质的限量规定。进场应具有检测报告。

4. 胶粘剂、沥青胶结料和涂料等材料应按设计要求选用，并应符合现行国家标准《民用建筑工程室内环境污染控制规范》（GB 50325—2001）的规定。

5. 厕浴间和有防污要求的建筑地面的板块材料应符合设计要求。

6. 建筑地面下的沟槽、暗管等工程完工后，经检验合格并做隐蔽记录，方可进行建筑地面工程的施工。

7. 建筑地面工程基层（各构造层）和面层的铺设，均应待其下一层检验合格后方可施工上一层。建筑地面工程各层铺设前与相关专业的分部（子分部）工程、分项工程以及设备管道安装工程之间，应进行交接检验。

8. 建筑地面工程施工时，各层环境温度的控制应符合下列规定：

（1）采用掺有水泥、石灰的拌和料铺设以及用石油沥青胶结料铺贴时，不应低于5℃；

（2）采用有机胶粘剂粘贴时，不应低于10℃；

（3）采用砂、石材料铺设时，不应低于0℃。

9. 铺设有坡度的地面应采用基土高差达到设计要求的坡度；铺设有坡度的楼面（或架空地面）应采用在钢筋混凝土板上变更填充层（或找平层）铺设的厚度或以结构起坡达到设计要求的坡度。

10. 室外散水、明沟、路步、台阶和坡道等附属工程，其面层和基层（各构造层）均应符合设计要求。施工时应按本规范基层铺设中基土和相应垫层以及面层的规定执行。

11. 水泥混凝土散水、明沟，应设置伸缩缝，其间距不得大于10m；房屋转角处应做45°缝。水泥混凝土散水、明沟和台阶等与建筑物连接处应设缝处理。上述缝宽度为15~20mm，缝内填嵌柔性密封材料。

12. 建筑地面的变形缝应按设计要求设置，并应符合下列规定：

（1）建筑地面的沉降缝、伸缩缝和防震缝，应与结构相应缝的位置一致，且应贯通建筑地面的各构造层；

（2）沉降缝和防震缝的宽度应符合设计要求，缝内清理干净，以柔性密封材料填嵌后用板封盖，并应与面层齐平。

13. 建筑地面镶边，当设计无要求时，应符合下列规定：

（1）有强烈机械作用下的水泥类整体面层与其他类型的面层邻接处，应设置金属镶边构件；

（2）采用水磨石整体面层时，应用同类材料以分格条设置镶边；

（3）条石面层和砖面层与其他面层邻接处，应用顶铺的同类材料镶边；

（4）采用木、竹面层和塑料板面层时，应用同类材料镶边；

（5）地面面层与管沟、孔洞、检查井等邻接处，均应设置镶边；

（6）管沟、变形缝等处的建筑地面面层的镶边构件，应在面层铺设前装设。

14. 厕浴间、厨房和有排水（或其他液体）要求的建筑地面面层与相连接各类面层的标高差应符合设计要求。

15. 检验水泥混凝土和水泥砂浆强度试块的组数，按每一层（或检验批）建筑地面工程不应小于 1 组。当每一层（或检验批）建筑地面工程面积大于 1000m^2 时，每增加 1000m^2 应增做 1 组试块；小于 1000m^2 按 1000m^2 计算。当改变配合比时，亦应相应地制作试块组数。

16. 各类面层的铺设宜在室内装饰工程基本完工后进行。木、竹面层以及活动地板、塑料板、地毯面层的铺设，应待抹灰工程或管道试压等施工完工后进行。

17. 建筑地面工程施工质量的检验，应符合下列规定：

（1）基层（各构造层）和各类面层的分项工程的施工质量验收应按每一层次或每层施工段（或变形缝）作为检验批，高层建筑的标准层可按每三层（不足三层按三层计）作为检验批；

（2）每检验批应以各子分部工程的基层（各构造层）和各类面层所划分的分项工程按自然间（或标准间）检验，抽查数量应随机检验不应少于 3 间；不足 3 间，应全数检查；其中走廊（过道）应以 10 延长米为 1 间，工业厂房（按单跨计）、礼堂、门厅应以两个轴线为 1 间计算；

（3）有防水要求的建筑地面子分部工程的分项工程施工质量每检验批抽查数量应按其房间总数随机检验不应少于 4 间，不足 4 间，应全数检查。

18. 建筑地面工程的分项工程施工质量检验的主控项目，必须达到《建筑地面工程施工质量验收规范》（GB 50209—2002）规定的质量标准，认定为合格；一般项目 80% 以上的检查点（处）符合《建筑地面工程施工质量验收规范》（GB 50209—2002）规定的质量要求，其他检查点（处）不得有明显影响使用，并不得大于允许偏差值的 50% 为合格。凡达不到质量标准时，应接现行国家标准《建筑工程施工质量验收统一标准》（GB 50300—2001）的规定处理。

19. 建筑地面工程完工后，施工质量验收应在建筑施工企业自检合格的基础上，由监理单位组织有关单位对分项工程、子分部工程进行检验。

20. 检验方法应符合下列规定：

（1）检查允许偏差应采用钢尺、2m 靠尺、楔形塞尺、坡度尺和水准仪；

(2) 检查空鼓应采用敲击的方法；

(3) 检查有防水要求建筑地面的基层（各构造层）和面层，应采用泼水或蓄水方法，蓄水时间不得少于24h；

(4) 检查各类面层（含不需铺设部分或局部面层）表面的裂纹、脱皮、麻面和起砂等缺陷，应采用观感的方法。

21．建筑地面工程完工后，应对面层采取保护措施。

第二节 基 层 铺 设

一、一般规定

1．本节适用于基土、垫层、找平层、隔离层和填充层等基层分项工程的施工质量检验。

2．基层铺设的材料质量、密实度和强度等级（或配合比）等应符合设计要求和本规范的规定。

3．基层铺设前，其下一层表面应干净、无积水。

4．当垫层、找平层内埋设暗管时，管道应按设计要求予以稳固。

5．基层的标高、坡度、厚度等应符合设计要求。基层表面应平整，其允许偏差应符合表9-1的规定。

基层表面的允许偏差和检验方法（mm） 表9-1

项次	项目	允许偏差									检验方法
		基土	垫层		找平层				填充层	隔离层	
		土	砂、砂石、碎石、碎砖	灰土、三合土、炉渣、水泥混凝土	毛地板		用沥青玛琋脂做结合层铺设拼花木板、板块面层	用水泥砂浆做结合层铺设板块面层	用胶粘剂做结合层铺设拼花木板、塑料板、强化复合地板、竹地板面层	松散材料	板、块材料	防水、防潮、防油渗	
					木搁栅	拼花实木地板、拼花实木复合地板面层	其他种类面层						
1	表面平整度	15	15	10	3	3	5	3	5	2	7	5	3	用2m靠尺和楔形塞尺检查
2	标高	0 -50	±20	±10	±5	±5	±8	±5	±8	±4		±4	±4	用水准仪检查
3	坡度	不大于房间相应尺寸的2/1000，且不大于30												用坡度尺检查
4	厚度	在个别地方不大于设计厚度的1/10												用钢尺检查

二、基土

1. 材料要求

（1）填土用土料，可采用砂土和黏性土，过筛除去草皮与杂质。土块的粒径不大于50mm。严禁用淤泥、腐殖土、冻土、耕植土、膨胀土和含有机物质大于8%的土作为填土。

（2）填土宜控制在最优含水量情况下施工，过干的土在压实前应洒水、湿润，过湿的土应应予晾干。每层压实后土的干密度应符合设计要求，填土料的最优含水量和最小干密度可参照表9-2。

填土料的最优含水量和最小干密度　　　　　　　　　　表9-2

土料种类	最优含水量（%）	最小干密度（g/cm³）
砂土	8~12	1.8~1.88
粉土	9~15	1.85~2.08
粉质黏土	12~15	1.85~1.95
黏土	19~23	1.58~1.70

注：1. 表中土的最小干密度应根据现场实际达到的数字为准；
　　2. 一般性的回填可不作此预测。

2. 施工质量控制

（1）对软弱土层应按设计要求进行处理。

（2）填土前，其下一层表面应干净、无积水。

（3）土方回填前应清除基底的垃圾、树根等杂物，抽除坑穴积水、淤泥，验收基底标高。如在耕植土或松土上填方，应在基底压实后再进行。

（4）对填方土料应按设计要求验收后方可填入。

（5）填方施工过程中应检查排水措施，每层填筑厚度、含水量、压实程度。填筑厚度及压实遍数应根据土质，压实系数及所用机具确定。如无试验依据，应符合有关规定。

3. 施工质量验收

（1）基本规定

1）对软弱土层应按设计要求进行处理。

2）填土应分层压（夯）实，填土质量应符合现行国家标准《建筑地基基础工程施工质量验收规范》（GB 50202—2002）的有关规定。

3）填土时应为最优含水量。重要工程或大面积的地面填土前，应取土样，按击实试验确定最优含水量与相应的最大干密度。

（2）主控项目

1）基土严禁用淤泥、腐殖土、冻土、耕植土、膨胀土和含有机物质大于8%的土作为填土。

检验方法：观察检查和检查土质记录。

2）基土应均匀密实，压实系数应符合设计要求，设计无要求时，不应小于0.90。

检验方法：观察检查和检查试验记录。

(3) 一般项目

基土表面的允许偏差应符合表 9-1 的规定。

检验方法：应按表 9-1 中的检验方法检验。

三、垫层

1. 灰土垫层

(1) 材料要求

1) 灰土垫层应采用熟化石灰与黏土（或粉质黏土、粉土）的拌合料铺设。

2) 熟化石灰可采用磨细生石灰，亦可采用粉煤灰或电石渣代替，熟化石灰颗粒粒径不得大于 5mm。

3) 土料采用的黏土（或粉质黏土、粉土）内不得含有有机物质，使用前应过筛，颗粒粒径不得大于 15mm。

4) 灰土的配合比（体积比）一般为 2:8 或 3:7。

(2) 施工质量控制

1) 建筑地面下的沟槽、暗管等工程完工后，经检验合格并做隐蔽记录，方可进行建筑地面工程的施工。

2) 建筑地面工程基层（各构造层）和面层的铺设，均应待其下一层检验合格后可施工上一层。建筑地面工程各层铺设前与相关专业的分部（子分部）工程、分项工程以及设备管道安装工程之间，应进行交接检验。

3) 建筑地面工程施工时，各层环境温度的控制应符合设计规定。

4) 基层铺设前，其下一层表面应干净、无积水。

5) 灰土拌合料应适当控制含水量，铺设厚度不应小于 100mm。

6) 每层灰土的夯打遍数，应根据设计要求的干密度在现场试验确定。

7) 灰土垫层应铺设在不受地下水浸泡的基土上。施工后应有防止水浸泡的措施。

8) 灰土垫层应分层夯实，经湿润养护、晾干后方可进行下一道工序施工。

(3) 施工质量验收

1) 基本规定

①灰土垫层应采用熟化石灰与黏土（或粉质黏土、粉土）的拌合料铺设，其厚度不应小于 100mm。

②熟化石灰可采用磨细生石灰，亦可用粉煤灰或电石渣代替。

③灰土垫层应铺设在不受地下水浸泡的基土上。施工后应有防止水浸泡的措施。

④灰土垫层应分层夯实，经湿润养护、晾干后方可进行下一道工序施工。

2) 主控项目

灰土体积比应符合设计要求。

检验方法：观察检查和检查配合比通知单记录。

3) 一般项目

①熟化石灰颗粒粒径不得大于 5mm；黏土（或粉质黏土、粉土）内不得含有有机物质，颗粒粒径不得大于 15mm。

检验方法：观察检查和检查材质合格记录。
②灰土垫层表面的允许偏差应符合表 9-1 的规定。
检验方法：应按表 9-1 中的检验方法检验。

2．砂垫层和砂石垫层

（1）材料要求

1）砂和天然砂石中不得含有草根等有机杂质，冻结的砂和冻结的天然砂石不得使用。

2）砂应采用中砂。

3）石子的最大粒径不得大于垫层厚度的 2/3。

（2）施工质量控制

1）对软弱土层应按设计要求进行处理。

2）填土前，其下一层表面应干净、无积水。

3）土方回填前应清除基底的垃圾、树根等杂物，抽除坑穴积水、淤泥，验收基底标高。如在耕植土或松土上填方，应在基底压实后再进行。

4）对填方土料应按设计要求验收后方可填入。

5）当垫层、找平层内埋设暗管时，管道应按设计要求予以稳固。

6）砂垫层厚度不应小于 60mm；砂石垫层厚度不应小于 100mm。

7）砂垫层铺平后，应洒水湿润，并宜采用机具振实。

8）砂石应选用天然级配材料。铺设时不应有粗细颗粒分离现象，压（夯）至不松动为止。

9）砂垫层施工，在现场用环刀取样，测定其干密度，砂垫层干密度以不小于该砂料在中密度状态时的干密度数值为合格。中砂在中密度状态的干密度，一般为 1.55～1.60g/cm^3。

（3）施工质量验收

1）基本规定

①砂垫层厚度不应小于 60mm；砂石垫层厚度不应小于 100mm。

②砂石应选用天然级配材料。铺设时不应有粗细颗粒分离现象，压（夯）至不松动为止。

2）主控项目

①砂和砂石不得含有草根等有机杂质；砂应采用中砂；石子最大粒径不得大于垫层厚度的 2/3。

检验方法：观察检查和检查材质合格证明文件及检测报告。

②砂垫层和砂石垫层的干密度（或贯入度）应符合设计要求。

检验方法：观察检查和检查试验记录。

3）一般项目

①表面不应有砂窝、石堆等质量缺陷。

检验方法：观察检查。

②砂垫层和砂石垫层表面的允许偏差应符合表 9-1 的规定。

检验方法：应按表 9-1 中的检验方法检验。

3．碎石垫层和碎砖垫层

（1）材料要求

1）碎石的强度应均匀，最大粒径不应大于垫层厚度的 2/3。
2）碎砖不应采用风化、酥松、夹有杂质的砖料。颗粒粒径不应大于 60mm。
（2）施工质量控制
1）对软弱土层应按设计要求进行处理。
2）填土前，其下一层表面应干净、无积水。
3）土方回填前应清除基底的垃圾、树根等杂物，抽除坑穴积水、淤泥，验收基底标高。如在耕植土或松土上填方，应在基底压实后再进行。
4）对填方土料应按设计要求验收后方可填入。
5）碎石垫层和碎砖垫层厚度均不应小于 100mm。
6）碎（卵）石垫层必须摊铺均匀，表面空隙用粒径为 5~25mm 的细石子填缝。
7）用碾压机碾压时，应适当洒水使其表面保持湿润，一般碾压不少于 3 遍，并且到不松动为止，达到表面坚实、平整。
8）如工程量不大，亦可用人工夯实，但必须达到碾压的要求。
9）碎砖垫层每层虚铺厚度应控制不大于 200mm，适当洒水后进行夯实，夯实均匀，表面平整密实；夯实后的厚度一般为虚铺厚度的 3/4。不得在已铺好的垫层上用锤击方法进行碎砖加工。
（3）施工质量验收
1）基本规定
①碎石垫层和碎砖垫层厚度不应小于 100mm。
②垫层应分层压（夯）实，达到表面坚实、平整。
2）主控项目
①碎石的强度应均匀，最大粒径不应大于垫层厚度的 2/3；碎砖不应采用风化、酥松、夹有有机杂质的砖料，颗粒粒径不应大于 60mm。
检验方法：观察检查和检查材质合格证明文件及检测报告。
②碎石、碎砖垫层的密实度应符合设计要求。
检验方法：观察检查和检查试验记录。
3）一般项目
碎石、碎砖垫层的表面允许偏差应符合表 9-1 的规定。
检验方法：应按表 9-1 中的检验方法检验。
4．三合土垫层
（1）材料要求
1）三合土垫层采用石灰、砂（可掺入少量黏土）与碎砖的拌合料铺设。
2）熟化石灰颗粒粒径不得大于 5mm。
3）砂应采用中砂，并不得含有草根等有机物质。
4）碎砖不应采用风化、酥松和含有机杂质的砖料，颗粒粒径不应大于 60mm。
5）三合土的配合比（体积比），一般采用 1:2:4 或 1:3:6（熟化石灰:砂或黏土:碎砖）。
（2）施工质量控制
1）三合土垫层厚度不应小于 100mm。

2) 三合土垫层其铺设方法可采用先拌合后铺设或先铺设碎料后灌砂浆的方法，但均应铺平夯实。

3) 三合土垫层应分层夯打并密实，表面平整，在最后一遍夯打时，宜浇注石灰浆，待表面灰浆晾干后，才可进行下道工序施工。

(3) 施工质量验收

1) 基本规定

①三合土垫层采用石灰、砂（可掺入少量黏土）与碎砖的拌和料铺设，其厚度不应小于100mm。

②三合土垫层应分层夯实。

2) 主控项目

①熟化石灰颗粒粒径不得大于5mm；砂应用中砂，并不得含有草根等有机物质；碎砖不应采用风化、酥松和有机杂质的砖料，颗粒粒径不应大于60mm。

检验方法：观察检查和检查材质合格证明文件及检测报告。

②三合土的体积比应符合设计要求。

检验方法：观察检查和检查配合比通知单记录。

3) 一般项目

三合土垫层表面的允许偏差应符合表9-1的规定。

检验方法：应按表9-1中的检验方法检验。

5. 炉渣垫层

(1) 材料要求

1) 采用炉渣或采用水泥与炉渣或采用水泥、石灰与炉渣的拌合料铺设。

2) 炉渣内不应含有有机杂质和未燃尽的煤块，颗粒粒径不应大于40mm，且颗粒粒径在5mm及其以下的颗粒，不得超过总体积的40%；熟化石灰颗粒粒径不得大于5mm。

3) 水泥炉渣垫层的配合比（体积比）一般为1:8（水泥:炉渣）；水泥石灰炉渣垫层的配合比（体积比）一般为1:1:8（水泥:石灰:炉渣）。

(2) 施工质量控制

1) 炉渣垫层厚度不应小于80mm。

2) 炉渣或水泥炉渣垫层的炉渣，使用前应浇水闷透；水泥石灰炉渣垫层的炉渣，使用前应用石灰浆或用熟化石灰浇水拌和闷透；闷透时间均不得少于5d。

3) 铺设前，其下一层应湿润，铺设时应分层压实拍平。垫层厚度如大于120mm时，应分层铺设，每层虚铺厚度应大于160mm。可采用振动器或滚筒、木拍等方法压实。压实后的厚度不应大于虚铺厚度的3/4，以表面泛浆且无松散颗粒为止。

4) 炉渣垫层施工完毕后应避免受水浸湿，铺设后应养护，待其凝结后方可进行下一道工序施工。

(3) 施工质量验收

1) 基本规定

①炉渣垫层采用炉渣或水泥与炉渣或水泥、石灰与炉渣的拌和料铺设，其厚度不应小于80mm。

②炉渣或水泥炉渣垫层的炉渣，使用前应浇水闷透；水泥石灰炉渣垫层的炉渣，使用

前应用石灰浆或用熟化石灰浇水拌和闷透；闷透时间均不得少于5d。

③在垫层铺设前，其下一层应湿润；铺设时应分层压实，铺设后应养护，待其凝结后方可进行下一道工序施工。

2）主控项目

①炉渣内不应含有有机杂质和未燃尽的煤块，颗粒粒径不应大于40mm，且颗粒粒径在5mm及其以下的颗粒，不得超过总体积的40%；熟化石灰颗粒粒径不得大于5mm。

检验方法，观察检查和检查材质合格证明文件及检测报告。

②炉渣垫层的体积比应符合设计要求。

检验方法：观察检查和检查配合比通知单。

3）一般项目

①炉渣垫层与其下一层结合牢固，不得有空鼓和松散炉渣颗粒。

检验方法：观察检查和用小锤轻击检查。

②炉渣垫层表面的允许偏差应符合表9-1的规定。

检验方法：应按表9-1中的检验方法检验。

6. 水泥混凝土垫层

(1) 材料要求

1）水泥可采用硅酸盐水泥、普通硅酸盐水泥、矿渣硅酸盐水泥、火山灰质硅酸盐水泥和粉煤灰硅酸盐水泥。

2）砂为中粗砂，其含泥量不应大于3%。

3）水泥混凝土采用的粗骨料，其最大粒径不应大于垫层厚度的2/3。

4）水宜用饮用水。

(2) 施工质量控制

1）水泥混凝土垫层铺设在基土上，当气温长期处于0℃以下，设计无要求时，垫层应设置伸缩缝。

2）水泥混凝土垫层的厚度不应小于60mm。

3）垫层铺设前，其下一层表面应湿润。

4）室内地面的水泥混凝土垫层，应设置纵向缩缝和横向缩缝；纵向缩缝间距不得大于6m，横向缩缝不得大于12m。

5）垫层的纵向缩缝应做平头缝或加肋板平头缝。当垫层厚度大于150mm时可做企口缝。横向缩缝应做假缝。

平头缝和企口缝的缝间不得放置隔离材料，浇筑时应互相紧贴。企口缝的尺寸应符合设计要求，假缝宽度为5~20mm，深度为垫层厚度的1/3，缝内填水泥砂浆。

6）检验水泥混凝土和水泥砂浆强度试块的组数，按每一层（或检验批）建筑地面工程不应小于1组。当每一层（或检验批）建筑地面工程面积大于1000m^2时，每增加1000m^2应增做1组试块；小于1000m^2按1000m^2计算。当改变配合比时，亦应相应地制作试块组数。

(3) 施工质量验收

1）基本规定

①水泥混凝土垫层铺设在基土上当气温长期处于0℃以下，设计无要求时，垫层应设

置伸缩缝。

②水泥混凝土垫层的厚度不应小于60mm。

③垫层铺设前,其下一层表面应湿润。

④室内地面的水泥混凝土垫层,应设置纵向缩缝和横向缩缝;纵向缩缝间距不得大于6m,横向缩缝不得大于12m。

⑤垫层的纵向缩缝应做平头缝或加肋板平头缝。当垫层厚度大于150mm时,可做企口缝。横向缩缝应做假缝。

平头缝和企口缝的缝间不得放置隔离材料,浇筑时应互相紧贴。企口缝的尺寸应符合设计要求,假缝宽度为5~20mm,深度为垫层厚度的1/3,缝内填水泥砂浆。

⑥工业厂房、礼堂、门厅等大面积水泥混凝土垫层应分区段浇筑。分区段应结合变形缝位置、不同类型的建筑地面连接处和设备基础的位置进行划分,并应与设置的纵向、横向缩缝的间距相一致。

⑦水泥混凝土施工质量检验尚应符合现行国家标准《混凝土结构工程施工质量验收规范》(GB 50204—2002)的有关规定。

2)主控项目

①水泥混凝土垫层采用的粗骨料,其最大粒径不应大于垫层厚度的2/3;含泥量不应大于2%;砂为中粗砂,其含泥量不应大于3%。

检验方法:观察检查和检查材质合格证明文件及检测报告。

②混凝土的强度等级应符合设计要求,且不应小于C10。

检验方法:观察检查和检查配合比通知单及检测报告。

3)一般项目

水泥混凝土垫层表面的允许偏差应符合表9-1的规定。

检验方法:应按表9-1中的检验方法检验。

四、找平层

1. 材料要求

(1)水泥宜采用硅酸盐水泥、普通硅酸盐水泥,强度等级不低于32.5级。

(2)砂采用中砂或粗砂,含泥量不大于3%。

(3)采用碎石或卵石的找平层,其颗粒粒径不大于找平层厚度的2/3,含泥量不应大于2%。

(4)沥青采用石油沥青,其软化点按"环球法"试验时宜为50~60℃,且不得大于70℃。

(5)粉状填充料采用磨细的石料、砂或炉灰、页岩灰和其他粉状的矿物质材料。不得采用石灰、石膏、泥岩灰和黏土。粉状填充料中小于0.08mm的细颗粒含量不应少于85%,用振动法使其密实至体积不变时的空隙率不应大于45%,其含泥量不应大于3%。

(6)水泥砂浆配合比(体积比)宜为1:3。混凝土配合比由计算试验而定,其强度等级应不低于C15。沥青砂浆配合比(质量比)宜为1:8(沥青:砂和粉料)。沥青混凝土配合比由计算试验而定。

2. 施工质量控制

（1）铺设找平层前，应将下一层表面清理干净，当找平层下有松散填充料时，应予铺平振实。

（2）用水泥砂浆或水泥混凝土铺设找平层，其下一层为水泥混凝土垫层时，应予湿润。当表面光滑时，应划（凿）毛。铺设时先刷一遍水泥浆，其水灰比宜为0.4～0.5，并应随刷随铺。

（3）板缝填嵌后应养护。混凝土强度等级达到C15时，方可继续施工。

（4）在预制钢筋混凝土楼板上铺设找平层时，其板端间应按设计要求采取防裂的构造措施。

（5）有防水要求的楼面工程，在铺设找平层前，应对立管、套管和地漏与楼板节点之间进行密封处理。应在管的四周留出深度为8～10mm的沟槽，采用防水卷材或防水涂料裹住管口和地漏。

（6）在水泥砂浆或水泥混凝土找平层上铺设防水卷材或涂布防水涂料隔离层时，找平层表面应洁净、干燥，其含水率不应大于9%，并应涂刷基层处理剂。基层处理剂应采用与卷材性能配套的材料或采用同类涂料的底子油。铺设找平层后，涂刷基层处理剂的相隔时间以及其配合比均应通过试验确定

3．施工质量验收

（1）基本规定

1）找平层应采用水泥砂浆或水泥混凝土铺设，并应符合整体面层铺设的有关规定。

2）铺设找平层前，当其下一层有松散填充料时，应予铺平振实。

3）有防水要求的建筑地面工程，铺设前必须对立管、套管和地漏与楼板节点之间进行密封处理；排水坡度应符合设计要求。

4）在预制钢筋混凝土板上铺设找平层前，板缝填嵌的施工应符合下列要求：

①预制钢筋混凝土板相邻缝底宽不应小于20mm；

②填嵌时，板缝内应清理干净，保持湿润；

③填缝采用细石混凝土，其强度等级不得小于C20。填缝高度应低于板面10～20mm，且振捣密实，表面不应压光；填缝后应养护；

④当板缝底宽大于40mm时，应按设计要求配置钢筋。

5）在预制钢筋混凝土板上铺设找平层时，其板端应按设计要求做防裂的构造措施。

（2）主控项目

1）找平层采用碎石或卵石的粒径不应大于其厚度的2/3，含泥量不应大于2%；砂为中粗砂，其含泥量不应大于3%。

检验方法：观察检查和检查材质合格证明文件及检测报告。

2）水泥砂浆体积比或水泥混凝土强度等级应符合设计要求，且水泥砂浆体积比不应小于1∶3（或相应的强度等级）；水泥混凝土强度等级不应小于C15。

检验方法：观察检查和检查配合比通知单及检测报告。

3）有防水要求的建筑地面工程的立管、套管、地漏处严禁渗漏，坡向应正确、无积水。

检验方法：观察检查和蓄水、泼水检验及坡度尺检查。

（3）一般项目

1）找平层与其下一层结合牢固，不得有空鼓。

检验方法：用小锤轻击检查。

2）找平层表面应密实，不得有起砂、蜂窝和裂缝等缺陷。

检验方法：观察检查。

3）找平层的表面允许偏差应符合表9-1的规定。

检验方法，应按表9-1中的检验方法检验。

五、隔离层

1. 材料要求

（1）沥青：沥青应采用石油沥青，其质量应符合现行的国家标准《建筑石油沥青》（GB 494—98）或现行的行业标准《道路石油沥青》（SY 1661—85）的规定。软化点按"环刀法"试验时宜为50~60℃，不得大于70℃。

（2）防水类卷材：采用沥青防水卷材应符合现行的国家标准《石油沥青纸胎油毡、油纸》（GB 326—1989）的规定；采用高聚物改性沥青防水卷材和合成高分子防水卷材应符合现行的产品标准的要求，其质量应按现行国家标准《屋面工程质量验收规范》（GB 50207—2002）中材料要求的规定执行。

（3）防水类涂料：防水类涂料应符合现行的产品标准的规定，并应经国家法定的检测单位检测认可。采用沥青基防水涂料、高聚物改性沥青防水涂料和合成高分子防水涂料。其质量应按现行国家标准《屋面工程质量验收规范》（GB 50207—2002）中材料要求的规定执行。

2. 施工质量控制

（1）在铺设隔离层前，对基层表面应进行处理。其表面要求平整、洁净和干燥，并不得有空鼓、裂缝和起砂等现象。

（2）铺涂防水类材料，宜制定施工操作程序，应先做好连接处节点、附加层的处理后再进行大面积的铺涂，以防止连接处出现渗漏现象。对穿过楼层面连接处的管道四周，防水类材料均应向上铺涂，并应超过套管的上口；对靠近墙面处，防水类材料亦应向上铺涂，并应高出面层200~300mm，或按设计要求的高度铺涂。穿过楼层面管道的根部和阴阳角处尚应增加铺涂防水类材料的附加层的层数或遍数。

（3）在水泥类基层上喷涂沥青冷底子油，要均匀不露底，小面积亦可用胶皮板刷或油刷人工均匀涂刷，厚度以0.5mm为宜，不得有麻点。

（4）沥青胶结料防水层一般涂刷两层，每层厚度宜为1.5~2mm。

（5）沥青胶结料防水层可在气温不低于20℃时涂刷，如温度过低，应采取保温措施。在炎热季节施工时，为防止烈日暴晒引起沥青流淌，应采取遮阳措施。

（6）防水类卷材的铺设应展平压实，挤出的沥青胶结料要趁热刮去。已铺贴好的卷材面不得有皱折、空鼓、翘边和封口不严等缺陷。卷材的搭接长度，长边不小于100mm，短边不小于150mm。搭接接缝处必须用沥青胶结料封严。

（7）防水类涂料施工可采用喷涂或涂刮分层分遍进行。喷涂（涂刮）时，应厚薄均匀一致，表面平整；其每层每遍的施工方向宜相互垂直，并须待先涂布的涂层干燥成膜后，方可涂布后一遍涂料。涂刷防水层的端头应用防水涂料多遍涂布或用密封材料封严。在涂刷实干前，不得在防水层上进行其他施工作业，亦不得在其上面直接堆放物品。

（8）当隔离层采取以水泥砂浆或水泥混凝土找平层作为建筑地面防水要求时，应在水泥砂浆或水泥混凝土中掺防水剂做成水泥类刚性防水层。

（9）在沥青类（即掺有沥青的拌合料，以下同）隔离层上铺设水泥类面层或结合层前，其隔离层的表面应洁净、干燥，并应涂刷同类的沥青胶结料，其厚度宜为1.5~2.0mm，以提高胶结性能。涂刷沥青胶结料时的温度不应低于160℃，并应随即将经预热至50~60℃的粒径为2.5~5.0mm的绿豆砂均匀撒入沥青胶结料内，要求压入1~1.5mm深度。对表面过多的绿豆砂应在胶结料冷却后扫去。绿豆砂应采用清洁、干燥的砾砂或浅色人工砂粒，必要时在使用前进行筛洗和晒干。

（10）有防水要求的建筑地面的隔离层铺设完毕后，应作蓄水检验。蓄水深度宜为20~30mm，在24h内无渗漏为合格，并应做好记录后，方可进行下道工序施工。

3．施工质量验收

（1）基本规定

1）隔离层的材料，其材质应经有资质的检测单位认定。

2）在水泥类找平层上铺设沥青类防水卷材、防水涂料或以水泥类材料作为防水隔离层时，其表面应坚固、洁净、干燥。铺设前，应涂刷基层处理剂。基层处理剂应采用，与卷材性能配套的材料或采用同类涂料的底子油。

3）当采用掺有防水剂的水泥类找平层作为防水隔离层时，其掺量和强度等级（或配合比）应符合设计要求。

4）铺设防水隔离层时，在管道穿过楼板面四周，防水材料应向上铺涂，并超过套管的上口；在靠近墙面处，应高出面层200~300mm或按设计要求的高度铺涂。阴阳角和管道穿过楼板面的根部应增加铺涂附加防水隔离层。

5）防水材料铺设后，必须蓄水检验。蓄水深度应为20~30mm，24h内无渗漏为合格，并做记录。

6）隔离层施工质量检验应符合现行国家标准《屋面工程质量验收规范》（GB 50207—2002）的有关规定。

（2）主控项目

1）隔离层材质必须符合设计要求和国家产品标准的规定。

检验方法：观察检查和检查材质合格证明文件、检测报告。

2）厕浴间和有防水要求的建筑地面必须设置防水隔离层。楼层结构必须采用现浇混凝土或整块预制混凝土板，混凝土强度等级不应小于C20；楼板四周除门洞外，应做混凝土翻边，其高度不应小于120mm。施工时结构层标高和预留孔洞位置应准确，严禁乱凿洞。

检验方法：观察和钢尺检查。

3）水泥类防水隔离层的防水性能和强度等级必须符合设计要求。

检验方法：观察检查和检查检测报告。

4）防水隔离层严禁渗漏，坡向应正确、排水通畅。

检验方法：观察检查和蓄水、泼水检验或坡度尺检查及检查检验记录。

（3）一般项目

1) 隔离层厚度应符合设计要求。

检验方法：观察检查和用钢尺检查。

2) 隔离层与其下一层粘结牢固，不得有空鼓；防水涂层应平整、均匀，无脱皮、起壳、裂缝、鼓泡等缺陷。

检验方法：用小锤轻击检查和观察检查。

3) 隔离层表面的允许偏差应符合表9-1的规定。

检验方法：应按表9-1中的检验方法检验。

六、填充层

1. 材料要求

(1) 松散材料可采用膨胀蛭石、膨胀珍珠岩、炉渣、水渣等铺设。膨胀蛭石粒径一般为3~15mm；膨胀珍珠岩粒径小于0.15mm的含量不大于8%；炉渣应经筛选，炉渣和水渣的粒径一般应控制在5~40mm，其中不应含有有机杂物、石块、土块、重矿渣块和未燃尽的煤块。

(2) 板块材料可采用泡沫料板、膨胀珍珠岩板、膨胀蛭石板、加气混凝土板、泡沫混凝土板、矿物棉板等铺设。其质量要求应符合国家现行的产品标准的规定。

(3) 整体材料可采用沥青膨胀蛭石、沥青膨胀珍珠岩、水泥膨胀蛭石、水泥膨胀珍珠岩和轻骨料混凝土等拌合料铺设，沥青性能应符合有关沥青标准的规定；水泥的强度等级不应低于32.5；膨胀珍珠岩和膨胀蛭石的粒径应符合松散材料中的规定；轻骨料应符合现行国家标准《粉煤灰陶粒和陶砂》（GB 2838—81）、《黏土陶粒和陶砂》（GB 2839—81）、《页岩陶粒和陶砂》（GB 2840—81）和《天然轻骨料》（GB 2841—81）的规定。

2. 施工质量控制

(1) 铺设填充层的基层应平整、洁净、干燥，认真做好基层处理工作。

(2) 铺设松散材料填充层应分层铺平拍实，每层虚铺厚度不宜大于150mm。压实程度与厚度须经试验确定，拍压实后不得直接在填充层上行车或堆放重物，施工人员宜穿软底鞋。

(3) 铺设板状材料填充层应分层上下板块错缝铺贴，每层应采用同一厚度的板块，其厚度应符合设计要求。

1) 干铺的板状材料，应紧靠在基层表面上，并应铺平垫稳，板缝隙间应用同类材料嵌填密实。

2) 粘贴的板状材料，应贴严、铺平。

3) 用沥青胶结料粘贴板状材料时，应边刷、边贴、边压实。务必使板状材料相互之间及与基层之间满涂沥青胶结料，以便互相粘牢，防止板块翘曲。

4) 用水泥砂浆粘贴板状材料时，板间缝隙应用保温灰浆填实并勾缝。保温灰浆的配合比一般为1:1:10（水泥:石灰膏:同类保温材料的碎粒，体积比）。

(4) 铺设整体材料填充层应分层铺平拍实。

1) 水泥膨胀蛭石、水泥膨胀珍珠岩填充层的拌合宜采用人工拌制，并应拌合均匀，随拌随铺。

2) 水泥膨胀蛭石、水泥膨胀珍珠岩填充层虚铺厚度应根据试验确定，铺后拍实抹平至设计要求的厚度。拍实抹平后宜立即铺设找平层。

3）沥青膨胀蛭石、沥青膨胀珍珠岩的加热温度为100~120℃。拌合料宜采用机械搅拌，色泽一致，无沥青团。压实程度根据试验确定，厚度应符合设计要求，表面应平整。

(5) 保温和隔声材料一般均为轻质、疏松、多孔、纤维的材料，而且强度较低。因此在贮运和保管中应防止吸水、受潮、受雨、受冻，应分类堆放，不得混杂，要轻搬轻放，以免降低保温、吸声性能，并使板状和制品体积膨胀而遭破坏。亦怕磕碰、重压等而缺棱掉角、断裂损坏，以保证外形完整。

3．施工质量验收

(1) 基本规定

1）填充层应按设计要求选用材料，其密度和导热系数应符合国家有关产品标准的规定。

2）填充层的下一层表面应平整。当为水泥类时，尚应洁净、干燥，并不得有空鼓、裂缝和起砂等缺陷。

3）采用松散材料铺设填充层时，应分层铺平拍实；采用板、块状材料铺设填充层时，应分层错缝铺贴。

4）填充层施工质量检验尚应符合现行国家标准《屋面工程质量验收规范》（GB 50207—2002）的有关规定。

(2) 主控项目

1）填充层的材料质量必须符合设计要求和国家产品标准的规定。

检验方法：观察检查和检查材质合格证明文件、检测报告。

2）填充层的配合比必须符合设计要求。

检验方法：观察检查和检查配合比通知单。

(3) 一般项目

1）松散材料填充层铺设应密实；板块状材料填充层应压实、无翘曲。

检验方法：观察检查。

2）填充层表面的允许偏差应符合表9-1的规定。

检验方法：应按表9-1中的检验方法检验。

第三节 整体面层铺设

一、基本规定

1．本节适用于水泥混凝土（含细石混凝土）面层、水泥砂浆面层、水磨石面层、水泥钢（铁）屑面层、防油渗面层和不发火（防爆的）面层等面层分项工程的施工质量检验。

2．铺设整体面层时，其水泥类基层的抗压强度不得小于1.2MPa；表面应粗糙、洁净、湿润并不得有积水。铺设前宜涂刷界面处理剂。

3．铺设整体面层，应符合设计要求和有关规定。

4．整体面层施工后，养护时间不应少于7d，抗压强度应达到5MPa后，方准上人行走；抗压强度应达到设计要求后，方可正常使用。

5. 当采用掺有水泥拌合料做踢脚线时，不得用石灰砂浆打底。

6. 整体面层的抹平工作应在水泥初凝前完成，压光工作应在水泥终凝前完成。

7. 整体面层的允许偏差应符合表9-3的规定。

整体面层的允许偏差和检验方法（mm） 表9-3

项次	项目	允许偏差						检验方法
		水泥混凝土面层	水泥砂浆面层	普通水磨石面层	高级水磨石面层	水泥钢（铁）屑面层	防油渗混凝土和不发火（防爆的）面层	
1	表面平整度	5	4	3	2	4	5	用2m靠尺和楔形塞尺检查
2	踢脚线上口平直	4	4	3	3	4	4	拉5m线和用钢尺检查
3	缝格平直	3	3	3	2	3	3	

二、水泥混凝土面层

1. 材料要求

（1）水泥：水泥采用硅酸盐水泥、普通硅酸盐水泥、矿渣硅酸盐水泥等，其强度等级不应小于32.5。

（2）粗骨料（石料）：石料采用碎石或卵石，级配应适当，其最大粒径不应大于面层厚度的2/3；当采用细石混凝土面层时，石子粒径不应大于15mm。含泥量不应大于2%。

（3）细骨料（砂子）：砂应采用粗砂或中粗砂，含泥量不应大于3%。

（4）水：采用饮用水。

2. 施工质量控制

（1）对铺设水泥混凝土面层下基层应按要求做好。基层表面应坚固密实、平整、洁净，不允许有凸凹不平和起砂等现象，表面还应粗糙。水泥混凝土拌合料铺设前，应保持基层表面有一定的湿润，但不得有积水，以利面层与基层结合牢固，防止空鼓。

（2）面层下基层的水泥混凝土抗压强度达到1.2MPa以上时，方可进行面层混凝土拌合料的铺设。

（3）水泥混凝土的搅拌、运输、浇筑、振捣、养护等一系列的施工要求、质量检查和操作工艺等均应符合现行国家标准《混凝土结构工程施工质量验收规范》（GB 50204—2002）和当地建设行政主管部门制定、颁发的建筑安装工程施工技术操作规程的规定。

（4）混凝土拌制时，应采用机械搅拌。按混凝土配合比投料。各种材料计量要正确，严格控制加水量和混凝土坍落度，搅拌必须均匀，时间一般不得少于1min。

（5）混凝土铺设前应按标准水平线用木板隔成按需要的区段，以控制面层厚度。

（6）铺设时，在基层表面上涂一层水灰比为0.4~0.5的水泥浆，并随刷随铺设混凝土拌合料，刮平找平。

（7）混凝土浇筑时的坍落度不宜大于30mm。摊铺刮平亦采用平板振动器振捣密实或用滚筒压实。以不冒气泡为度，保证面层水泥混凝土密实度和达到混凝土强度等级。

（8）水泥混凝土面层应连续浇筑，不应留置施工缝。如停歇时间超过允许规定时，在继续浇筑前应对已凝结的混凝土接缝处进行清理和处理，剔除松散石子、砂浆部分，润湿并铺设与混凝土同级配合比的水泥砂浆后再进行混凝土浇筑。应重视接缝处的捣实、压平工作，不应显出接缝。

（9）水泥混凝土振实后，必须做好面层的抹平和压光工作。

（10）浇筑钢筋混凝土楼板或水泥混凝土垫层兼面层时，可采用随捣随抹的施工方法，这样做一次性完成面层不仅能节约水泥用量，而且可提高施工质量，加快进度，防止面层可能出现的空鼓、起壳等施工缺陷。

（11）水泥混凝土面层浇筑完成后，应在24h内加以覆盖并浇水养护，在常温下连续养护不少于7d，使其在湿润的条件下硬化。

（12）当建筑地面要求具有耐磨性、抗冲击、不起尘、耐久性和高强度时，应按设计要求选用普通型耐磨地面和高强型耐磨地面。

3．施工质量验收

（1）基本规定

1）水泥混凝土面层厚度应符合设计要求。

2）水泥混凝土面层铺设不得留施工缝。当施工间隙超过允许时间规定时，应对接缝处进行处理。

（2）主控项目

1）水泥混凝土采用的粗骨料，其最大粒径不应大于面层厚度的2/3，细石混凝土面层采用的石子粒径不应大于15mm。

检验方法：观察检查和检查材质合格证明文件及检测报告。

2）面层的强度等级应符合设计要求，且水泥混凝土面层强度等级不应小于20；水泥混凝土垫层兼面层强度等级不应小于C15。

检验方法：检查配合比通知单及检测报告。

3）面层与下一层应结合牢固，无空鼓、裂纹。

检验方法：用小锤轻击检查。

注：空鼓面积不应大于400cm^2，且每自然间（标准间）不多于2处可不计。

（3）一般项目

1）面层表面不应有裂纹、脱皮、麻面、起砂等缺陷。

检验方法：观察检查。

2）面层表面的坡度应符合设计要求，不得有倒泛水和积水现象。

检验方法：观察和采用泼水或用坡度尺检查。

3）水泥砂浆踢脚线与墙面应紧密结合，高度一致，出墙厚度均匀。

检验方法：用小锤轻击、钢尺和观察俭查。

注：局部空鼓长度不应大于300mm，且每自然间（标准间）不多于2处可不计。

4）楼梯踏步的宽度、高度应符合设计要求。楼层梯段相邻踏步高度差不应大于10mm，每踏步两端宽度差不应大于10mm；旋转楼梯梯段的每踏步两端宽度的允许偏差为5mm。楼梯踏步的齿角应整齐，防滑条应顺直。

检验方法：观察和钢尺检查。

5）水泥混凝土面层的允许偏差应符合表9-3的规定。

检验方法：应按表9-3中的检验方法检验。

三、水泥砂浆面层

1．材料要求

（1）水泥：水泥宜采用硅酸盐水泥、普通硅酸盐水泥，其强度等级不应低于32.5。严禁混用不同品种、不同强度等级的水泥和过期水泥。

（2）砂：砂应采用中砂或粗砂，含泥量不应大于3%。

（3）石屑：石屑粒径宜为1~5mm，其含粉量（含泥量）不应大于3%。

2．施工质量控制

（1）对铺设水泥砂浆面层下基层应要求做好，基层表面应密实、平整，不允许有凸凹不平和起砂现象，水泥砂浆铺设前一天基层应洒水，保持表面有一定的湿润，以利面层与基层结合牢固。垫层表面上的松散焦渣、水泥混凝土、水泥砂浆均应清理干净，如有油污尚应用火碱液清洗干净。

（2）水泥砂浆宜采用机械搅拌，按配合比投料，计量要正确，严格控制加水量，搅拌时间不应小于2min，拌合要均匀，颜色一致。水泥砂浆的稠度，当铺设在炉渣垫层上时，宜为25~35mm；当铺设在水泥混凝土垫层上时，应采用干硬性水泥砂浆，以手捏成团稍出浆为准。水泥石屑拌合除按上述要求外，水灰比宜控制在0.4，不得任意加水。

（3）水泥砂浆铺设前。在基层表面涂刷一层水泥浆作粘结层。其水灰比为0.4~0.5，涂刷要均匀。

（4）摊铺水泥砂浆后，即进行振实，并做好面层的抹平和压光工作。

（5）当水泥砂浆面层抹压时，其干湿度不适宜时，应采取措施。

（6）有地漏的房间，应在地漏四周做出不小于5%的泛水坡度，以利流水畅通。

（7）水泥砂浆面层如遇管线等出现局部面层厚度减薄处在10mm以下时，必须采取防止开裂措施，一般沿管线走向放置钢筋网片，或符合设计要求后方可铺设面层。

（8）当面层需分格时。即做成假缝，应在水泥初凝后进行弹线分格。分格缝要求平直，深浅一致。大面积水泥砂浆面层，其分格缝的一部分位置应与水泥混凝土垫层的缩缝相应对齐。

（9）当水泥砂浆面层采用矿渣硅酸盐水泥拌制时，施工中应采取如下措施：

1）严格控制水灰比，水泥砂浆的稠度不应大于35mm。尽可能采用干硬性或半干硬性水泥砂浆。

2）精心进行压光工作，一般不应少于三遍。

3）由于矿渣硅酸盐水泥拌制的水泥砂浆，其早期强度较低，故应适当延长养护时间，特别是要强调早期养护，以防止出现干缩性的表面裂纹。

（10）水泥砂浆面层铺设好并压光后24h，即应开始养护工作。一般采用满铺湿润材料覆盖浇水养护，在常温下养护5~7d。夏季时24h后养护5d；春秋季节48h后需养护7d，使其在湿润条件下硬化。养护要适时，浇水过早面层易起皮；浇水过晚又不用湿润材料覆盖，面层易造成裂缝或起砂。

(11) 当水泥砂浆面层采用干硬性水泥砂浆铺设时,其干硬性水泥砂浆体积比宜为 1:2.8~1:3.0(水泥:砂),水灰比为 0.36~0.4;面层洒水泥净浆,水灰比为 0.67。

(12) 水泥石屑面层施工时,应重视面层的压光和养护工作,其压光不应少于两遍。

(13) 水泥砂浆面层完成后,应注意成品保护工作。防止面层碰撞和表面沾污,影响美观和使用。对地漏、出水口等部位安放的临时堵口要保护好,以免灌入杂物,造成堵塞。

3. 施工质量验收

(1) 基本规定

水泥砂浆面层的厚度应符合设计要求,且不应小于 20mm。

(2) 主控项目

1) 水泥采用硅酸盐水泥、普通硅酸盐水泥,其强度等级不应小于 32.5,不同品种、不同强度等级的水泥严禁混用;砂应为中粗砂,当采用石屑时,其粒径应为 1~5mm,且含泥量不应大于 3%。

检验方法:观察检查和检查材质合格证明文件及检测报告。

2) 水泥砂浆面层的体积比(强度等级)必须符合设计要求;且体积比应为 1:2,强度等级不应小于 M15。

检验方法:检查配合比通知单和检测报告。

3) 面层与下一层应结合牢固,无空鼓、裂纹。

检验方法:用小锤轻击检查。

注:空鼓面积不应大于 400cm^2,且每自然间(标准间)不多于 2 处可不计。

(3) 一般项目

1) 面层表面的坡度应符合设计要求,不得有倒泛水和积水现象。

检验方法:观察和采用泼水或坡度尺检查。

2) 面层表面应洁净,无裂纹、脱皮、麻面、起砂等缺陷。

检验方法:观察检查。

3) 踢脚线与墙面应紧密结合,高度一致,出墙厚度均匀。

检验方法:用小锤轻击、钢尺和观察检查。

注:局部空鼓长度不应大于 300mm,且每自然间(标准间)不多于 2 处可不计。

4) 楼梯踏步的宽度、高度应符合设计要求。楼层梯段相邻踏步高度差不应大于 10mm,每踏步两端宽度差不应大于 10mm;旋转楼梯梯段的每踏步两端宽度的允许偏差为 5mm。楼梯踏步的齿角应整齐,防滑条应顺直。

检验方法:观察和钢尺检查。

5) 水泥砂浆面层的允许偏差应符合表 9-3 的规定。

检验方法:应按表 9-3 中的检验方法检验。

四、水磨石面层

1. 材料要求

(1) 水泥:本色或深色水磨石面层宜采用强度等级不低于 32.5 的硅酸盐水泥、普通硅酸盐水泥或矿渣硅酸盐水泥,不得使用粉煤灰硅酸盐水泥;白色或浅色水磨石面层应采用白水泥。水泥必须有出厂证明或试验资料，同一颜色的水磨石面层应使用同一批水泥。

(2) 石粒：石粒应用坚硬可磨的岩石（如白云石、大理石等）加工而成。石粒应有棱角、洁净、无杂物，其粒径除特殊要求外，宜为6~15mm。根据设计要求确定配合比，列出石粒的种类、规格和数量。石粒应分批按不同品种、规格、色彩堆放在干净（如席子等）地面上保管，使用前冲洗干净，晾干待用。

(3) 颜料：颜料应采用耐光、耐碱的矿物颜料，不得使用酸性颜料。掺入宜为水泥重量的3%~6%，或由试验确定，超量将会降低面层的强度。同一彩色面层应使用同厂同批颜料。

(4) 分格条：分格条应采用铜条或玻璃条，亦可选用彩色塑料条。铜条必须平直。

2. 施工质量控制

(1) 水磨石面层的施工程序，应从顶层到底层依次进行。在同一楼层中，先做平顶、墙面粉刷，后做水磨石面层和踏脚板，避免磨石浆渗漏，影响下一层平顶和墙面装饰，同时避免搭设脚手架损坏面层，否则必须有可靠的防止楼面渗水和保护面层约有效措施。

(2) 水磨石面层的配合比和各种彩色，应先经试配做出样板，经认可后即作为施工及验收的依据，并按此进行备料。

(3) 铺设前，应检查基层的标高和平整度，必要时对其表面进行补强，并清刷干净，做好基层处理工作。

(4) 基层处理后，按统一标高线为准确定面层标高。施工时，提前24h将基层面洒水润湿后，满刷一遍水泥浆粘结层，其水泥浆稠度应根据基层面湿润程度而定，一般水灰比以0.4~0.5为宜，涂刷厚度控制在1mm以内。应做到边刷水泥浆、边铺设水泥砂浆结合层，不能让水泥浆干燥而影响粘结。

(5) 铺设水泥砂浆结合层应用木抹子搓压平整密实并做好毛面，以利于与面层粘结牢固，克服空鼓现象。铺好后进行24h养护，应视气温情况确定养护时间和洒水程度。水磨石面层宜在水泥砂浆结合层的抗压强度达到1.2N/mm^{2}后方可进行。

(6) 水磨石面层铺设前，应在水泥砂浆结合层上按设计要求的分格和图案进行弹线分格，但分格间距以1m为宜。面层分格的一部分分格位置必须与基层（包括垫层和结合层）的缩缝相对齐，以适应上下能同步收缩。

(7) 安分格嵌条时，应用靠尺板按分格弹线比齐。分格嵌条应上平一致，接头严密，并作为铺设水磨石面层的标志，也是控制建筑地面平整度的标尺。在水泥浆初凝时，尚应进行二次校正，以确保分格嵌平直、牢固和接头严密。铜条应事先调直。

分格嵌条稳好后，洒水养护3~4d，再铺设面层的水泥与石粒拌合料。铺设前，尚应严加保护分格嵌条，以防碰弯、碰坏。

(8) 在同一面层上采用几种颜色图案时，应先做深色，后做浅色；先做大面，后做镶边；待前一种水泥石粒拌合料凝结后，再铺后一种水泥石粒拌合料；也不能几种颜色同时铺设，以防窜色。

(9) 水泥与石粒的拌合料调配工作必须计量正确，拌合均匀。采用多种颜色、规格的石粒时，必须事先拌合均匀后备用。

(10) 面层铺设前，在基层表面刷一遍与面层颜色相同的水灰比为0.4~0.5的水泥浆粘结层，随刷随铺设水磨石拌合料。水磨石拌合料的铺设厚度要高出分格嵌条1~2mm，要铺平整，用滚筒滚压密实，待表面出浆后，再用抹于抹平。

（11）铺完面层严禁行走，1d后进行洒水养护，常温下养护5~7d，低温及冬期施工应养护10d以上。

（12）开磨前应先试磨，以表面石粒不松动为准，经检查合格后方可开磨，但大粒径石粒面层应不少于15d。

（13）普通水磨石面层磨光遍数不应少于三遍，高级水磨石面层应增加磨光遍数和提高油石的号数，具体可根据使用要求或按设计要求而确定。

（14）水磨石面层应使用磨石机分次磨光，先试磨，后随磨随洒水，并及时清理磨石浆。

（15）水磨石面层上蜡工作，应在不影响面层质量的其他工序全部完成后进行。

（16）水磨石面层完工后，应做好成品保护，防止碰撞面层。

（17）磨石机在使用时，应有安全措施，防止漏电、触电等事故发生。开机时，脚线应架空绑牢，配电盘应有漏电掉闸设备。

3. 施工质量验收

（1）基本规定

1）水磨石面层应采用水泥与石粒的拌和料铺设。面层厚度除有特殊要求外，宜为12~18mm，且按石粒粒径确定。水磨石面层的颜色和图案应符合设计要求。

2）白色或浅色的水磨石面层，应采用白水泥；深色的水磨石面层，宜采用硅酸盐水泥、普通硅酸盐水泥或矿渣硅酸盐水泥；同颜色的面层应使用同一批水泥。同一彩色面层应使用同厂、同批的颜料；其掺入量宜为水泥重量的3%~6%或由试验确定。

3）水磨石面层的结合层的水泥砂浆体积比宜为1:3，相应的强度等级不应小于M10，水泥砂浆稠度（以标准圆锥体沉入度计）宜为30~50mm。

4）普通水磨石面层磨光遍数不应少于3遍。高级水磨石面层的厚度和磨光遍数由设计确定。

5）在水磨石面层磨光后，涂草酸和上蜡前，其表面不得污染。

（2）主控项目

1）水磨石面层的石粒，应采用坚硬可磨白云石、大理石等岩石加工而成，石粒应洁净无杂物，其粒径除特殊要求外应为6~15mm；水泥强度等级不应小于32.5；颜料应采用耐光、耐碱的矿物原料，不得使用酸性颜料。

检验方法：观察检查和检查材质合格证明文件。

2）水磨石面层拌和料的体积比应符合设计要求，且为1:1.5~1:2.5（水泥:石粒）。

检验方法：检查配合比通知单和检测报告。

3）面层与下一层结合应牢固，无空鼓、裂纹。

检验方法：用小锤轻击检查。

空鼓面积不应大于400cm^2，且每自然间（标准间）不多于2处可不计。

（3）一般项目

1）面层表面应光滑；无明显裂纹、砂眼和磨纹；石粒密实，显露均匀；颜色图案一致，不混色；分格条牢固、顺直和清晰。

检验方法：观察检查。

2) 踢脚线与墙面应紧密结合，高度一致，出墙厚度均匀。

检验方法：用小锤轻击、钢尺和观察检查。

局部空鼓长度不应大于300mm，且每自然间（标准间）不多于2处可不计。

3) 楼梯踏步的宽度、高度应符合设计要求。楼层梯段相邻踏步高度差不应大于10mm，每踏步两端宽度差不应大于10mm，旋转楼梯梯段的每踏步两端宽度的允许偏差为5mm。楼梯踏步的齿角应整齐，防滑条应顺直。

检验方法：观察和钢尺检查。

4) 水磨石面层的允许偏差应符合表9-3的规定。

检验方法：应按表9-3的检验方法检验。

五、水泥钢（铁）屑面层

1. 材料要求

(1) 水泥：水泥应采用硅酸盐水泥或普通硅酸盐水泥，其强度等级不应小于32.5MPa。

(2) 钢（铁）屑：钢屑应为磨碎的宽度在6mm以下的卷状钢刨屑或铸铁刨屑与磨碎的钢刨屑混合使用。其粒径应为1~5mm，过大的颗粒和卷状螺旋应予破碎，小于1mm的颗粒应予筛去。钢（铁）屑中不得含油和不应有其他杂物，使用前必须清除钢（铁）屑上的油脂，并用稀酸溶液除锈，可以清水冲洗后烘干待用。

(3) 砂：砂采用普通砂或石英砂。普通砂应符合现行的行业标准《普通混凝土用砂质量标准及检验方法》（JGJ 52—93）的规定。

2. 施工质量控制

(1) 对铺设水泥钢（铁）屑面层和水泥砂浆结合层下的基层应按要求做好，以利面层（结合层）与基层结合牢固。

(2) 水泥钢（铁）屑面层的配合比应通过试验（或按设计要求）确定，以水泥浆能填满钢（铁）屑的空隙为准。采用振动法使水泥钢（铁）屑密实至体积不变时，其密度不应小于2000kg/m³。

(3) 按确定的配合比，先将水泥和钢（铁）屑干拌均匀后，再加水拌合至颜色一致，拌合时，应严格控制加水量，稠度要适度，不应大于10mm。

(4) 铺设前，应在已处理好的基层上刷水泥浆一遍，先铺一层水泥砂浆结合层，其体积比宜为1:2（水泥:砂），经铺平整后将水泥与钢（铁）屑拌合料按面层厚度要求刮平并随铺随拍实，亦可采用滚筒滚压密实。

(5) 结合层和面层的拍实和抹平工作应在水泥初凝前完成；水泥终凝前应完成压光工作，面层要求压密实，表面光滑平整，无铁板印痕。压光工作应较一般水泥砂浆面层多压1~2遍，主要作用是增加面层的密实度，以有效的提高水泥钢（铁）屑面层的强度和硬度以及耐磨损性能。压光时严禁洒水。

(6) 面层铺好后24h，应洒水进行养护，或用草袋覆盖浇水养护。但不得用水直接冲洗，养护期一般为5~7d。

(7) 当在水泥钢（铁）屑面层进行表面处理时，可采用环氧树脂胶泥喷涂或涂刷。

(8) 当设计有要求做成耐磨钢（铁）砂浆面时，钢（铁）屑应用50%磨碎的卷状钢刨屑或铸铁屑与50％磨碎的钢刨屑混合而成，要求在筛孔为5mm的筛上筛余物不多于8％，在筛孔为1mm的筛上筛余物不多于50％，在筛孔为0.3mm的筛上筛余物不多于80％~90％；砂采用中砂偏粗为宜。

3．施工质量验收

（1）基本规定

1）水泥钢（铁）屑面层应采用水泥与钢（铁）屑的拌和料铺设。

2）水泥钢（铁）屑面层配合比应通过试验确定。当采用振动法使水泥钢（铁）屑拌和料密实时，其密度不应小于$2000kg/m^3$，其稠度不应大于10mm。

3）水泥钢（铁）屑面层铺设时应先铺一层厚20mm的水泥砂浆结合层，面层的铺设应在结合层水泥初凝前完成。

（2）主控项目

1）水泥强度等级不应小于32.5；钢（铁）屑的粒径应为1~5mm；钢（铁）屑中不应有其他杂质，使用前应去油除锈，冲洗干净并干燥。

检验方法：观察检查和检查材质合格证明文件及检测报告。

2）面层和结合层的强度等级必须符合设计要求，且面层抗压强度不应小于40MPa；结合层体积比为1:2（相应的强度等级不应小于M15）。

检验方法：检查配合比通知单和检测报告。

3）面层与下一层结合必须牢固，无空鼓。

检验方法：用小锤轻击检查。

（3）一般项目

1）面层表面坡度应符合设计要求。

检验方法：用坡度尺检查。

2）面层表面不应有裂纹、脱皮、麻面等缺陷。

检验方法：观察检查。

3）踢脚线与墙面应结合牢固，高度一致，出墙厚度均匀。

检验方法：用小锤轻击、钢尺和观察检查。

4）水泥钢（铁）屑面层的允许偏差应符合表9-3的规定。

检验方法：应按表9-3中的检验方法检验。

六、防油渗面层

1．材料要求

（1）水泥：水泥应选用泌水性小的水泥品种。宜采用安定性好的硅酸盐水泥或普通硅酸盐水泥，其强度等级为32.5或42.5，严禁使用过期水泥，对受潮、结块的水泥亦不得使用，水泥质量应符合《硅酸盐水泥、普通硅酸盐水泥》（GB 175—1999）和《矿渣硅酸盐水泥、火山灰质硅酸盐水泥及粉煤灰硅酸盐水泥》（GB 1344—1999）的规定。

（2）石料：碎石应选用花岗石或石英石等岩质，严禁采用松散多孔和吸水率较大的石灰石、砂石等，其粒径宜为5~15mm或5~20mm，最大粒径不应大于25mm；含泥量不应大于1％；空隙率小于42％为宜。其技术要求应符合国家现行行业标准《普通混凝土用碎石和卵石质量标准及检验方法》(JGJ 53—93)的规定。

(3) 砂:砂应为中砂,其细度模数应控制在 2.3~2.6 之间,并通过 0.5cm 筛子筛除泥块杂质,含泥量不应大于 1%,洁净无杂物。其技术要求应符合国家现行行业标准《普通混凝土用砂质量标准及检验方法》(JGJ 52—93)的规定。

(4) 水:水应用饮用水。

(5) 外加剂:外加剂一般可选用减水剂、加气剂、塑化剂、密实剂或防油渗剂,以采用 SNS 防油外加剂为好。SNS 防油外加剂是含萘磺酸甲醛缩合物的高效减水剂和呈烟灰色粉状体的硅粉为主要成分组成,属非引气型混凝土外加剂,常用掺量为 3%~4%(以水泥用量计);减水率约 10%,抗压强度可提高 20%。

(6) 防油渗涂料应具有耐油、耐磨、耐火和粘结性能,其抗拉粘结强度不应小于 0.3MPa。

(7) 防油渗混凝土的强度等级不应小于 C30。

2. 施工质量控制

(1) 防油渗混凝土面层分区段浇筑时,应按厂房柱网进行划分,其面积不宜大于 50m^2。分格缝应设置纵向和横向伸缩缝。纵向分格缝间距宜为 3~6m,横向分格缝宜为 6m,且应与建筑轴线对齐。

(2) 施工时环境温度宜在 5℃以上,低于 5℃时需采取必要的技术措施。

(3) 对铺设防油渗面层下基层应按要求做好。基层表面应坚固密实、平整、洁净,不允许有凸凹不平和起砂、裂缝等现象表面还应粗糙。防油渗混凝土拌合料铺设前,基层表面应润湿,但不得有积水,以利于面层与基层结合牢固,防止空鼓。

(4) 组成材料经检验应符合有关质量要求,计量必须准确。

(5) 防油渗混凝土配合比应按设计要求的强度等级和抗渗性能。

(6) 混凝土的搅拌、运输、浇筑、振捣、养护等一系列的施工要求、质量检验应符合现行国家标准《混凝土结构工程施工质量验收规范》(GB 50204—2002)的规定,操作工艺应按当地建筑主管部门制定、颁布的建筑安装工程施工技术操作规程执行。

(7) 防油渗混凝土拌合料的配合比应正确。外加剂按要求规定的以水泥用量掺入量稀释后掺加。水灰比应根据混凝土坍落度控制,坍落度宜为 4~5cm,水灰比应在 0.45~0.5 之间,不应小于 0.5。

(8) 铺设时,在整浇水泥类层(基层)上尚应满刷一层防油渗水泥浆粘结层,并随刷随铺设防油渗混凝土拌合料,刮平找平。

(9) 防油渗水泥浆应按要求配制。

(10) 防油渗混凝土浇筑时,振捣应密实,不得漏振。

(11) 防油渗隔离层的设置,除按设计要求外,还应按有关规定施工。

(12) 防油渗混凝土浇筑后,做好面层的抹平、压光工作。并应根据温度、湿度情况进行养护。

(13) 分格缝的深度为面层的厚度,上下贯通,其宽度为 15~20mm。缝内应灌注防油渗胶泥材料,亦可采用弹性多功能聚胺酯类涂膜材料嵌缝,缝内上部留 20~25mm 深度应采用膨胀水泥砂浆封缝。

(14) 当防油渗混凝土面层的抗压强度达到 5MPa 时,应将分格缝内清理干净并应干燥，涂刷一遍同类底子油后，应趁热灌注防油渗胶泥。

（15）防油渗混凝土中，由于掺入外加剂的作用；初凝前有发生缓凝现象。而初凝后又可能有早强现象，施工过程中应引起注意。

（16）防油渗混凝土硬化后，必须浇水养护。每天浇水次数应根据具体情况而定，但始终要保持混凝土湿润状态，养护期不得少于7d，有条件应采用蓄水养护。

（17）凡露出面层的电线管、接线盒、预埋套管、地脚螺栓以及与墙、柱连接处等工程细部均应增强抗油渗措施，应采用防油渗胶泥或环氧树脂进行处理。与墙、柱、变形缝及孔洞等连接处，应做泛水。

（18）防油渗面层采用防油渗涂料时，其涂料材料应按设计要求选用。涂料的涂刷（喷涂）不得少于三遍，涂层厚度宜为5~7mm。涂料的配比和施工，应按涂料产品的特点、性能等要求进行。

3. 施工质量验收

（1）基本规定

1）防油渗面层应采用防油渗混凝土铺设或采用防油渗涂料涂刷。

2）防油渗面层设置防油渗隔离层（包括与墙、柱连接处的构造）时，应符合设计要求。

3）防油渗混凝土面层厚度应符合设计要求，防油渗混凝土的配合比应按设计要求的强度等级和抗渗性能通过试验确定。

4）防油渗混凝土面层应按厂房柱网分区段浇筑，区段划分及分区段缝应符合设计要求。

5）防油渗混凝土面层内不得敷设管线。凡露出面层的电线管、接线盒、预埋套管和地脚螺栓等的处理，以及与墙、柱、变形缝、孔洞等连接处泛水均应符合设计要求。

6）防油渗面层采用防油渗涂料时，材料应按设计要求选用，涂层厚度宜为5~7mm。

（2）主控项目

1）防油渗混凝土所用的水泥应采用普通硅酸盐水泥，其强度等级应不小于32.5；碎石应采用花岗石或石英石，严禁使用松散多孔和吸水率大的石子，粒径为5~15mm，其最大粒径不应大于20mm，含泥量不应大于1%；砂应为中砂，洁净无杂物，其细度模数应为2.3~2.6；掺入的外加剂和防油渗剂应符合产品质量标准。防油渗涂料应具有耐油、耐磨、耐火和粘结性能。

检验方法：观察检查和检查材质合格证明文件及检测报告。

2）防油渗混凝土的强度等级和抗渗性能必须符合设计要求，且强度等级不应小于C30；防油渗涂料抗拉粘结强度不应小于0.3MPa。

检验方法：检查配合比通知单和检测报告。

3）防油渗混凝土面层与下一层应结合牢固、无空鼓。

检验方法：用小锤轻击检查。

4）防油渗涂料面层与基层应粘结牢固，严禁有起皮、开裂、漏涂等缺陷。

检验方法：观察检查。

（3）一般项目

1）防油渗面层表面坡度应符合设计要求，不得有倒泛水和积水现象。
检验方法：观察和泼水或用坡度尺检查。
2）防油渗混凝土面层表面不应有裂纹、脱皮、麻面和起砂现象。
检验方法：观察检查。
3）踢脚线与墙面应紧密结合、高度一致，出墙厚度均匀。
检验方法：用小锤轻击、钢尺和观察检查。
4）防油渗面层的允许偏差应符合表9-3的规定。
检验方法：应按表9-3中的检验方法检验。

七、不发火（防爆的）面层

1. 材料要求

（1）水泥：水泥应采用普通硅酸盐水泥，其强度等级不应小32.5级。

（2）石料：石料应选用大理石、白云石或其他石料加工而成，并以金属或石料撞击时不发生火花为合格，应具有不发火性的石料。

（3）砂：砂应具有不发火性的砂，其质地坚硬、多棱角、表面粗糙并有颗粒级配，粒径为0.15～5mm，含泥量不应大于3%，有机物含量不应大于0.5%。

（4）分格嵌条：不发火（防爆的）面层分格的嵌条，应选用具有不发火性的材料制成。

2. 施工质量控制

（1）原材料的加工和配制，应随时检查，不得混入金属细粒或其他易发生火花的杂质。

（2）铺设不发火（防爆的）面层下基层应按要求做好，以利于面层与基层结合牢固，防止空鼓。

（3）各水泥类不发火（防爆的）面层的铺设应按同类面层的施工要点进行。

（4）不发火（防爆的）水泥类面层采用的石料和硬化后的试块。均应在金刚砂轮上作摩擦试验，在试验中没有发现任何瞬时的火花，即认为合格。试验时应按现行国家标准《建筑地面工程施工质量验收规范》（GB 50209—2002）附录"不发生火花（防爆的）建筑地面材料及其制品不发火性的试验方法"的规定进行。

3. 施工质量验收

（1）基本规定

1）不发火（防爆的）面层应采用水泥类的拌和料铺设，其厚度并应符合设计要求。

2）不发火（防爆的）各类面层的铺设，应符合相应面层的规定。

3）不发火（防爆的）面层采用石料和硬化后的试件，应在金刚砂轮上做摩擦试验。试验时应符合《建筑地面工程施工质量验收规范》（GB 50209—2002）附录A的规定。

（2）主控项目

1）不发火（防爆的）面层采用的碎石应选用大理石、白云石或其他石料加工而成，并以金属或石料撞击时不发生火花为合格；砂应质地坚硬、表面粗糙，其粒径宜为0.15～5mm，含泥量不应大于3%，有机物含量不应大于0.5%；水泥应采用普通硅酸盐水泥，其强度等级不应小于 32.5；面层分格的嵌条应采用不发生火花的材料配制。配制时应随时检查，不得混入金属或其他易发生火花的杂质。

检验方法：观察检查和检查材质合格证明文件及检测报告。

2）不发火（防爆的）面层的强度等级应符合设计要求。

检验方法：检查配合比通知单和检测报告。

3）面层与下一层应结合牢固，无空鼓、无裂纹。

检验方法：用小锤轻击检查。

空鼓面积不应大于 $400cm^2$，且每自然间（标准间）不多于 2 处可不计。

4）不发火（防爆的）面层的试件，必须检验合格。

检验方法：检查检测报告。

(3) 一般项目

1）面层表面应密实，无裂缝、蜂窝、麻面等缺陷。

检验方法：观察检查。

2）踢脚线与墙面应紧密结合、高度一致、出墙厚度均匀。

检验方法：用小锤轻击、钢尺和观察检查。

3）不发火（防爆的）面层的允许偏差应符合表 9-3 的规定。

检验方法：应按表 9-3 中的检验方法检验。

第四节 板块面层铺设

一、一般规定

(1) 铺设板块面层时，其水泥类基层的抗压强度不得小于 1.2MPa。

(2) 铺设板块面层的结合层和板块间的填缝采用水泥砂浆，应符合下列规定：

1）配制水泥砂浆应采用硅酸盐水泥、普通硅酸盐水泥或矿渣硅酸盐水泥；其水泥强度等级不宜小于 32.5；

2）配制水泥砂浆的砂应符合国家现行行业标准《普通混凝土用砂质量标准及检验方法》（JGJ 52—93）的规定；

3）配制水泥砂浆的体积比（或强度等级）应符合设计要求。

(3) 结合层和板块面层填缝的沥青胶结材料应符合国家现行有关产品标准和设计要求。

(4) 板块的铺砌应符合设计要求，当设计无要求时，宜避免出现板块小于 1/4 边长的边角料。

(5) 铺设水泥混凝土板块、水磨石板块、水泥花砖、陶瓷锦砖、陶瓷地砖、缸砖、料石、大理石和花岗石面层等的结合层和填缝的水泥砂浆，在面层铺设后，表面应覆盖、湿润，其养护时间不应少于 7d。

当板块面层的水泥砂浆结合层的抗压强度达到设计要求后，方可正常使用。

(6) 板块类踢脚线施工时，不得采用石灰砂浆打底。

(7) 板、块面层的允许偏差应符合表 9-4 的规定。

板、块面层的允许偏差和检验方法（mm） 表9-4

项次	项目	允许偏差											检检方法
		陶瓷锦砖面层、高级水磨石板、陶瓷地砖面层	缸砖面层	水泥花砖面层	水磨石板块面层	大理石面层和花岗石面层	塑料板面层	水泥混凝土板块面层	碎拼大理石、花岗石面层	活动地板面层	条石面层	块石面层	
1	表面平整度	2.0	4.0	3.0	3.0	1.0	2.0	4.0	3.0	2.0	10.0	10.0	用2m靠尺和楔形塞尺检查
2	缝格平直	3.0	3.0	3.0	3.0	2.0	3.0	3.0	—	2.5	8.0	8.0	拉5m线和用钢尺检查
3	接缝高低差	0.5	1.5	0.5	1.0	0.5	0.5	1.5	—	0.4	2.0	—	用钢尺和楔形塞尺检查
4	踢脚线上口平直	3.0	4.0	—	4.0	1.0	2.0	4.0	1.0	—	—	—	拉5m线和用钢尺检查
5	板块间隙宽度	2.0	2.0	2.0	2.0	1.0	—	6.0	—	0.3	5.0	—	用钢尺检查

二、砖面层

1. 材料要求

（1）陶瓷锦砖：陶瓷锦砖的断面分凸面和平面两种，平面者多用于铺设建筑地面。其技术等级、外观质量要求应符合现行国家标准《建筑陶瓷锦砖产品》的规定。锦砖铺贴后的四周边缘与铺帖纸四周边缘的距离不得小于2mm，锦砖的脱纸时间不得大于40min，漏验率不得大于5%。

（2）缸砖：缸砖的质量要求应符合现行的产品标准的规定。耐压强度大于150MPa，吸收率不应大于2%，表面英氏硬变为6~7，抗冻性好，于-15℃、+15℃，50次循环冻融，不裂，抗机械冲击性能符合要求。

（3）陶瓷地砖：陶瓷地砖的质量要求应符合现行的产品标准的规定。红色陶瓷地砖吸收率不应大于8%，其他各色陶瓷地砖不应大于4%。冲击强度6~8次以上。陶瓷地砖的平整度，几何角度（方正度）和统一的规格和颜色，表面无裂纹和磕伤。

（4）水泥花砖：水泥花砖面层带有各种图案，花色品种繁多，其质量要求应符合现行国家标准《水泥花砖》（JC 410—1991）的规定。

（5）水泥：水泥应采用硅酸盐水泥、普通硅酸盐水泥或矿渣硅酸盐水泥，水泥强度等级不应低于32.5级。

（6）砂：砂应采用洁净无有机杂质的中砂或粗砂，含泥量不大于3%。不得使用有冻块的砂。

（7）水泥砂浆：铺设黏土砖、缸砖、陶瓷地砖、陶瓷锦砖面层时，水泥砂浆采用体积比为1:2，其稠度为25~35mm；铺设水泥花砖面砖时，水泥砂浆采用体积比为1:3，其稠度为30~35mm。

(8) 沥青胶结料：沥青胶结料宜用石油沥青与纤维、粉状或纤维和粉状混合的填充料配置。

(9) 胶粘剂：胶粘剂应为防水、防菌，其选用应根据基层所铺材料和面层的使用要求，通过试验确定，并应符合现行国家标准《民用建筑工程室内环境污染控制规范》（GB 50325—2001）的规定。胶粘剂应存放在阴凉通风、干燥的室内。胶的稠度应均匀，颜色一致，无其他杂质和胶团，超过生产期三个月或保质期产品要取样检验，合格后方可使用。

2. 施工质量控制

(1) 铺设板块面层时，应在结合层上铺设。其水泥类基层的抗压强度不得小于1.2MPa；表面应平整、粗糙、洁净。

(2) 在铺贴前，应对砖的规格尺寸（用套板进行分类）、外观质量（剔除缺楞、掉角、裂缝、歪斜、不平等）、色泽等进行预选，浸水湿润晾干待用。

(3) 砖面层排设应符合设计要求，当设计无要求时，应避免出现砖面小于四分之一边长的边角料。

(4) 铺砂浆前，基层应浇水湿润，刷一道水泥素浆，务必要随刷随铺。铺贴砖时，砂浆饱满、缝隙一致，当需要调整缝隙时，应在水泥浆结合层终凝前完成。

(5) 铺贴宜整间一次完成，如果房间大一次不能铺完，可按轴线分块，须将接槎切齐，余灰清理干净。

(6) 勾缝和压缝应采用同品种、同强度等级、同颜色的水泥，并做养护和保护，湿润养护时间应不少于7d。

当砖面层的水泥砂浆结合层的抗压强度达到设计要求后，方可正常便用。

(7) 在水泥砂浆结合层上铺贴陶瓷锦砖面层时，砖底面应洁净，每联陶瓷锦砖之间、与结合层之间以及在墙角、镶边和靠墙处，应紧密贴合。在靠墙处不得采用砂浆填补。

3. 施工质量验收

(1) 基本规定

1) 砖面层采用陶瓷锦砖、缸砖、陶瓷地砖和水泥花砖应在结合层上铺设。

2) 有防腐蚀要求的砖面层采用的耐酸瓷砖、浸渍沥青砖、缸砖的材质、铺设以及施工质量验收应符合现行国家标准《建筑防腐蚀工程施工及验收规范》（GB 50212—2002）的规定。

3) 在水泥砂浆结合层上铺贴缸砖、陶瓷地砖和水泥花砖面层时，应符合下列规定：
①在铺贴前，应对砖的规格尺寸、外观质量、色泽等进行预选，浸水湿润晾干待用；
②勾缝和压缝应采用同品种、同强度等级、同颜色的水泥，并做养护和保护。

4) 在水泥砂浆结合层上铺贴陶瓷锦砖面层时，砖底面应洁净，每联陶瓷锦砖之间、与结合层之间以及在墙角、镶边和靠墙处，应紧密贴合。在靠墙处不得采用砂浆填补。

5) 在沥青胶结料结合层上铺贴缸砖面层时，缸砖应干净，铺贴时应在摊铺热沥青胶结料上进行，并应在胶结料凝结前完成。

6) 采用胶粘剂在结合层上粘贴砖面层时，胶粘剂选用应符合现行国家标准《民用建筑工程室内环境污染控制规范》（GB 50325—2001）的规定。

(2) 主控项目

1) 面层所用的板块的品种、质量必须符合设计要求。

检验方法：观察检查和检查材质合格证明文件及检测报告。

2) 面层与下一层的结合（粘结）应牢固，无空鼓。

检验方法：用小锤轻击检查。

凡单块砖边角有局部空鼓，且每自然间（标准间）不超过总数的5%可不计。

(3) 一般项目

1) 砖面层的表面应洁净、图案清晰，色泽一致，接缝平整，深浅一致，周边顺直。板块无裂纹、掉角和缺棱等缺陷。

检验方法：观察检查。

2) 面层邻接处的镶边用料及尺寸应符合设计要求，边角整齐、光滑。

检验方法：观察和用钢尺检查。

3) 踢脚线表面应洁净、高度一致、结合牢固、出墙厚度一致。

检验方法：观察和用小锤轻击及钢尺检查。

4) 楼梯踏步和台阶板块的缝隙宽度应一致、齿角整齐；楼层梯段相邻踏步高度差不应大于10mm；防滑条顺直。

检验方法：观察和用钢尺检查。

5) 面层表面的坡度应符合设计要求，不倒泛水、无积水；与地漏、管道结合处应严密牢固，无渗漏。

检验方法：观察、泼水或坡度尺及蓄水检查。

6) 砖面层的允许偏差应符合表9-4的规定。

检验方法：应按表9-4中的检验方法检验。

三、大理石面层和花岗石面层

1. 材料要求

(1) 大理石：其规格公差、平度偏差、角度偏差、磨光板材的光泽度、外观、色调与花纹、物理-力学性能等应符合国家现行的行业标准《天然大理石建筑板材》（GB/T 19766—2005）的规定。大理石板块材质量应符合相关要求。定型板材为正方形或矩形。其各个品种以其加工磨光后所显示的花色、特征及原料产地而命名。板块材应重视包装、贮存、装卸和运输中的各个环节，浅色大理石不宜用草绳、草帘等捆绑，以防污染；板材宜放在室内贮存，如在室外贮存必须遮盖，以保证产品质量；直立码放宜光面相对，其倾斜度不应大于75°角；搬运时应轻拿轻放。

(2) 花岗石：其规格公差、平度偏差、角度偏差、磨光板的光泽度、棱角缺陷、裂纹、划痕、色调、色线和色斑等应符合国家现行的行业标准《天然花岗石建筑板材》（GB/T 18601—2001）的规定。花岗石建筑板材的各个品种，以经研磨加工后所湿的花色、特征及原料产地命名，粗磨和磨光板材应存放在库内，室外存放必须遮盖，入库时按品种、规格、等级或工程部位分别贮存。

(3) 水泥：水泥一般采用普通硅酸盐水泥，其强度等级不得小于32.5。受潮结块的水泥禁止使用。

(4) 砂：砂宜用中砂或粗砂，使用前必须过筛，颗粒要均匀，不得含有杂物，粒径一般不大于 5mm。

2. 施工质量控制

(1) 大理石、花岗石面层采用天然大理石、花岗石（或碎拼大理石、碎拼花岗石）板材应在结合层上铺设。

(2) 铺设大理石面层和花岗石面层时，其水泥类基层的抗压强度标准值不得小于 1.2MPa。

(3) 板块在铺设前，应根据石材的颜色、花纹、图案、纹理等按设计要求，试拼编号。

(4) 板块的排设应符合设计要求，当设计无要求时，应避免出现板块小于四分之一边长的边角料。

(5) 铺设大理石、花岗石面层前，板材应浸水湿润、晾干，在板块试铺时，放在铺贴位置上的板块对好纵横缝后用皮锤（或木锤）轻轻敲击板块中间，使砂浆振密实，锤到铺贴高度。板块试铺合板后，搬起板块，检查砂浆结合层是否平整、密实。增补砂浆，浇一层水灰比为 0.5 左右的素水泥浆后，再铺放原板，应四角同时落下，用小皮锤轻敲，用水平尺找平。

(6) 在已铺贴的板块上不准站人，铺贴应倒退进行。用与板块同色的水泥浆填缝，然后用软布擦干净粘在板块上的砂浆，在面层铺设后，表面应覆盖、湿润，其养护时间应不少于 7d。

当板块面层的水泥砂浆结合层的抗压强度达到设计要求后，方可正常使用。

(7) 结合层和板块面层填缝的柔性密封材料应符合现行的国家有关产品标准和设计要求。

(8) 板块类踢脚线施工时，严禁采用石灰砂浆打底。出墙厚度应一致，当设计无规定时，出墙厚度不宜大于板厚且小于 20mm。

3. 施工质量验收

(1) 基本规定

1) 大理石、花岗石面层采用天然大理石、花岗石（或碎拼大理石、碎拼花岗石）板材应在结合层上铺设。

2) 天然大理石、花岗石的技术等级、光泽度、外观等质量要求应符合国家现行行业标准《天然大理石建筑板材》、《天然花岗石建筑板材》的规定。

3) 板材有裂缝、掉角、翘曲和表面有缺陷时应予剔除，品种不同的板材不得混杂使用；在铺设前，应根据石材的颜色、花纹、图案、纹理等按设计要求，试拼编号。

4) 铺设大理石、花岗石面层前，板材应浸湿、晾干；结合层与板材应分段同时铺设。

(2) 主控项目

1) 大理石、花岗石面层所用板块的品种、质量应符合设计要求。

检验方法：观察检查和检查材质合格记录。

2) 面层与下一层应结合牢固，无空鼓。

检验方法：用小锤轻击检查。

凡单块板块边角有局部空散，且每自然间（标准间）不超过总数的 5%可不计。

(3) 一般项目

1）大理石、花岗石面层的表面应洁净、平整、无磨痕，且应图案清晰、色泽一致、接缝均匀、周边顺直、镶嵌正确、板块无裂纹、掉角、缺楞等缺陷。

检验方法：观察检查。

2）踢脚线表面应洁净，高度一致、结合牢固、出墙厚度一致。

检验方法：观察和用小锤轻击及钢尺检查。

3）楼梯踏步和台阶板块的缝隙宽度应一致、齿角整齐，楼层梯段相邻踏步高度差不应大于10mm，防滑条应顺直、牢固。

检验方法：观察和用钢尺检查。

4）面层表面的坡度应符合设计要求，不倒泛水、无积水；与地漏、管道结合处应严密牢固，无渗漏。

检验方法：观察、泼水或坡度尺及蓄水检查。

5）大理石和花岗石面层（或碎拼大理石、碎拼花岗石）的允许偏差应符合表9-4的规定。

检验方法：应按表9-4中的检验方法检验。

四、预制板块面层

1. 材料要求

(1) 混凝土板块：混凝土板块边长250～500mm；板块厚度等于或大于60mm。混凝土强度等级不应小于C20。

(2) 水磨石板块：水磨石板块的质量应符合国家现行建材行业标准《建筑水磨石制品》（JC 507—93）的规定。

(3) 板块应按规格、颜色和花纹进行分类，有裂缝、掉角、翘曲和表面上有缺陷的板块应予剔除，强度和品种不同的板块不得混杂使用。

(4) 水泥：采用硅酸盐水泥、普通硅酸盐水泥或矿渣硅酸盐水泥，其强度等级不应小于32.5。

(5) 砂：采用中砂或粗砂，含泥量不大于3%。过筛除去有机杂质。填缝用砂需过孔径3mm筛。

2. 施工质量控制

(1) 在砂结合层（或垫层兼做结合层）上铺设预制板块面层时，结合层下的基层应平整，当为基土层尚应夯填密实。铺设预制板块面层前，砂结合层应洒水压实，并用刮尺找孔而后拉线逐块铺砌。

(2) 在水泥砂浆结合层上铺设预制板块面层时，结合层下的基层应按规定处理好。

(3) 预制板块在铺砌前应先用水浸湿，待表面无明水方可铺设。

(4) 基层处理后，预制板块面层应分段同时铺砌，找好标高，按标准挂线，随浇水泥浆随铺砌。

(5) 对水磨石板块面层的铺砌，应进行试铺，对好纵横缝，用橡皮锤敲击板块中间，振实砂浆，锤击至铺设高度，试铺合适后掀起板块，用砂浆填补空虚处，满浇水泥浆粘结层。再铺板块时要四角同时落下，用橡皮锤轻敲，并随时用水平尺和直线板找平，以达到水磨石板块面层平整、线路顺直、镶边正确。

(6) 已铺砌的预制板块，要用木锤敲打结实，防止四角出现空鼓现象，注意随时纠正。

(7) 预制板块面层的板块间的缝隙宽度，混凝土板块面层缝宽不宜大于6mm；水磨石板块面层缝宽不应大于2mm。

(8) 预制板块面层在水泥砂浆结合层上铺砌，2d内用稀水泥浆或1:1（水泥:细砂）体积比的稀水泥砂浆灌缝2/3高度，再用同色水泥浆擦缝，并用覆盖材料保护，至少养护3d，待缝内的水泥浆或水泥砂浆凝结后，应将面层清理（擦）干净。

3. 施工质量验收

(1) 基本规定

1) 预制板块面层采用水泥混凝土板块、水磨石板块应在结合层上铺设。

2) 在现场加工的预制板块应按整体面层的有关规定执行。

3) 水泥混凝土板块面层的缝隙，应采用水泥浆（或砂浆）填缝；彩色混凝土板块和水磨石板块应用同色水泥浆（或砂浆）擦缝。

(2) 主控项目

1) 预制板块的强度等级、规格、质量应符合设计要求；水磨石板块尚应符合国家现行行业标准《建筑水磨石制品》（JC 507—93）的规定。

检验方法：观察检查和检查材质合格证明文件及检测报告。

2) 面层与下一层应结合牢固、无空鼓。

检验方法：用小锤轻击检查。

凡单块板块料边角有局部空鼓，且每自然间（标准间）不超总数的5%可不计。

(3) 一般项目

1) 预制板块表面应无裂缝、掉角、翘曲等明显缺陷。

检验方法：观察检查。

2) 预制板块面层应平整洁净，图案清晰，色泽一致，接缝均匀，周边顺直、镶嵌正确。

检验方法：观察检查。

3) 面层邻接处的镶边用料尺寸应符合设计要求，边角整齐、光滑。

检验方法：观察和钢尺检查。

4) 踢脚线表面应洁净、高度一致、结合牢固、出墙厚度一致。

检验方法：观察和用小锤轻击及钢尺检查。

5) 楼梯踏步和台阶板块的缝隙宽度一致、齿角整齐，楼层梯段相邻踏步高度差不应大于10mm，防滑条顺直。

检验方法：观察和钢尺检查。

6) 水泥混凝土板块和水磨石板块面层的允许偏差应符合表9-4的规定。

检验方法：应按表9-4中的检验方法检验。

五、料石面层

1. 材料要求

（1）条石：条石应采用质量均匀、强度等级不应小于 MU60 的岩石加工而成。其形状应接近矩形六面体，厚度宜为 80~120mm。

（2）块石：块石应采用强度等级不小于 MU30 的岩石加工而成。其形状接近直棱柱体；或有规则的四边形或多边形，其底面截锥体、顶面粗琢平整，底面积不应小于顶面积的 60%；厚度宜为 100~150mm。

（3）水泥：水泥应采用硅酸盐水泥、普通硅酸盐水泥或矿渣硅酸盐水泥，其强度等级不应小于 32.5。

（4）砂：砂应采用中砂或粗砂，含泥量不大于 3%。过筛除去有机杂质。

（5）沥青胶结料：沥青胶结料应采用同类沥青与纤维、粉状或纤维和粉状混合的填充料配制。

2．施工质量控制

（1）铺设前，应对面层（结合层、垫层、基土层）下的基层进行处理和清理，要求其表面平整、洁净。

（2）料石面层采用的石料应洁净，在水泥砂浆结合层上铺设时，石料在铺砌前应洒水湿润。

（3）在料石面层铺设前，应找好标高，按标准放线。铺砌时不宜出现十字缝。条石应按规格尺寸分类，并垂直于行走方向拉线铺砌成行。相邻两行的错缝应为条石长度的 1/3~1/2。铺砌时方向和坡度要正确。

（4）铺砌在砂垫层上的块石面层时，石料的大面应朝上，缝隙要相互错开，通缝不超过两块石料。块石嵌入砂垫层的深度不应小于石料厚度的 1/3。

（5）块石面层铺设后应先夯平，并以 15~25mm 粒径的碎石嵌缝，然后用碾压机碾压，再填以 5~15mm 粒径的碎石，继续碾压至石料不松动为止。

（6）在砂结合层上铺砌条石面层时，缝隙宽度不宜大于 5mm。石料间的缝隙，当采用水泥砂浆或沥青胶结料嵌缝时，应预先用砂填缝至 1/2 高度，后再用水泥砂浆或沥青胶结料填满缝抹平。

（7）在水泥砂浆结合层上铺砌条石面层时，石料间的缝隙应采用同类水泥砂浆嵌填满缝抹平，缝隙宽度不应大于 5mm。

（8）结合层和嵌缝的水泥砂浆应按规定采用。

（9）在沥青胶结料结合层上铺砌条石面时，其铺砌要求应按要求进行。

（10）不导电料石面层的石料，应选用辉绿岩石加工制成。嵌缝材料亦应采用辉绿岩石加工的砂进行填嵌。

（11）耐高温料石面层的石料，应按设计要求选用。

3．施工质量验收

（1）基本规定

1）料石面层采用天然条石和块石应在结合层上铺设。

2）条石和块石面层所用的石材的规格、技术等级和厚度应符合设计要求。条石的质量应均匀，形状为矩形六面体，厚度为 80~120mm；块石形状为直棱柱体，顶面粗琢平整，底面面积不宜小于顶面面积的 60%，厚度为 100~150mm。

3）不导电的料石面层的石料应采用辉绿岩石加工制成。填缝材料亦采用辉绿岩加工的砂嵌实。耐高温的料石面层的石料，应按设计要求选用。

4）块石面层结合层铺设厚度：砂垫层不应小于60mm；基土层应为均匀密实的基土或夯实的基土。

(2) 主控项目

1）面层材质应符合设计要求；条石的强度等级应大于MU60，块石的强度等级应大于MU30。

检验方法：观察检查和检查材质合格证明文件及检测报告。

2）面层与下一层应结合牢固、无松动。

检验方法：观察检查和用锤击检查。

(3) 一般项目

1）条石面层应组砌合理，无十字缝，铺砌方向和坡度应符合设计要求；块石面层石料缝隙应相互错开，通缝不超过两块石料。

检验方法：观察和用坡度尺检查。

2）条石面层和块石面层的允许偏差应符合表9-4的规定。

检验方法：应按表9-4中的检验方法检验。

六、塑料板面层

1. 材料要求

(1) 塑料地板块材的板面应平整、光洁、无裂纹、色泽均匀，厚薄一致，边缘平直，密实无孔，无皱纹，板内不允许有杂物和气泡，并应符合产品的各项技术指标。

(2) 塑料地板在运输过程中，应防止日晒、雨淋、撞击和重压；在贮存时，应堆放在干燥、洁净的仓库内，并距热源3m以外，温度不宜超过32℃。

(3) 胶粘剂的选用应根据基层所铺材料与面层铺贴塑料板名称和使用要求，通过试验确定，并应符合现行国家标准《民用建筑工程室内环境污染控制规范》（GB 50325—2001）的规定。

(4) 胶粘剂应存放在阴凉通风、干燥的室内。胶粘剂的稠度应均匀、颜色一致，无其他杂质和胶团，超过生产期三个月或保质期的产品要取样试验，合格后方可使用。

(5) 焊条选用等边三角形或圆形截面，表面应平整光洁，无孔眼、节瘤、皱纹，颜色均匀一致。焊条成分和性能应与被焊的板相同。

2. 施工质量控制

(1) 塑料地板面层施工时，室内相对湿度不大于80%。

(2) 在水泥类基层上铺贴塑料地板面层，其基层表面应平整、坚硬、干燥、光滑、洁净无油脂及其他杂质（含砂粒），表面含水率不大于9%。如表面有麻面、起砂、裂缝或较大的凹痕现象时，宜采用乳液腻子加以修补好，每次涂刷的厚度不大于0.8mm，干燥后用0号铁砂布打磨，再涂刷第二遍腻子，直至表面平整后，再用水稀释的乳液涂刷一遍以增加基层的整体性和粘结力。基层表面用2m直尺检查时允许空隙不应大于2mm。

(3) 塑料板块在铺贴前，应作预热和除蜡处理，否则会影响粘贴效果，造成日后面层起鼓。预热处理和除蜡后的塑料板块，应平放在待铺的房间内至少24h，以适应铺贴环境。

(4) 基层处理后，涂刷一层薄而匀的底胶，以提高基层与面层的粘结强度，同时也可弥补板块由于涂胶量不匀，可能会产生起鼓翘边等质量缺陷。

(5) 底胶干燥后，根据设计要求在基层表面进行弹线、分格、施放中心线、定位线和边线。并距墙边面留出200~300mm作为镶边，以保证板块均匀，横竖缝顺直，

(6) 在配塑料板块料时，应考虑房间方正偏差，配制好的每块板块应编号就位，以免粘贴时用错，并在铺贴前先试铺一次。

(7) 塑料板铺贴时，应按弹线位置沿轴线由中央向四周进行。涂刷的胶粘剂必须均匀，并超出分格线约10mm，涂刷厚度控制在1mm以内，塑料板的背面亦应均匀涂刮胶粘剂，铺贴应一次就位准确，粘贴密实。

(8) 塑料板接缝处均应进行坡口处理。

(9) 软质塑料板在基层上粘贴后，缝隙如须焊接，一般须经48h后方可施焊，并用热空气焊。

(10) 焊缝间应以斜槎连接，脱焊部分应予补焊，焊缝凸起部分应予修平。

(11) 塑料踢脚线铺贴时，应先将塑料条钉在墙内预留的木砖上，钉距约40~50cm，然后用焊枪喷烤塑料条，随即将踢脚线与塑料条粘结。

(12) 阴角塑料踢脚板铺贴时，先将塑料板用两块对称组成的木模顶压在阴角处，然后取掉一块木模，在塑料板转折重叠处，划出剪裁线，剪裁试装合适后，再把水平面45°相交处的裁口焊好，作成阴角部件，然后进行焊接或粘结。

(13) 阳角踢脚板铺贴时，需在水平转角裁口处补焊一块软板，做成阳角部件，再行焊接或粘结。

3. 施工质量验收

(1) 基本规定

1) 塑料板面层应采用塑料板块材、塑料板焊接、塑料卷材以胶粘剂在水泥类基层上铺设。

2) 水泥类基层表面应平整、坚硬、干燥、密实、洁净、无油脂及其他杂质，不得有麻面、起砂、裂缝等缺陷。

3) 胶粘剂选用应符合现行国家标准《民用建筑工程室内环境污染控制规范》（GB 50325—2001）的规定。其产品应按基层材料和面层材料使用的相容性要求，通过试验确定。

(2) 主控项目

1) 塑料板面层所用的塑料板块和卷材的品种、规格、颜色、等级应符合设计要求和现行国家标准的规定。

检验方法：观察检查和检查材质合格证明文件及检测报告。

2) 面层与下一层的粘结应牢固，不翘边、不脱胶、无溢胶。

检验方法：观察检查和用敲击及钢尺检查。

卷材局部脱胶处面积不应大于20cm^2，且相隔间距不小于50cm可不计；凡单块板块料边角局部脱胶处且每自然间（标准间）不超过总数的5%者可不计。

(3) 一般项目

1) 塑料板面层应表面洁净，图案清晰，色泽一致，接缝严密、美观。拼缝处的图案、

花纹吻合，无胶痕；与墙边交接严密，阴阳角收边方正。

2）检验方法：观察检查。

3）板块的焊接，焊缝应平整、光洁，无焦化变色、斑点、焊瘤和起鳞等缺陷，其凹凸允许偏差为±0.6mm。焊缝的抗拉强度不得小于塑料板强度的75%。

检验方法：观察检查和检查检测报告。

4）镶边用料应尺寸准确、边角整齐、拼缝严密、接缝顺直。

检验方法：用钢尺和观察检查。

5）塑料板面层的允许偏差应符合表9-4的规定。

检验方法：应按表9-4中的检验方法检验。

七、活动地板面层

1．材料要求

（1）活动地板板块：活动地板块表面要平整、坚实，并具有耐磨、耐污染、耐老化、防潮、阻燃和导静电等特点，板块面层承载力不应小于7.5MPa，集中荷载下，板中最大挠度应控制在2mm以内，板块的导静电性能指标是至关重要的。任何时候都应控制其系统电阻，各项技术性能与技术指标应符和国家现行的有关产品标准的规定。

（2）支承部分：支承部分由标准钢支柱和框架组成。钢支柱采用管材制作，框架采用轻型槽钢制成。作为活动地板面层配件应包括支架组件和横梁组件。

2．施工质量控制

（1）活动地板面层施工时，应待室内各项工程完工和超过地板块承载力的设备进入房间预定位置以及相邻房间内部也全部完工后，方可进行活动地板的安装。不得交叉施工。亦不可在室内加工活动地板板块和活动地板的附件。

（2）为使活动地板面层与通过的走道或房间的建筑地面面层连接好，其通过面层的标高应根据所选用金属支架型号，相应的要低于该活动地板面层的标高，否则在入门处应设置踏步或斜坡等形式的构造要求和做法。

（3）活动地板面层的金属支架应支承在水泥类基层上，水泥混凝土为现浇的，不应采用预制空心楼板。对于小型计算机系统房间，其混凝土强度等级不应小于C30；对于中型计算机系统的房间，其混凝土强度等级不应小于C50。

（4）基层表面应平整、光洁、干燥、不起灰。安装前清扫干净，并根据需要，在其表面涂刷1~2遍清漆或防尘漆，涂刷后不允许有脱皮现象。

（5）铺设活动地板面层的标高，应按设计要求确定。当房间平面是矩形时，其相邻墙体应相互垂直，垂直度应小于1/1000；与活动地板接触的墙面的直线度值每米不应大于2mm。

（6）安装前，应做好活动地板的数量计算的准备工作。

（7）根据房间平面尺寸和设备情况，应按活动地板模数选择板块的铺设方向。当平面尺寸符合活动地板板块模数，而室内又无控制设备时，宜由里向外铺设；当平面尺寸不符合活动地板模数时，宜由外向里铺设。当室内有控制柜设备且需要预留洞口时，铺设方向和先后顺序应综合考虑选定。

（8）在铺设活动地板面层前，室内四周的墙面应划出标高控制位置，并按选定的方向和先后顺序设置基准点。在基层表面上按板块尺寸弹线形成方格网，标出地板块的安装位置和高度，并标明设备预留部位。

（9）先将活动地板各部件组装好，以基准线为准，顺序在方格网交点处安放支架和横梁，固定支架的底座，连接支架和框架。在安装过程中要经常抄平，转动支座螺杆，用水平尺调整每个支座面的高度至全室等高，并尽量使每个支架受力均匀。

（10）在所有支座柱和横梁构成的框架成为一体后，应用水平仪抄平。然后将环氧树脂注入支架底座与水泥类基层之间的空隙内，使之连接牢固，亦可用膨胀螺栓或射钉连接。

（11）在横梁上铺放缓冲胶条时，应采用乳液与横梁粘合。当铺设活动地板块时，从一角或相邻的两个边依次向外或另外两个边铺装活动地板。为了铺平，可调换转动活洞地板块位置，以保证四角接触处平整、严密，但不得采用加垫的方法。

（12）对活动地板块切割或打孔时，加工后的边角应打磨平整。

（13）在与墙边的接缝处，应根据缝的宽窄分别采用木条或泡沫塑料镶嵌。

（14）安装机柜时，应根据机柜支撑情况处理。

（15）通风口处，应选用异形活动地板铺装。

（16）活动地板下面需要装的线槽和空调管道，应在铺设地板块前先放在建筑地面上，以便下步施工。

（17）活动地板块的安装或开启。应使用吸板器或橡胶皮碗，并做到轻拿轻放。不应采用铁器硬撬。

（18）在全部设备就位和地下管、电缆安装完毕后，还要抄平一次，调整至符合设计要求，最后将板面全面进行清理。

3. 施工质量验收

（1）基本规定

1）活动地板面层用于防尘和防静电要求的专业用房的建筑地面工程。采用特制的平压刨花板为基材，表面饰以装饰板和底层用镀锌板经粘结胶合组成的活动地板块，配以横梁、橡胶垫条和可供调节高度的金属支架组装成架空板铺设在水泥类面层（或基层）上。

2）活动地板所有的支座和横梁应构成框架一体，并与基层连接牢固；支架抄平后高度应符合设计要求。

3）活动地板面层包括标准地板、异形地板和地板附件（即支架和横梁组件）。采用的活动地板块应平整、坚实，面层承载力不得小于7.5MPa，其系统电阻：A级板为 1.0×10^5 ~ $1.0 \times 10^8 \Omega$；B级板为 1.0×10^5 ~ $1.0 \times 10^{10} \Omega$。

4）活动地板面层的金属支架应支承在现浇水泥混凝土基层（或面层）上，基层表面应平整、光洁、不起灰。

5）活动板块与横梁接触搁置处应达到四角平整、严密。

6）当活动地板不符合模数时，其不足部分在现场根据实际尺寸将板块切割后镶补，并配装相应的可调支撑和横梁。切割边不经处理不得镶补安装，并不得有局部膨胀变形情况。

7）活动地板在门口处或预留洞口处应符合设置构造要求，四周侧边应用耐磨硬质板材封闭或用镀锌钢板包裹，胶条封边应符合耐磨要求。

(2) 主控项目

1) 面层材质必须符合设计要求，且应具有耐磨、防潮、阻燃、耐污染、耐老化和导静电等特点。

检验方法：观察检查和检查材质合格证明文件及检测报告。

2) 活动地板面层应无裂纹、掉角和缺楞等缺陷。行走无声响、无摆动。

检验方法：观察和脚踩检查。

(3) 一般项目

1) 活动地板面层应排列整齐、表面洁净、色泽一致、接缝均匀、周边顺直。

检验方法：观察检查。

2) 活动地板面层的免许偏差应符合表 9-4 的规定。

检验方法：应按表 9-4 中的检验方法检验。

第五节 木、竹面层铺设

一、一般规定

1．木、竹地板面层下的木搁栅、垫木、毛地板等采用木材的树种、选材标准和铺设时木材含水率以及防腐、防蛀处理等，均应符合现行国家标准《木结构工程施工质量验收规范》(GB 50206—2002) 的有关规定。所选用的材料，进场时应对其断面尺寸、含水率等主要技术指标进行抽检，抽检数量应符合产品标准的规定。

2．与厕浴间、厨房等潮湿场所相邻木、竹面层连接处应做防水（防潮）处理。

3．木、竹面层铺设在水泥类基层上，其基层表面应坚硬、平整、洁净、干燥、不起砂。

4．建筑地面工程的木、竹面层搁栅下架空结构层（或构造层）的质量检验，应符合相应国家现行标准的规定。

5．木、竹面层的通风构造层包括室内通风沟、室外通风窗等，均应符合设计要求。

6．木、竹面层的允许偏差，应符合表 9-5 的规定。

木、竹面层的允许偏差和检验方法（mm） 表 9-5

项次	项 目	允许偏差			实木复合地板、中密度（强化）复合地板面层、竹地板面	检验方法
		实木地板面层				
		松木地板	硬木地板	拼花地板		
1	板面缝隙宽度	1.0	0.5	0.2	0.5	用钢尺检查
2	表面平整度	3.0	2.0	2.0	2.0	用2m靠尺和楔形塞尺检查
3	踢脚线上口平齐	3.0	3.0	3.0	2.0	拉5m通线，不足5m拉通线和用钢尺检查
4	板面拼缝平直	3.0	3.0	3.0	3.0	
5	相邻板材高差	0.5	0.5	0.5	0.5	用钢尺和楔形塞尺检查
6	踢脚线与面层的接缝	1.0				楔形塞尺检查

二、实木地板面层

1. 材料要求

(1) 搁栅、撑木、垫木经干燥和防腐处理后含水率不大于20%。

(2) 地板含水率不大于12%。

(3) 实木地板含水率：长条板不超过12%；拼花板不超过10%。

(4) 实木踢脚板：含水率应不超过12%，背面满涂防腐剂。

2. 施工质量控制

(1) 地垄墙或砖墩的砌筑：地垄墙、墩应采用强度等级为42.5的普通水泥，其顶面应涂刷焦油沥青两道或铺设油毡等做好防潮层。每条地垄墙、内横墙和暖气沟，均需预留120mm×12mm的通风洞2个，且要在一条直线上。暖气沟墙的通风洞口，可采用缸瓦管与外界相通。外墙每隔3000~4000mm应预留不小于180mm×180mm的通风孔洞，洞口下皮距室外地坪标高不小于200mm，洞口安设篦子。如若不宜采用此类通风处理时，则必须做好高架空铺木地板所有架铺构件的防潮防腐处理。

(2) 木骨架与地垄墙（墩）的连接：木搁栅与地垄墙或砖墩等砌筑体的连接，通常是采用预埋木楔或铁件的方法进行固定。预埋铁件的做法有多种，较常用的做法是在主搁栅的两侧部位砌体内埋入地脚螺栓，以Ω形铁（或称骑马铁件）直接固定木搁栅或用10~14号镀锌铁丝（铅丝）绑扎。

(3) 垫木、沿缘木、剪刀撑与木搁栅的组装要求：先将垫木等材料按设计要求做防腐处理。核对四周墙面水平标高线，在沿缘木表面划出木搁栅放置中线，并在木搁栅端头也划出中线，然后把木搁栅对准中线摆好，再依次摆正中间的木搁栅。木搁栅靠墙面应留出不小于30mm的缝隙，以利通风防潮。木搁栅的表面应平直，用2m直尺检查时，尺与木搁栅间的空隙不得超过3mm。木搁栅上皮不平时，应选用合适厚度的垫板（不准用木楔）找平；也可采用适度刨平；也可对木搁栅底部稍加砍削找平，但砍削深度不要超过10mm。砍削处须补作防腐处理。

木搁栅安装后，必须用100mm长的圆钉从木搁栅两侧中部斜向呈45°角与垫木钉牢。为防止木搁栅与剪力撑在钉结时走动，应在木搁栅上临时加钉木拉条，使木搁栅相互拉接，然后在木搁栅上按剪力撑间距弹线，依线逐个将剪力撑两端用2枚长70mm的圆钉与木搁栅钉牢。

(4) 在楼地面上固定木搁栅：对于低架空铺木地板的木搁栅固定，木搁栅的截面尺寸、间距和稳固方法等均应符合设计要求。

应首先检查楼地面平整度，必要时应做水泥砂浆找平层或抹防水砂浆，在平整的楼面基层上可涂刷两遍防水涂料或乳化沥青。对于底层房间的细石混凝土垫层，有的要求涂刷冷底子油并做一毡二油防潮层，具体做法由设计决定。

木搁栅与楼地面固定，传统的做法均采用预埋件，当前使用最多的是在水泥地面或楼板上打入木楔的方法，即用冲击钻在基层上钻洞，洞孔深40mm左右，打入木楔（木楔要按要求作防腐处理）。应在楼地面上预先弹出木搁栅位置线，木楔依线定位钻孔打入，间距800mm左右，然后用长钉将木搁栅固定在埋入的木楔上。当木搁栅的截面尺寸较大时，宜在木搁栅上先钻出与钉杆直径相同的孔，孔深为搁栅木方高度的1/3，然后再与木楔钉接。如设计要求在木搁栅间填铺干炉渣时，炉渣应加以夯实。

(5) 木地板面层作双层施工时，加铺一层基面板即称毛地板，可以增强木地板的隔音、防潮作用和提高面层板的铺贴质量。毛地板无需企口，并可采用钝棱料，其宽度不宜大于120mm，厚度一般为25mm左右，在铺钉前应清除毛地板下空间内的刨花等杂物。

毛地板应与搁栅呈45°或30°斜向铺排，与周边墙面之间留出10~20mm缝隙。毛地板的髓心向上，板条与板条之间的缝隙不应大于3mm。每块毛地板应在每根木搁栅上各钉2颗钉子斜向固定，钉子的长度应为板厚的2.5倍。

(6) 铺设木板（企口板）面层时，应先弹线归方，使木板与搁栅成垂直方向，木板必须钉牢固，无松动；板端接头应间隔错开；板与板之间应紧密，个别处的缝隙宽度不得大于1mm（如用硬木时缝宽不得大于0.5mm）。木板面层与墙之间应留8~12mm的缝隙，并用踢脚线或踢脚条封盖。每块木块钉牢在其下的每根搁栅上。钉子的长度为面层板厚度的2~2.5倍，钉帽应砸扁从木板侧面斜向钉入，钉帽不应外露。

(7) 木板面层铺设完毕后，木板表面不平处应顺木纹方向进行刨光。

(8) 采用实木制作的踢脚线，背面应抽槽并做防腐处理。

(9) 与厕浴间、厨房等潮湿场所相邻木面层连接处应做防水（防潮）处理。

3. 施工质量验收

(1) 基本规定

1) 实木地板面层采用条材和块材实木地板或采用拼花实木地板，以空铺或实铺方式在基层上铺设。

2) 实木地板面层可采用双层面层和单层面层铺设，其厚度应符合设计要求。实木地板面层的条材和块材应采用具有商品检验合格证的产品，其产品类别、型号、适用树种、检验规则以及技术条件等均应符合现行国家标准《实木地板块》（GB/T 15036.1~6—2001）的规定。

3) 铺设实木地板面层时，其木搁栅的截面尺寸、间距和稳固方法等均应符合设计要求。木搁栅固定时，不得损坏基层和预埋管线。木搁栅应垫实钉牢，与墙之间应留出30mm的缝隙，表面应平直。

4) 毛地板铺设时，木材髓心应向上，其板间缝隙不应大于3mm，与墙之间应留8~12mm空隙，表面应刨平。

5) 实木地板面层铺设时，面板与墙之间应留8~12mm缝隙。

6) 采用实木制作的踢脚线，背面应抽槽并做防腐处理。

(2) 主控项目

1) 实木地板面层所采用的材质和铺设时的木材含水率必须符合设计要求。木搁栅、垫木和毛地板等必须做防腐、防蛀处理。

检验方法：观察检查和检查材质合格证明文件及检测报告。

2) 木搁栅安装应牢固、平直。

检验方法：观察、脚踩检查。

3) 面层铺设应牢固；粘结无空鼓。

检验方法：观察、脚踩或用小锤轻击检查。

(3) 一般项目

1) 实木地板面层应刨平、磨光，无明显刨痕和毛刺等现象；图案清晰、颜色均匀一致。

检验方法：观察、手摸和脚踩检查。

2) 面层缝隙应严密；接头位置应错开、表面洁净。

检验方法：观察检查。

3) 拼花地板接缝应对齐，粘、钉严密；缝隙宽度均匀一致；表面洁净，胶粘无溢胶。

检验方法：观察检查。

4) 踢脚线表面应光滑，接缝严密，高度一致。

检验方法：观察和钢尺检查。

5) 实木地板面层的允许偏差应符合表 9-5 的规定。

检验方法：应按表 9-5 中的检验方法检验。

三、实木复合地板面层

1．材料要求

(1) 实木复合地板块的面层应采用不易腐朽、不易变形开裂的天然木材制成，结合各类地板的膨胀率、黏合度等重要指标数据之最优值，使其收缩膨胀率相对实木地板低得多。其宽度不宜大于 120mm，厚度应符合设计要求。

(2) 木搁栅（木龙骨、垫方）和垫木等用材树种和规格以及防腐处理等均应符合设计要求。

2．施工质量控制

(1) 实木复合地板面层采用条材和块材实木复合地板或采用拼花实木复合地板，以空铺或实铺方式在基层上铺设。其表面应平整、坚硬、洁净、干燥、不起砂。

(2) 铺设实木复合地板面层时，其木搁栅的截面尺寸、间距和稳固方法等均应符合设计要求。木搁栅固定时，不得损坏基层和预埋管线。木搁栅应垫实钉牢，与墙之间应留出 30mm 缝隙，表面应平直。

(3) 实木复合地板面层可采用整贴和点贴法施工。粘贴材料应采用具有耐老化、防水和防菌、无毒等性能的材料，或按设计要求选用。

(4) 实木复合地板面层下衬垫的材质和厚度应符合设计要求。

(5) 实木复合地板面层铺设时，相邻板材接头位置应错开不小于 300mm 距离；与墙之间应留不小于 10mm 空隙。

(6) 大面积铺设实木复合地板面层时，应分段铺设，分段缝的处理应符合设计要求。

(7) 采用实木踢脚线，按实木地板规定执行。

3．施工质量验收

(1) 基本规定

1) 实木复合地板面层采用条材和块材实木复合地板或采用拼花实木复合地板，以空铺或实铺方式在基层上铺没。

2) 实木复合地板面层的条材和块材应采用具有商品检验合格证的产品，其技术等级及质量要求均应符合国家现行标准的规定。

3）铺设实木复合地板面层时，其木搁栅的截面尺寸、间距和稳固方法等均应符合设计要求。木搁栅固定时，不得损坏基层和预埋管线。木搁栅应垫实钉牢，与墙之间应留出 30mm 缝隙，表面应平直。

4）毛地板铺设时，按有关规定执行。

5）实木复合地板面层可采用整贴和点贴法施工。粘贴材料应采用具有耐老化、防水和防菌、无毒等性能的材料，或按设计要求选用。

6）实木复合地板面层下衬垫的材质和厚度应符合设计要求。

7）实木复合地板面层铺设时，相邻板材接头位置应错开不小于 300mm 距离；与墙之间应留不小于 10mm 空隙。

8）大面积铺设实木复合地板面层时，应分段铺设，分段缝的处理应符合设计要求。

(2) 主控项目

1）实木复合地板面层所采用的条材和块材，其技术等级及质量要求应符合设计要求。木搁栅、垫木和毛地板等必须做防腐、防蛀处理。

检验方法：观察检查和检查材质合格证明文件及检测报告。

2）木搁栅安装应牢固、平直。

检验方法：观察、脚踩检查。

3）面层铺设应牢固；粘贴无空鼓。

检验方法：观察、脚踩或用小锤轻击检查。

(3) 一般项目

1）实木复合地板面层图案和颜色应符合设计要求，图案清晰，颜色一致，板面无翘曲。

检验方法：观察、用 2m 靠尺和楔形塞尺检查。

2）面层的接头应错开、缝隙严密、表面洁净。

检验方法：观察检查。

3）踢脚线表面光滑，接缝严密，高度一致。

检验方法：观察和钢尺检查。

4）实木复合地板面层的允许偏差应符合表 9-5 的规定。

检验方法：应按表 9-5 中的检验方法检验。

四、中密度（强化）复合地板面层

1. 材料要求

(1) 中密度（强化）复合地板条（块）材应采用伸缩率低、吸水率低、抗拉强度高的树种做密度板的基材，并使复合地板各复层之间对称平衡，可自行调节消除环境温度、湿度变化，干燥或潮湿引起的内应力以达到耐磨层、装饰层、高密度板层及防水平衡层的自身膨胀系数很接近，避免了实木地板经常出现的弹性变形、振动脱胶及抗承重能力低的缺点。其宽度和厚度应符合设计要求。

(2) 木搁栅（木龙骨、垫方）、木工板等用材和规格以及防腐处理等应符合设计要求。

(3) 为达到最佳防潮隔声效果，中密度（强化）复合地板应铺设在聚乙烯膜地垫上，而不适合直接铺在水泥类地面上。

(4) 胶水应采用防水胶水,杜绝甲醛释放量的危害。

2. 施工质量控制

(1) 中密度(强化)复合地板面层下基层表面应相关的要求。

(2) 基层(楼层结构层)的表面平整度应控制在每平方米为2mm,达不到时必须二次找平,否则中密度(强化)复合地板厚度在8mm及其以下时,铺设后地面将出现架空,使用后不利于地板的整体伸缩,容易导致地板因胶水松脱而出现裂缝。当基层表面平整度超出2mm而不平整时,中密度(强化)复合地板厚度应选用8mm以上,增加了厚度和基材的强度后,大大地消除了架空的感觉,避免地板因胶水松脱而出现裂缝。

(3) 铺设前,房间门套底部应留足伸缩缝,门口接合处地下无水管、电管以及离地面高12cm的墙内无电管等。如不符合上述要求,应做好相关处理。

(4) 铺设时,应按下列程序进行:

1) 基层表面保持洁净、干燥后,应满铺地垫,其接口处宜采用不小于20cm宽的重叠面并用防水胶带纸封好。

2) 铺设第一块板材的凹企口应朝墙面,板材与墙壁间插入木(塑)楔,使其间有8mm左右的伸缩缝。为保证工程质量,木(塑)楔应在整体地板拼装12h后拆除,同样最后一块板材也要保持8mm的伸缩缝。

3) 为确保地板面层整齐美观,宜用细绳由两边墙面拉直,构成直角,并在墙边用合适的木(塑)楔对每块板条加以调整。

4) 将胶水均匀连续地涂在两边的凹企口内,以确保每块地板之间紧密贴结。

5) 拼装第二行时,应首先使用第一行锯剩下的那一块板材,为保证整体地板的稳固此块锯剩的板材其长度不得小于20cm。

6) 用锤子和硬木块轻敲已拼装好的板材,使之粘紧密实。挤压时拼缝处溢出的多余胶水应立即擦掉,保持地板面层洁净。

7) 铺设中密度(强化)复合地板面层的面积达70m^{2}或房间长度太大时,宜在每间隔8m宽处放置铝合金条,以防止整体地板受热变形。

8) 整体地板拼装后,用木踢脚线封盖地板面层。

9) 中密度(强化)复合地板面层完工后,应保持房间通风。夏季24h、冬季48h后正式使用。

10) 注意防止雨水或邻接有用水房间的水进入地板面层内,以免浸泡地板。

3. 施工质量验收

(1) 基本规定

1) 中密度(强化)复合地板面层的材料以及面层下的板或衬垫等材质应符合设计要求,并采用具有商品检验合格证的产品,其技术等级及质量要求均应符合国家现行标准的规定。

2) 中密度(强化)复合地板面层铺设时,相邻条板端头应错开不小于300mm距离;衬垫层及面层与墙之间应留不小于10mm空隙。

(2) 主控项目

1) 中密度(强化)复合地板面层所采用的材料,其技术等级及质量要求应符合设计要求。木搁栅、垫木和毛地板等应做防腐、防蛀处理。

检验方法：观察检查和检查材质合格证明文件及检测报告。
2）木搁栅安装应牢固、平直。
检验方法：观察、脚踩检查。
3）面层铺设应牢固。
检验方法：观察、脚踩检查。
(3) 一般项目
1）中密度（强化）复合地板面层图案和颜色应符合设计要求，图案清晰，颜色一致，板面无翘曲。
检验方法：观察、用2m靠尺和楔形塞尺检查。
2）面层的接头应错开、缝隙严密、表面洁净。
检验方法：观察检查。
3）踢脚线表面应光滑，接缝严密，高度一致。
检验方法：观察和钢尺检查。
4）中密度（强化）复合木地板面层的允评偏差应符合表9-5的规定。
检验方法：应按表9-5中的检验方法检验。

五、竹地板面层

1．材料要求
(1) 竹地板块的面层应选用不腐朽、不开裂的天然竹材，经加工制成侧、端面带有凸凹榫（槽）的竹板块材。
(2) 木搁栅（木龙骨、垫方）和垫木等用材树种和规格以及防腐处理等均应符合设计要求。

2．施工质量控制
(1) 竹地板面层下基层表面应相关要求，认真做好楼、地面的清理工作。
(2) 铺设前，应预先在室内墙面上弹好+500mm的水平标高控制线，以保证面层的平整度。
(3) 空铺式木搁栅的两端应垫实钉牢。当采用地垄墙、墩时，尚应与搁栅固定牢固木搁栅与墙间应留出不小于30mm的缝隙。木搁栅的表面应平直，用2m直尺检查时，尺与搁栅的空隙不应大于3mm。搁栅的间距应符合要求，搁栅间应加钉剪刀撑。
(4) 实铺式木搁栅的断面尺寸、间距及稳固方法等均应按设计要求铺设。木搁栅固定时，不得损坏基层和预埋管线。木搁栅应作防腐处理。
(5) 铺设双层竹板面层下层毛地板，应按下列进行：
1）铺设前必须清除毛地板下空间内的刨花等杂物。
2）毛地板铺设时，应与搁栅成30°或45°斜向钉牢，并使其髓心向上，板间的缝不大于3mm。毛地板与墙之间留10~20mm的缝隙。每块毛地板与其下的每根搁栅上各用两枚钉固定。
(6) 在水泥类基层（面层）上铺设竹地板面层时，应按下列要求进行：
1）放线确定木龙骨间距，一般为250mm。可用长3~4cm钢钉将刨平的木龙骨钉锚固在基层上并找平。

2）每块竹地板宜横跨5根木龙骨。采用双层铺设，即在木龙骨上满铺木工板、多层板、中纤板等，后铺钉竹地板。

3）铺设竹地板面层前，应在木龙骨间撒布生花椒粒等防虫配料，每平方米撒放量控制在0.5kg。

4）铺设前，应在竹条材侧面用手电钻钻眼；铺设时，先在木龙骨与竹地板铺设处涂少量地板胶，后用1.5寸的螺旋钉钉在木龙骨位置实施拼装。拼装时竹条材不宜太紧。

5）竹地板面层四周应留1~1.5cm的通气孔，然后再安装地角线。

6）竹条材纵向端接缝的位置应协调，相邻两行的端接缝错开应在300mm左右，以显示整体效果。

3．施工质量验收

（1）基本规定

1）竹地板面层的铺设应按实木地板面层的规定执行。

2）竹子具有纤维硬、密度大、水分少、不易变形等优点。竹地板应经严格选材、硫化、防腐、防蛀处理，并采用具有商品检验合格证的产品，其技术等级及质量要求均应符合国家现行行业标准《竹地板》（LY/T 1573—2000）的规定。

（2）主控项目

1）竹地板面层所采用的材料，其技术等级和质量要求应符合设计要求。木搁栅、毛地板和垫木等应做防腐、防蛀处理。

检验方法；观察检查私检查材质合格证明文件及检测报告。

2）木搁栅安装应牢固、平直。

检验方法：观察、脚踩检查。

3）面层铺设应牢固；粘贴无空鼓。

检验方法：观察、脚踩或用小锤轻击检查。

（3）一般项目

1）竹地板面层品种与规格应符合设计要求，板面无翘曲。

检验方法：观察、用2m靠尺和楔形塞尺检查。

2）面层缝隙应均匀，接头位置错开，表面洁净。

检验方法：观察检查。

3）踢脚线表面应光滑，接缝均匀，高度一致。

检验方法：观察和用钢尺检查。

4）竹地板面层的允许偏差应符合表9-5的规定。

检验方法：应按表9-5中的检验方法检验。

第六节 分部（子分部）工程验收

1．建筑地面工程施工质量中各类面层子分部工程的面层辅设与其相应的基层铺设的分项工程施工质量检验应全部合格。

2．建筑地面工程子分部工程质量验收应检查下列工程质量文件和记录：

（1）建筑地面工程设计图纸和变更文件等；

(2)原材料的出厂检验报告和质量合格保证文件、材料进场检(试)验报告(含抽样报告);

(3)各层的强度等级、密实度等试验报告和测定记录;

(4)各类建筑地面工程施工质量控制文件;

(5)各构造层的隐蔽验收及其他有关验收文件。

3.建筑地面工程子分部工程质量验收应检查下列安全和功能项目:

(1)有防水要求的建筑地面子分部工程的分项工程施工质量的蓄水检验记录,并抽查复验认定;

(2)建筑地面板块面层铺设子分部工程和木、竹面层铺设子分部工程采用的天然石材、胶粘剂、沥青胶结料和涂料等材料证明资料。

4.建筑地面工程子分部工程观感质量综合评价应检查下列项目:

(1)变形缝的位置和宽度以及填缝质量应符合规定;

(2)室内建筑地面工程按各子分部工程经抽查分别作出评价;

(3)楼梯、踏步等工程项目经抽查分别作出评价。

第十章 建筑装饰装修工程

第一节 抹 灰 工 程

一、一般规定

1. 抹灰工程验收时应检查下列文件和记录：
(1) 抹灰工程的施工图、设计说明及其他设计文件。
(2) 材料的产品合格证书、性能检测报告、进场验收记录和复验报告。
(3) 隐蔽工程验收记录。
(4) 施工记录。
2. 抹灰工程应对水泥的凝结时间和安定性进行复验。
3. 抹灰工程应对下列隐蔽工程项目进行验收：
(1) 抹灰总厚度大于或等于 35mm 时的加强措施。
(2) 不同材料基体交接处的加强措施。
4. 各分项工程的检验批应按下列规定划分：
(1) 相同材料、工艺和施工条件的室外抹灰工程每 500～1000m^2 应划分为一个检验批，不足 500m^2 也应划分为一个检验批。
(2) 相同材料、工艺和施工条件的室内抹灰工程每 50 个自然间（大面积房间和走廊按抹灰面积 30m^2 为一间）应划分为一个检验批，不足 50 间也应划分为一个检验批。
5. 检查数量应符合下列规定：
(1) 室内每个检验批应至少抽查 10%，并不得少于 3 间；不足 3 间时应全数检查。
(2) 室外每个检验批每 100m，应至少抽查一处，每处不得小于 10m^2。
6. 外墙抹灰工程施工前应先安装钢木门窗框、护栏等，并应将墙上的施工孔洞堵塞密实。
7. 抹灰用约石灰膏的熟化期不应少于 15d；罩面用的磨细石灰粉的熟化期不应少于 3d。
8. 室内墙面、柱面和门洞口的阳角做法应符合设计要求。设计无要求时，应采用 1:2 水泥砂浆做暗护角，其高度不应低于 2m，每侧宽度不应小于 50mm。
9. 当要求抹灰层具有防水、防潮功能时，应采用防水砂浆。
10. 各种砂浆抹灰层，在凝结前应防止快干、水冲、撞击、振动和受冻，在凝结后应采取措施防止沾污和损坏，水泥砂浆抹灰层应在湿润条件下养护。
11. 外墙和顶棚的抹灰层与基层之间及各抹灰层之间必须粘结牢固。

二、一般抹灰工程

一般抹灰工程分为普通抹灰和高级抹灰，当设计无要求时，按普通抹灰验收。

1. 主控项目

(1) 抹灰前基层表面的尘土、污垢、油渍等应清除干净,并应洒水润湿。

检验方法:检查施工记录。

(2) 一般抹灰所用材料的品种和性能应符合设计要求。水泥的凝结时间和安定性复验应合格。砂浆的配合比应符合设计要求。

检验方法:检查产品合格证书、进场验收记录、复验报告和施工记录。

(3) 抹灰工程应分层进行。当抹灰总厚度大于或等于35mm时,应采取加强措施。不同材料基体交接处表面的抹灰,应采取防止开裂的加强措施,当采用加强网时,加强网与各基体的搭接宽度不应小于100mm。

检验方法:检查隐蔽工程验收记录和施工记录。

(4) 抹灰层与基层之间及各抹灰层之间必须粘结牢固,抹灰层应无脱层、空鼓,面层应无爆灰和裂缝。

检验方法:观察;用小锤轻击检查;检查施工记录。

2. 一般项目

(1) 一般抹灰工程的表面质量应符合下列规定:

1) 普通抹灰表面应光滑、洁净、接槎平整,分格缝应清晰。

2) 高级抹灰表面应光滑、洁净、颜色均匀、无抹纹,分格缝和灰线应清晰美观。

检验方法:观察;手摸检查。

(2) 护角、孔洞、槽、盒周围的抹灰表面应整齐、光滑;管道后面的抹灰表面应平整。

检验方法:观察。

(3) 抹灰层的总厚度应符合设计要求;水泥砂浆不得抹在石灰砂浆层上;罩面石膏灰不得抹在水泥砂浆层上。

检验方法:检查施工记录。

(4) 抹灰分格缝的设置应符合设计要求,宽度和深度应均匀,表面应光滑,棱角应整齐。

检验方法:观察;尺量检查。

(5) 有排水要求的部位应做滴水线(槽)。滴水线(槽)应整齐顺直,滴水线应内高外低,滴水槽的宽度和深度均不应小于10mm。

检验方法:观察;尺量检查。

(6) 一般抹灰工程质量的允许偏差和检验方法应符合表10-1的规定。

一般抹灰的允许偏差和检验方法　　　　　　　表10-1

项次	项目	允许偏差(mm)		检验方法
		普通抹灰	高级抹灰	
1	立面垂直度	4	3	用2m垂直检测尺检查
2	表面垂直度	4	3	用2m靠尺和塞尺检查
3	阴阳角方正	4	3	用直角检测尺检查
4	分格条(缝)直线度	4	3	拉5m线,不足5m拉通线,用钢直尺检查
5	墙裙、勒脚上口直线度	4	3	拉5m线,不足5m拉通线,用钢直尺检查

注:1. 普通抹灰,本表第3项阴角方正可不检查;

2. 顶棚抹灰,本表第2项表面平整度可不检查,但应平顺。

三、装饰抹灰工程

1. 主控项目

(1) 抹灰前基层表面的尘土、污垢、油渍等应清除干净,并应洒水润湿。

检验方法:检查施工记录。

(2) 装饰抹灰工程所用材料的品种和性能应符合设计要求。水泥的凝结时间和安定性复验应合格。砂浆的配合比应符合设计要求。

检验方法:检查产品合格证书、进场验收记录、复验报告和施工记录。

(3) 抹灰工程应分层进行。当抹灰总厚度大于或等于35mm时,应采取加强措施。不同材料基体交接处表面的抹灰,应采取防止开裂的加强措施,当采用加强网时,加强网与各基体的搭接宽度不应小于100mm。

检验方法:检查隐蔽工程验收记录和施工记录。

(4) 各抹灰层之间及抹灰层与基体之间必须粘接牢固,抹灰层应无脱层、空鼓和裂缝。

检验方法:观察;用小锤轻击检查;检查施工记录。

2. 一般项目

(1) 装饰抹灰工程的表面质量应符合下列规定:

1) 水刷石表面应石粒清晰、分布均匀、紧密平整、色泽一致,应无掉粒和接槎痕迹。

2) 斩假石表面剁纹应均匀顺直、深浅一致,应无漏剁处;阳角处应横剁;并留出宽窄一致的不剁边条,棱角应无损坏。

3) 干粘石表面应色泽一致、不露浆、不漏粘,石粒应粘结牢固、分布均匀,阳角处应无明显黑边。

4) 假面砖表面应平整、沟纹清晰、留缝整齐、色泽一致,应无掉角、脱皮、起砂等缺陷。

检验方法:观察;手摸检查。

(2) 装饰抹灰分格条(缝)的设置应符合设计要求,宽度和深度应均匀,表面应平整光滑,棱角应整齐。

检验方法:观察。

(3) 有排水要求的部位应做滴水线(槽)。滴水线(槽)应整齐顺直,滴水线应内高外低,滴水槽的宽度和深度均不应小于10mm。

检验方法:观察;尺量检查。

(4) 装饰抹灰工程质量的允许偏差和检验方法应符合表10-2的规定。

装饰抹灰的允许偏差和检验方法 表10-2

项次	项 目	允许偏差(mm)				检 验 方 法
		水刷石	斩假石	干粘石	假面砖	
1	立面垂直度	5	4	5	5	用2m垂直检测尺检查
2	表面垂直度	3	3	5	4	用2m靠尺和塞尺检查
3	阳角方正	3	3	4	4	用直角检测尺检查
4	分格条(缝)直线度	3	3	3	3	拉5m线,不足5m拉通线,用钢直尺检查
5	墙裙、勒脚上口直线度	3	3	—	—	拉5m线,不足5m拉通线,用钢直尺检查

四、清水砌体勾缝工程

1．主控项目

（1）清水砌体勾缝所用水泥的凝结时间和安定性复验应合格。砂浆的配合比应符合设计要求。

检验方法：检查复验报告和施工记录。

（2）清水砌体勾缝应无漏勾。勾缝材料应粘结牢固、无开裂。

检验方法：观察。

2．一般项目

（1）清水砌体勾缝应横平竖直，交接处应平顺，宽度和深度应均匀，表面应压实抹平。

检验方法：观察；尺量检查。

（2）灰缝应颜色一致，砌体表面应洁净。

检验方法：观察。

第二节 门 窗 工 程

一、一般规定

1．门窗工程验收时应检查下列文件和记录：

（1）门窗工程的施工图、设计说明及其他设计文件。

（2）材料的产品合格证书、性能检测报告、进场验收记录和复验报告。

（3）特种门及其附件的生产许可文件。

（4）隐蔽工程验收记录。

（5）施工记录。

2．门窗工程应对下列材料及其性能指标进行复验：

（1）人造木板的甲醛含量。

（2）建筑外墙金属窗、塑料窗的抗风压性能、空气渗透性能和雨水渗漏性能。

3．门窗工程应对下列隐蔽工程项目进行验收：

（1）预埋件和锚固件。

（2）隐蔽部位的防腐、填嵌处理。

4．备份项工程的检验批应按下列规定划分：

（1）同一品种、类型和规格的木门窗、金属门窗、塑料门窗及门窗玻璃每100樘应划分为一个检验批，不足100樘也应划分为一个检验批。

（2）同一品种、类型和规格的特种门每50樘应划分为一个检验批，不足50樘也应划分为一个检验批。

5．检查数量应符合下列规定：

（1）木门窗、金属门窗、塑料门窗及门窗玻璃，每个检验批应至少抽查5%，并不得少于3樘，不足3樘时应全数检查；高层建筑的外窗，每个检验批应至少抽查10%，并不得少于6樘，不足6樘时应全数检查。

(2) 特种门每个检验批应至少抽查50%，并不得少于10樘，不足10樘时应全数检查。

6．门窗安装前，应对门窗洞口尺寸进行检验。

7．金属门窗和塑料门窗安装应采用预留洞口的方法施工，不得采用边安装边砌口或先安装后砌口的方法施工。

8．木门窗与砖石砌体、混凝土或抹灰层接触处应进行防腐处理并应设置防潮层；埋入砌体或混凝土中的木砖应进行防腐处理。

9．当金属窗或塑料窗组合时，其拼樘料的尺寸、规格、壁厚应符合设计要求。

10．建筑外门窗的安装必须牢固。在砌体上安装门窗严禁用射钉固定。

11．特种门安装除应符合设计要求和本规范规定外，还应符合有关专业标准和主管部门的规定。

二、木门窗制作与安装工程

1．主控项目

(1) 木门窗的木材品种、材质等级、规格、尺寸、框扇的线型及人造木板的甲醛含量应符合设计要求。设计未规定材质等级时，所用木材的质量应符合《建筑装饰装修工程质量验收规范》（GB 50210—2001）附录A的规定。

检验方法：观察；检查材料进场验收记录和复验报告。

(2) 木门窗应采用烘干的木材，含水率应符合《建筑木门、木窗》（JG/T 122—2000）的规定。

检验方法：检查材料进场验收记录。

(3) 木门窗的防火、防腐、防虫处理应符合设计要求。

检验方法：观察；检查材料进场验收记录。

(4) 木门窗的结合处和安装配件处不得有木节或已填补的木节。木门窗如有允许限值以内的死节及直径较大的虫眼时，应用同一材质的木塞加胶填补。对于清漆制品，木塞的木纹和色泽应与制品一致。

检验方法：观察。

(5) 门窗框和厚度大于50mm的门窗扇应用双榫连接。榫槽应采用胶料严密嵌合，并应用胶楔加紧。

检验方法：观察；手扳检查。

(6) 胶合板门、纤维板门和模压门不得脱胶。胶合板不得刨透表层单板，不得有戗槎。制作胶合板门、纤维板门时，边框和横楞应在同一平面上，面层、边框及横楞应加压胶结。横楞和上、下冒头应各钻两个以上的透气孔，透气孔应通畅。

检验方法：观察。

(7) 木门窗的品种、类型、规格、开启方向、安装位置及连接方式应符合设计要求。

检验方法：观察；尺量检查；检查成品门的产品合格证书。

(8) 木门窗框的安装必须牢固。预埋木砖的防腐处理、木门窗框固定点的数量、位置及固定方法应符合设计要求。

检验方法：观察；手扳检查；检查隐蔽工程验收记录和施工记录。

(9) 木门窗扇必须安装牢固，并应开关灵活，关闭严密，无倒翘。

检验方法：观察；开启和关闭检查；手扳检查。

(10) 木门窗配件的型号、规格、数量应符合设计要求，安装应牢固，位置应正确，功能应满足使用要求。

检验方法：观察；开启和关闭检查；手扳检查。

2．一般项目

(1) 木门窗表面应洁净，不得有刨痕、锤印。

检验方法：观察。

(2) 木门窗的割角、拼缝应严密平整。门窗框、扇裁口应顺直，刨面应平整。

检验方法：观察。

(3) 木门窗上的槽、孔应边缘整齐，无毛刺。

检验方法：观察。

(4) 木门窗与墙体间缝隙的填嵌材料应符合设计要求，填嵌应饱满。寒冷地区外门窗（或门窗框）与砌体间的空隙应填充保温材料。

检验方法：轻敲门窗框检查；检查隐蔽工程验收记录和施工记录。

(5) 木门窗批水、盖口条、压缝条、密封条的安装应顺直，与门窗结合应牢固、严密。

检验方法：观察；手扳检查。

(6) 木门窗制作的允许偏差和检验方法应符合表 10-3 的规定。

木门窗制作的允许偏差和检验方法　　　　表 10-3

项次	项 目	构件名称	允许偏差（mm）		检 验 方 法
			普通	高级	
1	翘 曲	框	3	2	将框、扇平放在检查平台上，用塞尺检查
		扇	2	2	
2	对角线长度差	框、扇	3	2	用钢尺检查，框量裁口里角，扇量外角
3	表面平整度	扇	2	2	用 1m 靠尺和塞尺检查
4	高度、宽度	框	0；2	0；-1	用钢尺检查，框量裁口里角，扇量外角
		扇	+2；0	+1；0	
5	裁口、线条结合处高低差	框、扇	1	0.5	用钢直尺和塞尺检查
6	相邻棂子两端间距	扇	2	1	用钢直尺检查

(7) 木门窗安装的留缝限值、允许偏差和检验方法应符合表 10-4 的规定。

木、门窗安装的留缝限值、允许偏差和检验方法　　　　表 10-4

项次	项 目	留缝限值（mm）		允许偏差（mm）		检 验 方 法
		普通	高级	普通	高级	
1	门窗槽口对角线长度差	—	—	3	2	用钢尺检查
2	门窗框的正、侧面垂直度	—	—	2	1	用 1m 垂直检测尺检查

续表

项次	项目	留缝限值（mm）		允许偏差（mm）		检验方法
		普通	高级	普通	高级	
3	框与扇、扇与扇接缝高低差	—	—	2	1	用钢直尺和塞尺检查
4	门窗扇对口缝	1~2.5	1.5~2	—	—	用塞尺检查
5	工业厂房双扇大门对口缝	2~5	—	—	—	
6	门窗扇与上框间留缝	1~2	1~1.5	—	—	
7	门窗扇与侧框间留缝	1~2.5	1~1.5	—	—	
8	窗扇与下框间留缝	2~3	2~2.5	—	—	
9	门扇与下框间留缝	3~5	3~4	—	—	
10	双层门窗内外框间距	—	—	4	3	用钢尺检查
11	无下框时门扇与地面间留缝	外门 4~7	5~6	—	—	用塞尺检查
		内门 5~8	6~7	—	—	
		卫生间门 8~12	8~10	—	—	
		厂房大门 10~20	—	—	—	

三、金属门窗安装工程

1. 主控项目

（1）金属门窗的品种、类型、规格、尺寸、性能、开启方向，安装位置、连接方式及铝合金门窗的型材壁厚应符合设计要求。金属门窗的防腐处理及填嵌、密封处理应符合设计要求。

检验方法：观察；尺量检查；检查产品合格证书、性能检测报告、进场验收记录和复验报告；检查隐蔽工程验收记录。

（2）金属门窗框和副框的安装必须牢固。预埋件的数量、位置、埋设方式、与框的连接方式必须符合设计要求。

检验方法：手扳检查；检查隐蔽工程验收记录。

（3）金属门窗扇必须安装牢固，并应开关灵活、关闭严密，无倒翘。推拉门窗扇必须有防脱落措施。

检验方法：观察；开启和关闭检查；手扳检查。

（4）金属门窗配件的型号、规格、数量应符合设计要求，安装应牢固，位置应正确，功能应满足使用要求。

检验方法：观察；开启和关闭检查；手扳检查。

2. 一般项目

（1）金属门窗表面应洁净、平整、光滑、色泽一致，无锈蚀。大面应无划痕、碰伤。漆膜或保护层应连续。

检验方法：观察。

（2）铝合金门窗推拉门窗扇开关力应不大于100N。

检验方法：用弹簧秤检查。

(3) 金属门窗框与墙体之间的缝隙应填嵌饱满，并采用密封胶密封。密封胶表面应光滑、顺直，无裂纹。

检验方法：观察；轻敲门窗框检查；检查隐蔽工程验收记录。

(4) 金属门窗扇的橡胶密封条或毛毡密封条应安装完好，不得脱槽。

检验方法：观察；开启和关闭检查。

(5) 有排水孔的金属门窗，排水孔应畅通，位置和数量应符合设计要求。

检验方法：观察。

(6) 钢门窗安装的留缝限值、允许偏差和检验方法应符合表10-5的规定。

钢门窗安装的留缝限值、允许偏差和检验方法　　　　表10-5

项次	项目		留缝限值（mm）	允许偏差（mm）	检 验 方 法
1	门窗槽口宽度、高度	≤1500mm	—	2.5	用钢尺检查
		>1500mm	—	3.5	
2	门窗槽口对角线长度差	≤2000mm	—	5	用钢尺检查
		>2000mm	—	6	
3	门窗框的正、侧面垂直度		—	3	用1m垂直检测尺检查
4	门窗横框的水平度		—	3	用1m水平尺和塞尺检查
5	门窗横框标高		—	5	用钢尺检查
6	门窗竖向偏离中心		—	4	用钢尺检查
7	双层门窗内外框间距		—	5	用钢尺检查
8	门窗框、扇配合间隙		≤2	—	用塞尺检查
9	无下框时门扇与地面间留缝		4～8	—	用塞尺检查

(7) 铝合金门窗安装的允许偏差和检验方法应符合表10-6的规定。

铝合金门窗安装的允许偏差和检验方法　　　　表10-6

项次	项目		允许偏差（mm）	检 验 方 法
1	门窗槽口宽度、高度	≤1500mm	1.5	用钢尺检查
		>1500mm	2	
2	门窗槽口对角线长度差	≤2000mm	3	用钢尺检查
		>2000mm	4	
3	门窗框的正、侧面垂直度		2.5	用垂直检测尺检查
4	门窗横框的水平度		2	用1m水平尺和塞尺检查
5	门窗横框标高		5	用钢尺检查
6	门窗竖向偏离中心		5	用钢尺检查
7	双层门窗内外框间距		4	用钢尺检查
8	推拉门窗扇与框搭接量		1.5	用钢直尺检查

(8) 涂色镀锌钢板门窗安装的允许偏差和检验方法应符合表 10-7 的规定。

涂色镀锌钢板门窗安装的允许偏差和检验方法　　表 10-7

项次	项目		允许偏差（mm）	检验方法
1	门窗槽口宽度、高度	≤1500mm	2	用钢尺检查
		>1500mm	3	
2	门窗槽口对角线长度差	≤2000mm	4	用钢尺检查
		>2000mm	5	
3	门窗框的正、侧面垂直度		3	用垂直检测尺检查
4	门窗横框的水平度		3	用 1m 水平尺和塞尺检查
5	门窗横框标高		5	用钢尺检查
6	门窗竖向偏离中心		5	用钢尺检查
7	双层门窗内外框间距		4	用钢尺检查
8	推拉门窗扇与框搭接量		2	用钢直尺检查

四、塑料门窗安装工程

1. 主控项目

(1) 塑料门窗的品种、类型、规格、尺寸、开启方向、安装位置、连接方式及填嵌密封处理应符合设计要求，内衬增强型钢的壁厚及设置应符合国家现行产品标准的质量要求。

检验方法：观察；尺量检查；检查产品合格证书、性能检测报告、进场验收记录和复验报告；检查隐蔽工程验收记录。

(2) 塑料门窗框、副框和扇的安装必须牢固。固定片或膨胀螺栓的数量与位置应正确，连接方式应符合设计要求。固定点应距窗角、中横框、中竖框 15~200mm，固定点间距应不大于 600mm。

检验方法：观察；手扳检查；检查隐蔽工程验收记录。

(3) 塑料门窗拼樘料内衬增强型钢的规格、壁厚必须符合设计要求，型钢应与型材内腔紧密吻合，其两端必须与洞口固定牢固。窗框必须与拼樘料连接紧密，固定点间距应不大于 600mm。

检验方法：观察；手扳检查；尺量检查；检查进场验收记录。

(4) 塑料门窗扇应开关灵活、关闭严密，无倒翘。推拉门窗扇必须有防脱落措施。

检验方法：观察；开启和关闭检查；手扳检查。

(5) 塑料门窗配件的型号、规格、数量应符合设计要求，安装应牢固，位置应正确，功能应满足使用要求。

检验方法：观察；手扳检查；尺量检查。

(6) 塑料门窗框与墙体间缝隙应采用闭孔弹性材料填嵌饱满，表面应采用密封胶密封。密封胶应粘结牢固，表面应光滑、顺直、无裂纹。

检验方法：观察；检查隐蔽工程验收记录。

2. 一般项目

(1) 塑料门窗表面应洁净、平整、光滑，大面应无划痕、碰伤。

检验方法：观察。

(2) 塑料门窗扇的密封条不得脱槽。旋转窗间隙应基本均匀。

(3) 塑料门窗扇的开关力应符合下列规定：

1) 平开门窗扇平铰链的开关力应不大于80N；滑撑铰链的开关力应不大于80N，并不小于30N。

2) 推拉门窗扇的开关力应不大于100N。

检验方法：观察；用弹簧秤检查。

(4) 玻璃密封条与玻璃及玻璃槽口的接缝应平整，不得卷边、脱槽。

检验方法：观察。

(5) 排水孔应畅通，位置和数量应符合设计要求。

检验方法：观察。

(6) 塑料门窗安装的允许偏差和检验方法应符合表10-8的规定。

塑料门窗安装的允许偏差和检验方法　　　　　表10-8

项次	项 目		允许偏差（mm）	检 验 方 法
1	门窗槽口宽度、高度	≤1500mm	2	用钢尺检查
		>1500mm	3	
2	门窗槽口对角线长度差	≤2000mm	3	用钢尺检查
		>2000mm	5	
3	门窗框的正、侧面垂直度		3	用1m垂直检测尺检查
4	门窗横框的水平度		3	用1m水平尺和塞尺检查
5	门窗横框标高		5	用钢尺检查
6	门窗竖向偏离中心		5	用钢直尺检查
7	双层门窗内外框间距		4	用钢尺检查
8	同樘平开门窗相邻扇高度差		2	用钢直尺检查
9	平开门窗铰链部位配合间隙		+2；-1	用塞尺检查
10	推拉门窗扇与框搭接量		+1.5；-2.5	用钢直尺检查
11	推拉门窗扇与竖框平行度		2	用1m水平尺和塞尺检查

五、特种门安装工程

1. 主控项目

(1) 特种门的质量和各项性能应符合设计要求。

检验方法：检查生产许可证、产品合格证书和性能检测报告。

(2) 特种门的品种、类型、规格、尺寸、开启方向、安装位置及防腐处理应符合设计要求。

检验方法：观察；尺量检查；检查进场验收记录和隐蔽工程验收记录。

(3) 带有机械装置、自动装置或智能化装置的特种门，其机械装置、自动装置或智能化装置的功能应符合设计要求和有关标准的规定。

检验方法：启动机械装置、自动装置或智能化装置，观察。

(4) 特种门的安装必须牢固。预埋件的数量、位置、埋设方式、与框的连接方式必须符合设计要求。

检验方法：观察；手扳检查；检查隐蔽工程验收记录。

(5) 特种门的配件应齐全，位置应正确，安装应牢固，功能应满足使用要求和特种门的各项性能要求。

检验方法：观察；手扳检查；检查产品合格证书、性能检测报告和进场验收记录。

2. 一般项目

(1) 特种门的表面装饰应符合设计要求。

检验方法：观察。

(2) 特种门的表面应洁净，无划痕、碰伤。

检验方法：观察。

(3) 推拉自动门安装的留缝限值、允许偏差和检验方法应符合表 10-9 的规定。

推拉自动门安装的留缝限值、允许偏差和检验方法　　表 10-9

项次	项目		留缝限值（mm）	允许偏差（mm）	检验方法
1	门槽口宽度、高度	≤1500mm	—	1.5	用钢尺检查
		>1500mm	—	2	
2	门槽口对角线长度差	≤2000mm	—	2	用钢尺检查
		>2000mm	—	2.5	
3	门框的正、侧面垂直度		—	1	用1m垂直检测尺检查
4	门构件装配间隙		—	0.3	用塞尺检查
5	门梁导轨水平度		—	1	用1m水平尺和塞尺检查
6	下导轨与门梁导轨平行度		—	1.5	用钢尺检查
7	门扇与侧框间留缝		1.2~1.8	—	用塞尺检查
8	门扇对口缝		1.2~1.8	—	用塞尺检查

(4) 推拉自动门的感应时间限值和检验方法应符合表 10-10 的规定。

推拉自动门的感应时间限值和检验方法　　表 10-10

项次	项目	感应时间限值（s）	检验方法
1	开门向应时间	≤0.5	用秒表检查
2	堵门保护延时	16~20	用秒表检查
3	门扇全开启后保持时间	13~17	用秒表检查

(5) 旋转门安装的允许偏差和检验方法应符合 10-11 的规定。

旋转门安装的允许偏差和检验方法　　　　表 10-11

项次	项　目	允许偏差（mm）		检 验 方 法
		金属框架玻璃旋转门	木质旋转门	
1	门扇正、侧面垂直度	1.5	1.5	用 1m 垂直检测尺检查
2	门扇对角线长度差	1.5	1.5	用钢尺检查
3	相邻扇高度差	1	1	用钢尺检查
4	扇与圆弧边留缝	1.5	2	用塞尺检查
5	扇与上顶间留缝	2	2.5	用塞尺检查
6	扇与地面间留缝	2	2.5	用塞尺检查

六、门窗玻璃安装工程

1．主控项目

(1) 玻璃的品种、规格、尺寸、色彩、图案和涂膜朝向应符合设计要求。单块玻璃大于 1.5m² 时应使用安全玻璃。

检验方法：观察；检查产品合格证书、性能检测报告和进场验收记录。

(2) 门窗玻璃裁割尺寸应正确。安装后的玻璃应牢固，不得有裂纹、损伤和松动。

检验方法：观察；轻敲检查。

(3) 玻璃的安装方法应符合设计要求。固定玻璃的钉子或钢丝卡的数量、规格应保证玻璃安装牢固。

检验方法：观察；检查施工记录。

(4) 镶钉木压条接触玻璃处，应与裁口边缘平齐。木压条应互相紧密连接，并与裁口边缘紧贴，割角应整齐。

检验方法：观察。

(5) 密封条与玻璃、玻璃槽口的接触应紧密、平整。密封胶与玻璃、玻璃槽口的边缘应粘结牢固、接缝平齐。

检验方法：观察。

(6) 带密封条的玻璃压条，其密封条必须与玻璃全部贴紧，压条与型材之间应无明显缝隙，压条接缝应不大于 0.5mm。

检验方法：观察；尺量检查。

2．一般项目

(1) 玻璃表面应洁净，不得有腻子、密封胶、涂料等污渍。中空玻璃内外表面均应洁净，玻璃中空层内不得有灰尘和水蒸气。

检验方法：观察。

(2) 门窗玻璃不应直接接触型材。单面镀膜玻璃的镀膜层及磨砂玻璃的磨砂面应朝向室内。中空玻璃的单面镀膜玻璃应在最外层，镀膜层应朝向室内。

检验方法：观察。

(3) 腻子应填抹饱满、粘结牢固；腻子边缘与裁口应平齐。固定玻璃的卡子不应在腻子表面显露。

检验方法：观察。

第三节 吊 顶 工 程

一、一般规定

1. 吊顶工程验收时应检查下列文件和记录：
(1) 吊顶工程的施工图、设计说明及其他设计文件。
(2) 材料的产品合格证书、性能检测报告、进场验收记录和复验报告。
(3) 隐蔽工程验收记录。
(4) 施工记录。

2. 吊顶工程应对人造木板的甲醛含量进行复验。

3. 吊顶工程应对下列隐蔽工程项目进行验收：
(1) 吊顶内管道、设备的安装及水管试压。
(2) 木龙骨防火、防腐处理。
(3) 预埋件或拉结筋。
(4) 吊杆安装。
(5) 龙骨安装。
(6) 填充材料的设置。

4. 各分项工程的检验批应按下列规定划分：
同一品种的吊顶工程每 50 间（大面积房间和走廊按吊顶面积 $30m^2$ 为一间）应划分为一个检验批，不足 50 间也应划分为一个检验批。

5. 检查数量应符合下列规定：
每个检验批应至少抽查 10%，并不得少于 3 间；不足 3 间时应全数检查。

6. 安装龙骨前，应按设计要求对房间净高、洞口标高和吊顶内管道、设备及其支架的标高进行交接检验。

7. 吊顶工程的木吊杆、木龙骨和木饰面板必须进行防火处理，并应符合有关设计防火规范的规定。

8. 吊顶工程中的预埋件、钢筋吊杆和型钢吊杆应进行防锈处理。

9. 安装饰面板前应完成吊顶内管道和设备的调试及验收。

10. 吊杆距主龙骨端部距离不得大于 300mm，当大于 300mm 时，应增加吊杆。当吊杆长度大于 1.5m 时，应设置反支撑。当吊杆与设备相遇时，应调整并增设吊杆。

11. 重型灯具、电扇及其他重型设备严禁安装在吊顶工程的龙骨上。

二、暗龙骨吊顶工程

1. 主控项目

(1) 吊顶标高、尺寸、起拱和造型应符合设计要求。

检验方法：观察；尺量检查。

(2) 饰面材料的材质、品种、规格、图案和颜色应符合设计要求。

检验方法：观察；检查产品合格证书、性能检测报告、进场验收记录初复验报告。

(3) 暗龙骨吊顶工程的吊杆、龙骨和饰面材料的安装必须牢固。

检验方法：观察；手扳检查；检查隐蔽工程验收记录和施工记录。

(4) 吊杆、龙骨的材质、规格、安装间距及连接方式应符合设计要求。金属吊杆、龙骨应经过表面防腐处理；木吊杆、龙骨应进行防腐、防火处理。

检验方法：观察；尺量检查；检查产品合格证书、性能检测报告、进场验收记录和隐蔽工程验收记录。

(5) 石膏板的接缝应按其施工工艺标准进行板缝防裂处理。安装双层石膏板时，面层板与基层板的接缝应错开，并不得在同一根龙骨上接缝。

检验方法：观察。

2. 一般项目

(1) 饰面材料表面应洁净、色泽一致，不得有翘曲、裂缝及缺损。压条应平直、宽窄一致。

检验方法：观察；尺量检查。

(2) 饰面板上的灯具、烟感器、喷淋头、风口篦子等设备的位置应合理、美观，与饰面板的交接应吻合、严密。

检验方法：观察。

(3) 金属吊杆、龙骨的接缝应均匀一致，角缝应吻合，表面应平整，无翘曲、锤印。木质吊杆、龙骨应顺直，无劈裂、变形。

检验方法：检查隐蔽工程验收记录和施工记录。

(4) 吊顶内填充吸声材料的品种和铺设厚度应符合设计要求，并应有防散落措施。

检验方法：检查隐蔽工程验收记录和施工记录。

(5) 暗龙骨吊顶工程安装的允许偏差和检验方法应符合表 10-12 的规定。

暗龙骨吊顶工程安装的允许偏差和检验方法　　　　表 10-12

项次	项目	允许偏差（mm）				检验方法
		纸面石膏板	金属板	矿棉板	木板、塑料板、格栅	
1	表面平整度	3	2	2	2	用 2m 靠尺和塞尺检查
2	接缝直线度	3	1.5	3	3	拉 5m 线，不足 5m 拉通线，用钢直尺检查
3	接缝高低差	1	1	1.5	1	用钢直尺和塞尺检查

三、明龙骨吊顶工程

1. 主控项目

（1）吊顶标高、尺寸、起拱和造型应符合设计要求。

检验方法：观察；尺量检查。

（2）饰面材料的材质、品种、规格、图案和颜色应符合设计要求。当饰面材料为玻璃板时，应使用安全玻璃或采取可靠的安全措施。

检验方法：观察；检查产品合格证书、性能检测报告和进场验收记录。

（3）饰面材料的安装应稳固严密。饰面材料与龙骨的搭接宽度应大于龙骨受力面宽度的2/3。

检验方法：观察；手扳检查；尺量检查。

（4）吊杆、龙骨的材质、规格、安装间距及连接方式应符合设计要求。金属吊杆、龙骨应进行表面防腐处理；木龙骨应进行防腐、防火处理。

检验方法：观察；尺量检查；检查产品合格证书、进场验收记录和隐蔽工程验收记录。

（5）明龙骨吊顶工程的吊杆和龙骨安装必须牢固。

检验方法：手扳检查；检查隐蔽工程验收记录和施工记录。

2. 一般项目

（1）饰面材料表面应洁净、色泽一致，不得有翘曲、裂缝及缺损。饰面板与明龙骨的搭接应平整、吻合，压条应平直、宽窄一致。

检验方法：观察；尺量检查。

（2）饰面板上的灯具、烟感器、喷淋头、风口篦子等设备的位置应合理、美观，与饰面板的交接应吻合、严密。

检验方法：观察。

（3）金属龙骨的接缝应平整、吻合、颜色一致，不得有划伤、擦伤等表面缺陷。木质龙骨应平整、顺直，无劈裂。

检验方法：观察。

（4）吊顶内填充吸声材料的品种和铺设厚度应符合设计要求，并应有防散落措施。

检验方法：检查隐蔽工程验收记录和施工记录。

（5）明龙骨吊顶工程安装的允许偏差和检验方法应符合表10-13的规定。

明龙骨吊顶工程安装的允许偏差和检验方法　　　　　表10-13

项次	项目	允许偏差（mm）				检验方法
		石膏板	金属板	矿棉板	塑料板、玻璃板	
1	表面平整度	3	2	3	2	用2m靠尺和塞尺检查
2	接缝直线度	3	2	3	3	拉5m线，不足5m拉通线，用钢直尺检查
3	接缝高低差	1	1	2	1	用钢直尺和塞尺检查

第四节 轻质隔墙工程

一、一般规定

1. 轻质隔墙工程验收时应检查下列文件和记录：
(1) 轻质隔墙工程的施工图、设计说明及其他设计文件。
(2) 材料的产品合格证书、性能检测报告、进场验收记录和复验报告。
(3) 隐蔽工程验收记录。
(4) 施工记录。
2. 轻质隔墙工程应对人造木板的甲醛含量进行复验。
3. 轻质隔墙工程应对下列隐蔽工程项目进行验收：
(1) 骨架隔墙中设备管线的安装及水管试压。
(2) 木龙骨防火、防腐处理。
(3) 预埋件或拉结筋。
(4) 龙骨安装。
(5) 填充材料的设置。
4. 各分项工程的检验批应按下列规定划分：
同一品种的轻质隔墙工程每 50 间（大面积房间和走廊按轻质隔墙的墙面 30m² 为一间）应划分为一个检验批，不足 50 间也应划分为一个检验批。
5. 轻质隔墙与顶棚和其他墙体的交接处应采取防开裂措施。
6. 民用建筑轻质隔墙工程的隔声性能应符合现行国家标准《民用建筑隔声设计规范》（GBJ 118—88）的规定。

二、板材隔墙工程

板材隔墙工程的检查数量应符合下列规定：
每个检验批应至少抽查 10%，并不得少于 3 间；不足 3 间时应全数检查。
1. 主控项目
(1) 隔墙板材的品种、规格、性能、颜色应符合设计要求。有隔声、隔热、阻燃、防潮等特殊要求的工程，板材应有相应性能等级的检测报告。
检验方法：观察；检查产品合格证书、进场验收记录和性能检测报告。
(2) 安装隔墙板材所需预埋件、连接件的位置、数量及连接方法应符合设计要求。
检验方法：观察；尺量检查；检查隐蔽工程验收记录。
(3) 隔墙板材安装必须牢固。现制钢丝网水泥隔墙与周边墙体的连接方法应符合设计要求，并应连接牢固。
检验方法：观察；手扳检查。
(4) 隔墙板材所用接缝材料的品种及接缝方法应符合设计要求。
检验方法：观察；检查产品合格证书和施工记录。
2. 一般项目

(1) 隔墙板材安装应垂直、平整、位置正确，板材不应有裂缝或缺损。

检验方法：观察；尺量检查。

(2) 板材隔墙表面应平整光滑、色泽一致、洁净，接缝应均匀、顺直。

检验方法：观察；手摸检查。

(3) 隔墙上的孔洞、槽、盒应位置正确、套割方正、边缘整齐。

检验方法：观察。

(4) 板材隔墙安装的允许偏差和检验方法应符合表10-14的规定。

板材隔墙安装的允许偏差和检验方法　　　表10-14

项次	项目	允许偏差（mm）				检验方法
		复合轻质墙板		石膏空心板	钢丝网水泥板	
		金属夹芯板	其他复合板			
1	立面垂直度	2	3	3	3	用2m垂直检测尺检查
2	表面平整度	2	3	3	3	用2m靠尺和塞尺检查
3	阴阳角方正	3	3	3	4	用直角检测尺检查
4	接缝高低差	1	2	2	3	用钢直尺和塞尺检查

三、骨架隔墙工程

骨架隔墙工程的检查数量应符合下列规定：

每个检验批应至少抽查10%，并不得少于3间；不足3间时应全数检查。

1. 主控项目

(1) 骨架隔墙所用龙骨、配件、墙面板、填充材料及嵌缝材料的品种、规格、性能和木材的含水率应符合设计要求。有隔声、隔热、阻燃、防潮等特殊要求的工程，材料应有相应性能等级的检测报告。

检验方法：观察；检查产品合格证书、进场验收记录、性能检测报告和复验报告。

(2) 骨架隔墙工程边框龙骨必须与基体结构连接牢固，并应平整、垂直、位置正确。

检验方法：手扳检查；尺量检查；检查隐蔽工程验收记录。

(3) 骨架隔墙中龙骨间距和构造连接方法应符合设计要求。骨架内设备管线的安装、门窗洞口等部位加强龙骨应安装牢固、位置正确，填充材料的设置应符合设计要求。

检验方法：检查隐蔽工程验收记录。

(4) 木龙骨及木墙面板的防火和防腐处理必须符合设计要求。

检验方法：检查隐蔽工程验收记录。

(5) 骨架隔墙的墙面板应安装牢固，无脱层、翘曲、折裂及缺损。

检验方法：观察；手扳检查。

(6) 墙面板所用接缝材料的接缝方法应符合设计要求。

检验方法：观察。

2. 一般项目

(1) 骨架隔墙表面应平整光滑、色泽一致、洁净、无裂缝，接缝应均匀、顺直。
检验方法：观察；手摸检查。
(2) 骨架隔墙上的孔洞、槽、盒应位置正确、套割吻合、边缘整齐。
检验方法：观察。
(3) 骨架隔墙内的填充材料应干燥，填充应密实、均匀、无下坠。
检验方法：轻敲检查；检查隐蔽工程验收记录。
(4) 骨架隔墙安装的允许偏差和检验方法应符合表10-15的规定。

骨架隔墙安装的允许偏差和检验方法　　　　表 10-15

项次	项目	允许偏差（mm）		检验方法
		纸面石膏板	人造木板、水泥纤维板	
1	立面垂直度	3	4	用2m垂直检测尺检查
2	表面平整度	3	3	用2m靠尺和塞尺检查
3	阴阳角方正	3	3	用直角检测尺检查
4	接缝直线度	—	3	拉5m线，不足5m拉通线，用钢直尺检查
5	压条直线度	—	3	拉5m线，不足5m拉通线，用钢直尺检查
6	接缝高低差	1	1	用钢直尺和塞尺检查

四、活动隔墙工程

活动隔墙工程的检查数量应符合下列规定：
每个检验批应至少抽查20%，并不得少于6间；不足6间时应全数检查。

1. 主控项目
(1) 活动隔墙所用墙板、配件等材料的品种、规格、性能和木材的含水率应符合设计要求。有阻燃、防潮等特性要求的工程，材料应有相应性能等级的检测报告。
检验方法：观察；检查产品合格证书、进场验收记录、性能检测报告和复验报告。
(2) 活动隔墙轨道必须与基体结构连接牢固，并应位置正确。
检验方法：尺量检查；手扳检查。
(3) 活动隔墙用于组装、推拉和制动的构配件必须安装牢固、位置正确，推拉必须安全、平稳、灵活。
检验方法：尺量检查；手扳检查；推拉检查。
(4) 活动隔墙制作方法、组合方式应符合设计要求。
检验方法：观察。

2. 一般项目
(1) 活动隔墙表面应色泽一致、平整光滑、洁净，线条应顺直、清晰。

检验方法：观察；手摸检查。

(2) 活动隔墙上的孔洞、槽、盒应位置正确、套割吻合、边缘整齐。

检验方法：观察；尺量检查。

(3) 活动隔墙推拉应无噪声。

检验方法：推拉检查。

(4) 活动隔墙安装的允许偏差和检验方法应符合表10-16的规定。

活动隔墙安装的允许偏差和检验方法　　　　表10-16

项次	项　　目	允许偏差（mm）	检　验　方　法
1	立面垂直度	3	用2m垂直检测尺检查
2	表面平整度	2	用2m靠尺和塞尺检查
3	接缝直线度	3	拉5m线，不足5m拉通线，用钢直尺检查
4	接缝高低差	2	用钢直尺和塞尺检查
5	接缝宽度	2	用钢直尺检查

五、玻璃隔墙工程

玻璃隔墙工程的检查数量应符合下列规定：

每个检验批应至少抽查20%，并不得少于6间；不足6间时应全数检查。

1. 主控项目

(1) 玻璃隔墙工程所用材料的品种、规格、性能、图案和颜色应符合设计要求。玻璃板隔墙应使用安全玻璃。

检验方法：观察；检查产品合格证书、进场验收记录和性能检测报告。

(2) 玻璃砖隔墙的砌筑或玻璃板隔墙的安装方法应符合设计要求。

检验方法：观察。

(3) 玻璃砖隔墙砌筑中埋设的拉结筋必须与基体结构连接牢固，并应位置正确。

检验方法：手扳检查；尺量检查；检查隐蔽工程验收记录。

(4) 玻璃板隔墙的安装必须牢固。玻璃板隔墙胶垫的安装应正确。

检验方法：观察；手推检查；检查施工记录。

2. 一般项目

(1) 玻璃隔墙表面应色泽一致、平整洁净、清晰美观。

检验方法：观察。

(2) 玻璃隔墙接缝应横平竖直，玻璃应无裂痕、缺损和划痕。

检验方法：观察。

(3) 玻璃板隔墙嵌缝及玻璃砖隔墙勾缝应密实平整、均匀顺直、深浅一致。

检验方法：观察。

(4) 玻璃隔墙安装的允许偏差和检验方法应符合表10-17的规定。

玻璃隔墙安装的允许偏差和检验方法　　　　表 10-17

项次	项目	允许偏差（mm）		检 验 方 法
		玻璃砖	玻璃板	
1	立面垂直度	3	2	用 2m 垂直检测尺检查
2	表面平整度	3	—	用 2m 靠尺和塞尺检查
3	阴阳角方正	—	2	用直角检测尺检查
4	接缝直线度	—	2	拉 5m 线，不足 5m 拉通线，用钢直尺检查
5	接缝高低差	3	2	用钢直尺和塞尺检查
6	接缝宽度	—	1	用钢直尺检查

第五节　饰面板（砖）工程

一、一般规定

1．饰面板（砖）工程验收时应检查下列文件和记录：
（1）饰面板（砖）工程的施工图、设计说明及其他设计文件。
（2）材料的产品合格证书、性能检测报告、进场验收记录和复验报告。
（3）后置埋件的现场拉拔检测报告。
（4）外墙饰面砖样板件的粘结强度检测报告。
（5）隐蔽工程验收记录。
（6）施工记录。

2．饰面板（砖）工程应对下列材料及其性能指标进行复验：
（1）室内用花岗石的放射性。
（2）粘贴用水泥的凝结时间、安定性和抗压强度。
（3）外墙陶瓷面砖的吸水率。
（4）寒冷地区外墙陶瓷面砖的抗冻性。

3．饰面板（砖）工程应对下列隐蔽工程项目进行验收：
（1）预埋件（或后置埋件）。
（2）连接节点。
（3）防水层。

4．各分项工程的检验批应按下列规定划分：
（1）相同材料、工艺和施工条件的室内饰面板（砖）工程每 50 间（大面积房间和走廊按施工面积 30m² 为一间）应划分为一个检验批，不足 50 间也应划分为一个检验批。
（2）相同材料、工艺和施工条件的室外饰面板（砖）工程每 500~1000m² 应划分为一个检验批，不足 500m² 也应划分为一个检验批。

5．检查数量应符合下列规定：
（1）室内每个检验批应至少抽查 10%，并不得少于 3 间；不足 3 间时应全数检查。
（2）室外每个检验批每 100m² 应至少抽查一处，每处不得小于 10m²。

6. 外墙饰面砖粘贴前和施工过程中,均应在相同基层上做样板件,并对样板件的饰面砖粘结强度进行检验,其检验方法和结果判定应符合《建筑工程饰面砖粘结强度检验标准》(JGJ 110—97)的规定。

7. 饰面板(砖)工程的抗震缝、伸缩缝、沉降缝等部位的处理应保证缝的使用功能和饰面的完整性。

二、饰面板安装工程

适用于内墙饰面板安装工程和高度不大于24m、抗震设防烈度不大于7度的外墙饰面板安装工程的质量验收。

1. 主控项目

(1) 饰面板的品种、规格、颜色和性能应符合设计要求,木龙骨、木饰面板和塑料饰面板的燃烧性能等级应符合设计要求。

检验方法:观察;检查产品合格证书、进场验收记录和性能检测报告。

(2) 饰面板孔、槽的数量、位置和尺寸应符合设计要求。

检验方法:检查进场验收记录和施工记录。

(3) 饰面板安装工程的预埋件(或后置埋件)、连接件的数量、规格、位置、连接方法和防腐处理必须符合设计要求。后置埋件的现场拉拔强度必须符合设计要求。饰面板安装必须牢固。

检验方法:手扳检查;检查进场验收记录、现场拉拔检测报告、隐蔽工程验收记录和施工记录。

2. 一般项目

(1) 饰面板表面应平整、洁净、色泽一致,无裂痕和缺损。石材表面应无泛碱等污染。

检验方法:观察。

(2) 饰面板嵌缝应密实、平直,宽度和深度应符合设计要求,嵌填材料色泽应一致。

检验方法:观察;尺量检查。

(3) 采用湿作业法施工的饰面板工程,石材应进行防碱背涂处理。饰面板与基体之间的灌注材料应饱满、密实。

检验方法:用小锤轻击检查;检查施工记录。

(4) 饰面板上的孔洞应套割吻合,边缘应整齐。

检验方法:观察。

(5) 饰面板安装的允许偏差和检验方法应符合表10-18的规定。

饰面板安装的允许偏差和检验方法 表10-18

项次	项目	允许偏差(mm)							检验方法
		石材			瓷板	木材	塑料	金属	
		光面	剁斧石	蘑菇石					
1	立面垂直度	2	3	3	2	1.5	2	2	用2m垂直检测尺检查
2	表面平整度	2	3	—	1.5	1	3	2	用2m靠尺和塞尺检查

续表

项次	项目	允许偏差（mm）							检验方法
		石材			瓷板	木材	塑料	金属	
		光面	剁斧石	蘑菇石					
3	阴阳角方正	2	4	4	2	1.5	3	3	用直角检测尺检查
4	接缝直线度	2	4	4	2	1	1	1	拉5m线，不足5m拉通线，用钢直尺检查
5	墙裙、勒脚上口直线度	2	3	3	2	2	2	2	拉5m线，不足5m拉通线，用钢直尺检查
6	接缝高低差	0.5	3	—	0.5	0.5	1	1	用钢直尺和塞尺检查
7	接缝宽度	1	2	2	1	1	1	1	用钢直尺检查

三、饰面砖粘贴工程

适用于内墙饰面砖粘贴工程和高度不大于100m、抗震设防烈度不大于8度、采用满粘法施工的外墙饰面砖粘贴工程的质量验收。

1. 主控项目

（1）饰面砖的品种、规格、图案、颜色和性能应符合设计要求。

检验方法：观察；检查产品合格证书、进场验收记录、性能检测报告和复验报告。

（2）饰面砖粘贴工程的找平、防水、粘结和勾缝材料及施工方法应符合设计要求及国家现行产品标准和工程技术标准的规定。

检验方法：检查产品合格证书、复验报告和隐蔽工程验收记录。

（3）饰面砖粘贴必须牢固。

检验方法：检查样板件粘结强度检测报告和施工记录。

（4）满粘法施工的饰面砖工程应无空鼓、裂缝。

检验方法：观察；用小锤轻击检查。

2. 一般项目

（1）饰面砖表面应平整、洁净、色泽一致，无裂痕和缺损。

检验方法：观察。

（2）阴阳角处搭接方式、非整砖使用部位应符合设计要求。

检验方法：观察。

（3）墙面突出物周围的饰面砖应整砖套割吻合，边缘应整齐。墙裙、贴脸突出墙面的厚度应一致。

检验方法：观察；尺量检查。

（4）饰面砖接缝应平直、光滑，填嵌应连续、密实；宽度和深度应符合设计要求。

检验方法：观察；尺量检查。

（5）有排水要求的部位应做滴水线（槽）。滴水线（槽）应顺直，流水坡向应正确，坡度应符合设计要求。

检验方法：观察；用水平尺检查。

(6) 饰面砖粘贴的允许偏差和检验方法应符合表 10-19 的规定。

饰面砖粘贴的允许偏差和检验方法　　　　　　表 10-19

项次	项目	允许偏差（mm）		检验方法
		外墙面砖	内墙面砖	
1	立面垂直度	3	2	用 2m 垂直检测尺检查
2	表面平整度	4	3	用 2m 靠尺和塞尺检查
3	阴阳角方正	3	3	用直角检测尺检查
4	接缝直线度	3	0.5	拉 5m 线，不足 5m 拉通线，用钢直尺检查
5	接缝高低差	1	2	用钢直尺和塞尺检查
6	接缝宽度	1	1	用钢直尺检查

第六节 幕 墙 工 程

一、一般规定

1．幕墙工程验收时应检查下列文件和记录：
(1) 幕墙工程的施工图、结构计算书、设计说明及其他设计文件。
(2) 建筑设计单位对幕墙工程设计的确认文件。
(3) 幕墙工程所用各种材料、五金配件、构件及组件的产品合格证书、性能检测报告、进场验收记录和复验报告。
(4) 幕墙工程所用硅酮结构胶的认定证书和抽查合格证明；进口硅酮结构胶的商检证；国家指定检测机构出具的硅酮结构胶相容性和剥离粘结性试验报告；石材用密封胶的耐污染性试验报告。
(5) 后置埋件的现场拉拔强度检测报告。
(6) 幕墙的抗风压性能、空气渗透性能、雨水渗漏性能及平面变形性能检测报告。
(7) 打胶、养护环境的温度、湿度记录；双组份硅酮结构胶的混匀性试验记录及拉断试验记录。
(8) 防雷装置测试记录。
(9) 隐蔽工程验收记录。
(10) 幕墙构件和组件的加工制作记录；幕墙安装施工记录。
2．幕墙工程应对下列材料及其性能指标进行复验：
(1) 铝塑复合板的剥离强度。
(2) 石材的弯曲强度；寒冷地区石材的耐冻融性；室内用花岗石的放射性。
(3) 玻璃幕墙用结构胶的邵氏硬度、标准条件拉伸粘结强度、相容性试验；石材用结构胶的粘结强度；石材用密封胶的污染性。
3．幕墙工程应对下列隐蔽工程项目进行验收：

(1) 预埋件（或后置埋件）。
(2) 构件的连接节点。
(3) 变形缝及墙面转角处的构造节点。
(4) 幕墙防雷装置。
(5) 幕墙防火构造。

4. 各分项工程的检验批应按下列规定划分：
(1) 相同设计、材料、工艺和施工条件的幕墙工程每 500～1000m^2 应划分为一个检验批，不足 500m^2 也应划分为一个检验批。
(2) 同一单位工程的不连续的幕墙工程应单独划分检验批。
(3) 对于异型或有特殊要求的幕墙，检验批的划分应根据幕墙的结构、工艺特点及幕墙工程规模，由监理单位（或建设单位）和施工单位协商确定。

5. 检查数量应符合下列规定：
(1) 每个检验批每 100m^2 应至少抽查一处，每处不得小于 10m^2。
(2) 对于异型或有特殊要求的幕墙工程，应根据幕墙的结构和工艺特点，由监理单位（或建设单位）和施工单位协商确定。

6. 幕墙及其连接件应具有足够的承载力、刚度和相对于主体结构的位移能力。幕墙构架立柱的连接金属角码与其他连接件应采用螺栓连接，并应有防松动措施。

7. 隐框、半隐框幕墙所采用的结构粘结材料必须是中性硅酮结构密封胶，其性能必须符合《建筑用硅酮结构密封胶》（GB 16776—2005）的规定；硅酮结构密封胶必须在有效期内使用。

8. 立柱和横梁等主要受力构件，其截面受力部分的壁厚应经计算确定，且铝合金型材壁厚不应小于 3.0mm，钢型材壁厚不应小于 3.5mm。

9. 隐框、半隐框幕墙构件中板材与金属框之间硅酮结构密封胶的粘结宽度，应分别计算风荷载标准值和板材自重标准值作用下硅酮结构密封胶的粘结宽度，并取其较大值，且不得小于 7.0mm。

10. 硅酮结构密封胶应打注饱满，并应在温度 15～30℃、相对湿度 50% 以上、洁净的室内进行；不得在现场墙上打注。

11. 幕墙的防火除应符合现行国家标准《建筑设计防火规范》（GBJ 16—87）和《高层民用建筑设计防火规范》（GB 50045—95）的有关规定外，还应符合下列规定：
(1) 应根据防火材料的耐火极限决定防火层的厚度和宽度，并应在楼板处形成防火带。
(2) 防火层应采取隔离措施。防火层的衬板应采用经防腐处理且厚度不小于 1.5mm 的钢板，不得采用铝板。
(3) 防火层的密封材料应采用防火密封胶。
(4) 防火层与玻璃不应直接接触，一块玻璃不应跨两个防火分区。

12. 主体结构与幕墙连接的各种预埋件，其数量、规格、位置和防腐处理必须符合设计要求。

13. 幕墙的金属框架与主体结构预埋件的连接、立柱与横梁的连接及幕墙面板的安装必须符合设计要求，安装必须牢固。

14. 单元幕墙连接处和吊挂处的铝合金型材的壁厚应通过计算确定，并不得小于

5.0mm。

15. 幕墙的金属框架与主体结构应通过预埋件连接，预埋件应在主体结构混凝土施工时埋入，预埋件的位置应准确。当没有条件采用预埋件连接时，应采用其他可靠的连接措施，并应通过试验确定其承载力。

16. 立柱应采用螺栓与角码连接，螺栓直径应经过计算，并不应小于10mm。不同金属材料接触时应采用绝缘垫片分隔。

17. 幕墙的抗震缝、伸缩缝、沉降缝等部位的处理应保证缝的使用功能和饰面的完整性。

18. 幕墙工程的设计应满足维护和清洁的要求。

二、玻璃幕墙工程

适用于建筑高度不大于150m、抗震设防烈度不大于8度的隐框玻璃幕墙、半隐框玻璃幕墙、明框玻璃幕墙、全玻幕墙及点支承玻璃幕墙工程的质量验收。

1. 主控项目

（1）玻璃幕墙工程所使用的各种材料、构件和组件的质量，应符合设计要求及国家现行产品标准和工程技术规范的规定。

检验方法：检查材料、构件、组件的产品合格证书、进场验收记录、性能检测报告和材料的复验报告。

（2）玻璃幕墙的造型和立面分格应符合设计要求。

检验方法：观察；尺量检查。

（3）玻璃幕墙使用的玻璃应符合下列规定：

1）幕墙应使用安全玻璃，玻璃的品种、规格、颜色、光学性能及安装方向应符合设计要求。

2）幕墙玻璃的厚度不应小于6.0mm。全玻幕墙肋玻璃的厚度不应小于12mm。

3）幕墙的中空玻璃应采用双道密封。明框幕墙的中空玻璃应采用聚硫密封胶及丁基密封胶；隐框和半隐框幕墙的中空玻璃应采用硅酮结构密封胶及丁基密封胶；镀膜面应在中空玻璃的第2或第3面上。

4）幕墙的夹层玻璃应采用聚乙烯醇缩丁醛（PVB）胶片干法加工合成的夹层玻璃。点支承玻璃幕墙夹层玻璃的夹层胶片（PVB）厚度不应小于0.76mm。

5）钢化玻璃表面不得有损伤；8mm以下的钢化玻璃应进行引爆处理。

6）所有幕墙玻璃均应进行边缘处理。

检验方法：观察；尺量检查；检查施工记录。

（4）玻璃幕墙与主体结构连接的各种预埋件、连接件、紧固件必须安装牢固，其数量、规格、位置、连接方法和防腐处理应符合设计要求。

检验方法：观察；检查隐蔽工程验收记录和施工记录。

（5）各种连接件、紧固件的螺栓应有防松动措施；焊接连接应符合设计要求和焊接规范的规定。

检验方法：观察；检查隐蔽工程验收记录和施工记录。

（6）隐框或半隐框玻璃幕墙，每块玻璃下端应设置两个铝合金或不锈钢托条，其长度不应小于100mm，厚度不应小于2mm，托条外端应低于玻璃外表面2mm。

(9) 隐框、半隐框玻璃幕墙安装的允许偏差和检验方法应符合表 10-23 的规定。

隐框、半隐框玻璃幕墙安装的允许偏差和检验方法　　　　表 10-23

项次	项目		允许偏差（mm）	检验方法
1	幕墙垂直度	幕墙高度≤30m	10	用经纬仪检查
		30m＜幕墙高度≤60m	15	
		60m＜幕墙高度≤90m	20	
		幕墙高度＞90m	25	
2	幕墙水平度	层高≤3m	3	用水平仪检查
		层高＞3m	5	
3	幕墙表面平整度		2	用 2m 靠尺和塞尺检查
4	板材立面垂直度		2	用垂直检测尺检查
5	板材上沿水平度		2	用 1m 水平尺和钢直尺检查
6	相邻板材板角错位		1	用钢直尺检查
7	阳角方正		2	用直角检测尺检查
8	接缝直线度		3	拉 5m 线，不足 5m 拉通线，用钢直尺检查
9	接缝高低差		1	用钢直尺和塞尺检查
10	接缝宽度		1	用钢直尺检查

三、金属幕墙工程

适用于建筑高度不大于 150m 的金属幕墙工程的质量验收。

1. 主控项目

(1) 金属幕墙工程所使用的各种材料和配件，应符合设计要求及国家现行产品标准和工程技术规范的规定。

检验方法：检查产品合格证书、性能检测报告、材料进场验收记录和复验报告。

(2) 金属幕墙的造型和立面分格应符合设计要求。

检验方法：观察；尺量检查。

(3) 金属面板的品种、规格、颜色、光泽及安装方向应符合设计要求。

检验方法：观察；检查进场验收记录。

(4) 金属幕墙主体结构上的预埋件、后置埋件的数量、位置及后置埋件的拉拔力必须符合设计要求。

检验方法：检查拉拔力检测报告和隐蔽工程验收记录。

(5) 金属幕墙的金属框架立柱与主体结构预埋件的连接、立柱与横梁的连接、金属面板的安装必须符合设计要求，安装必须牢固。

检验方法：手扳检查；检查隐蔽工程验收记录。

（6）金属幕墙的防火、保温、防潮材料的设置应符合设计要求，并应密实、均匀、厚度一致。

检验方法：检查隐蔽工程验收记录。

（7）金属框架及连接件的防腐处理应符合设计要求。

检验方法：检查隐蔽工程验收记录和施工记录。

（8）金属幕墙的防雷装置必须与主体结构的防雷装置可靠连接。

检验方法：检查隐蔽工程验收记录。

（9）各种变形缝、墙角的连接节点应符合设计要求和技术标准的规定。

检验方法：观察；检查隐蔽工程验收记录。

（10）金属幕墙的板缝注胶应饱满、密实、连续、均匀、无气泡，宽度和厚度应符合设计要求和技术标准的规定。

检验方法：观察；尺量检查；检查施工记录。

（11）金属幕墙应无渗漏。

检验方法：在易渗漏部位进行淋水检查。

2．一般项目

（1）金属板表面应平整、洁净、色泽一致。

检验方法：观察。

（2）金属幕墙的压条应平直、洁净、接口严密、安装牢固。

检验方法：观察；手扳检查。

（3）金属幕墙的密封胶缝应横平竖直、深浅一致、宽窄均匀、光滑顺直。

检验方法：观察。

（4）金属幕墙上的滴水线、流水坡向应正确、顺直。

检验方法；观察；用水平尺检查。

（5）每平方米金属板的表面质量和检验方法应符合表 10-24 的规定。

每平方米金属板的表面质量和检验方法 表 10-24

项次	项目	质量要求	检验方法
1	明显划伤和长度 >100mm 的轻微划伤	不允许	观察
2	长度 ≤100mm 的轻微划伤	≤8 条	用钢尺检查
3	擦伤总面积	≤500mm²	用钢尺检查

（6）金属幕墙安装的允许偏差和检验方法应符合表 10-25 的规定。

金属幕墙安装的允许偏差和检验方法 表 10-25

项次	项目		允许偏差（mm）	检验方法
1	幕墙垂直度	幕墙高度≤30m	10	用经纬仪检查
		30m<幕墙高度≤60m	15	
		60m<幕墙高度≤90m	20	
		幕墙高度>90m	25	

续表

项次	项	目	允许偏差（mm）	检 验 方 法
2	幕墙水平度	层高≤3m	3	用水平仪检查
		层高＞3m	5	
3	幕墙表面平整度		2	用2m靠尺和塞尺检查
4	板材立面垂直度		3	用垂直检测尺检查
5	板材上沿水平度		2	用1m水平尺和钢直尺检查
6	相邻板材板角错位		1	用钢直尺检查
7	阳角方正		2	用直角检测尺检查
8	接缝直线度		3	拉5m线，不足5m拉通线，用钢直尺检查
9	接缝高低差		1	用钢直尺和塞尺检查
10	接缝宽度		1	用钢直尺检查

四、石材幕墙工程

适用于建筑高度不大于100m、抗震设防烈度不大于8度的石材幕墙工程的质量验收。

1. 主控项目

（1）石材幕墙工程所用材料的品种、规格、性能和等级，应符合设计要求及国家现行产品标准和工程技术规范的规定。石材的弯曲强度不应小于8.0MPa；吸水率应小于0.8%。石材幕墙的铝合金挂件厚度不应小于4.0mm，不锈钢挂件厚度不应小于3.0mm。

检验方法：观察；尺量检查；检查产品合格证书、性能检测报告、材料进场验收记录和复验报告。

（2）石材幕墙的造型、立面分格、颜色、光泽、花纹和图案应符合设计要求。

检验方法：观察。

（3）石材孔、槽的数量、深度、位置、尺寸应符合设计要求。

检验方法：检查进场验收记录或施工记录。

（4）石材幕墙主体结构上的预埋件和后置埋件的位置、数量及后置埋件的拉拔力必须符合设计要求。

检验方法：检查拉拔力检测报告和隐蔽工程验收记录。

（5）石材幕墙的金属框架立柱与主体结构预埋件的连接、立柱与横梁的连接、连接件与金属框架的连接、连接件与石材面板的连接必须符合设计要求，安装必须牢固。

检验方法：手扳检查；检查隐蔽工程验收记录。

（6）金属框架和连接件的防腐处理应符合设计要求。

检验方法：检查隐蔽工程验收记录。

（7）石材幕墙的防雷装置必须与主体结构防雷装置可靠连接。

检验方法：观察；检查隐蔽工程验收记录和施工记录。

（8）石材幕墙的防火、保温、防潮材料的设置应符合设计要求，填充应密实、均匀、厚度一致。

检验方法：检查隐蔽工程验收记录。

(9) 各种结构变形缝、墙角的连接节点应符合设计要求和技术标准的规定。

检验方法：检查隐蔽工程验收记录和施工记录。

(10) 石材表面和板缝的处理应符合设计要求。

检验方法：观察。

(11) 石材幕墙的板缝注胶应饱满、密实、连续、均匀、无气泡，板缝宽度和厚度应符合设计要求和技术标准的规定。

检验方法：观察；尺量检查；检查施工记录。

(12) 石材幕墙应无渗漏。

检验方法：在易渗漏部位进行淋水检查。

2．一般项目

(1) 石材幕墙表面应平整、洁净，无污染、缺损和裂痕。颜色和花纹应协调一致，无明显色差，无明显修痕。

检验方法：观察。

(2) 石材幕墙的压条应平直、洁净、接口严密、安装牢固。

检验方法：观察；手扳检查。

(3) 石材接缝应横平竖直、宽窄均匀；阴阳角石板压向应正确，板边合缝应顺直；凸凹线出墙厚度应一致，上下口应平直；石材面板上洞口、槽边应套割吻合，边缘应整齐。

检验方法：观察；尺量检查。

(4) 石材幕墙的密封胶缝应横平竖直、深浅一致、宽窄均匀、光滑顺直。

检验方法：观察。

(5) 石材幕墙上的滴水线、流水坡向应正确、顺直。

检验方法：观察；用水平尺检查。

(6) 每平方米石材的表面质量和检验方法应符合表 10-26 的规定。

每平方米石材的表面质量和检验方法 表 10-26

项次	项 目	质 量 要 求	检 验 方 法
1	裂痕、明显划伤和长度 >100mm 的轻微划伤	不允许	观察
2	长度 ≤100mm 的轻微划伤	≤8 条	用钢尺检查
3	擦伤总面积	≤500mm^2	用钢尺检查

(7) 石材幕墙安装的允许偏差和检验方法应符合表 10-27 的规定。

石材幕墙安装的允许偏差和检验方法 表 10-27

项次	项 目		允许偏差（mm）	检 验 方 法
1	幕墙垂直度	幕墙高度 ≤30m	10	用经纬仪检查
		30m < 幕墙高度 ≤60m	15	
		60m < 幕墙高度 ≤90m	20	
		幕墙高度 >90m	25	
2	幕墙水平度		3	用水平仪检查

续表

项次	项 目	允许偏差（mm）		检验方法
3	板材立面垂直度	3		用水平仪检查
4	板材上沿水平度	2		用1m水平尺和钢直尺检查
5	相邻板材板角错位	1		用钢直尺检查
6	幕墙表面平整度	2	3	用垂直检测尺检查
7	阳角方正	2	4	用直角检测尺检查
8	接缝直线度	3	4	拉5m线，不足5m拉通线，用钢直尺检查
9	接缝高低差	1	—	用钢直尺和塞尺检查
10	接缝宽度	1	2	用钢直尺检查

第七节 涂 饰 工 程

一、一般规定

1. 涂饰工程验收时应检查下列文件和记录：
(1) 涂饰工程的施工图、设计说明及其他设计文件。
(2) 材料的产品合格证书、性能检测报告和进场验收记录。
(3) 施工记录。

2. 各分项工程的检验批应按下列规定划分：
(1) 室外涂饰工程每一栋楼的同类涂料涂饰的墙面每 500~1000m² 应划分为一个检验批，不足 500 m² 也应划分为一个检验批。
(2) 室内涂饰工程同类涂料涂饰的墙面每 50 间（大面积房间和走廊按涂饰面积 30m² 为一间）应划分为一个检验批，不足 50 间也应划分为一个检验批。
(3) 检查数量应符合下列规定：
1) 室外涂饰工程每 100m²，应至少检查一处，每处不得小于 10m²。
2) 室内涂饰工程每个检验批应至少抽查 10%，并不得少于 3 间；不足 3 间时应全数检查。
(4) 涂饰工程的基层处理应符合下列要求：
1) 新建筑物的混凝土或抹灰基层在涂饰涂料前应涂刷抗碱封闭底漆。
2) 旧墙面在涂饰涂料前应清除疏松的旧装修层，并涂刷界面剂。
3) 混凝土或抹灰基层涂刷溶剂型涂料时，含水率不得大于 8%；涂刷乳液型涂料时，含水率不得大于 10%。木材基层的含水率不得大于 12%。
4) 基层腻子应平整、坚实、牢固，无粉化、起皮和裂缝；内墙腻子的粘结强度应符合《建筑室内用腻子》（JG/T 3049—98）的规定。
5) 厨房、卫生间墙面必须使用耐水腻子。
(5) 水性涂料涂饰工程施工的环境温度应在 5~35℃ 之间。

(6) 涂饰工程应在涂层养护期满后进行质量验收。

二、水性涂料涂饰工程

1. 主控项目

(1) 水性涂料涂饰工程所用涂料的品种、型号和性能应符合设计要求。

检验方法：检查产品合格证书、性能检测报告和进场验收记录。

(2) 水性涂料涂饰工程的颜色、图案应符合设计要求。

检验方法：观察。

(3) 水性涂料涂饰工程应涂饰均匀、粘结牢固，不得漏涂、透底、起皮和掉粉。

检验方法：观察；手摸检查。

(4) 水性涂料涂饰工程的基层处理应符合相应的要求。

检验方法：观察；手摸检查；检查施工记录。

2. 一般项目

(1) 薄涂料的涂饰质量和检验方法应符合表10-28的规定。

薄涂料的涂饰质量和检验方法　　　　表10-28

项次	项 目	普通涂饰	高级涂饰	检 验 方 法
1	颜 色	均匀一致	均匀一致	观 察
2	泛碱、咬色	允许少量轻微	不允许	
3	流坠、疙瘩	允许少量轻微	不允许	
4	砂眼、刷纹	允许少量轻微砂眼，刷纹通顺	无砂眼，无刷纹	
5	装饰线、分色线直线度允许偏差（mm）	2	1	拉5m线，不足5m拉通线，用钢直尺检查

(2) 厚涂料的涂饰质量和检验方法应符合表10-29的规定。

厚涂料的涂饰质量和检验方法　　　　表10-29

项次	项 目	普通涂饰	高级涂饰	检 验 方 法
1	颜 色	均匀一致	均匀一致	观 察
2	泛碱、咬色	允许少量轻微	不允许	
3	点状分布	—	疏密均匀	

(3) 复层涂料的涂饰质量和检验方法应符合表10-30的规定。

复层涂料的涂饰质量和检验方法　　　　表10-30

项次	项 目	质 量 要 求	检 验 方 法
1	颜 色	均匀一致	观 察
2	泛碱、咬色	不允许	
3	喷点疏密程度	均匀，不允许连片	

(4) 涂层与其他装修材料和设备衔接处应吻合，界面应清晰。
检验方法：观察。

三、溶剂型涂料涂饰工程

1. 主控项目

(1) 溶剂型涂料涂饰工程所选用涂料的品种、型号和性能应符合设计要求。
检验方法：检查产品合格证书、性能检测报告和进场验收记录。
(2) 溶剂型涂料涂饰工程的颜色、光泽、图案应符合设计要求。
检验方法：观察。
(3) 溶剂型涂料涂饰工程应涂饰均匀、粘结牢固，不得漏涂、透底、起皮和反锈。
检验方法：观察；手摸检查。
(4) 溶剂型涂料涂饰工程的基层处理应符合有关的要求。
检验方法：观察；手摸检查；检查施工记录。

2. 一般项目

(1) 色漆的涂饰质量和检验方法应符合表 10-31 的规定。

色漆的涂饰质量和检验方法　　　　表 10-31

项次	项 目	普通涂饰	高级涂饰	检 验 方 法
1	颜 色	均匀一致	均匀一致	观 察
2	光泽、光滑	光泽基本均匀 光滑无挡手感	光泽均匀一致 光滑	观察、手摸检查
3	刷 纹	刷纹通顺	无刷纹	观 察
4		明显处不允许	不允许	观 察
5	装饰线、分色线直线度允许偏差（mm）	2	1	拉 5m 线，不足 5m 拉通线，用钢直尺检查

注：无光色漆不检查光泽。

(2) 清漆的涂饰质量和检验方法应符合表 10-32 的规定。

清漆的涂饰质量和检验方法　　　　表 10-32

项次	项 目	普通涂饰	高级涂饰	检 验 方 法
1	颜 色	基本一致	均匀一致	观 察
2	木 纹	棕眼刮平、木纹清楚	棕眼刮平、木纹清楚	观 察
3	光泽、光滑	光泽基本均匀 光滑无挡手感	光泽均匀一致光滑	观察、手摸检查
4	刷 纹	无刷纹	无刷纹	观 察
5	裹棱、流坠、皱皮	明显处不允许	不允许	观 察

(3) 涂层与其他装修材料和设备衔接处应吻合，界面应清晰。
检验方法：观察。

四、美术涂饰工程

1. 主控项目
(1) 美术涂饰所用材料的品种、型号和性能应符合设计要求。
检验方法：观察；检查产品合格证书、性能检测报告和进场验收记录。
(2) 美术涂饰工程应涂饰均匀、粘结牢固，不得漏涂、透底、起皮、掉粉和反锈。
检验方法：观察；手摸检查。
(3) 美术涂饰工程的基层处理应符合相关的要求。
检验方法：观察；手摸检查；检查施工记录。
(4) 美术涂饰的套色、花纹和图案应符合设计要求。
检验方法：观察。

2. 一般项目
(1) 美术涂饰表面应洁净，不得有流坠现象。
检验方法：观察。
(2) 仿花纹涂饰的饰面应具有被模仿材料的纹理。
检验方法：观察。
(3) 套色涂饰的图案不得移位，纹理和轮廓应清晰。
检验方法：观察。

第八节 裱糊与软包工程

一、一般规定

1. 裱糊与软包工程验收时应检查下列文件和记录：
(1) 裱糊与软包工程的施工图、设计说明及其他设计文件。
(2) 饰面材料的样板及确认文件。
(3) 材料的产品合格证书、性能检测报告、进场验收记录和复验报告。
(4) 施工记录。

2. 各分项工程的检验批应按下列规定划分：
同一品种的裱糊或软包工程每 50 间（大面积房间和走廊按施工面积 $30m^2$ 为一间）应划分为一个检验批，不足 50 间也应划分为一个检验批。

3. 检查数量应符合下列规定：
(1) 裱糊工程每个检验批应至少抽查 10%，并不得少于 3 间，不足 3 间时应全数检查。
(2) 软包工程每个检验批应至少抽查 20%，并不得少于 6 间，不足 6 间时应全数检查。

4. 基层处理质量应达到下列要求：

(1) 建筑物的混凝土或抹灰基层墙面在刮腻子前应涂刷抗碱封闭底漆。

(2) 旧墙面在裱糊前应清除疏松的旧装修层,并涂刷界面剂。

(3) 混凝土或抹灰基层含水率不得大于8%;木材基层的含水率不得大于12%。

(4) 基层腻子应平整、坚实、牢固,无粉化、起皮和裂缝;腻子的粘结强度应符合《建筑室内用腻子》(JG/T 3049—98)N型的规定。

(5) 基层表面平整度、立面垂直度及阴阳角方正应达到《建筑装饰装修工程施工质量验收规范》(GB 50210—2001)高级抹灰的要求。

(6) 基层表面颜色应一致。

(7) 裱糊前应用封闭底胶涂刷基层。

二、裱糊工程

1. 主控项目

(1) 壁纸、墙布的种类、规格、图案、颜色和燃烧性能等级必须符合设计要求及国家现行标准的有关规定。

检验方法:观察;检查产品合格证书、进场验收记录和性能检测报告。

(2) 裱糊工程基层处理质量应符合裱糊工程基层处理的要求。

检验方法:观察;手摸检查;检查施工记录。

(3) 裱糊后各幅拼接应横平竖直,拼接处花纹、图案应吻合,不离缝,不搭接,不显拼缝。

检验方法:观察;拼缝检查距离墙面1.5m处正视。

(4) 壁纸、墙布应粘贴牢固,不得有漏贴、补贴、脱层、空鼓和翘边。

检验方法:观察;手摸检查。

2. 一般项目

(1) 裱糊后的壁纸、墙布表面应平整,色泽应一致,不得有波纹起伏、气泡、裂缝、皱折及斑污,斜视时应无胶痕。

检验方法:观察;手摸检查。

(2) 复合压花壁纸的压痕及发泡壁纸的发泡层应无损坏。

检验方法:观察。

(3) 壁纸、墙布与各种装饰线、设备线盒应交接严密。

检验方法:观察。

(4) 壁纸、墙布边缘应平直整齐,不得有纸毛、飞刺。

检验方法:观察。

(5) 壁纸、墙布阴角处搭接应顺光,阳角处应无接缝。

检验方法:观察。

三、软包工程

1. 主控项目

(1) 软包面料、内衬材料及边框的材质、颜色、图案、燃烧性能等级和木材的含水率应符合设计要求及国家现行标准的有关规定。

检验方法：观察；检查产品合格证书、进场验收记录和性能检测报告。

（2）软包工程的安装位置及构造做法应符合设计要求。

检验方法：观察；尺量检查；检查施工记录。

（3）软包工程的龙骨、衬板、边框应安装牢固，无翘曲，拼缝应平直。

检验方法：观察；手扳检查。

（4）单块软包面料不应有接缝，四周应绷压严密。

检验方法：观察；手摸检查。

2．一般项目

（1）软包工程表面应平整、洁净，无凹凸不平及皱折；图案应清晰、无色差，整体应协调美观。

检验方法：观察。

（2）软包边框应平整、顺直、接缝吻合。其表面涂饰质量应符合有关规定。

检验方法：观察；手摸检查。

（3）清漆涂饰木制边框的颜色、木纹应协调一致。

检验方法：观察。

（4）软包工程安装的允许偏差和检验方法应符合表 10-33 的规定。

软包工程安装的允许偏差和检验方法　　　　　表 10-33

项次	项 目	允许偏差（mm）	检 验 方 法
1	垂直度	3	用 1m 垂直检测尺检查
2	边框宽度、高度	0；−2	用钢尺检查
3	对角线长度差	3	用钢尺检查
4	裁口、线条接缝高低差	1	用钢直尺和塞尺检查

第九节　细　部　工　程

一、一般规定

1．适用于下列分项工程的质量验收：

（1）橱柜制作与安装。

（2）窗帘盒、窗台板、散热器罩制作与安装。

（3）门窗套制作与安装。

（4）护栏和扶手制作与安装。

（5）花饰制作与安装。

2．细部工程验收时应检查下列文件和记录：

（1）施工图、设计说明及其他设计文件。

（2）材料的产品合格证书、性能检测报告、进场验收记录和复验报告。

(3)隐蔽工程验收记录。

(4)施工记录。

3．细部工程应对人造木板的甲醛含量进行复验。

4．细部工程应对下列部位进行隐蔽工程验收：

(1)预埋件（或后置埋件）。

(2)护栏与预埋件的连接节点。

5．各分项工程的检验批应按下列规定划分：

(1)同类制品每50间（处）应划分为一个检验批，不足50间（处）也应划分为一个检验批。

(2)每部楼梯应划分为一个检验批。

二、橱柜制作与安装工程

检查数量应符合下列规定：

每个检验批应至少抽查3间（处），不足3间（处）时应全数检查。

1．主控项目

(1)橱柜制作与安装所用材料的材质相规格、木材的燃烧性能等级和含水率、花岗石的放射性及人造木板的甲醛含量应符合设计要求及国家现行标准的有关规定。

检验方法：观察；检查产品合格证书、进场验收记录、性能检测报告和复验报告。

(2)橱柜安装预埋件或后置埋件的数量、规格、位置应符合设计要求。

检验方法：检查隐蔽工程验收记录和施工记录。

(3)橱柜的造型、尺寸、安装位置、制作和固定方法应符合设计要求。橱柜安装必须牢固。

检验方法：观察；尺量检查；手扳检查。

(4)橱柜配件的品种、规格应符合设计要求。配件应齐全，安装应牢固。

检验方法：观察；手扳检查；检查进场验收记录。

(5)橱柜的抽屉和柜门应开关灵活、回位正确。

检验方法：观察；开启和关闭检查。

2．一般项目

(1)橱柜表面应平整、洁净、色泽一致，不得有裂缝、翘曲及损坏。

检验方法：观察。

(2)橱柜裁口应顺直、拼缝应严密。

检验方法：观察。

(3)橱柜安装的允许偏差和检验方法应符合表10-34的规定。

橱柜安装的允许偏差和检验方法　　　表10-34

项次	项　目	允许偏差（mm）	检　验　方　法
1	外型尺寸	3	用钢尺检查
2	立面垂直度	2	用1m垂直检测尺检查
3	门与框架的平行度	2	用钢尺检查

三、窗帘盒、窗台板和散热器罩制作与安装工程

检查数量应符合下列规定:

每个检验批应至少抽查3间(处),不足3间(处)时应全数检查。

1. 主控项目

(1) 窗帘盒、窗台板和散热器罩制作与安装所使用材料的材质和规格、木材的燃烧性能等级和含水率、花岗石的放射性及人造木板的甲醛含量应符合设计要求及国家现行标准的有关规定。

检验方法:观察;检查产品合格证书、进场验收记录、性能检测报告和复验报告。

(2) 窗帘盒、窗台板和散热器罩的造型、规格、尺寸、安装位置和固定方法必须符合设计要求。窗帘盒、窗台板和散热器罩的安装必须牢固。

检验方法:观察;尺量检查;手扳检查。

(3) 窗帘盒配件的品种、规格应符合设计要求,安装应牢固。

检验方法:手扳检查;检查进场验收记录。

2. 一般项目

(1) 窗帘盒、窗台板和散热器罩表面应平整、洁净、线条顺直、接缝严密、色泽一致,不得有裂缝、翘曲及损坏。

检验方法:观察。

(2) 窗帘盒、窗台板和散热器罩与墙面、窗框的衔接应严密,密封胶缝应顺直、光滑。

检验方法:观察。

(3) 窗帘盒、窗台板和散热器罩安装的允许偏差和检验方法应符合表10-35的规定。

窗帘盒、窗台板和散热器罩安装的允许偏差和检验方法　　　　表10-35

项次	项　　目	允许偏差(mm)	检　验　方　法
1	水平度	2	用1m水平尺和塞尺检查
2	上口、下口直线度	3	拉5m线,不足5m拉通线,用钢直尺检查
3	两端距离洞口长度差	2	用钢直尺检查
4	两端伸出墙厚度差	3	用钢直尺检查

四、门窗套制作与安装工程

检查数量应符合下列规定:

每个检验批应至少抽查3间(处),不足3间(处)时应全数检查。

1. 主控项目

(1) 门窗套制作与安装所使用材料的材质、规格、花纹和颜色、木材的燃烧性能等级和含水率、花岗石的放射性及人造木板的甲醛含量应符合设计要求及国家现行标准的有关规定。

检验方法：观察；检查产品合格证书、进场验收记录、性能检测报告和复验报告。

(2) 门窗套的造型、尺寸和固定方法应符合设计要求，安装应牢固。

检验方法：观察；尺量检查；手扳检查。

2．一般项目

(1) 门窗套表面应平整、洁净、线条顺直、接缝严密、色泽一致，不得有裂缝、翘曲及损坏。

检验方法：观察。

(2) 门窗套安装的允许偏差和检验方法应符合表 10-36 的规定。

门窗套安装的允许偏差和检验方法　　　　　表 10-36

项次	项　目	允许偏差（mm）	检　验　方　法
1	正、侧面垂直度	3	用 1m 垂直检测尺检查
2	门窗套上口水平度	1	用 1m 水平检测尺和塞尺检查
3	门窗套上口直线度	3	拉 5m 线，不足 5m 拉通线，用钢直尺检查

五、护栏和扶手制作与安装工程

检查数量应符合下列规定：

每个检验批的护栏和扶手应全部检查。

1．主控项目

(1) 护栏和扶手制作与安装所使用材料的材质、规格、数量和木材、塑料的燃烧性能等级应符合设计要求。

检验方法：观察；检查产品合格证书、进场验收记录和性能检测报告。

(2) 护栏和扶手的造型、尺寸及安装位置应符合设计要求。

检验方法：观察；尺量检查；检查进场验收记录。

(3) 护栏和扶手安装预埋件的数量、规格、位置以及护栏与预埋件的连接节点应符合设计要求。

检验方法：检查隐蔽工程验收记录和施工记录。

(4) 护栏高度、栏杆间距、安装位置必须符合设计要求。护栏安装必须牢固。

检验方法：观察；尺量检查；手扳检查。

(5) 护栏玻璃应使用公称厚度不小于 12mm 的钢化玻璃或钢化夹层玻璃。当护栏一侧距楼地面高度为 5m 及以上时，应使用钢化夹层玻璃。

检验方法：观察；尺量检查；检查产品合格证书和进场验收记录。

2．一般项目

(1) 护栏和扶手转角弧度应符合设计要求，接缝应严密，表面应光滑，色泽应一致，不得有裂缝、翘曲及损坏。

检验方法：观察；手摸检查。

(2) 护栏和扶手安装的允许偏差和检验方法应符合表 10-37 的规定。

护栏和扶手安装的允许偏差和检验方法　　　表10-37

项次	项　目	允许偏差（mm）	检　验　方　法
1	护栏垂直度	3	用1m垂直检测尺检查
2	栏杆间距	3	用钢尺检查
3	扶手直线度	4	拉通线，用钢直尺检查
4	扶手高度	3	用钢尺检查

六、花饰制作与安装工程

检查数量应符合下列规定：

(1) 室外每个检验批应全部检查。

(2) 室内每个检验批应至少抽查3间(处)；不足3间(处)时应全数检查。

1．主控项目

(1) 花饰制作与安装所使用材料的材质、规格应符合设计要求。

检验方法：观察；检查产品合格证书和进场验收记录。

(2) 花饰的造型、尺寸应符合设计要求。

检验方法：观察；尺量检查。

(3) 安装位置和固定方法必须符合设计要求，安装必须牢固。

检验方法：观察；尺量检查；手扳检查。

2．一般项目

(1) 花饰表面应洁净，接缝应严密吻合，不得有歪斜、裂缝、翘曲及损坏。

检验方法：观察。

(2) 花饰安装的允许偏差和检验方法应符合表10-38的规定。

花饰安装的允许偏差和检验方法　　　表10-38

项次	项　目		允许偏差（mm）		检　验　方　法
			室内	室外	
1	条型花饰的水平度或垂直度	每米	1	2	拉线和用1m垂直检测尺检查
		全长	1	6	
2	单独花饰中心位置偏移		10	15	拉线和用钢尺检查

第十节　分部工程质量验收

1．建筑装饰装修工程质量验收的程序和组织应符合《建筑工程施工质量验收统一标准》（GB 50300—2001）第6章的规定。

2．建筑装饰装修工程的子分部工程及其分项工程应按《建筑装饰装修工程施工质量验收规范》（GB 50210—2001）附录B划分。

3．建筑装饰装修工程施工过程中，应按《建筑装饰装修工程施工质量验收规范》

(GB 50210—2001)各章一般规定的要求对隐蔽工程进行验收，并按《建筑装饰装修工程施工质量验收规范》(GB 50210—2001)附录 C 的格式记录。

4．检验批的质量验收应按《建筑工程施工质量验收统一标准》(GB 50300—2001)附录 D 的格式记录。检验批的合格判定应符合下列规定：

（1）抽查样本均应符合本规范主控项目的规定。

（2）抽查样本的 80% 以上应符合《建筑装饰装修工程施工质量验收规范》(GB 50210—2001)一般项目的规定。其余样本不得有影响使用功能或明显影响装饰效果的缺陷，其中有允许偏差的检验项目，其最大偏差不得超过《建筑装饰装修工程施工质量验收规范》(GB 50210—2001)规定允许偏差的 1.5 倍。

5．分项工程的质量验收应按《建筑工程施工质量验收统一标准》(GB 50300—2001)附录 E 的格式记录，各检验批的质量均应达到本规范的规定。

6．子分部工程的质量验收应按《建筑工程施工质量验收统一标准》(GB 50300—2001)附录 F 的格式记录。子分部工程中各分项工程的质量均应验收合格，并应符合下列规定：

（1）应具备《建筑装饰装修工程施工质量验收规范》(GB 50210—2001)各子分部工程规定检查的文件和记录。

（2）应具备表 10-39 所规定的有关安全和功能的检测项目的合格报告。

有关安全和功能的检测项目表　　　　　　　　　　　表 10-39

项　次	子分部工程	检　测　项　目
1	门窗工程	1. 建筑外墙金属窗的抗风压性能、空气渗透性能和雨水渗漏性能 2. 建筑外墙塑料窗的抗风压性能、空气渗透性能和雨水渗漏性能
2	饰面板（砖）工程	1. 饰面板后置埋件的现场拉拔强度 2. 饰面砖样板件的粘结强度
3	幕墙工程	1. 硅酮结构胶的相容性试验 2. 幕墙后置埋件的现场拉拔强度 3. 幕墙的抗风压性能、空气渗透性能、雨水渗漏性能及平面变形性能

（3）观感质量应符合《建筑装饰装修工程施工质量验收规范》(GB 50210—2001)各分项工程中一般项目的要求。

7．分部工程的质量验收应按《建筑工程施工质量验收统一标准》(GB 50300—2001)附录 F 的格式记录。分部工程中各子分部工程的质量均应验收合格，并应按第 6 条（1）至（3）款的规定进行核查。

当建筑工程只有装饰装修分部工程时，该工程应作为单位工程验收。

8．有特殊要求的建筑装饰装修工程，竣工验收时应按合同约定加测相关技术指标。

9．建筑装饰装修工程的室内环境质量应符合国家现行标准《民用建筑工程室内环境污染控制规范》(GB 50325—2001)的规定。

10．未经竣工验收合格的建筑装饰装修工程不得投入使用。

参 考 文 献

1. 顾勇新.施工项目质量控制.北京:中国建筑工业出版社,2003
2. 全国建筑业企业项目经理培训教材编写委员会.施工项目质量与安全管理.北京:中国建筑工业出版社,2004
3. 全国一级建造师执业资格考试用书编写委员会.房屋建筑工程管理与实务.北京:中国建筑工业出版社,2004
4. 北京中企联企业管理顾问有限责任公司.质量总监.北京:机械工业出版社,2006
5. 上海市建筑施工行业协会 工程质量安全专业委员会.质量员必读.北京:中国建筑工业出版社,2005
6. 本书编写组.建筑施工手册(第四版).北京:中国建筑工业出版社,2003
7. 本书编委会.建筑工程施工质量监控与验收实用手册.北京:中国建材工业出版社,2004
8. 中华人民共和国国家标准.建筑工程施工质量验收统一标准(GB 50300—2001).北京:中国建筑工业出版社,2002
9. 中华人民共和国国家标准.建筑地基基础工程施工质量验收规范(GB 50202—2002).北京:中国建筑工业出版社,2002
10. 中华人民共和国国家标准.砌体工程施工质量验收规范(GB 50203—2002).北京:中国建筑工业出版社,2002
11. 中华人民共和国国家标准.混凝土结构工程施工质量验收规范(GB 50204—2002).北京:中国建筑工业出版社,2002
12. 中华人民共和国国家标准.钢结构工程施工质量验收规范(GB 50205—2001).北京:中国建筑工业出版社,2002
13. 中华人民共和国国家标准.屋面工程质量验收规范(GB 50207—2002).北京:中国建筑工业出版社,2002
14. 中华人民共和国国家标准.地下防水工程质量验收规范(GB 50208—2002).北京:中国建筑工业出版社,2002
15. 中华人民共和国国家标准.建筑地面工程施工质量验收规范(GB 50209—2002).北京:中国建筑工业出版社,2002
16. 中华人民共和国国家标准.建筑装饰装修工程质量验收规范(GB 50210—2001).北京:中国建筑工业出版社,2002